U0178066

配电网施工技术

国家电网有限公司产业发展部◎组编

CONSTRUCTION

中国电力出版社
CHINA ELECTRIC POWER PRESS

内 容 提 要

本书包括配电网规划设计、配电架空线路施工、配电电缆线路施工、配电设施安装与调试、配电网施工验收、配电网不停电作业、配电网施工企业安全标准化管理、省管产业施工能力标准化建设八章三十二个模块。

本书可作为供电企业配电专业培训教材，也可供从事配电网运检专业的技术技能人员参考使用。

图书在版编目（CIP）数据

配电网施工技术 / 国家电网有限公司产业发展部组编. —北京：中国电力出版社，2021.9
ISBN 978-7-5198-5821-6

Ⅰ. ①配… Ⅱ. ①国… Ⅲ. ①配电线路–工程施工技术 Ⅳ. ①TM726

中国版本图书馆 CIP 数据核字（2021）第 140259 号

出版发行：中国电力出版社
地　　址：北京市东城区北京站西街 19 号（邮政编码 100005）
网　　址：http://www.cepp.sgcc.com.cn
责任编辑：肖　敏
责任校对：黄　蓓　朱丽芳　常燕昆
装帧设计：郝晓燕
责任印制：石　雷

印　　刷：三河市万龙印装有限公司
版　　次：2021 年 9 月第一版
印　　次：2021 年 9 月北京第一次印刷
开　　本：787 毫米×1092 毫米　16 开本
印　　张：26
字　　数：612 千字
印　　数：0001—4000 册
定　　价：160.00 元

版 权 专 有　侵 权 必 究

本书如有印装质量问题，我社营销中心负责退换

编委会

主　任　罗乾宜

副主任　奚国富　张　红　王　军　王立新

主　编　谢金涛　牛　林

副主编　李美强　徐志恒

参　编　黄媛媛　任玉峰　武　勇　马志广　李宏博

屠海燕　王昆仑　肖　宾　王昱力　许福忠

赵广岭　袁亚朋　程景华　宁　琦　周　伟

孙　源　马琳琦　都志军　张汝松　赵　亮

刘　超　李金宝　王文成　王华根　王　展

张　鋆　郝晨光　张福甲　李　锐　张光磊

任亚平　毛　峰　胡永银　刘倍源　陈　刚

喻　晓　石霄峰　马　兵　吴　真　郑文玮

王　磊　郭丽娟　金士琛　陈丽娜　李洪涛

李　亮　程　杨

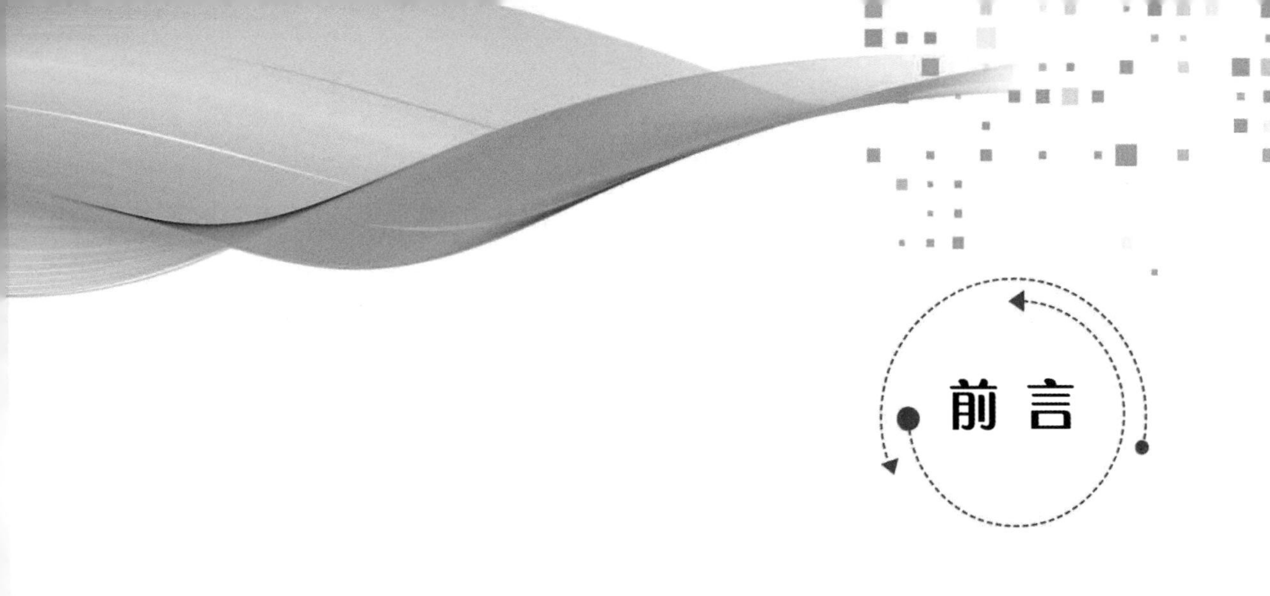

前言

千秋基业，人才为本。党的十八大以来，习近平总书记多次强调要把教育工作放在首位，就抓好人才培养工作作出了一系列重要论述，为新形势下进一步做好人才培养和队伍建设工作提供了强大的思想武器和行动指南。

作为关系国家能源安全和国民经济命脉的国有骨干企业，国家电网有限公司（以下简称公司）深入学习习近平总书记系列讲话精神，牢固树立人才资源是第一资源发展理念，始终坚持“知识就是力量，人才就是未来”，牢记“为美好生活充电，为美丽中国赋能”使命，充分发挥“大国重器”和“顶梁柱”作用，有力保障了我国经济社会发展和人民安居乐业。

近年来，公司全面加强省管产业单位施工企业能力标准化建设，持续提升省管产业业务承载、安全管控和创新发展能力。省管产业取得长足发展，核心竞争力显著提升，为电网高质量发展发挥了助推器的作用。面向“十四五”，公司加快推动新型电力系统建设，瞄准建成具有中国特色国际领先的能源互联网企业远景目标，按照“一业为主、四翼齐飞、全要素发力”的总体布局，全面推动产业单位升级和高质量发展。事业成功，关键在人。为落实公司“人才强企”战略，全面提升省管产业单位配电专业从业人员水平，按照“培训方向精准、培训内容有效、培训项目实用”要求，国家电网有限公司产业发展部组织编写了《配电网施工技术》。

本书共八章三十二个模块，包括配电网规划设计、配电架空线路施工、配电电缆线路施工、配电设施安装与调试、配电网施工验收、配电网不停电作业、配电网施工企业安全标准化管理、省管产业施工能力标准化建设方面内容。

本书以增强公司省管产业配电专业一线技术骨干培训的针对性、有效性、实用性为出发点，在编写原则上，坚持“知识有效、为技能服务”；在内容设置上，以提升岗位能力为目标，以岗位工作标准为依据，采用模块化结构，突出核心知识点介绍和关键技能项训练；在文字表达上，深入浅出，避免烦琐的理论推导和验证，并嵌入二维码，供读者扫码看问题解答及下载作业指导书使用，丰富其阅读体验，让配电专业从业人员看得懂、学得会、用得上。

希望读者通过学习研读本书，进一步拓展专业视野、优化知识结构、提高技术技能，知行合一、学以致用，为省管产业改革发展凝心聚力、攻坚克难，积极助力新型电力系统建设，为国网公司建成具有中国特色国际领先的能源互联网企业、实现高质量发展作出贡献。

由于编写时间仓促，书中难免存在疏漏之处，恳请各位专家和读者提出宝贵意见，使之不断完善。

编　者

2021 年 7 月

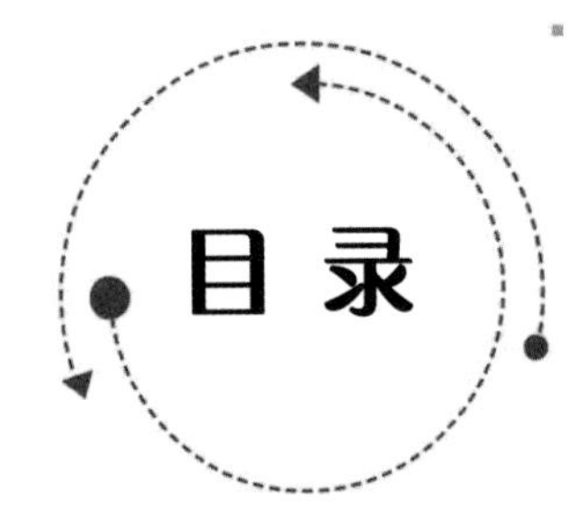
目 录

配电网规划设计

模块1　配电网规划基本知识

模块说明

本模块包括配电网规划设计中的基本术语、规划设计基本规定，通过学习了解配电网规划区域划分方法，了解供电安全水平分析，熟悉配电网无功补偿、继电保护及自动装置配置要求。

一、基本术语

1. 配电网

配电网是指从电源侧（输电网、发电设施、分布式电源等）接受电能，并通过配电设施就地或逐级分配给各类用户的电力网络。对应电压等级一般为110kV及以下。其中，110～35kV电网为高压配电网，10（20、6）kV电网为中压配电网，220/380V电网为低压配电网。

2. 分布式电源

分布式电源是指接入35kV及以下电压等级电网，位于用户附近，在35kV及以下电压等级就地消纳为主的电源。分布式电源一般以同步发电机、逆变器等形式接入电网，具体包括太阳能、风能、水能、生物质能、海洋能等发电形式。

3. 微电网

微电网是指由分布式发电、用电负荷、监控、保护和自动化装置等组成（必要时含储能装置），能够基本实现内部电力电量平衡的小型供用电系统。微电网分为并网型微电网和独立型微电网。

4. 规划计算负荷

规划计算负荷是指在最大负荷基础上，结合负荷特性、设备过载能力以及需求响应等灵活性资源综合确定的配电网规划时所采用的负荷。高压配电网的规划计算负荷的确定应考虑尖峰负荷的持续时间，一般可按照最大负荷的95%计算。中压配电网的规划计算负荷可采用瞬时值、15min 时刻最大负荷、整点最大负荷的平均值。

5. 网供负荷

网供负荷是指同一规划区域（省、市、县、供电分区、供电网格、供电单元等）、同一电压等级公用变压器同一时刻所供负荷之和。

6. 饱和负荷

饱和负荷是指规划区域在经济社会水平发展到成熟阶段的最大用电负荷。

当一个区域发展至某一阶段，电力需求保持相对稳定（连续 5 年年最大负荷增速小于 2%，或年用电量增速小于 1%），且与该地区国土空间规划中的电力需求预测基本一致，可将该地区该阶段的最大用电负荷视为饱和负荷。

7. 供电分区

供电分区是指在地市或县域内部，高压配电网网架结构完整、供电范围相对独立、中压配电网联系较为紧密的区域。

8. 供电网格

供电网格是指在供电分区划分基础上，与国土空间规划相衔接，具有一定数量高压配电网供电电源、中压配电网供电范围明确的独立区域。供电网格是开展中压配电网目标网架规划的基本单位。在城网规划中，可以街区作为供电网格；在乡村电网规划中，可以乡镇作为供电网格。

9. 供电单元

供电单元是指在供电网格划分的基础上，结合城市用地功能定位，综合考虑用地属性、负荷密度、供电特性等因素划分的若干相对独立单元。

10. 容载比

容载比是指某一规划区域、某一电压等级电网的公用变电设备总容量与对应网供最大负荷的比值。

11. 供电半径

中低压配电线路的供电距离是指从变电站（配电变压器）出线到其供电的最远负荷点之间的线路长度。

变电站的供电半径为变电站的 10（20、6）kV 出线供电距离的平均值。

配电变压器的供电半径为配电变压器的低压出线供电距离的平均值。

12. 供电可靠性

供电可靠性是指配电网向用户持续供电的能力。

13. “$N-1$”停运

“$N-1$”停运是指高压配电网中一台变压器或一条线路故障或计划退出运行，或中压配电线路中一个分段（包括架空线路的一个分段、电缆线路的一个环网单元或一段电缆进线本体）故障或计划退出运行。

14. “$N-1-1$”停运

“$N-1-1$”停运是指在高压配电网中一台变压器或一条线路计划停运的情况下，同级电网中相关联的另一台变压器或一条线路因故障退出运行。需要注意的是，《配电网规划设计技术导则》（DL/T 5729—2016）中的“$N-1$”停运含义与《电力系统安全稳定导则》（GB 38755—2019）中的“$N-1$”不同。“$N-1$”停运是指单一元件退出电网运行的情况。“$N-1-1$”停运是指相关联的两个元件退出电网运行的情况，10kV 配电网一般不考虑“$N-1-1$”停运。计划停运一般不安排在负荷高峰期。

15. 供电安全水平

供电安全水平是指配电网在运行中承受故障扰动（如失去元件或发生短路故障）的能力，其评价指标是某种停运条件下（通常指“$N-1$”或“$N-1-1$”停运后）的供电恢复容量和供电恢复时间。

16. 转供能力

转供能力是指在某一供电区域内，当电网元件发生停运时电网转移负荷的能力。

17. 网络重构

网络重构是指在中压配电网中，通过改变分段开关和联络开关的分、合闸状态，重新组合优化网络运行结构。

18. 双回路

双回路是指为同一用户负荷供电的两回供电线路，两回供电线路可以来自同一变电站的同一母线段。

19. 双电源

双电源是指为同一用户负荷供电的两回供电线路，两回供电线路可以分别来自两个不同变电站，或来自不同电源进线的同一变电站内的两段母线。

20. 多电源

多电源是指为同一用户负荷供电的两回以上供电线路，其中至少有两回供电线路分别来自两个不同变电站。

二、基本规定

配电网规划设计应顺应能源革命和数字革命融合发展趋势，引领配电网高质量发展，把握配电网发展新技术要求，统筹安全质量和效率效益，提升数字化、自动化和智能化水平，构建智慧能源系统，推动配电网向能源互联网转型升级。配电网规划设计基本规定如下：

（1）坚强智能的配电网是能源互联网基础平台、智慧能源系统核心枢纽的重要组成部分，应安全可靠、经济高效、公平便捷地服务电力客户，并促进分布式可调节资源多类聚合，电、气、冷、热多能互补，实现区域能源管理多级协同，提高能源利用效率，降低社会用能成本，优化电力营商环境，推动能源转型升级。

（2）配电网应具有科学的网架结构、必备的容量裕度、适当的转供能力、合理的装备水平和必要的数字化、自动化、智能化水平，以提高供电保障能力、应急处置能力、资源配置能力。

（3）配电网规划应坚持各级电网协调发展，将配电网作为一个整体系统，满足各组成部分间的协调配合、空间上的优化布局和时间上的合理过渡。各电压等级变电容量应与用电负荷、电源装机和上下级变电容量相匹配，各电压等级电网应具有一定的负荷转移能力，并与上下级电网协调配合、相互支援。

（4）配电网规划应坚持以效益效率为导向，在保障安全质量的前提下，处理好投入和产出的关系、投资能力和需求的关系，应综合考虑供电可靠性、电压合格率等技术指标与设备利用效率、项目投资收益等经济性指标，优先挖掘存量资产作用，科学制订规划方案，合理确定建设规模，优化项目建设时序。

（5）配电网规划应遵循资产全寿命周期成本最优的原则，分析由投资成本、运行成本、检修维护成本、故障成本和退役处置成本等组成的资产全寿命周期成本，对多个方案进行比选，实现电网资产在规划设计、建设改造、运维检修等全过程的整体成本最优。

（6）配电网规划应遵循差异化规划原则，根据各省各地和不同类型供电区域的经济社会发展阶段、实际需求和承受能力，差异化制订规划目标、技术原则和建设标准，合理满足区域发展、各类用户用电需求和多元主体灵活便捷接入。

（7）配电网规划应全面推行网格化规划方法，结合国土空间规划、供电范围、负荷特性、用户需求等特点，合理划分供电分区、网格和单元，细致开展负荷预测，统筹变电站出线间隔和廊道资源，科学制订目标网架及过渡方案，实现现状电网到目标网架平稳过渡。

（8）配电网规划应面向智慧化发展方向，加大智能终端部署和配电通信网建设，加快推广应用先进信息网络技术、控制技术，推动电网一、二次和信息系统融合发展，提升配电网互联互济能力和智能互动能力，有效支撑分布式能源开发利用和各种用能设施"即插即用"，实现"源网荷储"（电源、电网、负荷、储能）协调互动，保障个性化、综合化、智能化服务需求，促进能源新业务、新业态、新模式发展。

（9）配电网规划应加强计算分析，采用适用的评估方法和辅助决策手段开展技术经济分析，适应配电网由无源网络到有源网络的形态变化，促进精益化管理水平的提升。

（10）配电网规划应与政府规划相衔接，按行政区划和政府要求开展电力设施空间布局规划，规划成果纳入地方国土空间规划，推动变电站、开关站、环网室（箱）、配电室站点，以及线路走廊用地、电缆通道合理预留。

三、配电网规划流程

配电网规划通常按电压等级开展，注重统筹性、合理性、先进性和适应性。经过多年发展，配电网规划专业划分已经非常详细，按时间划分一般分为短期规划、中期规划和长期规划；按专业划分又可分为网架规划、通信网规划、充电桩规划等。配电网规划主要遵循两个导向，即目标导向和问题导向。

配电网规划中，布局规划和新兴行业初期规划大多属于目标导向型规划，主要针对远期达到的目标进行规划，为后续建设提供方向性指导。配电网规划中各类专项、专业规划大多属于问题导向型规划，主要针对解决电网某一处薄弱环节开展规划，目的是解决相应的具体问题。无论何种类型的规划，大致遵循发现问题、提出问题、分析问题、解决问题和持续改进的基本逻辑。配电网规划基本流程如图 1－1 所示。

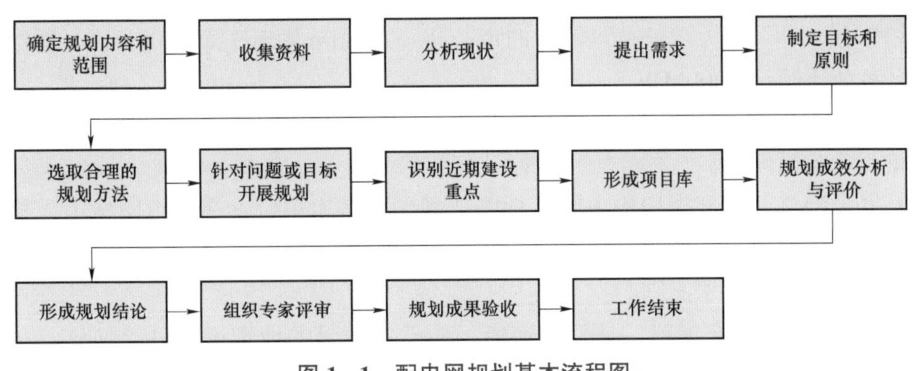

图1－1　配电网规划基本流程图

四、规划区域划分

1. 供电区域

（1）供电区域划分是配电网差异化规划的重要基础，用于确定区域内配电网规划建设标准，主要依据饱和负荷密度，也可参考行政级别、经济发达程度、城市功能定位、用户重要程度、用电水平、GDP等因素确定，规划供电区域划分见表1－1，并符合下列规定：

1）供电区域面积不宜小于5km^2。

2）计算饱和负荷密度时，应扣除110（66）kV及以上专线负荷，以及高山、戈壁、荒漠、水域、森林等无效供电面积。

表1－1　　规划供电区域划分表

规划供电区域	A+	A	B	C	D	E
饱和负荷密度σ（MW/km^2）	$\sigma\geqslant30$	$15\leqslant\sigma<30$	$6\leqslant\sigma<15$	$1\leqslant\sigma<6$	$0.1\leqslant\sigma<1$	$\sigma<0.1$
主要分布地区	直辖市中心城区，或省会城市、计划单列市核心区	地级及以上城区	县级及以上城区	城镇区域	乡村地区	农牧区

注　表中主要分布地区一栏作为参考，实际划分时应综合考虑其他因素。

（2）供电区域划分应在省级电力公司指导下统一开展，在一个规划周期内（一般五年）供电区域类型应相对稳定。在新规划周期开始时调整的，或有重大边界条件变化需在规划中期调整的，应专题说明。

（3）电网建设型式主要包括以下几个方面：变电站建设型式（户内、半户内、户外）、线路建设型式（架空、电缆）、电网结构（链式、环网、辐射）、馈线自动化及通信方式等。

2. 供电分区与供电网格

（1）供电分区是开展高压配电网规划的基本单位，主要用于高压配电网变电站布点和目标网架构建。供电分区的基本原则有：

1）供电分区宜衔接城乡规划功能区、组团等区划，结合地理形态、行政边界进行划分，规划期内的高压配电网网架结构完整、供电范围相对独立。供电分区一般可按县（区）

行政区划划分，对于电力需求总量较大的市（县），可划分为若干个供电分区，原则上每个供电分区负荷不超过1000MW。

2）供电分区划分应相对稳定、不重不漏，具有一定的近远期适应性，划分结果应逐步纳入相关业务系统中。

（2）供电网格是开展中压配电网目标网架规划的基本单位。在供电网格中，按照各级协调、全局最优的原则，统筹上级电源出线间隔及网格内廊道资源，确定中压配电网网架结构。供电网格划分基本原则有：

1）供电网格宜结合道路、铁路、河流、山丘等明显的地理形态进行划分，与国土空间规划相适应。在城市电网规划中，可以街区（群）、地块（组）作为供电网格。在乡村电网规划中，可以乡镇作为供电网格。

2）供电网格的供电范围应相对独立，供电区域类型应统一，电网规模应适中，饱和期宜包含2～4座具有中压出线的上级公用变电站（包括有直接中压出线的220kV变电站），且各变电站之间具有较强的中压联络。

3）在划分供电网格时，应综合考虑中压配电网运维检修、营销服务等因素，以利于推进一体化供电服务。

4）供电网格划分应相对稳定、不重不漏，具有一定的近远期适应性，划分结果应逐步纳入相关业务系统中。

3. 供电单元

（1）供电单元是配电网规划的最小单位，是在供电网格基础上的进一步细分。在供电单元内，根据地块功能、开发情况、地理条件、负荷分布、现状电网等情况，规划中压网络接线、配电设施布局、用户和分布式电源接入，制订相应的中压配电网建设项目。

（2）供电单元一般由若干个相邻的、开发程度相近、供电可靠性要求基本一致的地块（或用户区块）组成。在划分供电单元时，应综合考虑供电单元内各类负荷的互补特性，兼顾分布式电源发展需求，提高设备利用率。

（3）供电单元的划分应综合考虑饱和期上级变电站的布点位置、容量大小、间隔资源等影响，饱和期供电单元内以1～4组中压典型接线为宜，并具备2个及以上主供电源。正常方式下，供电单元内各供电线路宜仅为本单元内的负荷供电。

（4）供电单元划分应相对稳定、不重不漏，具有一定的近远期适应性，划分结果应逐步纳入相关业务系统中。

五、配电网建设标准

1. 配电线路建设基本原则

（1）配电线路廊道建设应一次到位。

（2）导线截面积应一次选定。A+、A、B、C类供电区域的线路导线截面积选用依据：以安全电流裕度为主，用经济载荷范围校核。D类供电区域的线路导线截面积选用依据：以配电网电压允许压降为依据。E类供电区域的线路导线截面积选用依据：以允许压降为主，用机械强度校核。

（3）35～110kV线路型式。A+、A类供电区域：电缆或架空线；B类供电区域：架空线，必要时选用电缆；C、D、E类供电区域：架空线。

（4）10kV线路型式。A+、A类供电区域：电缆为主，架空线为辅；B、C类供电区域：架空线，必要时选用电缆；D、E类供电区域：架空线。

2. 配电网结构设计原则

（1）35～110kV配电网结构。A+、A、B类供电区域：链式为主；C类供电区域：链式、环网为主；D类供电区域：辐射、环网、链式；E类供电区域：辐射为主。

（2）10kV配电网结构。A+、A、B、C类供电区域：环网为主；D类供电区域：环网、辐射；E类供电区域：辐射为主。

六、供电安全水平分析

A+、A、B、C类供电区域高压配电网及中压主干线应满足“N－1”停运原则，A+类供电区域按照供电可靠性的需求，可选择性满足“N－1－1”停运原则。“N－1”停运后的配电网供电安全水平应符合《城市电网供电安全标准》（DL/T 256—2012）的要求，“N－1－1”停运后的配电网供电安全水平可因地制宜制订。配电网中的“N－1”停运与220kV及以上电网中的安全稳定分析不同。配电网供电安全标准的一般原则为：接入的负荷规模越大停电损失越大，其供电可靠性要求越高恢复供电时间要求越短。

根据组负荷规模的大小，配电网的供电安全水平可分为三级，见表1－2。

表1－2　配电网的供电安全水平

供电安全等级	组负荷范围	对应范围	“N－1”停运后停电范围及恢复供电时间要求
第一级	≤2MW	低压线路、配电变压器	维修完成后恢复对组负荷的供电
第二级	2～12MW	中压线路	（1）3h内恢复对不小于组负荷减2MW的负荷供电。 （2）维修完成后恢复对组负荷的供电
第三级	12～180MW	变电站	（1）15min内恢复对不小于组负荷减12MW的负荷或者不小于2/3的组负荷（两者取小值）供电。 （2）3h内恢复对组负荷的供电

各级供电安全水平要求如下：

（1）第一级供电安全水平要求。

1）对于停电范围不大于2MW的组负荷，允许故障修复后恢复供电，恢复供电的时间与故障修复时间相同。

2）该级停电故障主要涉及低压线路故障、配电变压器故障，或采用特殊安保设计（如分段及联络开关均采用断路器，且全线采用纵差保护等）的中压线段故障。停电范围仅限于低压线路、配电变压器故障所影响的负荷、或特殊安保设计的中压线段，中压线路的其他线段不允许停电。

3）该级标准要求单台配电变压器所带的负荷不宜超过2MW，或采用特殊安保设计的中压分段上的负荷不宜超过2MW。

（2）第二级供电安全水平要求。

1）对于停电范围在 2～12MW 的组负荷，其中不小于组负荷减 2MW 的负荷应在 3h 内恢复供电。余下的负荷允许故障修复后恢复供电，恢复供电时间与故障修复时间相同。

2）该级停电故障主要涉及中压线路故障，停电范围仅限于故障线路所供负荷，A+类供电区域的故障线路的非故障段应在 5min 内恢复供电，A 类供电区域的故障线路的非故障段应在 15min 内恢复供电，B、C 类供电区域的故障线路的非故障段应在 3h 内恢复供电，故障段所供负荷应小于 2MW，可在故障修复后恢复供电。

3）该级标准要求中压线路应合理分段，每段上的负荷不宜超过 2MW，且线路之间应建立适当的联络。

（3）第三级供电安全水平要求。

1）对于停电范围在 12～180MW 的组负荷，其中不小于组负荷减 12MW 的负荷或者不小于 2/3 的组负荷（两者取小值）应在 15min 内恢复供电，余下的负荷应在 3h 内恢复供电。

2）该级停电故障主要涉及变电站的高压进线或主变压器，停电范围仅限于故障变电站所供负荷，其中大部分负荷应在 15min 内恢复供电，其他负荷应在 3h 内恢复供电。

3）A+、A 类供电区域故障变电站所供负荷应在 15min 内恢复供电。B、C 类供电区域故障变电站所供负荷，其大部分负荷（不小于 2/3）应在 15min 内恢复供电，其余负荷应在 3h 内恢复供电。

4）该级标准要求变电站的中压线路之间宜建立站间联络，变电站主变压器及高压线路可按“$N-1$”原则配置。

为了满足上述三级供电安全标准，配电网规划应从电网结构、设备安全裕度、配电自动化等方面综合考虑，为配电运维抢修缩短故障响应和抢修时间奠定基础。

B、C 类供电区域的建设初期及过渡期，以及 D、E 类供电区域，高压配电网存在单线单变（单线路配单台变压器），中压配电网尚未建立相应联络，暂不具备故障负荷转移条件时，可适当放宽标准，但应结合配电运维抢修能力，达到对外公开承诺要求。其后应根据负荷增长，通过建设与改造，逐步满足上述三级供电安全标准。

七、无功补偿

（1）配电网规划需保证有功和无功的协调，电力系统配置的无功补偿装置应在系统有功负荷高峰和负荷低谷运行方式下，保证分（电压）层和分（供电）区的无功平衡。变电站、线路和配电台区的无功设备应协调配合，按以下原则进行无功补偿配置：

1）无功补偿装置应根据分层分区、就地平衡和便于调整电压的原则进行配置，可采用变电站集中补偿和分散就地补偿相结合、电网补偿与用户补偿相结合、高压补偿与低压补偿相结合等方式。

接近用电端的分散补偿装置主要用于提高功率因数，降低线路损耗。集中安装在变电站内的无功补偿装置主要用于控制电压水平。

2）应从系统角度考虑无功补偿装置的优化配置，以利于全网无功补偿装置的优化投切。

3）变电站无功补偿配置应与变压器分接头的选择相配合，以保证电压质量和系统无功平衡。

4）对于电缆化率较高的地区，应配置适当容量的感性无功补偿装置。

5）接入中压及以上配电网的用户应按照电力系统有关电力用户功率因数的要求配置无功补偿装置，并不得向系统倒送无功。

6）在配置无功补偿装置时应考虑谐波治理措施。

7）分布式电源接入电网后，原则上不应从电网吸收无功，否则需配置合理的无功补偿装置。

（2）110～35kV 电网应根据网络结构、电缆所占比例、主变压器负载率、负荷侧功率因数等条件，经计算确定无功补偿配置方案。有条件的地区，可开展无功优化计算，寻求满足一定目标条件（无功补偿设备费用最小、网损最小等）的最优配置方案。

（3）110～35kV 变电站一般宜在变压器低压侧配置自动投切或动态连续调节无功补偿装置，使变压器高压侧的功率因数在高峰负荷时不应低于 0.95，在低谷负荷时不应高于 0.95，无功补偿装置总容量应经计算确定。对于有感性无功补偿需求的，可采用静止无功发生器。110～35kV 电压等级变电站的容性无功补偿容量以补偿主变压器无功损耗为主，并适当兼顾为负荷侧提供一定无功功率，无功补偿容量同样按照主变压器容量的 10%～30%配置。

（4）10kV 及以下配电网的无功补偿容量以补偿主变压器无功损耗和感性用电负荷的无功功率消耗为主，补偿方式包括在配电变压器低压侧装设集中补偿设备和在高压输电线路上装设分散补偿设备，以集中补偿为主；在供电距离远、负荷重、功率因数低的 10kV 高压线路上可以考虑装设分散补偿设备。配电变压器或者高压线路上装设的无功补偿设备容量可按照不超过主变压器容量的 20%～40%配置，补偿到变压器高压侧功率因数不低于 0.95 为宜。高压线路的无功补偿设备宜装设在线路负荷集中处，或距线路首端 1/2、2/3、4/5 处，以安装在一处为宜，最多不应超过两处。配电变压器的低压补偿设备可直接安装在配电变压器低压侧，与配电变压器同时投切。通常情况下，智能无功补偿装置容量取变压器容量的 30%，根据负荷功率因数情况智能投切。

（5）在电能质量要求高、电缆化率高的区域，配电室低压侧无功补偿方式可采用静止无功发生器。

（6）在供电距离远、功率因数低的 10kV 架空线路上可适当安装无功补偿装置，其容量应经过计算确定，且不宜在低谷负荷时向系统倒送无功。

（7）逐步规范 220/380V 用户功率因数要求。

八、继电保护及自动装置

（1）配电网应按《继电保护和安全自动装置技术规范》（GB/T 14285—2016）的要求配置继电保护和自动装置。

（2）配电网设备应装设短路故障和异常运行保护装置。设备短路故障的保护应有主保护和后备保护，必要时可再增设辅助保护。

（3）110～35kV 变电站应配置低频低压减载装置，主变压器高、中、低压三侧均应配置备用电源自动投入（简称备自投）装置。单链、单环网串供站应配置远方备自投装置。

（4）10kV 配电网主要采用阶段式电流保护，架空导线及架空电力电缆混合线路应配置自动重合闸。低电阻接地系统中的线路应增设零序电流保护。合环运行的配电线路应增设相应保护装置，确保能够快速切除故障。全光纤纵差保护应在深入论证的基础上，限定使用范围。

（5）220/380V 配电网应根据用电负荷和线路具体情况合理配置二级或三级剩余电流动作保护装置；各级剩余电流动作保护装置的动作电流与动作时间应协调配合，实现具有动作选择性的分级保护。

（6）接入 110～10kV 电网的各类电源，采用专线接入方式时，其接入线路宜配置光纤电流差动保护，必要时上级设备可配置带联切功能的保护装置。

（7）通信方式选择。A+、A 类供电区域：以光纤通信为主，无线通信作为补充；B、C 类供电区域：光纤、无线通信相结合；D、E 类供电区域：以无线通信为主。

（8）变电站保护信息和配电自动化控制信息的传输宜采用光纤通信方式。仅采集遥测、遥信信息时，可采用无线、电力载波等通信方式。对于线路电流差动保护的传输通道，往返均应采用同一信号通道传输。

（9）对于分布式光伏发电以 10kV 电压等级接入的线路，可不配置光纤纵差保护。采用 T 接方式时，在满足可靠性、选择性、灵敏性和速动性要求时，其接入线路可采用电流电压保护。

（10）分布式电源接入时，继电保护和安全自动装置配置方案应符合相关继电保护技术规程、运行规程和反事故措施的规定，定值应与电网继电保护和安全自动装置配合整定。接入公共电网的所有线路投入自动重合闸时，应校核重合闸时间。

（11）馈线自动化方式选择。A+、A 类供电区域：集中式或智能分布式；B 类供电区域：集中式、智能分布式或就地型重合式；C、D 类供电区域：故障监测方式或就地型重合式；E 类供电区域：故障监测方式。

模块小结

通过本模块学习，应深刻理解配电网规划设计基本规定，熟悉配电网的供电安全水平要求，掌握配电网的无功补偿配置原则。

思考与练习

扫码看答案

1. 配电网规划中，对第一级供电安全水平的要求有哪些？
2. 配电网的无功补偿配置原则有哪些？
3. 配电网规划设计中，对继电保护及自动装置的配置要求有哪些？

模块2 配电网结构与主接线方式

模块说明

本模块包含配电网结构设计的一般要求，以及高压、中压、低压配电网规划目标电网结构。通过学习，了解配电网结构与主接线方式设计的一般要求，能识别各种高压、中压、低压配电网目标电网结构示意图。

配电网结构是指配电网中各主要电气元件的电气连接形式，配电网结构决定了网络运行的可靠性、灵活性。不同供电区域的配电网结构是根据本地区的负荷特点和供电可靠性要求而选择的。

一、一般要求

（1）合理的电网结构是满足电网安全可靠、提高运行灵活性、降低网络损耗的基础。高压、中压和低压配电网三个层级之间，以及与上级输电网（220kV或330kV电网）之间，应相互匹配、强简有序、相互支援，以实现配电网技术经济的整体最优。

（2）A+、A、B、C类供电区域的配电网结构应满足以下基本要求：

1）正常运行时，各变电站（包括直接配出10kV线路的220kV变电站）应有相对独立的供电范围，供电范围不交叉、不重叠，故障或检修时，变电站之间应有一定比例的负荷转供能力。

2）变电站（包括直接配出10kV线路的220kV变电站）的10kV出线所供负荷宜均衡，应有合理的分段和联络。故障或检修时，应具有转供非停运段负荷的能力。

3）接入一定容量的分布式电源时，应合理选择接入点，控制短路电流及电压水平。

4）高可靠的配电网结构应具备网络重构的条件，便于实现故障自动隔离。

（3）D、E类供电区域的配电网以满足基本用电需求为主，可采用辐射结构。

（4）变电站间和中压线路间的转供能力，主要取决于正常运行时的变压器容量裕度、线路容量裕度、中压主干线的合理分段数和联络情况等，应满足供电安全准则及以下要求：

1）变电站间通过中压配电网转移负荷的比例，A+、A类供电区域宜控制在50%～70%，B、C类供电区域宜控制在30%～50%。除非有特殊保障要求，规划中不考虑变电站全停方式下的负荷全部转供需求。为提高配电网设备利用效率，原则上不设置变电站间中压专用联络线或专用备供线路。

2）A+、A、B、C类供电区域中压线路的非停运段负荷应能够全部转移至邻近线路（同一变电站出线）或对端联络线路（不同变电站出线）。

（5）配电网的拓扑结构包括常开点、常闭点、负荷点、电源接入点等，在规划时需合理配置，以保证运行的灵活性。各电压等级配电网的主要结构如下：

1）高压配电网结构应适当简化，主要有链式、环网和辐射结构。变电站接入方式主要有T接和π接等。

2）中压配电网结构应适度加强、范围清晰，中压线路之间联络应尽量在同一供电网格（单元）之内，避免过多接线组混杂交织，接线形式主要有双环式、单环式、多分段适度联络、多分段单联络、多分段单辐射结构。

3）低压配电网实行分区供电，结构应尽量简单，一般采用辐射结构。

（6）在电网建设的初期及过渡期，可根据供电安全准则要求和实际情况，适当简化目标网架作为过渡电网结构。

（7）变电站电气主接线应根据变电站功能定位、出线回路数、设备特点、负荷性质及电源与用户接入等条件确定，并满足供电可靠、运行灵活、检修方便、节约投资和便于扩建等要求。

二、高压配电网目标电网结构

1. 高压配电网目标电网结构规定

（1）A+、A、B类供电区域宜采用双侧电源供电结构，不具备双侧电源时，应适当提高中压配电网的转供能力。在中压配电网转供能力较强时，高压配电网可采用双辐射、多辐射等简化结构。B类供电区域双环网结构仅在上级电源点不足时采用。

（2）D、E类供电区域采用单链、单环网结构时，若接入变电站数量超过2座，可采取局部加强措施。

（3）110～35kV变电站高压侧电气主接线有桥式、线变组（线路—变压器组）、环入环出、单母线（分段）接线等。高压侧电气主接线应尽量简化，宜采用桥式、线变组接线。考虑规划发展需求并经过经济技术比较，也可采用其他形式。

（4）110kV和220kV变电站的35kV侧电气主接线主要采用单母线分段接线。

（5）110～35kV变电站10kV侧电气主接线一般采用单母线分段接线或单母线分段环形接线，可采用n变n段、n变$n+1$段、$2n$分段接线。220kV变电站直接配出10kV线路时，其10kV侧电气主接线参照执行。

2. 各类供电区域高压配电网目标电网结构推荐

高压配电网目标电网结构推荐表见表1–3。

表1–3　高压配电网目标电网结构推荐表

供电区域类型	目标电网结构	备注
A+、A	双辐射、多辐射、双链、三链	
B	双辐射、多辐射、双环网、单链、双链、三链	
C	双辐射、双环网、单链、双链、单环网	
D	双辐射、单环网、单链	
E	单辐射、单环网、单链	

三、中压配电网目标电网结构

1. 中压配电网目标电网结构规定

（1）网格化规划区域的中压配电网应根据变电站位置、负荷分布情况，以供电网格为单位，开展目标网架设计，并制订逐年过渡方案。

（2）中压架空线路主干线应根据线路长度和负荷分布情况进行分段（一般分为3段，不宜超过5段），并装设分段开关，且不应装设在变电站出口首端出线电杆上。重要或较大分支线路首端宜安装分支开关。宜减少同杆（塔）共架线路数量，便于开展不停电作业。

（3）中压架空线路联络点的数量根据周边电源情况和线路负荷大小确定，一般不超过3个联络点。架空网具备条件时，宜在主干线路末端进行联络。

（4）中压电力电缆线路宜采用环网结构，环网室（箱）、用户设备可通过环进环出方式接入主干网。

（5）中压开关站、环网室、配电室电气主接线宜采用单母线分段或独立单母线接线（不宜超过2个），环网箱宜采用单母线接线，箱式变电站、柱上变压器宜采用线变组接线。

2. 各类供电区域中压配电网目标电网结构推荐

中压配电网目标电网结构推荐表见表1－4。

表1－4　中压配电网目标电网结构推荐表

线路类型	供电区域类型	目标电网结构	备注
电缆配电网	A+、A、B	双环式、单环式	
	C	单环式	
架空配电网	A+、A、B、C	多分段适度联络、多分段单联络	
	D	多分段单联络、多分段单辐射	
	E	多分段单辐射	

各类中压配电网目标电网结构分别如图1－2～图1－6所示。

通常自同一供电区域两座变电站的中压母线（或一座变电站的不同中压母线）或两座中压开关站的中压母线（或一座中压开关站的不同中压母线）馈出单回线路构成单环网，开环运行。电缆单环网适用于单电源用户较为集中的区域。

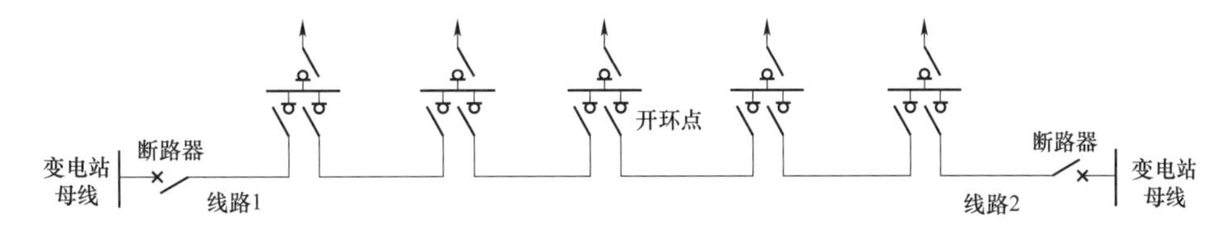

图1－2　10kV电力电缆线路单环网结构示意图

自同一供电区域的两座变电站（或两座中压开关站）的不同中压母线各引出2对（4回）线路，构成双环网的接线方式。双环网适用于双电源用户较为集中且供电可靠性要求较高的区域，接入双环网的环网室和配电室的两段母线之间可配置联络开关，母联开关应手动操作。

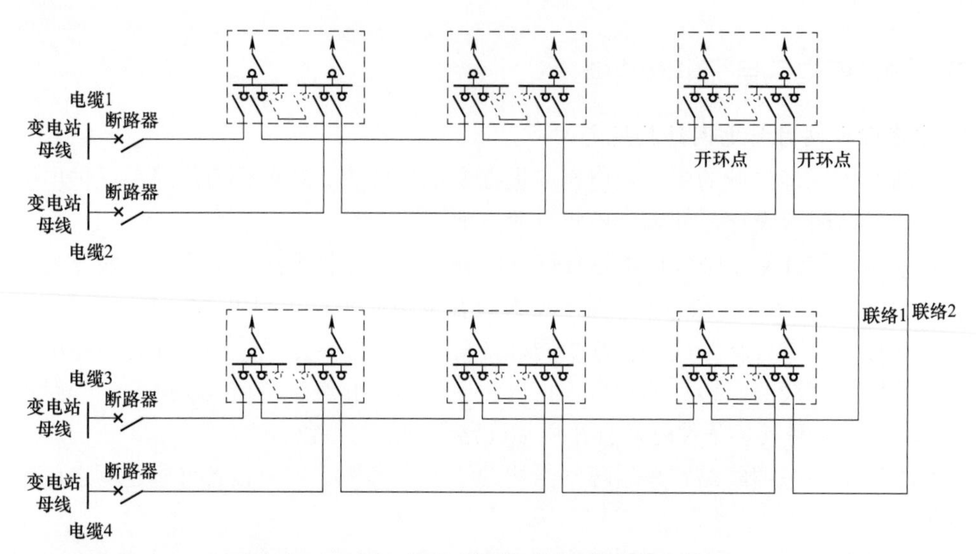

图 1-3　10kV 电力电缆线路双环网结构示意图

在周边没有其他电源点且供电可靠性要求较低的地区，目前暂不具备与其他线路联络的条件，可采取多分段单辐射接线方式。

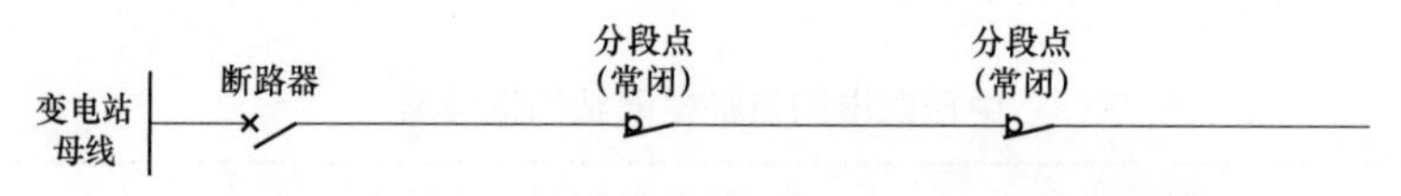

图 1-4　10kV 架空配电网多分段单辐射结构示意图

在两座变电站之间常采用以下“手拉手”运行方式，具有一定的负荷转移能力，缺点是当线路处于高峰负荷时（迎峰度夏、迎峰度冬期间）线路转供能力有限，此种接线方式投资小、可靠性较高，是目前最为常见的 10kV 线路联络接线方式。

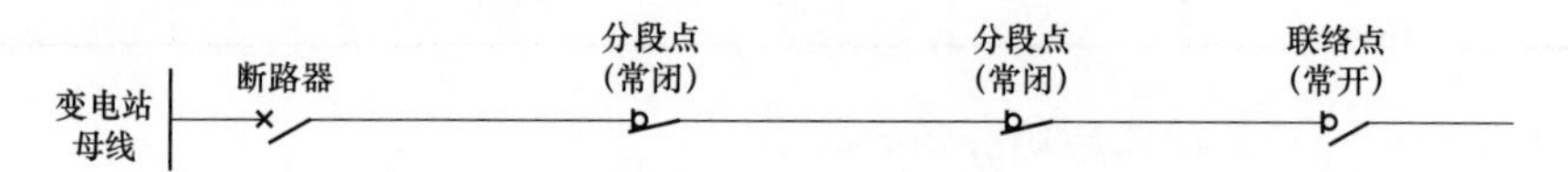

图 1-5　10kV 架空配电网多分段单联络结构示意图

在周边电源点数量充足，10kV 架空线路宜环网布置开环运行，一般采用柱上负荷开关将线路多分段、适度联络，（典型三分段、三联络），可提高线路的负荷转移能力。当线路负荷不断增长，线路负载率达到 50%以上时，采用此结构还可提高线路负荷水平。

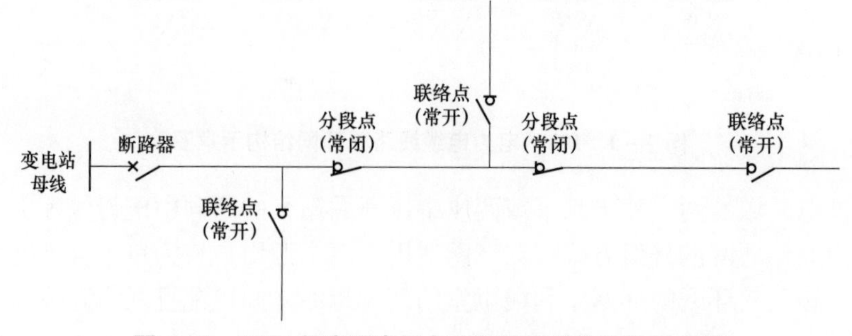

图 1-6　10kV 架空配电网多分段适度联络结构示意图

四、低压配电网目标电网结构

1. 低压配电网目标网架结构

（1）低压配电网以配电变压器或配电室的供电范围实行分区供电，一般采用辐射结构。

（2）低压配电线路可与中压配电线路同杆（塔）共架。

（3）低压配电网低压支线接入方式可分为放射型和树干型，分别如图 1–7 和图 1–8 所示。

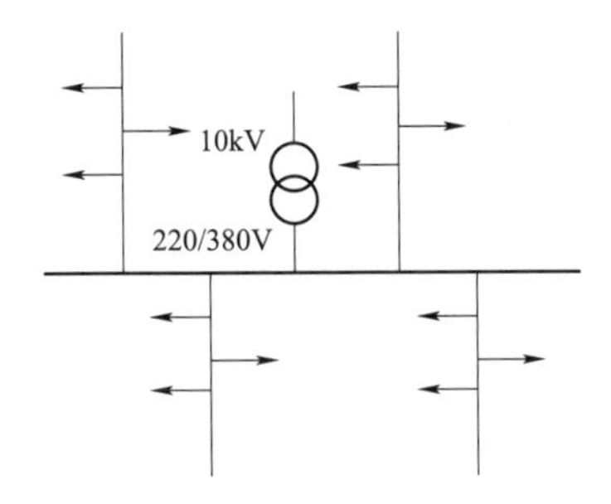

图 1–7 放射型低压配电网示意图

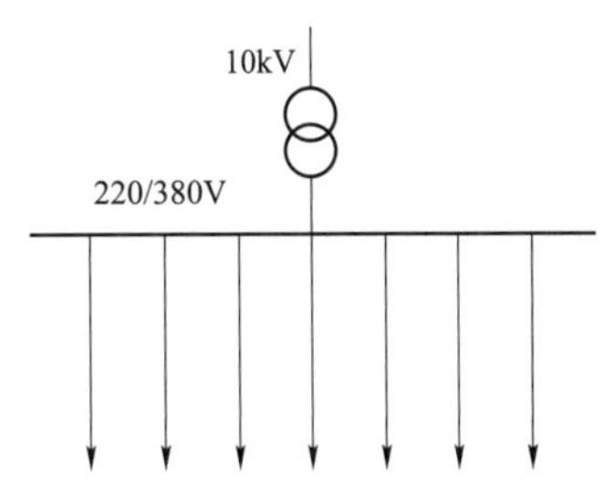

图 1–8 树干型低压配电网示意图

2. 低压配电系统的接地方式

低压配电系统的接地方式共有五种，而通常所说的三相三线制、三相四线制和三相五线制等名词术语内涵不十分严谨。国际电工委员会有统一的规定，称为 TT 系统、TN 系统和 IT 系统等，其中 TN 系统又分为 TN—S、TN—C、TN—C—S 三种系统。

（1）文字代号的意义

1）第一个字母表示电源的带电导体与大地的关系。

T：电源上的一点（通常指中性点上的一点）与大地直接连接。

I：电源与大地隔离或电源的一点经高阻抗（例如 0.4kV 系统取 1000Ω）与大地连接。

2）第二个字母表示电气装置的外露导电部分与大地的关系。

T：外露导电部分对地直接电气连接，它与电源的接地点无联系。

N：外露导电部分与低压系统的中性点连接而接地，如果后面还有字母时，字母表示中性线与保护线的组合。

S：中性线（N 线）和保护线（PE 线）是分开的。

C：中性线（N 线）和保护线（PE 线）是合一的（PEN）线。

（2）低压供电系统中电气设备保护线的连接方式。目前我国低压供电系统中，电气设备保护线的连接方式规定如下。

1）TN—S 系统：在整个系统中，中性线与保护线是分开的。该系统在正常工作时，保护线上不呈现电流，因此设备的外露可导电部分也不呈现对地电压，比较安全，并有较强的电磁适应性，适用于数据处理、精密检测装置等供电系统，目前在我国的新建小区建筑和新建医院已普遍采用。总的来说，TN—S 系统主要适用于设有配电室的建筑物内，特别是在爆炸危险场所，为避免火花的发生，更宜采用 TN—S 系统。TN—S 系统如图 1–9 所示。

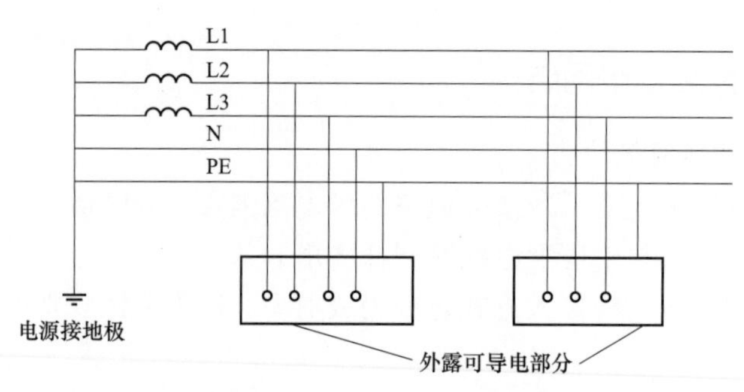

图 1-9　TN—S 系统示意图

2）TN—C 系统：在整个系统中，中性线与保护线是合用的。当三相负荷不平衡或只有单相负荷时，PEN 线上有电流，虽然可以节省一根线，比较经济，但是从安全用电方面考虑，这个系统存在严重的安全隐患。当系统为一单相回路时，当 PEN 线断线时，设备的金属外壳将对地带有 220V 的故障电压，电击致死风险很大。由于诸多不安全因素，除特殊情况外，现在 TN—C 系统已很少使用。TN—C 系统如图 1-10 所示。

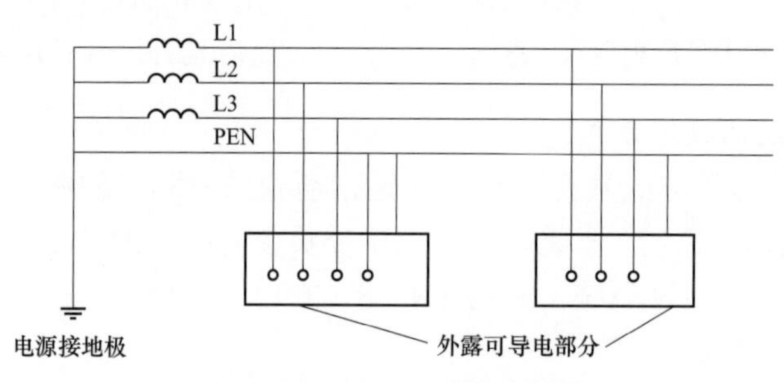

图 1-10　TN—C 系统示意图

3）TN—C—S 系统：在整个系统中，通常在低压电气装置进线点前 N 线和 PE 线是合一的，电源进线点后即分为中性线与保护线两根线。这种系统兼有 TN—C 系统价格较便宜和 TN—S 系统比较安全且电磁适应性比较强的特点，常用于线路末端环境较差的场所或有数据处理等设备的供电系统。TN—C—S 系统与 TN—S 系统都具有较强的抗干扰能力，但就减少共模电压而言 TN—C—S 系统更具优势；因此，当建筑物内无配电室时宜采用 TN—C—S 系统而不宜采用 TN—S 系统。TN—C—S 系统如图 1-11 所示。

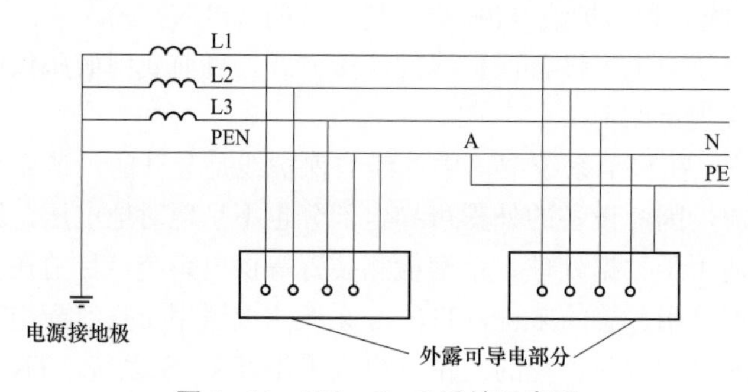

图 1-11　TN—C—S 系统示意图

4）TT 系统：电气装置的外露可导电部分单独接至电气上与电力系统的接地点无关的接地极。系统中，由于各自的 PE 线互不相关，因此电磁适应性比较好；但故障电流值往往很小，不足以使数千瓦的用电设备的保护装置断开电源，为保护人身安全必须采用残余电流开关作为线路及用电设备的保护装置，否则只适用于供给小负荷系统。TT 系统适用于农村、施工场地、路灯等无等电位连接点的场所。需要特别注意的是，农村等区域采取 TT 系统时，除变压器中性点接地外，中性点不得重复接地，同时应装设剩余电流总保护。TT 系统如图 1－12 所示。

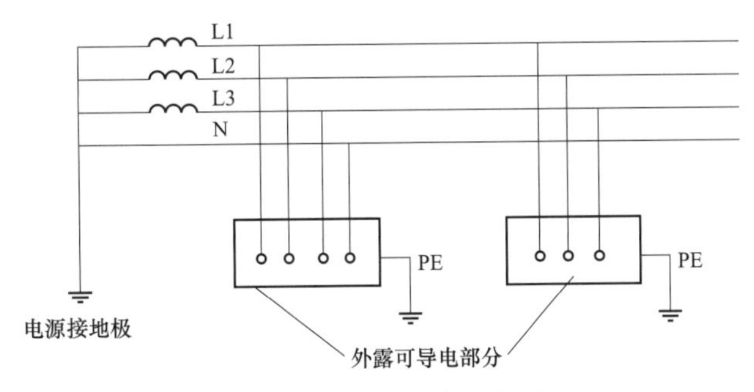

图 1－12　TT 系统示意图

5）IT 系统：电源部分不做系统接地，仅做保护接地，电气装置的外露可导电部分直接接地，中性线一般不引出，不能提供照明、控制等 220V 电源。IT 系统适用于对供电不间断和防电击要求很高的场所，该系统目前应用较少。IT 系统如图 1－13 所示。

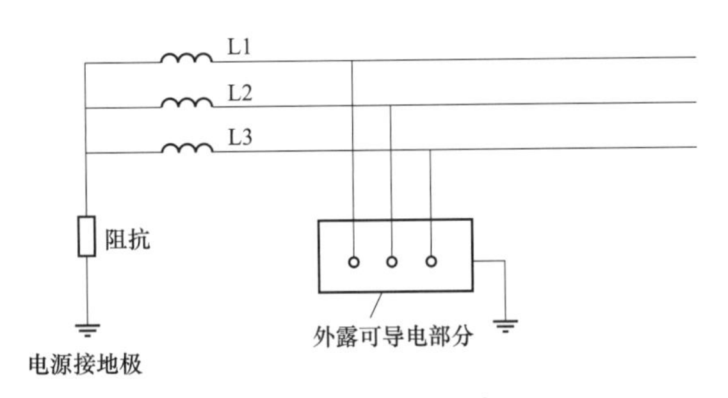

图 1－13　IT 系统示意图

五、高供电可靠性配电网典型网架结构

1. 花瓣式接线

变电站的每两回馈出线首尾连接构成一个环网，形状酷似花瓣（多个环网便构成了多个花瓣），称之为梅花状供电模型。在相邻的两个变电站之间，两个环网（花瓣）间通过联络开关相互连接。其网络接线由站间单联络和站内单联络组合而成，整体上看起来像一个个的网格，网格与网格之间相互连接，构成整个配电网。这种配电网接线方式在运行上，站间联络开环运行，站内联络闭环运行。配电网花瓣式接线如图 1－14 所示。当环网的某点出现故障时，该环网变成单电源（开环）运行方式，与之联络的另外一个变电站的环网运行方式不变，满足线路“$N-1$”的运行要求。一般情况下，该接线方式也满足线路“$N-1-1$”

的运行要求。

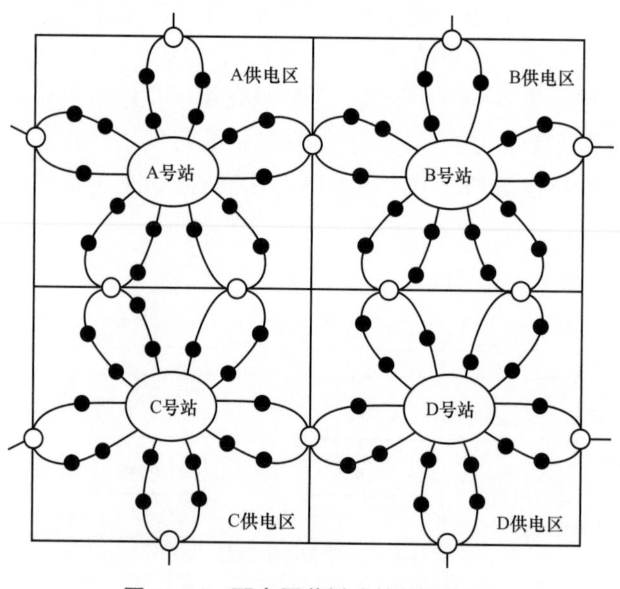

图 1-14 配电网花瓣式接线示意图

○— 联络点；●— 配电站

目前在有政策性需求的高供电可靠性地区，已规划实施双花瓣式接线。配电网双花瓣式接线如图 1-15 所示，双花瓣式接线参照花瓣式接线，每个花瓣由两组电源构成，每组电源由变电站同一段母线的两回馈线构成环网，形成花瓣结构，环网合环运行。双花瓣接线通过开关站实现组网，开关站设置的母线联络开关，同时也是两组电源线路联络开关，组成花瓣式相切的形状，即每个开关站的电源分别由两个花瓣同时供电，形成双花瓣网络结构。

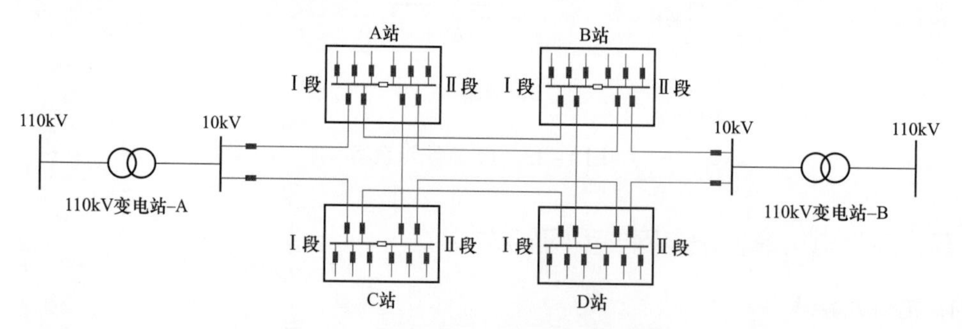

图 1-15 配电网双花瓣式接线示意图

2. “*N* 供 1 备” 接线

配电网“*N* 供 1 备”接线方式，其接线如图 1-16 所示，闭环网络开环运行。配电网规划中一般限制为 4 供 1 备。一个“*N* 供 1 备”称为一个馈线组，组内各馈线连接自同一变电站不同母线或不同变电站母线，终端通过联络开关（常开点）实现互联。其中一条馈线不带负荷，作为其他馈线的备用电源。馈线组内单一馈线故障时可通过备用馈线转带负荷，快速恢复供电。

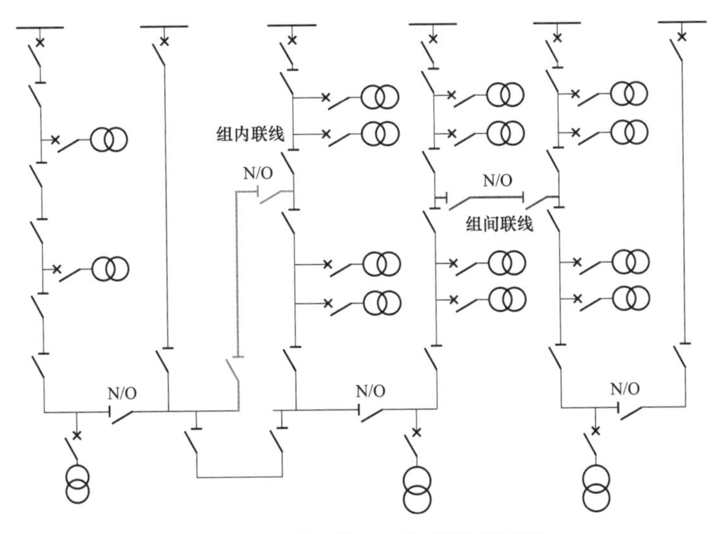

图 1-16　“*N*供 1 备”接线示意图

模块小结

通过本模块学习，应深刻理解 A+、A、B、C 类供电区域的配电网结构应满足的基本要求，熟悉电缆配电网、架空配电网各类供电区域推荐的目标电网结构，能识别各种高压、中压、低压配电网目标电网结构示意图。

思考与练习

1. A+、A、B、C 类供电区域的配电网结构应满足哪些基本要求？
2. 试画出 10kV 架空配电网多分段适度联络结构图。
3. 低压配电系统的接地方式有哪些类别？

模块3　配电网设备选型

模块说明

本模块包含配电网线路、设备选型一般要求。通过学习，熟悉 10、35kV 配电线路选型要求，熟悉配电变压器与 10kV 配电开关选型要求，了解低压线路选型要求。

一、一般要求

（1）配电网设备的选择应遵循资产全寿命周期管理理念，坚持安全可靠、经济实用的原则，采用技术成熟、少（免）维护、节能环保、具备可扩展功能、抗振性能好的设备，所选设备应通过入网检测。

（2）配电网设备应根据供电区域类型差异化选配。在供电可靠性要求较高、环境条件恶劣（高海拔、高寒，盐雾、污秽严重等）及灾害多发的区域，宜适当提高设备配置标准。

（3）配电网设备应有较强的适应性。变压器容量、导线截面积、开关设备遮断容量应留有合理裕度，保证设备在负荷波动或转供时满足运行要求。变电站土建应一次建成，适应主变压器增容更换、扩建升压等需求。线路导线截面积宜根据规划的饱和负荷、目标网架一次选定。线路廊道（包括架空线路走廊和杆塔、电力电缆线路的敷设通道）宜根据规划的回路数一步到位，避免大拆大建。

（4）配电网设备选型应实现标准化、序列化。同一市（县）规划区域中，变压器（高压主变压器、中压配电变压器）的容量和规格，以及线路（架空线、电缆）的导线截面积和规格，应根据电网结构、负荷发展水平与全寿命周期成本综合确定，并构成合理序列，同类设备物资一般不超过三种。

（5）配电线路优先选用架空方式，对于城市核心区及地方政府规划明确要求并给予政策支持的区域可采用电缆方式。电缆的敷设方式应根据电压等级、最终数量、施工条件及投资等因素确定，主要包括综合管廊、隧道、排管、沟槽、直埋等敷设方式。

（6）配电设备设施宜预留适当接口，便于不停电作业设备快速接入。对于森林草原防火有特殊要求的区域，配电线路宜采取防火隔离带、防火通道与电力线路走廊相结合的模式。

（7）配电网设备选型和配置应考虑智能化发展需求，提升状态感知能力、信息处理水平和应用灵活程度。

二、35kV 配电线路选型

（1）35kV 线路导线截面积的选取应符合下述要求：

1）线路导线截面积宜综合饱和负荷状况、线路全寿命周期选定。

2）线路导线截面积应与电网结构、变压器容量和台数相匹配。

3）线路导线截面积应按照安全电流裕度选取，并以经济载荷范围校核。

（2）A+、A、B 类供电区域 35kV 架空线路截面积不宜小于 150mm^2。C、D、E 类供电区域 35kV 架空线路截面积不宜小于 120mm^2。

（3）线路跨区供电时，导线截面积宜按建设标准较高区域选取。

（4）架空线路导线宜采用钢芯铝绞线及新型节能导线，沿海及有腐蚀性地区可选用防腐型导线。

（5）电缆线路宜选用交联聚乙烯绝缘铜芯电力电缆，载流量应与该区域架空线路相匹配。

三、10kV 配电线路选型

（1）10kV 配电网应有较强的适应性，主变压器容量与 10kV 出线间隔数量及线路导线截面积的配合可参考表 1－5 确定，并符合下列规定：

1）中压架空线路通常为铝芯，沿海高盐雾地区可采用铜绞线，A+、A、B、C 类供电区域的中压架空线路宜采用架空绝缘线。

2）表1－5中推荐的电缆线路为铜芯，也可采用相同载流量的铝芯电缆。沿海或污秽严重地区，可选用电缆线路。

3）配电化应用的35kV/10kV变电站，10kV出线宜为2～4回。

表1－5　　主变压器容量与10kV出线间隔及线路导线截面积配合推荐表

110～35kV主变压器容量（MVA）	10kV出线间隔数	10kV主干线截面积（mm²）		10kV分支线截面积（mm²）	
		架空线	电力电缆	架空线	电力电缆
63	12及以上	240、185	400、300	150、120	240、185
50、40	8～14	240、185、150	400、300、240	150、120、95	240、185、150
31.5	8～12	185、150	300、240	120、95	185、150
20	6～8	150、120	240、185	95、70	150、120
12.5、10、6.3	4～8	150、120、95	—	95、70、50	—
3.15、2	4～8	95、70	—	50	—

（2）在树线矛盾隐患突出、人身触电风险较大的路段，10kV架空线路应采用绝缘线或加装绝缘护套。当前，城区10kV线路已全面实行绝缘化。

（3）10kV线路供电距离应满足末端电压质量的要求。在缺少电源站点的地区，当10kV架空线路过长、电压质量不能满足要求时，可在线路适当位置加装线路调压器。

四、10kV配电变压器选型

（1）配电变压器容量宜综合供电安全性、规划计算负荷、最大负荷利用小时数等因素选定，具体选择方式可参照《配电变压器能效技术经济评价导则》（DL/T 985—2012）。

（2）10kV柱上变压器的配置应符合下列规定：

1）10kV柱上变压器应按“小容量、密布点、短半径”的原则配置，宜靠近负荷中心。

2）宜选用三相柱上变压器，其绕组联结组别宜选用Dyn11，且三相均衡接入负荷。对于居民分散居住、单相负荷为主的农村地区可选用单相变压器。

3）不同类型供电区域的10kV柱上变压器容量可参考表1－6确定。在低电压问题突出的E类供电区域，也可采用35kV配电化建设模式，35kV/0.38kV配电变压器单台容量不宜超过630kVA。

表1－6　　10kV柱上变压器容量推荐表

供电区域类型	三相柱上变压器容量（kVA）	单相柱上变压器容量（kVA）
A+、A、B、C	≤400	≤100
D	≤315	≤50
E	≤100	≤30

（3）10kV配电室的配置应符合下列规定：

1）配电室一般配置双路电源，10kV 侧一般采用环网接线，220/380V 侧为单母线分段接线。变压器绕组联结组别应采用 Dyn11，单台容量不宜超过 800kVA，宜三相均衡接入负荷。

2）配电室一般独立建设。受条件所限必须进楼时，可设置在地下一层，但不应设置在最底层。变压器宜选用干式（非独立式或者建筑物地下配电室应选用干式变压器），采取屏蔽、减振、降噪、防潮措施，并满足防火、防水和防小动物等要求。易涝区域配电室不应设置在地下。

（4）10kV 箱式变电站仅限用于配电室建设改造困难的情况，如架空线路入地改造地区、配电室无法扩容改造的场所，以及施工用电、临时用电等，一般配置单台变压器，变压器绕组联结组别应采用 Dyn11，容量不宜超过 630kVA。

五、10kV 配电开关设备选型

（1）柱上开关设备的配置应符合下列规定：

1）一般采用柱上负荷开关（通常选择柱上断路器）作为线路分段、联络开关。长线路后段（超出变电站过电流保护范围）、大分支线路首端、用户分界点处可采用一、二次融合智能柱上断路器，并上传动作信号。

2）规划实施配电自动化的地区，所选用的开关设备应满足自动化改造要求，并预留自动化接口。

（2）开关站的配置应符合下列规定：

1）开关站宜建于负荷中心区，一般配置双电源，分别取自不同变电站或同一座变电站的不同母线。

2）开关站接线宜简化，一般采用两路电源进线、6～12 路出线，单母线分段接线，出线断路器配置保护功能。开关站应按配电自动化要求设计并留有发展余地。

（3）根据环网室（箱）的负荷性质，中压供电电源可采用双电源或采用单电源，进线及环出线采用断路器，配出线根据电网情况及负荷性质采用断路器或负荷开关—熔断器组合电器。

六、低压线路选型

1. 220/380V 线路

（1）220/380V 配电网应有较强的适应性，主干线截面积应按远期规划一次选定。各类供电区域 220/380V 主干线路导线截面积可参考表 1－7 确定。

表 1－7　220/380V 主干线路导线截面积推荐表

线路型式	供电区域类型	主干线截面积（mm^2）
电力电缆线路	A+、A、B、C	≥120
架空线路	A+、A、B、C	≥120
	D、E	≥50

注　表中推荐的架空线路为铝芯，电力电缆线路为铜芯。

（2）新建架空线路应采用绝缘导线，对环境与安全有特殊需求的地区可选用电力电缆线路。对原有裸导线线路，应加大绝缘化改造力度。

（3）220/380V 电力电缆可采用排管、沟槽、直埋等敷设方式。穿越道路时应采用抗压力保护管。

（4）220/380V 线路应有明确的供电范围，供电距离应满足末端电压质量的要求。

（5）一般区域 220/380V 架空线路可采用耐候铝芯交联聚乙烯绝缘导线，沿海及严重化工污秽区域可采用耐候铜芯交联聚乙烯绝缘导线，在大跨越和其他受力不能满足要求的线段可选用钢芯铝绞线。

2. 低压开关

（1）低压开关柜母线规格宜按终期变压器容量配置选用，一次到位，按功能分为进线柜、母联柜、馈线柜、无功补偿柜等。

（2）低压电力电缆分支箱结构宜采用元件模块拼装、框架组装结构，母线及馈出均绝缘封闭。

（3）综合配电箱型号应与配电变压器容量和低压系统接地方式相适应，满足一定的负荷发展需求。

七、智能化基本要求

1. 一般要求

（1）配电网智能化应采用先进的信息、通信、控制技术，支撑配电网状态感知、自动控制、智能应用，满足电网运行、客户服务、企业运营、新兴业务的需求。

（2）配电网智能化应适应能源互联网发展方向，以实际需求为导向，差异化部署智能终端感知电网多元信息，灵活采用多种通信方式满足信息传输可靠性和实时性，依托统一的企业中台和物联管理平台实现数据融合、开放共享。

（3）配电网智能化应遵循标准化设计原则，采用标准化信息模型与接口规范，落实国家电网有限公司信息化统一架构设计、安全防护总体要求。

（4）配电网智能化应采用差异化建设策略，以不同供电区域供电可靠性、多元主体接入等实际需求为导向，结合一次网架有序投资。

（5）配电网智能化应遵循统筹协调规划原则。配电终端、通信网应与配电一次网架统筹规划、同步建设。对于新建电网，一次设备选型应一步到位，配电线路建设时应一并考虑光缆资源需求。对于不适应智能化要求的已建成电网，应在一次网架规划中统筹考虑。

（6）配电网智能化应遵循先进适用原则，优先选用可靠、成熟的技术。对于新技术和新设备，应充分考虑效率效益，可在小范围内试点应用后，经技术经济比较论证后确定推广应用范围。

（7）配电网智能化应贯彻资产全寿命周期理念。落实企业级共建共享共用原则，与云平台统筹规划建设，并充分利用现有设备和设施，防止重复投资。

2. 配电网智能终端

（1）配电网智能终端应以状态感知、即插即用、资源共享、安全可靠、智能高效为发展方向，统一终端标准，支持数据源端唯一、边缘处理。

（2）配电网智能终端应按照差异化原则逐步覆盖配电站室、配电线路、分布式电源及电动汽车充电桩等配用电设备，采集配电网设备运行状态、电能计量、环境监测等各类数据。

（3）110～35kV 变电站应按照《35kV～110kV 变电站设计规范》（GB 50059—2011）、《110（66）kV～220kV 智能变电站设计规范》（GB/T 51072—2014）的要求配置电气量、设备状态监测、环境监测等智能终端。

（4）110～35kV 架空线路在重要跨越、自然灾害频发、运维困难的区段，可配置运行环境监测智能终端。

（5）配电自动化终端宜按照监控对象分为站所终端（无线数据终端 DTU）、馈线终端（FTU）、故障指示器等，实现“三遥”“二遥”等功能。配电自动化终端配置原则应满足《配电网规划设计规程》（DL/T 5542—2018）、《配电网规划设计技术导则》（DL/T 5729—2016），宜按照供电安全准则及故障处理模式合理配置。各类供电区域配电自动化终端的配置方式见表 1-8。

表 1-8　　配电自动化终端配置方式

供电区域类型	终端配置方式
A+	“三遥”为主
A	“三遥”或“二遥”
B	“二遥”为主，联络开关和特别重要的分段开关也可配置“三遥”
C	“二遥”为主，如确有必要经论证后可采用少量“三遥”
D	“二遥”
E	“二遥”

（6）在具备条件的区域探索低压配电网智能化，公用配电变压器台区可配置能够监测低压配电网的智能终端（TTU）。

（7）智能电表作为用户电能计量的智能终端，宜具备停电信息主动上送功能，可具备电能质量监测功能。

（8）接入 10kV 及以上电压等级的分布式电源、储能设施、电动汽车充换电设施的信息采集应遵循《分布式电源并网技术要求》（GB/T 33593—2017）、《电化学储能系统接入电网技术规定》（GB/T 36547—2018）、《电动汽车充电站设计规范》（GB 50966—2014），并将相关信息上送至相应业务系统。

3. 配电通信网

（1）配电通信网应满足配电自动化系统、用电信息采集系统、分布式电源、电动汽车充换电设施及储能设施等“源网荷储”终端的远程通信通道接入需求，适配新兴业务及通信新技术发展需求。

（2）110～35kV 配电通信网属于骨干通信网，应采用光纤通信方式。中压配电通信接入网可灵活采用多种通信方式，满足海量终端数据传输的可靠性和实时性，以及配电网络多样性、数据资源高速同步等方面需求，支撑终端远程通信与业务应用。

（3）配电网规划应同步考虑通信网络规划，根据业务开展需要明确通信网建设内容，包括通信通道建设、通信设备配置、建设时序与投资等。

（4）应根据中压配电网的业务性能需求、技术经济效益、环境和实施难度等因素，选择适宜的通信方式（光纤、无线、载波通信等）构建终端远程通信通道。当中压配电通信网采用以太网无源光网络（EPON）、千兆无源光网络（GPON）或者工业以太网等技术组网时，应使用独立纤芯。

（5）无线通信包括无线公网和无线专网方式。无线公网宜采用专线接入点（APN）/虚拟专用网络（VPN）、认证加密等接入方式。无线专网应采用国家无线电管理部门授权的无线频率进行组网，并采取双向鉴权认证、安全性激活等安全措施。

（6）配电通信网宜符合以下技术原则：

1）110（66）kV 变电站和 B 类及以上供电区域的 35kV 变电站应具备至少 2 条光缆路由，具备条件时采用环形或网状组网。

2）中压配电通信接入网若需采用光纤通信方式的，应与一次网架同步建设。其中，工业以太网宜采用环形组网方式，以太网无源光网络（EPON）宜采用“手拉手”保护方式。

4. 配电网业务系统

（1）配电网业务系统主要包括地区级及以下电网调度控制系统、配电自动化系统、用电信息采集系统等。配电网各业务系统之间宜通过信息交互总线、企业中台、数据交互接口等方式，实现数据共享、流程贯通、服务交互和业务融合，满足配电网业务应用的灵活构建、快速迭代要求，并具备对其他业务系统的数据支撑和业务服务能力。

（2）110～35kV 变电站的信息采集、控制由地区及以下电网调度控制系统的实时监控功能实现，并应遵循《地区电网调度自动化设计技术规程》（DL/T 5002—2005）相关要求。在具备条件时，可适时开展分布式电源、储能设施、需求响应参与地区电网调控的功能建设。

（3）配电自动化系统是提升配电网运行管理水平的有效手段，应具备配电 SCADA（数据采集与监视控制）、馈线自动化及配电网分析应用等功能。配电自动化系统主站应遵循《配电网规划设计规程》（DL/T 5542—2018）、《配电网规划设计技术导则》（DL/T 5729—2016）相关要求，应根据各区域电网规模和应用需求进行差异化配置，合理确定主站功能模块。

（4）电力用户用电信息采集系统应遵循《电能信息采集与管理系统》（DL/T 698 系列标准）相关要求，对电力用户的用电信息进行采集、处理和实时监控，具备用电信息自动采集、计量异常监测、电能质量监测、用电分析和管理、相关信息发布、分布式能源监控、负荷控制管理、智能用电设备信息交互等功能。

5. 信息安全防护

（1）信息安全防护应满足《电力监控系统安全防护规定》（国家发展改革委 2014 年第 14 号令）、《电力监控系统网络安全防护导则》（GB/T 36572—2018）及《信息安全技术网络安全等级保护基本要求》（GB/T 22239—2019）的要求，满足安全分区、网络专用、横向隔离、纵向认证要求。

（2）位于生产控制大区的配电业务系统与其终端的纵向连接中使用无线通信网、非电力调度数据网的电力企业其他数据网，或者外部公用数据网的虚拟专用网络方式（VPN）等进行通信的，应设立安全接入区。

模块小结

通过本模块学习，应理解配电网设备选型一般要求，掌握 10kV 配电线路选型规定，掌握 10kV 配电开关设备选型要求，熟悉配电网规划设计中配电网智能终端基本要求。

思考与练习

扫码看答案

1. 10kV 配电线路选型应符合哪些规定？
2. 10kV 柱上变压器的配置应符合哪些规定？
3. 试述配电网规划设计中配电网智能终端基本要求。

配电架空线路施工

模块1 配电架空线路组成

模块说明

本模块包含配电线路用杆塔、导线、绝缘子、横担和金具。通过介绍它们的用途和材料，熟悉杆塔的作用和构造，学习导线、绝缘子、横担和金具的种类，掌握其应用要求。

一、配电线路的杆塔

架空配电线路是由导线经绝缘子串（或绝缘子）悬挂（或支撑固定）在杆塔上而构成，其主要由杆塔、导线、避雷线（也称架空地线或简称地线）、绝缘子、金具、拉线和基础等元件组成。杆塔的作用是支撑导线和避雷线，使其对大地、树木、建筑物以及被跨越的电力线路、通信线路等保持足够的安全距离，并在各种气象条件下，保证送电线路能够安全可靠地运行。

（一）按用途划分的杆塔类型

杆塔按其在架空线路中的用途可分为直线杆、耐张杆、转角杆、终端杆、分支杆和跨越杆等。

1. 直线杆

直线杆用在线路的直线段上，以支持导线、绝缘子、金具等的重力，并能够承受导线的重力和水平风力荷载，但不能承受线路方向的导线张力。它的导线用线夹和悬式绝缘子串挂在横担下，或用针式绝缘子固定在横担上。

2. 耐张杆

耐张杆主要承受导线或架空地线的水平张力，同时将线路分隔成若干耐张段（单导线送电线路的耐张段长度一般不超过 5km，10kV 耐张段长度一般不超过 2km），以便于线路的施工和检修，并可在事故情况下限制倒杆断线的范围。它的导线用耐张线夹和耐张绝缘子串或用蝶式绝缘子固定在电杆上，电杆两边的导线用弓子线连接起来。

3. 转角杆

转角杆用在线路方向需要改变的转角处，正常情况下除承受导线等垂直荷载和内角平分线方向的水平风力荷载外，还要承受内角平分线方向导线全部拉力的合力，在事故情况下还要能承受线路方向导线的重力。它有直线型和耐张型两种型式，具体采用哪种型式可根据转角的大小及导线截面积的大小来确定。

4. 终端杆

终端杆用在线路的首末两终端处，是耐张杆的一种，正常情况下除承受导线的重力和水平风力荷载外，还要承受顺线路方向导线全部拉力的合力。

5. 分支杆

分支杆用在分支线路与主配电线路的连接处，在主干线方向上它可以是直线型或耐张型杆，在分支线方向上时则需用耐张型杆。分支杆除承受直线杆塔所承受的荷载外，还要承受分支导线等垂直荷载、水平风力荷载和分支方向导线全部拉力。

6. 跨越杆

跨越杆用在跨越公路、铁路、河流和其他电力线等大跨越的地方。为保证导线具有必要的悬挂高度，一般要加高电杆。为加强线路安全，保证足够的强度，还需加装拉线。

（二）按材料划分的杆塔类型

按其所用材料不同，杆塔还可分为钢筋混凝土电杆、铁塔、钢管电杆（简称钢杆）和木杆等。钢筋混凝土电杆是配电线路中应用最为广泛的一种电杆，它由钢筋混凝土浇筑而成，具有造价低廉、使用寿命长、美观、施工方便、维护工作量小等优点。铁塔和钢杆根据结构可分为组装式铁塔和预制式钢管塔，其中组装式铁塔由各种角铁组装而成，应采用热镀锌防腐处理，组装费时；预制式钢管塔多为插接式钢杆，采用钢管预制而成，安装简便，但是比较笨重，给运输和施工带来不便。木杆在配电线路中已较少采用，本书重点介绍钢筋混凝土电杆和钢杆。

1. 钢筋混凝土电杆

（1）钢筋混凝土电杆的构造。按其制造工艺，钢筋混凝土电杆可分为普通型钢筋混凝土电杆和预应力钢筋混凝土电杆两种。按照杆的形状，又可分为等径杆和锥形杆（又称拔梢杆）。等径杆的直径通常有 300～550mm 等，杆段长度一般有 3、4.5、6、9m 四种。锥形杆的拔梢度（斜度）均为 1∶75，其规格型号由高度、梢径（一般有 100～230mm）、抗弯级别组成。电杆分段制造时，端头可采用法兰盘、钢板圈或其他接头形式。

普通锥形杆的常用规格见表 2-1。普通 ϕ 300 等径杆的常用规格见表 2-2。

表 2-1　　普通（非预应力）锥形杆常用规格

电杆长度（m）	配筋（根/直径）	直径（mm）		检验弯矩 M_0		电杆质量（kg）
		梢径	根径	级别	大小（kN·m）	
8	14/ϕ 10	150	257	C	9.68	500
8	16/ϕ 10	150	257	D	11.29	520
10	12/ϕ 12	150	283	C	12.08	700
10	16/ϕ 12	190	323	G	20.12	870

续表

电杆长度（m）	配筋（根/直径）	直径（mm）		检验弯矩 M_0		电杆质量（kg）
		梢径	根径	级别	大小（kN·m）	
12	14/ϕ 14	190	350	G	24.38	1100
12	16/ϕ 14	190	350	I	9.25	1130
15	16/ϕ 14	190	390	G	30.62	1740
15	14/ϕ 16	190	390	I	36.75	1780

表 2-2　普通（非预应力）ϕ 300 等径杆常用规格

电杆长度（m）	配筋（根/直径）	检验弯矩 M_0		电杆质量（kg）
		段别	大小（kN·m）	
4.5	14/ϕ 12	上、中、下	20	500
4.5	16/ϕ 16	上、中、下	35	533
6	12/ϕ 12	上、中、下	20	658
6	16/ϕ 12	上、中、下	25	671
6	14/ϕ 16	上、中、下	35	706
9	16/ϕ 12	上、中、下	20	980
9	16/ϕ 12	上、中、下	20	990
9	14/ϕ 16	上、中、下	35	1049

钢筋混凝土电杆的构造断面一般为环形，对盘旋在主筋外的螺旋筋直径、螺距、布置有如下要求：① 梢径不大于 190mm 的锥形杆，螺旋筋的直径采用 3.0mm；梢径大于 190mm 的锥形杆或直径不小于 300mm 的等径杆，螺旋筋的直径采用 4.0mm。② 螺旋筋必须沿杆段全长布置在主筋外围，对梢径不大于 150mm 的杆段，螺距不大于 150mm，梢径不小于 170mm 的杆段，螺距不大于 100mm，杆段无接头端的，螺旋筋应紧密缠绕 3～5 圈，且在端部 500mm 范围内螺距应控制在 50～60mm。③ 固定主筋用的架立圈间距不宜大于 1m，杆端无接头端应设置两个架立圈，并将架立圈与主筋扎结牢固。

（2）钢筋混凝土电杆标志。钢筋混凝土电杆标志有永久标志和临时标志两种。永久标志是将制造厂名或商标标记在电杆表面上，如制造日期和三米线等。临时标志用油漆写在电杆表面上，其位置略低于永久标志。

（3）钢筋混凝土电杆的保管与运输。

1）钢筋混凝土电杆的保管。电杆应按规格、型号分别堆放，堆放的场地应平整夯实。当电杆长度不大于 12m 时应采用两支点支撑堆放，杆长大于 12m 时采用三支点支撑堆放，电杆堆放支撑如图 2-1 所示。当锥形杆梢径不大于 270mm 和等径杆直径小于 400mm 时，其堆放层数一般不超过 6 层；否则不超过 4 层。电杆层与层之间应用垫木隔开，每层垫木支撑点应在同一平面上，各层垫木位置应在同一垂直线上。

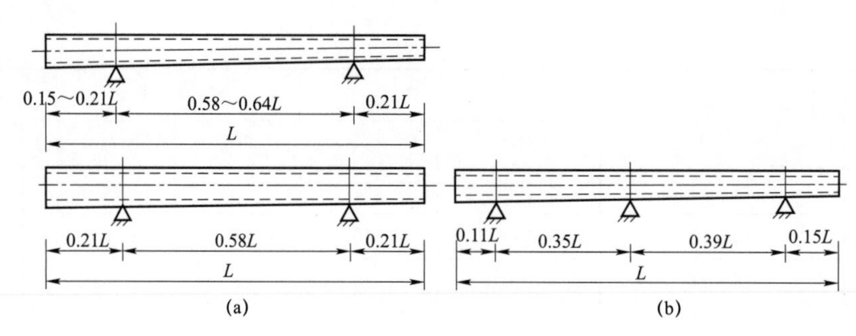

图 2－1 电杆堆放支撑示意图

（a）两支点位置；（b）三支点位置

2）钢筋混凝土电杆的运输。电杆在装卸运输时，必须捆绑固定牢固，以防止电杆在车上滚动。在装车和堆放时，支点处应套上草圈或捆扎草绳，以防碰伤，同时电杆两侧均需加斜木，上下层支点要在同一垂直线上。电杆在装卸运输中严禁相互碰撞、急剧坠落和不正确的支吊，以防止产生裂缝或使原有的裂缝扩大。

（4）杆高的确定。电杆高度可按下式确定：

$$H = t + f + D + h \pm d \tag{2-1}$$

式中：H 为电杆高度，m；t 为横担至杆顶距离，m；f 为对应选定档距的导线最大弧垂，m；D 为导线对地安全距离，m；h 为电杆埋深，m；d 为绝缘子高度（针式绝缘子取"－"，悬式绝缘子取"＋"）。

由此可见，电杆高度应由以下四个因素确定。

1）杆顶与横担所占的高度。最上层横担的中心距杆顶部距离与导线排列方式有关，水平排列时采用 0.3m，等腰三角形排列时为 0.6m，等边三角形排列时为 0.9m。同杆架设多回路时，各层横担间的垂直距离与线路电压有关，其数值不得小于表 2－3 所列数值。

表 2－3　　多回路各层横担间最小垂直距离　　（m）

线路电压	杆型	
	直线杆	分支或转角杆
10kV 间	0.8	0.45～0.6
10kV 与 380/220V 间	1.2	1.0
380/220V 间	0.6	0.3
10kV 与通信线路间	2.0	2.0
380/220V 与通信线路间	0.6	0.6

2）导线的弧垂所需高度。导线两悬挂点的连线与导线最低点间的垂直距离称为弧垂。弧垂过大容易碰线，弧垂过小则会因为导线承受的拉力过大而可能被拉断。弧垂的大小与导线截面积及材料、杆距和周围温度等因素有关。在决定电杆高度时，应按最大弧垂考虑。

3）导线与地面或跨越物最小允许距离。为保证线路安全运行，防止人身事故，导线最低点与地面或跨越物间应有一定距离，见表 2－4。

表 2-4　　导线与地面或跨越物最小允许距离　　(m)

线路经过地区	线路电压	
	10kV	380/220V
人口密集区地区	6.5	6
人口稀少地区	5.5	5
交通困难地区	4.5	4
通航河流	6	6
不通航河流	3	3
铁路（至标准轨顶）	7.5	7.5
铁路（至承力索或接触线）	3.0	3.0
公路（高速公路和一、二节公路及城市一、二级道路）	7.0	6.0

注　本表数据来源为《66kV及以下架空电力线路设计规范》(GB 50061—2010)。

4）电杆的埋深。电杆的埋深 h 可利用式（2-2）进行计算。

$$h=\frac{H}{10}+0.7 \tag{2-2}$$

2. 钢杆

钢杆由于具有杆形美观、能承受较大应力等优点，特别适用于狭窄道路、城市景观道路和无法安装拉线的地方架设。架空配电线路使用的钢杆有椭圆形、圆形、六边或十二边等多边形，多为锥形。通常情况下其斜率，直线杆一般为1∶75～1∶70，30°转角杆约为1∶65，60°转角杆约为1∶45，90°转角杆约为1∶35。钢杆按基础形式可分为法兰式和管桩式两种：法兰式钢杆长一般有11m和12.8m两种，11m钢杆可与13m钢筋混凝土电杆配合使用，12.8m钢杆可与15m钢筋混凝土电杆配合使用；管桩式钢杆长一般为12、13.8、14.2m和15m等，可与13m或15m钢筋混凝土电杆配合使用，前三种长度的钢杆多用钢管桩基础，插埋深度为1～1.4m，15m钢杆可用于混凝土基础。钢杆的梢径一般为200～260mm，常用的梢径为230mm。

（三）杆塔基础

将杆塔固定在地下部分的装置和杆塔自身埋入土壤中起固定作用部分的整体统称为杆塔的基础。杆塔的基础起支撑杆塔全部荷载的作用，并保证杆塔在运行中不发生下沉，或在受外力作用时不发生倾倒或变形。杆塔基础包括电杆基础和铁塔基础。

1. 电杆基础

钢筋混凝土电杆基础一般采用底盘、卡盘和拉线盘，统称“三盘”：底盘作用是承受混凝土电杆的垂直下压荷载以防止电杆下沉；卡盘是当电杆所需承担的倾覆力较大时，增加抵抗电杆倾倒的力量；拉线盘依靠自身重力和填土方的总合力来承受拉线的上拔力，以保持杆塔的平衡。“三盘”一般采用钢筋混凝土预制件或天然石材制造，在现场组装，预制的混凝土强度不应低于C20，表面应平整，不应有明显的缺陷，并能保证构件间或构件与铁件、螺栓之间的连接安装，加工尺寸应符合允许偏差数值。对于预应力钢筋混凝土预制件，不应有纵向及横向裂缝；普通钢筋混凝土预制件放在地平面检查时，不应有纵向裂缝，横向裂缝不应超过 0.05mm。用现浇混凝土代替卡盘时，浇注前应在杆身相应部位缠两层纸隔绝，以便拆装方便。拉线棒的安全系数不小于 3、有效直径不应小于 16mm 并采用热镀锌处理。

2. 铁塔基础

铁塔基础有混凝土和钢筋混凝土普通浇制基础、预制钢筋混凝土基础、金属基础和灌注式桩基础。

二、配电线路的导线

（一）常用裸导线

导线是用来传导电流、输送电能的元件，它通过绝缘子串长期悬挂在杆塔上。导线常年在大气中运行，长期受风、冰、雪和温度变化等气象条件影响，承受着变化拉力的作用，同时还受到空气中污物的侵蚀。因此，导线除应具有良好的导电性能外，还必须有足够的机械强度和防腐性能，并要质轻价廉。表 2-5 为常用导线材料铜、铝、钢的主要电气及机械性能。架空线路的导线应采用导电性能良好的铜线、铝线、钢芯铝绞线作传导电能用，而导电性能差但机械强度高的钢绞线则大量用作避雷线及平衡导线张力的拉线。

表 2-5　　铜、铝、钢的主要电气及机械性能

性能	铜	铝	钢
密度（g/cm^3）	8.9	2.703	7.80
抗拉强度（N/mm^2）	382	157	1244
熔点（℃）	1033	658	1530
电阻系数（20℃时，$\Omega \cdot mm^2/m$）	0.017 9	0.028 3	0.18
电阻温度系数（1/℃）	0.003 85	0.004 03	0.006

1. 裸铝导线

铝的导电性仅次于银、铜，但由于铝的机械强度较低，铝线的耐腐蚀能力差，所以，裸铝线不宜架设在化工区和沿海地区，一般用在中、低压配电线路中，而且档距一般不超过 100m 左右。常用铝绞线（JL）的性能见表 2-6。

表 2-6　　常用铝绞线（JL）性能

导线型号	计算截面积（mm^2）	股数/股径（mm）	导线外径（mm）	20℃直流电阻（Ω/km）	额定拉断力（kN）	单位长度质量（kg/km）
JL-16	16.1	7/1.71	5.13	1.781 2	3.05	44.0
JL-25	24.9	7/2.13	6.39	1.148 0	4.49	68.3
JL-35	34.4	7/2.50	7.50	0.833 3	6.01	94.1
JL-50	49.5	7/3.00	9.00	0.057 87	8.41	135.5
JL-70	71.3	7/3.60	10.8	0.401 9	11.40	195.1
JL-95	95.1	7/4.16	12.5	0.301 0	15.22	260.5
JL-120	121	19/2.85	14.3	0.237 4	20.61	333.5

续表

导线型号	计算截面积（mm^2）	股数/股径（mm）	导线外径（mm）	20℃直流电阻（Ω/km）	额定拉断力（kN）	单位长度质量（kg/km）
JL－150	148	19/3.15	15.8	0.194 3	24.43	407.4
JL－185	183	19/3.50	17.5	0.157 4	30.16	503.0
JL－240	239	19/4.00	20.0	0.120 5	38.20	657.0

注　1. 本表摘自《圆线同心绞架空导线》（GB 1179—2017）。
2. 拉断力指绞线在拉力增加的情况下，首次出现任一单（股）线断裂时的拉力。

2. 钢芯铝绞线

钢芯铝绞线是充分利用钢绞线的机械强度高和铝的导电性能好的特点，把这两种金属导线结合起来而形成。其结构特点是外部几层铝绞线包裸着内芯的1股或7股的钢丝或钢绞线，使得钢芯不受大气中有害气体的侵蚀。钢芯铝绞线由钢芯承担主要的机械应力，而由铝线承担输送电能的任务；而且因铝绞线分布在导线的外层，可减小交流电流产生的集肤效应（趋肤效应、趋表效应），提高铝绞线的利用率。钢芯铝绞线广泛地应用在高压输电线路或大跨越档距配电线路中。

导线型号第一个字母均用J，表示同心绞线。单一导线在J后面为组成导线的单线代号。组合导线在J后面为外层线（或外包线）和内层线（或线芯）的代号，二者用“/”分开。

常用钢芯铝绞线的性能见表2－7。

表2－7　　常用钢芯铝绞线性能

标称截面积（铝/钢，mm^2）	钢比（%）	单线根数		单线直径（mm）		单位长度质量（kg/km）
		铝	钢	铝	钢	
16/3	16.7	6	1	1.85	1.85	65.2
25/4	16.7	6	1	2.30	2.30	100.7
35/6	16.7	6	1	2.72	2.72	140.9
50/8	16.7	6	1	3.20	3.20	195.0
70/10	16.7	6	1	3.80	3.80	275.0
95/15	16.2	26	7	2.15	1.67	380.0
120/20	16.3	26	7	2.38	1.85	466.4
150/25	16.3	26	7	2.70	2.10	600.5
185/25	13.0	24	7	3.15	2.10	705.5
240/30	13.0	24	7	3.60	2.40	921.5

注　本表摘自《圆线同心绞架空导线》（GB 1179—2017）。

3. 镀锌钢绞线

镀锌钢绞线机械强度高，但是导电性能及抗腐蚀性能差，不宜用作电力线路导线。目前，镀锌钢绞线用来作避雷线、拉线以及集束低压绝缘导线和架空电缆的承力索用。钢绞线按断面结构分为1×3、1×7、1×19、1×37四种。钢绞线内钢丝钵层级别分为A、B、C

三级。

产品表示示例：JG3A－35－7 表示由 7 根 A 级镀层 3 级强度镀锌钢线绞制成的镀锌钢绞线，钢线的标称截面积为 35mm²。结构 1×7、公称直径 9.0mm、抗拉强度 1670MPa、B 级锌层的钢绞线标记为 1×7－9.0－1670－B。

配电线路中常用镀锌钢绞线的性能见表 2－8。

表 2－8　常用镀锌钢绞线性能

标称截面积（mm²）	单线根数	计算面积（mm²）	直径（mm）		单位长度质量（kg/km）	额定拉断力（kg）					20℃直流电阻（Ω/km）
			单线	绞线		JG1A	JG2A	JG3A	JG4A	JG5A	
25	7	26.6	2.20	6.60	209.3	35.66	38.58	43.11	49.76	52.15	7.2793
35	7	37.2	2.60	7.80	292.4	48.69	52.40	59.09	67.64	70.99	5.2118
50	7	49.5	3.00	9.00	389.2	64.82	69.77	78.67	90.05	94.51	3.9146
80	7	79.4	3.80	11.4	624.5	102.4	109.6	120.7	136.5	144.5	2.4399
90	7	88.0	4.00	12.0	692.0	113.5	121.4	133.7	151.3	160.1	2.2020
125	19	125	2.90	14.5	991.8	164.4	177.0	199.5	228.4	239.7	1.5506

4. 铝合金绞线

铝合金含有 98%的铝和少量的镁、硅、铁、锌等元素，它的密度与铝基本相同，导电率与铝接近，与相同截面积的铝绞线相比机械强度高，也是一种比较理想的导线材料。但铝合金线的耐振性能较差，不宜在大档距的架空线路上使用。

产品表示示例：JLHAl－400－37 表示由 37 根 LHAl 型铝合金线绞制成的铝合金绞线，其标称截面积为 400mm²。

（二）架空绝缘导线（或称架空绝缘电缆）

目前，在架空配电线路中广泛地采用架空绝缘线。相对裸导线而言，采用架空绝缘导线的配电线路运行的稳定性和供电可靠性要好于裸导线配电线路，且线路故障明显降低；线路与树木的矛盾问题基本得到解决，同时也降低了维护工作量，提高了线路运行的安全可靠性。

1. 架空绝缘导线的主要特点

（1）与用裸导线架设的线路相比，绝缘导线电力线路主要优点有：

1）有利于改善和提高配电系统的安全可靠性，减少人身触电伤亡危险，防止外物引起的相间短路，减少双回或多回线路时的停电次数，减少维护工作量，减少了因检修而停电的时间，提高了线路的供电可靠性。

2）有利于城镇建设和绿化工作，减少线路沿线树木的修剪量。

3）可以简化线路杆塔结构，甚至可沿墙敷设，既节约了线路材料，又美化了环境。

4）节约了架空线路所占空间。缩小了线路走廊，与架空裸线相比较，线路走廊可缩小 1/2。

5）减少线路电能损失，降低电压损失，线路电抗仅为普通裸导线线路电抗的 1/3。

6）减少导线腐蚀，因而相应提高线路的使用寿命和配电可靠性。

7）降低了对线路支持件的绝缘要求，提高同杆线路回路数。

（2）绝缘导线电力线路的主要缺点是：架空绝缘导线的允许载流量比裸导线小，易遭受雷电流侵害，由于加上塑料层以后，导线的散热较差；因此，架空绝缘导线通常选型时应比平时提高一个档次，这样就导致线路的单位造价高于裸导线。

2. 架空绝缘导线的型号

表示架空绝缘导线的型号特征的符号主要由三部分组成。

第一部分表示系列特征代号，主要有：JK——中、高压架空绝缘线（或电缆）；J——低压架空绝缘线。

第二部分表示导体材料特征代号，主要有：T——铜导体（可省略不写）；L——铝导体；LH——铝合金导体。

第三部分表示绝缘材料特征代号，主要有：V——聚氯乙烯绝缘；Y——聚乙烯绝缘；YJ——交联聚乙烯绝缘。

3. 架空绝缘导线的规格

（1）线芯。架空绝缘导线有铝芯和铜芯两种。在配电网中，铝芯应用比较多，铜芯线主要是作为变压器及开关设备的引下线。

（2）绝缘材料。架空绝缘导线的绝缘保护层有厚绝缘（3.4mm）和薄绝缘（2.5mm）两种。厚绝缘的导线运行时允许与树木频繁接触，薄绝缘的导线只允许与树木短时接触。绝缘保护层又分为交联聚乙烯和轻型聚乙烯，交联聚乙烯的绝缘性能更优良。

目前，在我国配电线路中常用的低压架空绝缘导线主要有表 2－9 中的几种型号；常用的 10kV 架空绝缘导线有表 2－10 中的几种型号。

表 2－9　　常用低压架空绝缘导线的型号

编号	型号	名称	主要用途
1	JV	铜芯聚氯乙烯绝缘线	架空固定敷设，下、接户线等
2	JLV	铝芯聚氯乙烯绝缘线	
3	JY	铜芯聚乙烯绝缘线	
4	JLY	铝芯聚乙烯绝缘线	
5	JYJ	铜芯交联聚乙烯绝缘线	
6	YLYJ	铝芯交联聚乙烯绝缘线	

表 2－10　　常用 10kV 架空绝缘导线的型号

型号	名称	常用截面积（mm^2）	主要用途
JKTRYJ	软铜芯交联聚乙烯架空绝缘导线	35～70	架空固定敷设，下、接户线等
JKLYJ	铝芯交联聚乙烯架空绝缘导线	35～300	
JKTRY	软铜芯聚乙烯架空绝缘导线	35～70	
JKLY	铝芯聚乙烯架空绝缘导线	35～300	
JKLYJ/Q	铝芯轻型交联聚乙烯薄架空绝缘导线	15～300	
JKLY/Q	铝芯轻型聚乙烯薄架空绝缘导线	35～300	

三、绝缘子

（一）绝缘子的类型

架空电力线路的导线是利用绝缘子和金具连接固定在杆塔上的。用于导线与杆塔绝缘的绝缘子在运行中不但要承受工作电压的作用，还要受到过电压的作用，同时还要承受机械力的作用及气温变化和周围环境的影响，所以绝缘子必须有良好的绝缘性能和一定的机械强度。通常，绝缘子的表面被做成波纹形的，这是因为：① 可以增加绝缘子的爬电距离（又称泄漏距离），同时每个波纹又能起到阻断电弧的作用；② 当下雨时，从绝缘子上流下的污水不会直接从绝缘子上部流到下部，避免形成污水柱造成短路事故，起到阻断污水水流的作用；③ 当空气中的污秽物质落到绝缘子上时，由于绝缘子波纹凹凸不平，污秽物质将不能均匀地附在绝缘子上，在一定程度上提高了绝缘子的抗污能力。

绝缘子按照材质分为瓷绝缘子、玻璃绝缘子和合成绝缘子三种。

（1）瓷绝缘子。具有良好的绝缘性能、抗气候变化的性能、耐热性和组装灵活等优点，被广泛用于各种电压等级的线路。金属附件连接方式分球型和槽型两种，在球型连接构件中用弹簧销子锁紧，在槽型结构中用销钉加用开口销锁紧。瓷绝缘子是属于可击穿型的绝缘子。

（2）玻璃绝缘子。用钢化玻璃制成，具有产品尺寸小、质量轻、机电强度高、电容大、热稳定性好、老化较慢、寿命长、“零值自破”、维护方便等特点。玻璃绝缘子主要是由于自破而报废，一般多在运行的第一年发生，而瓷绝缘子的缺陷要在运行几年后才开始出现。

（3）合成绝缘子。又名复合绝缘子，它由棒芯、伞盘及金属端头（铁帽）三个部分组成：① 棒芯一般由环氧玻璃纤维棒玻璃钢棒制成，抗张强度很高，是合成绝缘子机械负荷的承载部件，同时又是内绝缘的主要部件；② 伞盘以高分子聚合物如聚四氯乙烯、硅橡胶等为基体添加其他成分，经特殊工艺制成，伞盘表面为外绝缘给绝缘子提供所需要的爬电距离；③ 金属端头用于导线杆塔与合成绝缘子的连接，根据荷载的大小采用可锻铸铁、球墨铸铁或钢等材料制造而成。为使棒芯与伞盘间结合紧密，在它们之间加一层黏结剂和橡胶护套。合成绝缘子具有抗污闪性强、强度大、质量轻、抗老化性好、体积小、质量轻等优点。但合成绝缘子承受的径向（垂直于中心线）应力很小，因此，使用于耐张杆的绝缘子严禁踩踏，或承受任何形式的径向荷载，否则将导致折断；运行数年后还会出现伞裙变硬、变脆的现象，或者容易被鼠等动物咬噬而导致损坏。

（二）架空配电线路常用绝缘子

架空配电线路常用的绝缘子有针式瓷绝缘子、柱式瓷绝缘子、悬式瓷绝缘子、蝴蝶式瓷绝缘子、棒式瓷绝缘子、拉线瓷绝缘子、瓷横担绝缘子、放电箝位瓷绝缘子等。低压线路用的低压瓷绝缘子有针式和蝴蝶式两种。

（1）针式瓷绝缘子。针式瓷绝缘子主要用于直线杆和角度较小的转角杆支持导线，分为高压、低压两种，针式瓷绝缘子如图 2-2 所示。针式绝缘子的支持钢脚用混凝土浇装在瓷件内，形成“瓷包铁”内浇装结构。

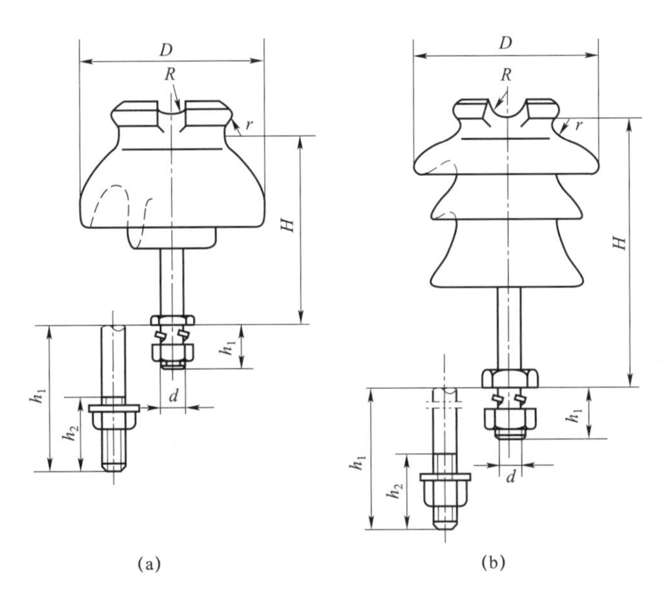

图2–2　针式瓷绝缘子示意图

（a）低压；（b）高压

（2）柱式瓷绝缘子。柱式瓷绝缘子的用途与针式瓷绝缘子基本相同。柱式瓷绝缘子的绝缘瓷件浇装在底座铁靴内，形成“铁包瓷”外浇装结构，柱式瓷绝缘子如图2–3所示。但采用柱式绝缘子时，架设直线杆导线转角不能过大，侧向力不能超过柱式绝缘子允许抗弯强度。

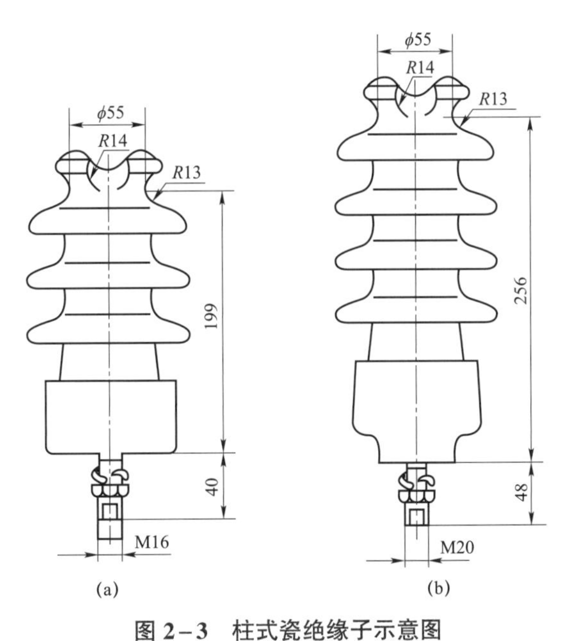

图2–3　柱式瓷绝缘子示意图

（a）PS–15/3.0型；（b）PS–20/5.0型

（3）悬式瓷绝缘子。悬式瓷绝缘子（俗称吊瓶）如图 2-4 所示，主要用于架空配电线路耐张杆，一般低压线路采用一片悬式绝缘子悬挂导线，10kV 线路采用两片组成绝缘子串悬挂导线。悬式绝缘子金属附件的连接方式分球窝型和槽型两种。

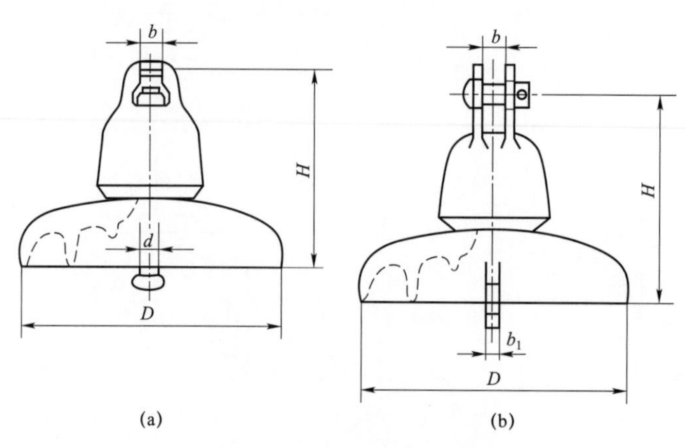

图 2-4　悬式瓷绝缘子示意图

（a）球窝型；（b）槽型

（4）蝴蝶式瓷绝缘子。蝴蝶式瓷绝缘子（俗称茶台瓷瓶），分为高压、低压两种。在 10kV 线路上，蝴蝶式瓷绝缘子与悬式瓷绝缘子组成“茶吊”，用于小截面导线耐张杆、终端杆或分支杆等，或在低压线路上作为直线或耐张绝缘子。

（5）棒式瓷绝缘子。棒式瓷绝缘子又称瓷拉棒，是一端或两端外浇装钢帽的实心瓷体，或纯瓷拉棒。棒式瓷绝缘子如图 2-5 所示。

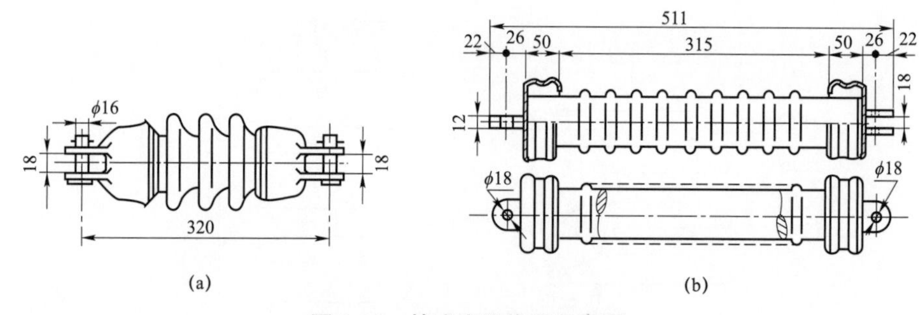

图 2-5　棒式瓷绝缘子示意图

（a）SL-10/20 型；（b）XS-10/2T 型

（6）拉线瓷绝缘子。拉紧瓷绝缘子又称拉线圆瓷，一般用于架空配电线路的终端、转角、断连杆等穿越导线的拉线上，使下部拉线与上部拉线绝缘。

（7）瓷横担绝缘子。是一端外浇装金属附件的实心瓷件，一般用于 10kV 线路直线杆。

（8）放电箝位瓷绝缘子。放电箝位瓷绝缘子的底部与柱式瓷绝缘子基本相同，绝缘瓷件浇装在底座铁靴内，形成“铁包瓷”外浇装结构，其顶部绝缘瓷件浇装在铁帽内，铁帽上安装有铝制压板。

（三）绝缘子检验

（1）出厂检验。出厂绝缘子应逐个进行外观质量、尺寸偏差检查。此外，进行逐个试验还应包含高压绝缘子工频火花电压试验（外胶装式除外）、悬式绝缘子拉伸负荷试验、瓷横担绝缘子单向弯曲负荷试验、柱式瓷绝缘子四向弯曲耐受负荷试验。试验负荷为额定（机电）破坏负荷的 50%。

（2）现场检验。绝缘子经过长途运输后其质量必定会受到影响，应在发运施工现场前，每批抽 5%的数量进行工频耐压试验，试验值大约为制造厂规定的闪络电压值或耐受电压的 90%，持续 1min 不损坏。有条件的单位宜对绝缘子逐只进行工频耐压试验。

（3）绝缘子的技术质量要求。

1）绝缘子的质量应符合《标称电压高于 1000V 的架空线路绝缘子　第 1 部分：交流系统用瓷或玻璃绝缘子元件　定义、试验方法和判定准则》（GB/T 1001.1—2003）的规定。

2）瓷件颜色必须符合设计要求，瓷件釉面应光滑、无裂纹、缺釉、斑点、烧痕、气泡或瓷釉烧坏等缺陷。

3）瓷件不应有生烧、过火和氧化起泡现象。

4）绝缘子及瓷横担绝缘子应进行外观检查，且应符合下列规定：① 悬式瓷绝缘子的钢帽、球头与瓷件三者的轴心应在同一轴心上，不应有明显的歪斜，三者的胶装结合应牢固，不应有松动，浇结的水泥表面应无裂纹；② 钢帽不得有裂纹，球头不得有裂纹和弯曲，镀锌应良好，无锌皮剥落、锈蚀现象；③ 悬式瓷绝缘子的弹簧销子规格必须符合设计要求，销子表面应无生锈、裂纹等缺陷，并具有一定的弹性；④ 在起晕电压要求较高的绝缘子及其包装上，均应有制造厂家的特殊标志；⑤ 钢化玻璃件上不应有影响性能的折痕、气泡、杂质等缺陷。

四、横担

横担用于支持绝缘子、导线及柱上配电设备，保护导线间有足够的安全距离。因此，横担要有一定的强度和长度。按材质的不同，横担可分为铁横担、木横担和陶瓷横担、复合绝缘横担等，以下主要介绍铁横担和复合绝缘横担。

（一）铁横担

铁横担一般采用等边角钢制成，要求热镀锌，锌层厚度推荐不小于 60μm。因其为型钢，造价较低，且便于加工，所以使用最为广泛。

（1）常用铁横担规格。10kV 架空线路上常用铁横担规格为 63mm×63mm×6mm 的角钢，在需要架设大跨越线路、双回线路或安装较重的开关设备时，也可采用 75mm×75mm×7.5mm、80mm×80mm×8mm、90mm×90mm×9mm、100mm×100mm×10mm 等规格的角钢。为统一规范，在低压架空线路上常用 63mm×63mm×6mm 的角钢，也可采用 50mm×50mm×5mm 的角钢。为便于施工管理，横担规格尺寸应统一，并系列化。

（2）横担组合。根据受力情况不同，横担可分为直线型、耐张型和终端型等。直线型横担只承受导线的垂直荷载，耐张型横担主要承受两侧导线的拉力差，终端型横担主要承受导线的最大允许拉力。耐张型横担、终端型横担根据导线的截面积，一般应为双担，当架设大截面导线或大跨越档距时，双担平面间应加斜撑板，或采用梭形双横担。当横担向一侧偏支架设导线、架设断路器等设备或架设的导线有角度时，应加支撑斜戗（角戗）支撑。

（3）铁横担材料检验：

1）用于制造横担等的原材料，应具有出厂合格证书。

2）生产厂应提供同一类型横担符合有关规定的受力检验报告。

3）尺寸检验，长度误差小于±5mm，安装孔距误差小于±2mm。

4）热镀锌检验，锌层厚度符合要求，锌层应均匀，不得有漏镀、黄点、锌刺、锌渣。

（二）复合绝缘横担

1. 主要构成

10kV 复合绝缘横担由承受负荷的、具有一定规则几何形状截面的实心绝缘芯体、外套和固定在绝缘芯体上的端部附件构成，适用于 10kV 配电线路，起到承受机械负荷（弯曲、扭转、拉伸、压缩）和电气绝缘的作用，截面形状包括方形、T 形等。复合绝缘横担外观如图 2-6 所示。

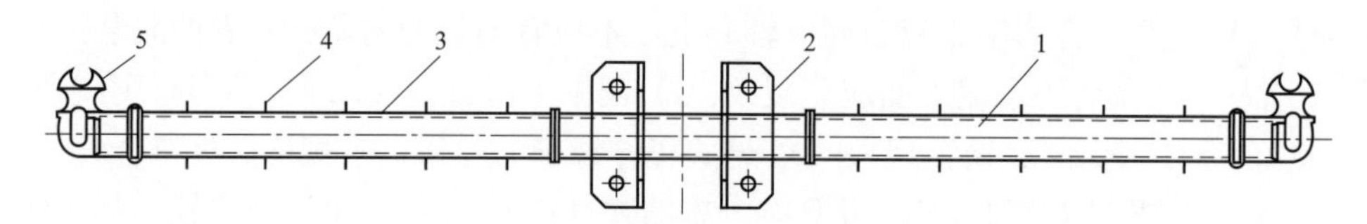

图 2-6 复合绝缘横担外观示意图

1—芯体；2—电杆端附件；3—外套；4—伞裙；5—导线端附件

（1）芯体。为复合绝缘横担的内部绝缘件，同时用来保证复合绝缘横担的机械性能，通常由树脂浸渍玻璃纤维制成。

（2）外套。包括伞裙和护套，可以采用硅橡胶或其他高分子有机材料，避免芯体受环境腐蚀。

（3）端部附件。构成复合绝缘横担的部件装置，用于将复合绝缘横担连接到支撑构件或金属导体上。

2. 安装布置

复合绝缘横担的安装应尽可能接近复合绝缘横担的实际运行情况，可以垂直或水平安装。安装时应注意以下事项：

（1）轻拿轻放，不应投掷，避免与异物碰撞、摩擦。

（2）起吊时绳结要打在金属附件上，禁止直接在伞套上绑扎。

（3）避免踩踏复合绝缘横担伞套。

（4）应按相关标准安装固定金属附件。

（5）应避免不规范安装造成材料损伤。

3. 更换原则

每年雷雨季节前，应重点对复合绝缘横担检查和维护，若复合绝缘横担出现以下情况，应进行更换。

（1）硅橡胶脆化。

（2）憎水性下降至 HC6 级或永久消失。

（3）护套受损危及芯体。

（4）伞裙或护套大量破损或出现严重烧蚀。

（5）横担各连接部位密封失效，出现裂缝和滑移。

（6）经检测，发现不满足安全运行要求。

（7）红外测温结果异常。

五、金具

（一）常用金具的类型

在架空配电线路中，用于连接、紧固导线的金属器具，具备导电、承载、固定的金属构件，统称为金具。按其性能和用途，金具可分为线夹类金具、连接金具、接续金具和防护金具等。

1. 线夹类金具

（1）耐张金具（耐张线夹）。耐张金具的用途是把导线固定在耐张、转角、终端杆的悬式绝缘子串上，按其结构和安装条件可分为楔型、螺栓型、预绞丝（无螺栓）型等。

1）开口楔型耐张金具，安装导线时较为便利，适用于绝缘线剥除绝缘层后安装（可防止雷击断线），并外加绝缘罩，开口楔型耐张线夹如图 2-7 所示。用于铜绞线、或绝缘铜绞线时，线夹一般采用可锻铸铁，楔子采用黄铜制造。用于铝绞线或绝缘铝绞线时，线夹及楔子采用高强度铝合金制造。

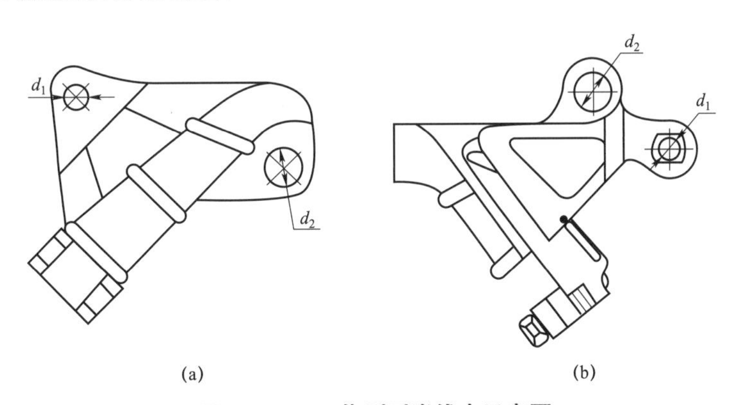

图 2-7　开口楔型耐张线夹示意图

（a）NET 型；（b）NEL 型

2）螺栓型耐张金具的本体和压板由可锻铸铁制造，由于其造价较低，被广泛应用，适用于线路终端或电流不流经线夹的场合，螺栓型耐张线夹（可锻铸铁）如图 2-8 所示。螺栓型铝合金耐张线夹采用高强度铝合金制造，具有节能效果，如图 2-9 所示。

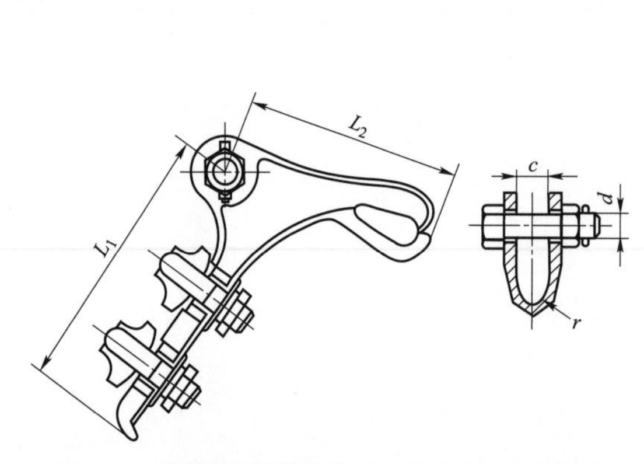

图 2-8　螺栓型耐张线夹（可锻铸铁）示意图

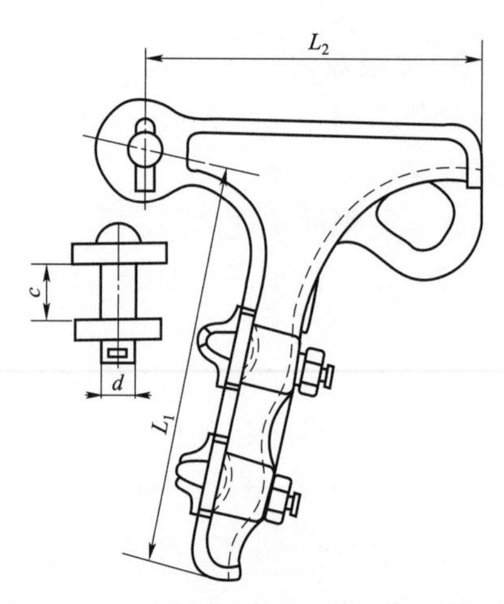

图 2-9　螺栓型铝合金耐张线夹示意图

3）预绞式耐张金具，其结构为预绞丝双腿绞合形成空管，折弯部预成型绞环，预绞式耐张线夹如图 2-10 所示。预绞丝缠绕在导线上，借助于材料的弹性及收紧力，越拽越紧，不产生滑移。绞环套在心形环上，与悬式绝缘子连接。一般预绞式耐张线夹的旋向与绞线的旋向一致，为右旋，为增大摩擦力一般粘有石英砂。用于 10kV 绝缘导线的预绞式耐张线夹，采用镀锌钢丝制成，可直接安装在绝缘导线外绝缘层上。用于铝绞线的预绞式耐张线夹是采用高强度铝合金单丝导线加工而成，用于钢绞线拉线的预绞式耐张线夹采用镀锌钢丝制成。

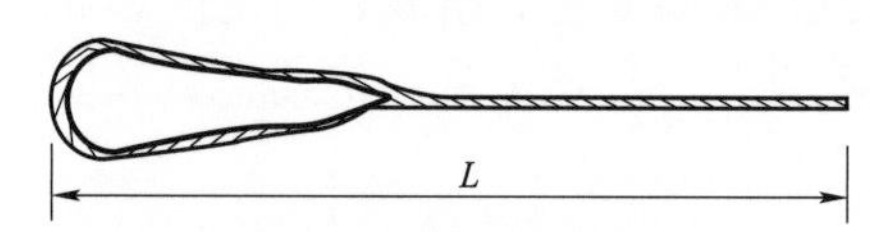

图 2-10　预绞式耐张线夹示意图

4）拉线楔型耐张金具和拉线楔型 UT 耐张金具（可调线夹）分别如图 2-11 和图 2-12 所示。这两种线夹主要用于安装拉线、避雷线。楔体、楔子采用黑心可锻铸铁制造，U 型螺栓采用不低于 Q235 钢制造，全部热镀锌处理。

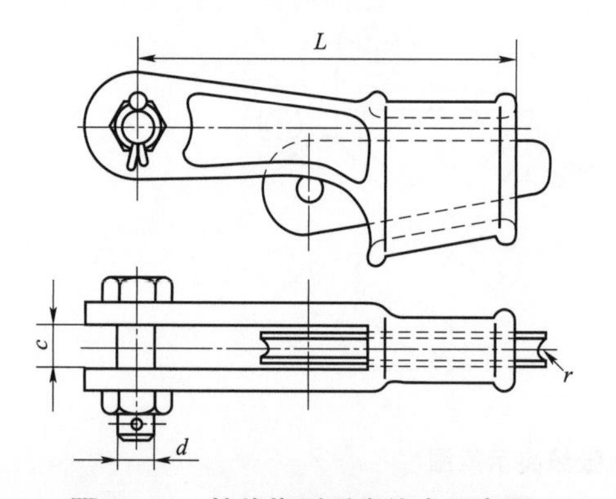

图 2-11　拉线楔型耐张线夹示意图

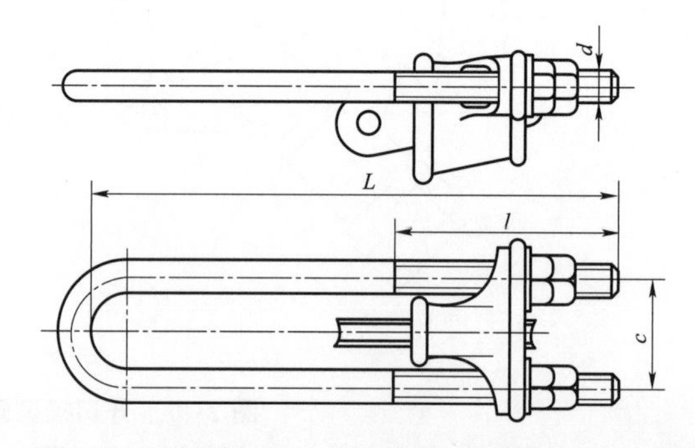

图 2-12　拉线楔型 UT 耐张线夹（可调线夹）示意图

（2）接触金具（设备线夹）：

1）压缩型设备端子。压缩型设备端子一般采用液压施工，应有良好的电气接触性能，适用于永久性接续，适用导线为常规导线。端子板一般在制造厂不钻孔，而安装时现场配钻，如果接续设备有明确统一的规定，可要求在工厂配钻，还可以根据需要将端子板配置成双孔板。压缩型铝设备端子如图 2－13 所示，材质一般采用铝管压制。压缩型铜设备端子如图 2－13 所示，一般采用纯铜制造。压缩型铜铝过渡设备端子如图 2－14 所示，铜铝过渡采用摩擦焊、闪光焊接。

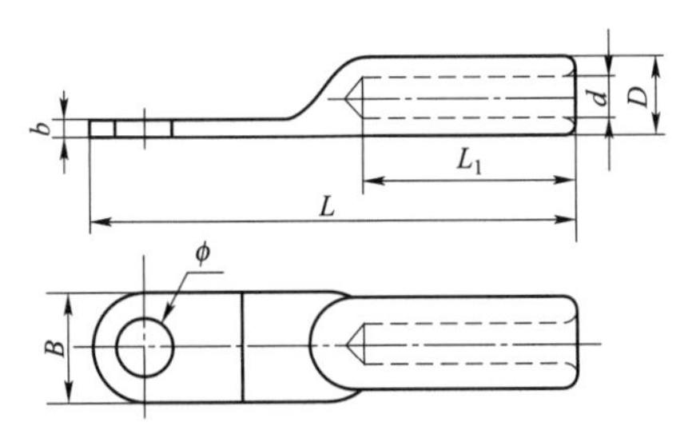

图 2－13　压缩型铝或铜设备端子示意图

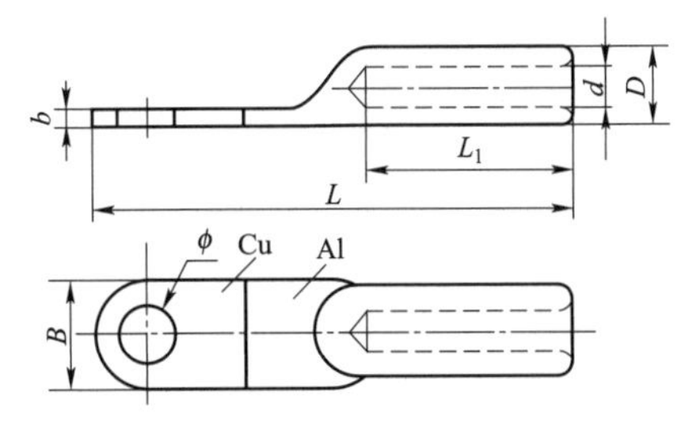

图 2－14　压缩型铜铝过渡设备线夹示意图

2）螺栓型铜铝设备线夹。螺栓型铜铝设备线夹如图 2－15 所示。

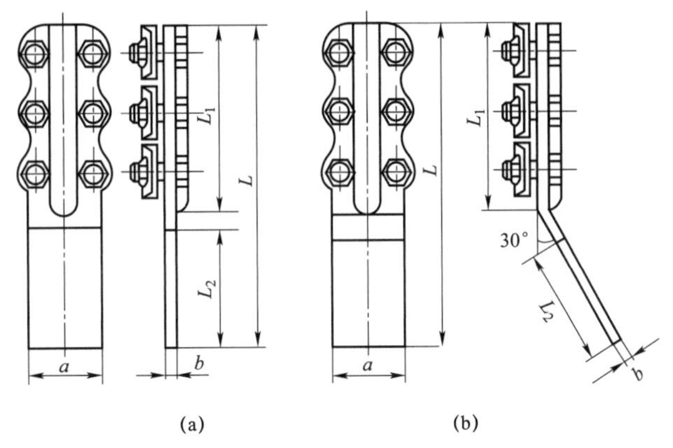

图 2－15　螺栓型铜铝设备线夹示意图

（a）A 型；（b）B 型

3）抱杆式设备线夹。抱杆式（或称螺栓转换式）设备线夹如图 2－16 所示。该线夹用于变压器二次出线螺杆或柱上开关设备螺杆转接导线，线夹可抱紧螺杆，防止线夹发热。该线夹一般采用 T1 纯铜制造。

2. 连接金具

连接金具主要用于耐张线夹、悬式绝缘子（槽型和球窝型）、横担等之间的连接。与槽型悬式绝缘子配套的连接金具可由 U 型挂环、平行挂板等组合。与球窝型悬式绝缘子配套的连接金具可由直角挂板、球头挂环、碗头挂板等组合。金具的破坏荷载均不应小于该金具型号的标称荷载值，7 型不小于 70kN，10 型不小于 100kN，12 型不小于 120kN 等。所有黑色金

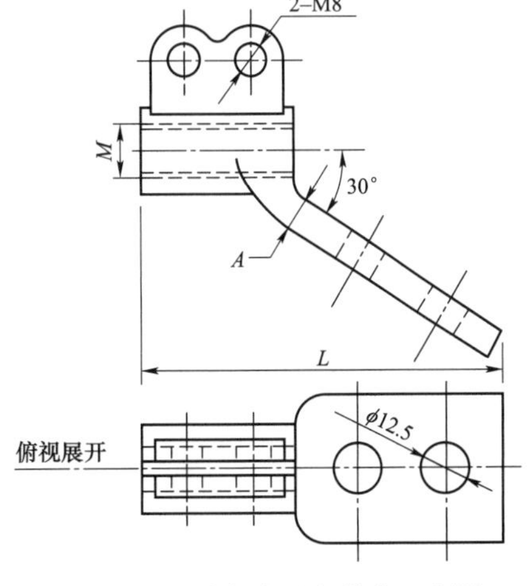

图 2－16　抱杆式设备线夹示意图

属制造的连接金具及紧固件均应热镀锌。

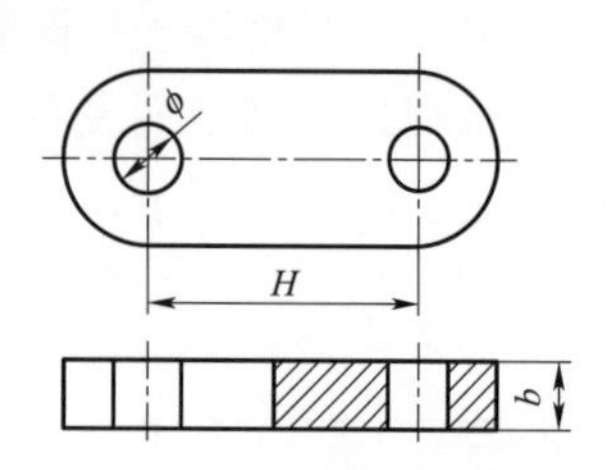

图 2-17　PD 型平行挂板示意图

（1）平行挂板。平行挂板用于连接槽型悬式绝缘子，以及单板与单板、单板与双板的连接，仅能改变组件的长度，而不能改变连接方向。单板（PD 型）平行挂板如图 2-17 所示，多用于与槽型绝缘子配套组装。双板（P 型）平行挂板用于与槽型悬式绝缘子组装，以及与其他金具连接，如图 2-18 所示。三腿（PS 型）平行挂板用于槽型悬式绝缘子与耐张线夹的连接、双板与单板的过渡连接等，如图 2-19 所示。

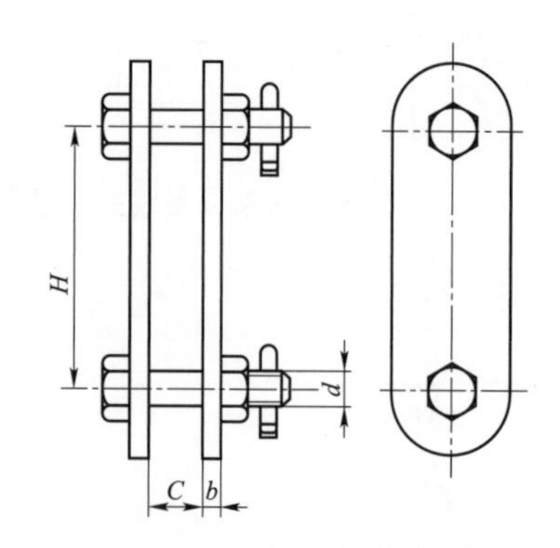

图 2-18　P 型平行挂板示意图

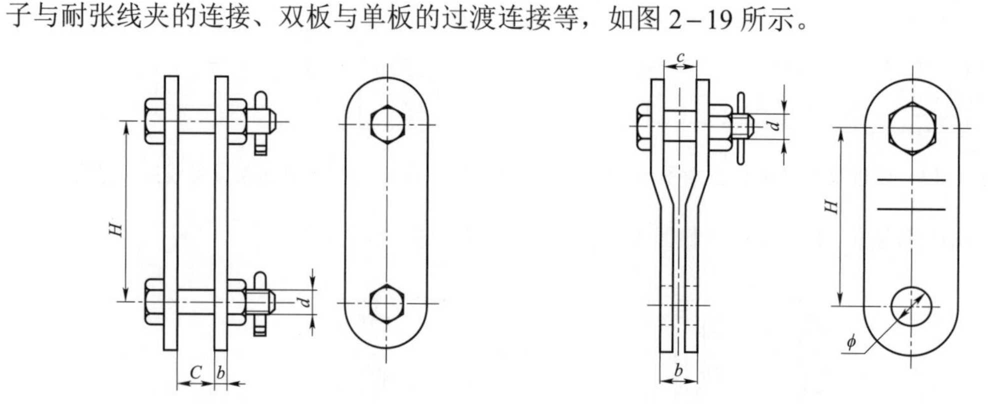

图 2-19　PS 型平行挂板示意图

（2）U 型挂环。U 型挂环是用圆钢锻制而成，如图 2-20 所示，一般采用 Q235A 钢材锻造而成。加长 U 型挂环的型号为 UL 型，如图 2-21 所示，主要用于与楔型线夹配套。

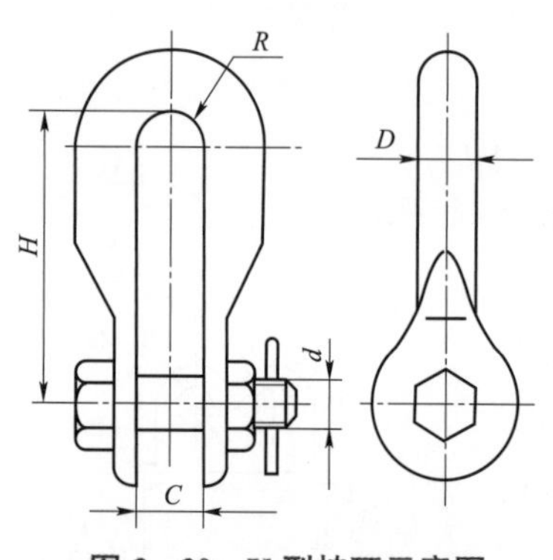

图 2-20　U 型挂环示意图

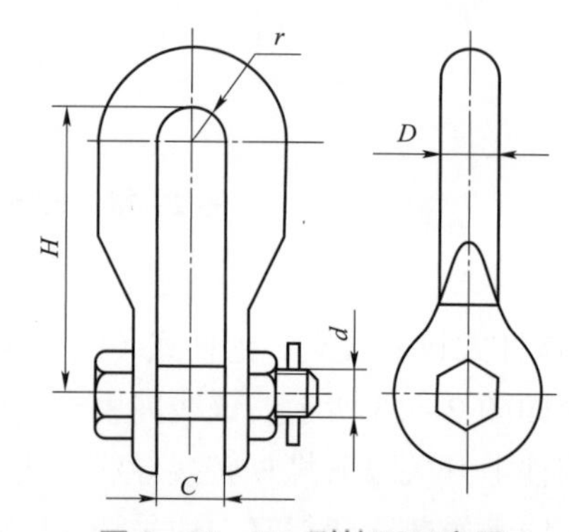

图 2-21　UL 型挂环示意图

（3）球头挂环。球头挂环的钢脚侧用来与球窝型悬式绝缘子上端钢帽的窝连接，球头挂环侧根据使用条件分为圆环接触和螺栓平面接触两种，与横担连接，如图 2-22 所示。

（4）碗头挂板。碗头挂板如图 2-23 所示。碗头侧用来连接球窝型悬式绝缘子下端的钢脚（又称球头），挂板侧一般用来连接耐张线夹等。单联碗头挂板一般适用于连接螺栓型耐张线夹，为避免耐张线夹的跳线与绝缘子瓷裙相碰，可选用长尺寸的 B 型。双联碗头挂板一般适用于连接开口楔型耐张线夹。

（5）直角挂板。直角挂板的连接方向互成直角，一般采用中厚度钢板经冲压弯曲而成，常用为 Z 型挂板，如图 2-24 所示。

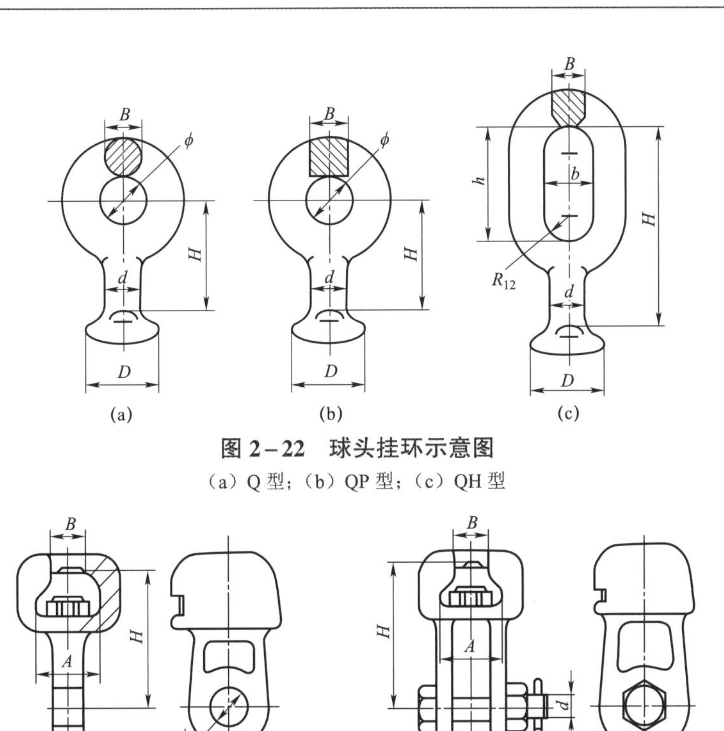

图 2－22　球头挂环示意图

（a）Q 型；（b）QP 型；（c）QH 型

图 2－23　碗头挂板示意图

（a）单联（W 型）；（b）双联（WS 型）

3. 接续金具

导线接续金具按是否承力可分为非承力接续金具和承力接续金具两类，按施工方法又可分为液压、钳压、螺栓接续及预绞式螺旋接续金具等，按接续方法可分为对接、搭接、绞接、插接、螺接等。

（1）非承力接续金具：

1）C 型楔型线夹如图 2－25 所示。C 型线夹的弹性可使导线与楔块间产生恒定的压力，保证电气接触良好。一般采用铝合金制造，可用于主线为铝绞线、分支线为铝绞线或铜绞线的接续。该类型线夹可预制引流环作为中压架空绝缘线接地环用，除引流环裸露外，线夹其他部分可用绝缘自粘带包封。

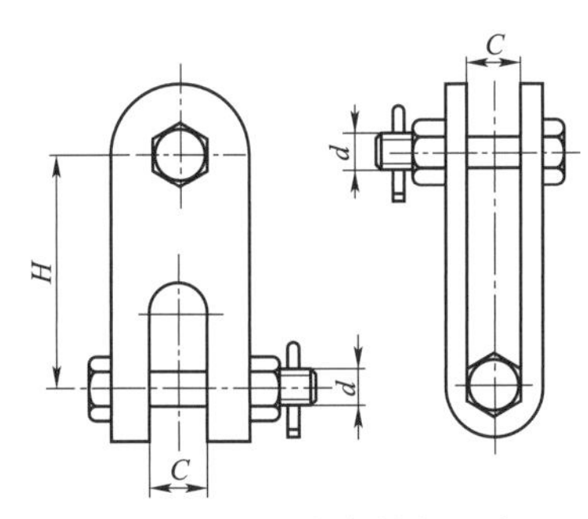

图 2－24　Z 型直角挂板示意图

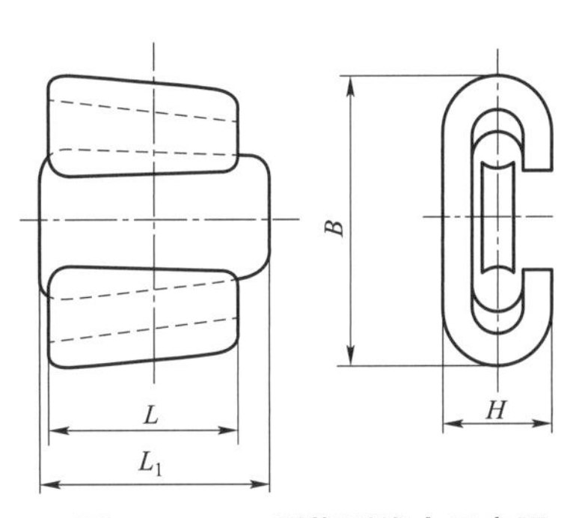

图 2－25　C 型楔型线夹示意图

2）接续液压 H 型线夹如图 2－26 所示。一般采用 L3 热挤压型材制造，用作永久性接续等径或不等径的铝绞线，亦可用于主线为铝绞线、分支线为铜绞线的接续，接触面预先进行金属过渡处理。安装时，使用液压机及专用配套模具压缩成椭圆形。

3）液压 C 型线夹如图 2－27 所示。一般采用 T1 铜热挤压型材制造，用作铜绞线主线与引下线的永久性的接续、铜绞线接户线与铜进户线的接续。安装时，使用液压机及专用配套模具，压缩成椭圆形。为保证机械强度，也可制成“6”字型等。

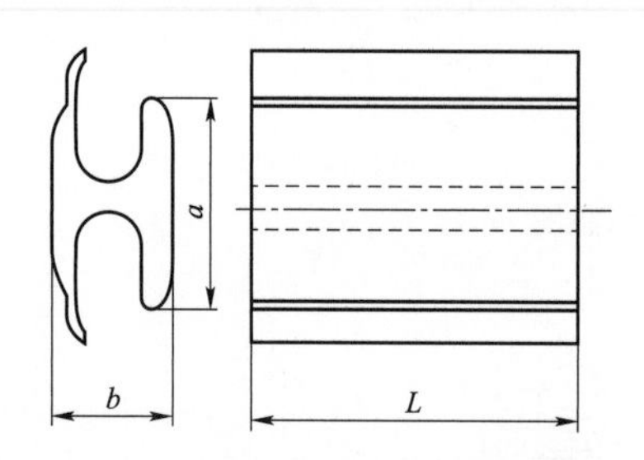

图 2－26　接续液压 H 型线夹示意图

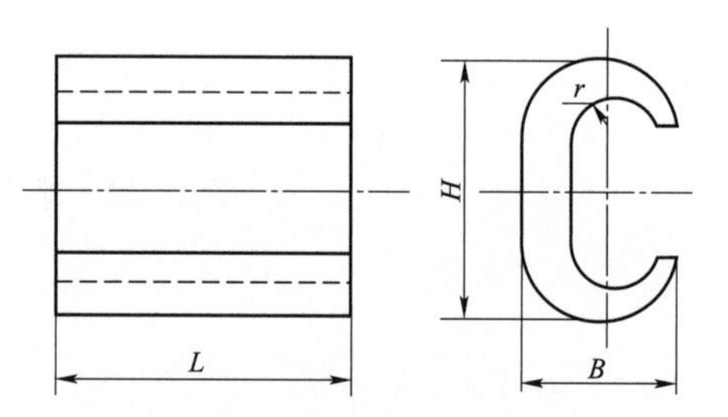

图 2－27　液压 C 型线夹示意图

4）铝绞线、钢芯铝绞线用铝异径并沟线夹如图 2－28 所示。适用于中小截面的铝绞线、钢芯铝绞线在不承受全张力的位置上的连接，可接续等径或异径导线。线夹、压板、垫瓦均采用热挤压型材制成，紧固螺栓、弹簧垫圈等应热镀锌。根据材料的性能，铝压板应有足够的厚度，以保证压板的刚性。压板应单独配置螺栓。

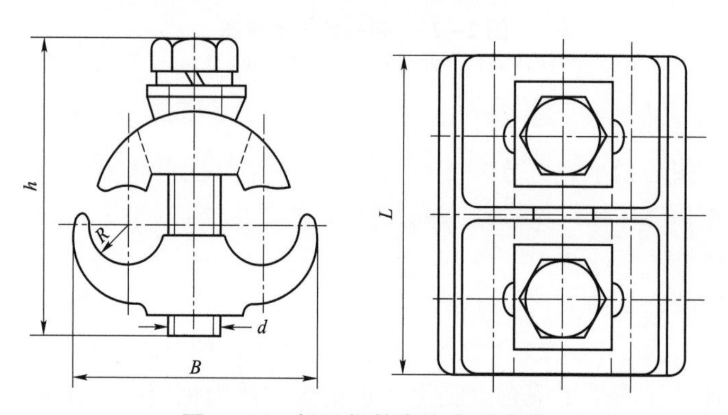

图 2－28　铝异径并沟线夹示意图

5）铜绞线用铜异径并沟线夹一般采用 T1 铜热挤压型材制造，尺寸基本与铝绞线用异径并沟线夹相同。

6）铜铝过渡异径并沟线夹如图 2－29 所示。铜铝过渡采用摩擦焊接或闪光焊接。

7）接户线过渡线夹如图 2－30 所示。线夹由铜铝过渡板和铝压板组成，铜铝过渡板的上端为铝板、下端为铜板，铜铝过渡采用闪光焊接或摩擦焊接。铝压板应有足够的厚度，以保证压板的刚性。线夹适用于线路为铝绞线、接户线为小截面铜绞线的场所。

8）穿刺线夹适用于绝缘导线采用带电作业施工，并有利于绝缘防护。低压穿刺线夹如图 2－31 所示。中压穿刺线夹如图 2－32 所示。一般配置扭力螺母，设计为扭断螺母时应紧固到位。

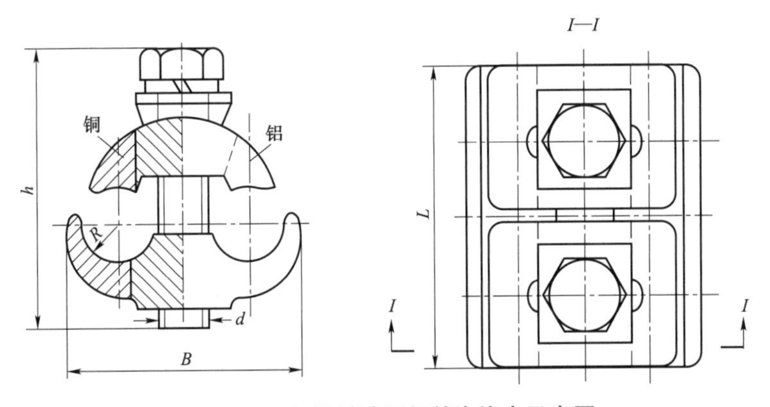

图 2-29　铜铝过渡异径并沟线夹示意图

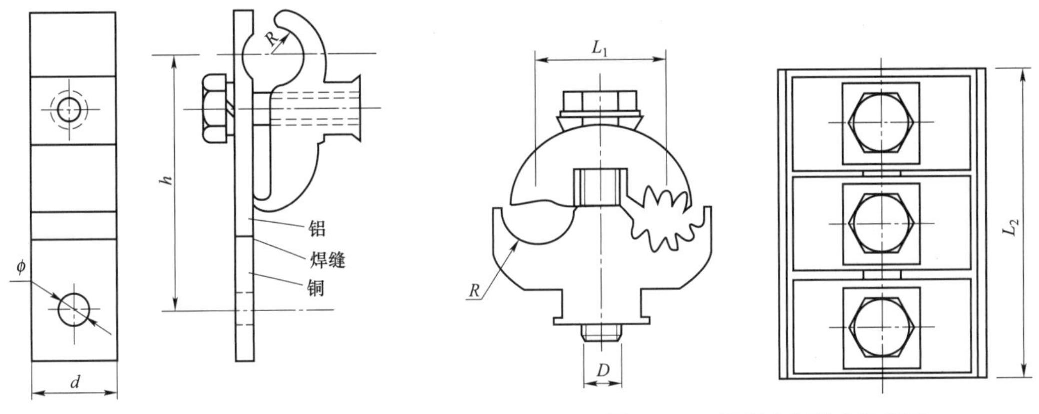

图 2-30　接户线过渡线夹示意图

图 2-31　低压穿刺线夹示意图

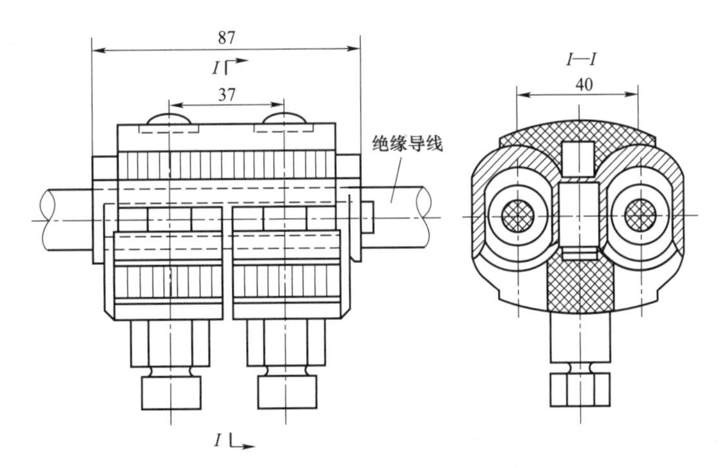

图 2-32　中压穿刺线夹示意图

（2）承力接续金具：

1）钢芯铝绞线用钳压接续管（椭圆形、搭接）如图 2-33 所示。钢芯铝绞线用的接续管内附有衬垫，钳压时从接续管的一端依次交替顺序钳压至另一端。

2）铝绞线用钳压接续管（椭圆形、搭接）如图 2－34 所示。接续管以热挤压加工而成，其截面积为薄壁椭圆形，将导线端头在管内搭接，以液压钳或机械钳进行钳压，从接续管的一端依次交钳顺序钳压至另一端。

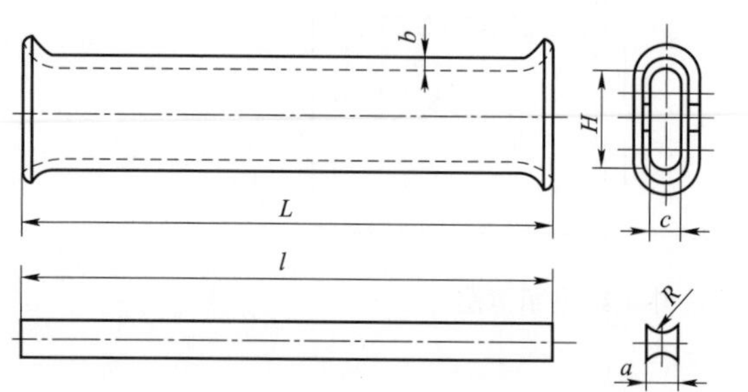

图 2－33　钢芯铝绞线用钳压接续管示意图

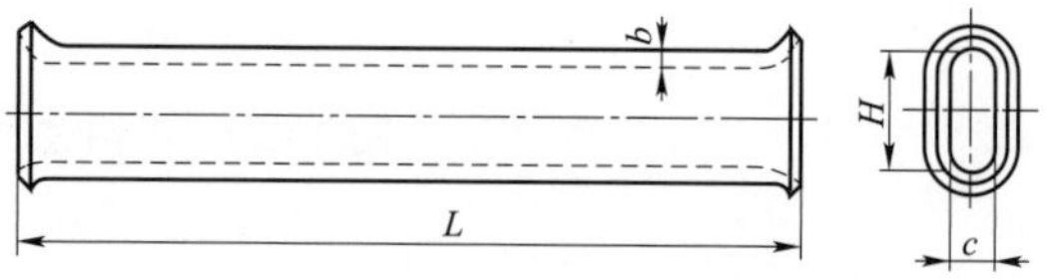

图 2－34　铝绞线用钳压接续管示意图

3）铝绞线液压对接接续管（10kV 绝缘线用、铝合金制）如图 2－35 所示。以液压方法接续导线，用一定吨位的液压机和规定尺寸的压缩钢模进行压接，接续管受压后产生塑性变形，使接续管与导线成为一个整体。液压接续有足够的机械强度和良好的电气接触性能。

4）铜绞线液压对接接续管如图 2－36 所示。接续管采用 T1 纯铜制造。

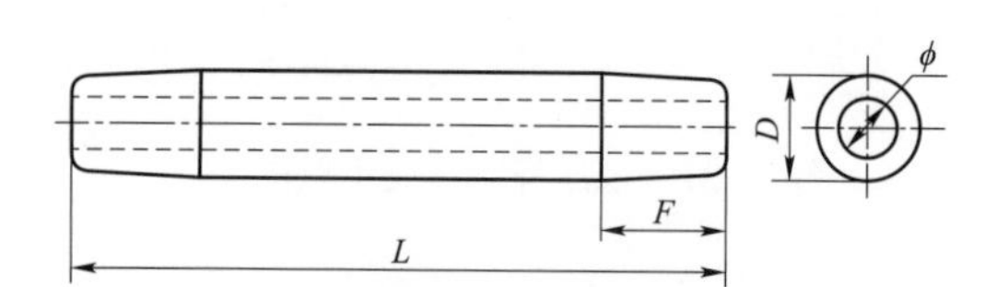

图 2－35　铝绞线、铝合金绞线液压对接接续管示意图

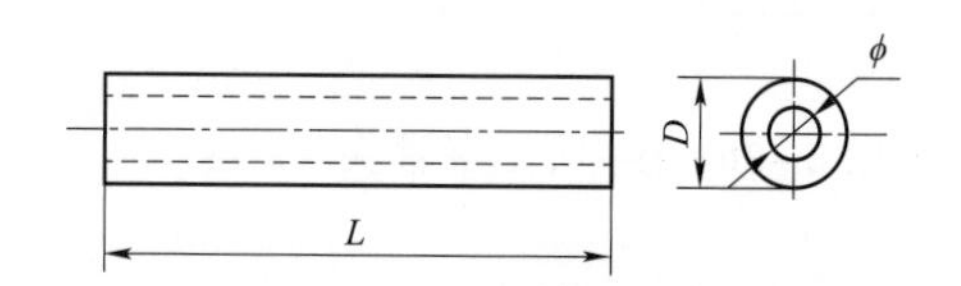

图 2－36　铜绞线液压对接接续管示意图

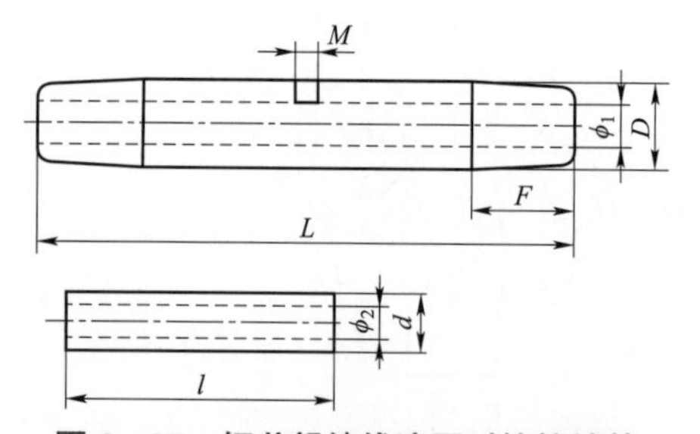

图 2－37　钢芯铝绞线液压对接接续管

5）钢芯铝绞线液压对接接续管（含钢芯对接），接续管由钢管和铝管组成，如图 2－37 所示。

6）铝合金绞线液压对接接续管，铝合金绞线机械强度大，铝材硬度高，不适于用椭圆形接续管进行搭接钳压接续，必须使用圆形接续管进行液压对接。

4. 防护金具（放电线夹、修补条与护线条、多频防振锤等）

中压绝缘线防雷击断线放电线夹主要分剥除绝缘和不剥除绝缘两类。

（1）剥除绝缘放电线夹如图 2－38 所示，线夹为铝制，在直线杆安装，把绝缘子两侧绝缘导线的绝缘层各剥除 500mm 左右，将该线夹安装在两端。当雷击过电压放电时，使电弧烧灼线夹，而避免烧伤或烧断导线。

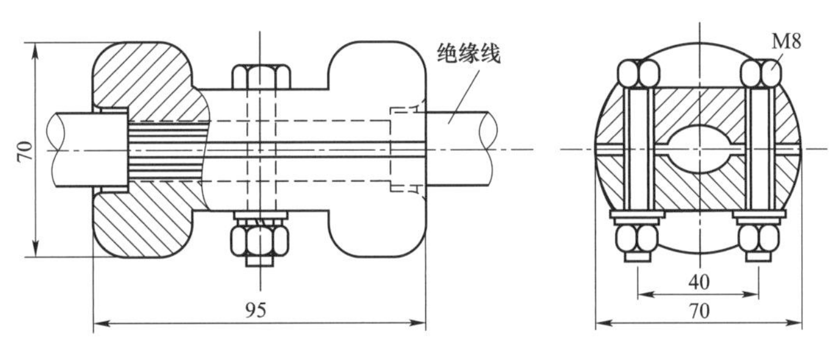

图 2－38　中压绝缘线防雷击断线放电线夹（剥除绝缘）示意图

（2）不剥除绝缘放电线夹如图 2－39 所示，它利用穿刺技术将线夹固定在导线上，并加绝缘罩防护，可有效防止绝缘线进水。

图 2－39　中压绝缘线防雷击断线放电线夹（不剥除绝缘）

（二）金具检验

1. 性能要求

（1）承受全张力的线夹的握力应不小于导线计算拉断力的 65%。

（2）承受电气负荷的金具，接触两端之间的电阻不应大于等长导线电阻值的 1.1 倍。接触处的温升，不应大于导线的温升。其载流量应不小于导线的载流量。

（3）连接金具的螺栓最小直径不小于 M12，线夹本体强度应不小于导线计算拉断力的 1.2 倍。

（4）绝缘导线所采用的绝缘罩、绝缘胶粘带等材料，应具有耐气候、耐日光老化的性能。

（5）以螺栓紧固的各种线夹，其螺栓的长度除确保紧固所需长度以外，应有一定余度，以便在不分离部件的条件下即可安装。

2. 质量要求

（1）线夹、压板、线槽和喇叭口不应有毛刺、锌刺等，各种线夹或接续管的导线出口应有一定圆角或喇叭口。

（2）金具表面应无气孔、渣眼、砂眼、裂纹等缺陷，耐张线夹、接续线夹的引流板表面应光洁、平整，无凹坑缺陷，接触面应紧密。

（3）金具表面的镀锌层不得剥落、漏镀和锈蚀，以保证金具的使用寿命。

（4）金具的焊缝应牢固，无裂纹、气孔、夹渣，咬边深度不应大于 1.0mm，以保证金具的机械强度。铜铝过渡焊接处在弯曲 180° 时，焊缝不应断裂。

（5）各活动部位应灵活，无卡阻现象。

（6）作为导电体的金具，应在电气接触表面上涂以电力脂，需用塑料袋密封包装。

（7）电力金具应有清晰的永久性标志，含型号、厂标及适用导线截面积或导线外径等。预绞丝等无法压印标志的金具可用塑料标签胶纸标贴。

模块小结

通过本模块学习，熟悉了解配电线路常用杆塔的种类，金具、导线、绝缘子和横担的类型和特点，掌握其应用要求。

思考与练习

扫码看答案

1. 绝缘子如何分类？
2. 横担有哪些种类？
3. 金具如何分类？

模块2　配电架空线路杆塔组立

模块说明

本模块包含基础开挖的工作步骤，以及起重机立杆的要求和注意事项。通过学习，了解基坑开挖的一般要求，熟悉配电架空线路杆塔组立的工作流程及安全注意事项。

配电线路以钢筋混凝土电杆使用最为广泛。杆塔组立过程主要分基础开挖、杆塔组立等作业步骤。在配电线路施工中，钢筋混凝土电杆常用的立杆方法有固定式“人”字抱杆、倒落式“人”字抱杆和起重机立杆。因起重机立杆方法便捷，现绝大部分立杆工作采用起重机立杆。

一、基础开挖

1. 电杆位置选择

配电线路一般按图2-40所示情况分别选择适当杆位。小街巷（胡同）口、十字路口、单位及房屋大门等交通要道，松弱土质地区、河川地、急斜坡等立杆不稳固地带，施工时可能破坏地下管线的路段或与地下管线同路径，用户院落内等不便巡视处，不宜立杆。

2. 电杆基坑定位

（1）根据设计好的档距，用经纬仪与钢尺测量，确定电杆及拉线基坑位置。

（2）施工人员做好杆位桩及两侧方向桩。

（3）方向桩根据现场环境，确定距离杆位桩为5m。

（4）直线杆顺线路方向位移不应超过设计档距的3%，横线路方向位移不应超过50mm。

（5）转角、耐张杆的横线路、顺线路方向的位移均不应超过50mm。

（6）联络开关杆双杆中心与中心桩之间的横向位移不大于50mm，迈步不大于30mm。根开2.5m，误差不大于±30mm。两杆坑深度高差不应超过20mm。

3. 电杆基坑开挖

（1）电杆基础坑深度应符合典型设计规定，12m 电杆埋深 1.9m。

（2）加装底盘，基坑深度为 2.1m。

（3）电杆基础坑深度的允许偏差应为+100mm、－50mm。

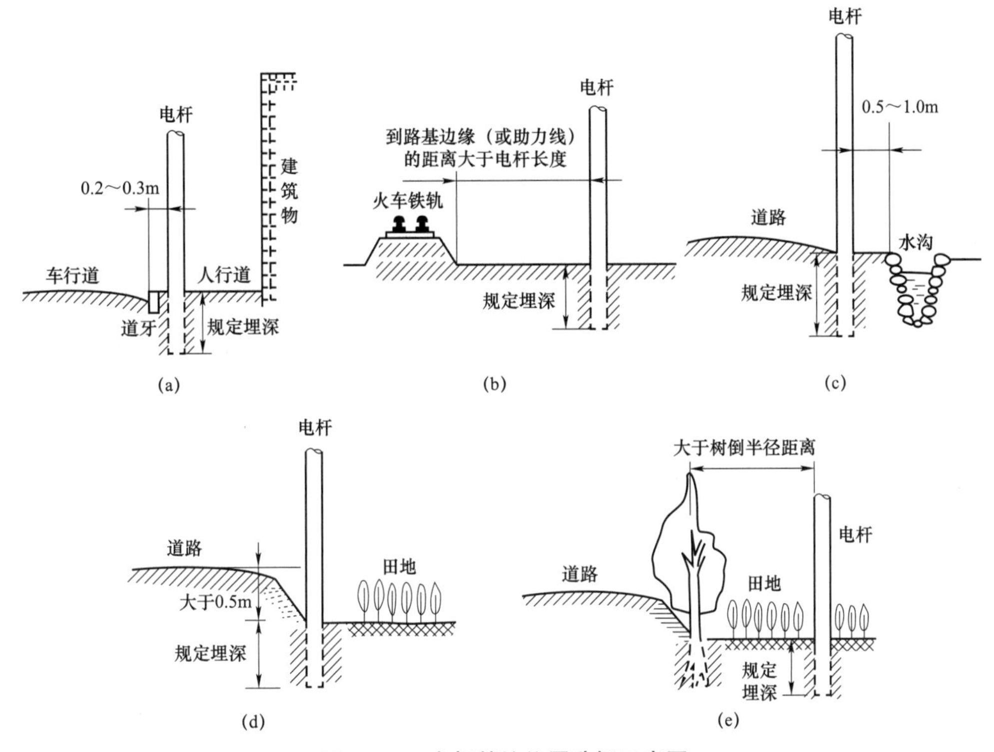

图 2－40 电杆基坑位置选择示意图

（a）人行道上杆位；（b）铁道边杆位；（c）路旁水沟边杆位；（d）、（e）路旁田地杆位

（4）挖掘超过 1.5m 深的基坑时，应在坑边设挡土板，防止土石回落伤人。

4. 底盘安装

（1）基坑使用底盘时，坑底表面应保持水平。

（2）底盘安装前，应确定底盘中心，使用画规在底盘上画出电杆位置。

（3）起重机起吊底盘时应有专人统一指挥，并在施工人员配合下，将底盘放入杆坑，利用方向桩和吊坠校正底盘中心位置，找正后为防止底盘移动。应及时回填土夯实至底盘表面，并清扫浮土。

（4）底盘的圆槽面应与电杆中心线垂直。

二、起重机立杆

（1）立杆时，起重机应有专人指挥。

（2）一般起吊时，吊臂和铅垂线成 30° 夹角。

（3）电杆吊绳应吊在电杆中心偏上位置，当杆顶吊离地面时，应对电杆进行一次冲击试验，对各受力点处做一次全面检查，确定无问题后再继续缓慢起立至电杆放入杆坑，调整杆位后进行回填土作业。

（4）基坑回填土时，土块应打碎，基坑每回填300mm应夯实一次。回填土距地面800mm时安装卡盘。

（5）安装卡盘时，按顺线路方向左右交替安装，将卡盘放在2根钢管上，使用卡盘抱箍将卡盘安装在电杆上，拆除钢管，将卡盘放入坑内，紧固卡盘抱箍螺母使卡盘与电杆紧密连接。

（6）卡盘安装深度允许偏差为±50mm。当设计无要求时，其上平面距地表面不应小于500mm。

（7）回填土后的电杆基坑宜设置防沉土层。培土高度应超出地面300mm。

（8）新建或改造的线路应做埋深标识。杆塔上应有厂方标明的3m画线痕迹，核实后用红漆以喷涂、刷的方式用红线将3m画线印痕填实。红线宽15mm，在红线右侧标明杆塔埋深尺寸。

三、作业指导书

起重机组立电杆实训作业指导书格式见附件。

模块小结

通过本模块学习，熟悉基坑开挖的一般要求，掌握配电架空线路杆塔组立的工作流程及安全注意事项。

思考与练习

扫码看答案

1. 基坑定位的一般要求有哪些？
2. 起重机立杆的工作步骤有哪些？
3. 起重机立杆的安全注意事项及控制措施有哪些？

附件　起重机组立电杆实训作业指导书

扫码下载

1　适用范围

本作业项目适用于起重机组立电杆项目的技能实训工作。

2　规范性引用文件

（1）《10kV 及以下架空配电线路设计技术规程》（DL/T 5220—2005）。

（2）《电气装置安装工程 66kV 及以下架空电力线路施工及验收规范》（GB 50173—2014）。

（3）《国家电网公司电力安全工作规程（配电部分）（试行）》。

（4）《配电网施工检修工艺规范》（Q/GDW 10742—2016）。

（5）《架空绝缘配电线路施工及验收规程》（DL/T 602—1996）。

（6）《配电网检修规程》（Q/GDW 11261—2014）。

3　作业前准备

3.1　现场勘察基本要求

序号	内容	标准	备注
1	现场勘察	现场工作负责人应提前组织有关人员进行现场勘察，根据勘察结果作出能否进行作业的判断，并确定作业方法及应采取的安全技术措施	
2	编写作业指导书	工作负责人根据现场勘察情况编写作业指导书	
3	开工前一天准备好作业所需工器具及材料	工器具必须有试验合格证，材料应充足、齐全	

3.2　现场作业人员基本要求

序号	内容	备注
1	作业人员应经《国家电网公司电力安全工作规程（配电部分）（试行）》考试合格	
2	作业人员应具备必要的电气知识，熟悉配电线路施工作业规范	
3	作业人员应身体状况良好、情绪稳定、精神集中	
4	作业人员应“两穿一戴”（穿工作服、绝缘鞋，戴安全帽），个人工具和劳保防护用品应合格、齐备	

3.3　工器具配备

序号	名称	型号/规格	单位	数量	备注
1	个人常用工器具		套	2	
2	起重机	12t	辆	1	
3	钢丝套		个	1	

续表

序号	名称	型号/规格	单位	数量	备注
4	脚扣		副	1	
5	安全带		套	1	
6	铁锹		把	2	
7	传递绳	18m	套	1	
8	铁撬杠		根	2	
9	控制绳	18m	根	1	
10	交通安全警示牌		块	2	“电力施工，车辆缓行”
11	围栏（网）、安全警示牌等			若干	

3.4 危险点分析

序号	内容
1	立杆过程中，吊点选择不当，造成电杆突然倾倒
2	起重机支脚不牢固，发生倾倒
3	发生高空落物时，会造成人身伤害
4	工作地点在车辆较多的马路附近时，可能会发生交通意外

3.5 安全注意事项

序号	内容
1	起重设备合格，严禁过载使用
2	统一指挥，明确分工
3	起吊过程中，吊臂下严禁站人
4	立杆过程中，杆坑内严禁有人，除指挥人员外，其他人必须离杆 1.2 倍杆高的距离
5	起重机立杆时，钢丝绳应吊在杆子适当位置，防止突然倾倒
6	杆立好后，杆坑应夯牢固，方可上杆工作
7	要做好临时拉线
8	作业区域必须设置安全围栏和警示牌，防止行人通过
9	作业点前后方 30m 设置“电力施工，车辆缓行”警示牌

3.6 人员组织要求

人员分工	人数	工作内容
现场工作负责人	1 人	负责交代工作任务、安全措施和技术措施，履行监护职责
1 号电工	1 人	吊点装、拆
2 号电工	1 人	控制绳控制
专责监护人	1 人	监护作业点
起重机司机	1 人	起吊工作

注 实训前，培训师进行分组，并做好组内角色分工。

4 作业程序

4.1 现场复勘的内容

序号	内容	备注
1	核对工作位置是否正确	
2	确认现场作业环境和天气是否满足作业条件	

4.2 作业内容及标准

序号	作业内容	作业步骤及标准	安全措施及注意事项	备注
1	开工	（1）工作负责人向设备运维管理单位履行许可手续。 （2）工作负责人召开班前会，进行“三交三查”（交任务、交安全、交措施，查工作着装、查精神状态、查个人安全用具）。 （3）工作负责人发布开工令	（1）工作负责人要向全体工作班成员告知工作任务和保留带电部位，交代危险点及安全注意事项。 （2）工作班成员确已知晓后，在工作票上签字确认	
2	设置围栏及警示牌	在工作地点四周设置围栏	（1）警示标志齐全，不少于2块：“在此工作”“从此进出”。 （2）禁止作业人员擅自移动或拆除围栏、标示牌	
3	电杆吊点固定	（1）电杆吊点位置的选择，首先应保证高于电杆重心，以确保电杆起吊后杆头向上。 （2）吊点的位置应选择在略高于电杆重心不超过1m的位置为宜。 （3）采用钢丝绳套进行吊点捆绑时，钢丝绳应在电杆上至少缠绕2圈且外圈应压住内圈，然后用卸扣锁好后直接挂在起重机的吊钩上	（1）起重机应支在坚硬地面上，如遇疏松地面应加垫木，起重机停放位置应离起吊杆3m以外。 （2）起吊前认真检查吊点牢固情况，工作人员准备好控制绳绑在电杆尾部。 （3）进行电杆捆绑时，捆绑一定要牢固、稳定，不允许有滑动的可能性	
4	起吊电杆	（1）当捆绑人员完成挂钩离开电杆后，现场工作负责人下令起吊，由起重机司机启动机器缓慢提升电杆。 （2）当杆头起立后，起重机应停机进行系统的受力检查，确认各部位受力正常、电杆无异常反应后，继续垂直提起电杆（禁止横向拖拉电杆），直到电杆全部腾空	（1）起重机起吊及旋转的过程中，禁止有人在吊物下方行走、逗留及工作。 （2）起重机旋转时动作应均匀，速度适当慢一点，避免吊臂旋转过程中电杆出现过大的摆动。 （3）严格控制起重机在旋转或吊臂伸缩的同时进行重物的提升操作。 （4）监护人和起重机司机应配合一致，控制绳应控制好，防止电杆乱摆	
5	电杆落位	（1）起重机司机在现场工作负责人的指挥下，缓慢地转动起重机，将电杆由运输车上方转向电杆基础坑的上方。 （2）起重机司机在负责人的指挥和地面杆下作业人员的配合下，将电杆缓慢地放入基坑内，直到杆根全部落地	（1）就位时，起重机司机听从工作人员指挥，杆子应竖直放入杆坑，不得左右倾斜。 （2）工作人员应站在安全位置扶好杆，防止杆子碰杆坑而落土	
6	电杆调整固定	作业人员在电杆落稳并调整好电杆的位置后，向坑内填土（最多不宜超过坑深的1/3）并将杆根部分夯实	（1）夯实后，现场指挥人员分别在纵、横向指挥起重机司机操作吊臂，将电杆的垂直度调整达到设计和验收规程的要求。 （2）起重机停机，但仍保持受力状态	
7	回填土	工作人员按规定进行电杆基础坑内分层回填土，并逐层夯实，直到达到设计和验收规范的要求	（1）电杆未填实稳固前，禁止起重机进行撤钩操作。 （2）杆基回土牢固后，工作人员检查杆根部，上杆拆除吊点	

4.3 竣工内容要求

序号	内容
1	清理现场及工具，认真检查作业点有无遗留物，工作负责人全面检查工作完成情况，无误后清扫地面、撤离现场
2	向设备运维管理单位汇报工作终结
3	各类工器具对号入库，办理工作票终结手续

5 项目评价

项目完成后，根据学员任务完成情况做好综合点评，并填写项目综合点评记录。

序号	项目	培训师对项目评价	
		存在问题	改进建议
1	安全措施		
2	作业流程		
3	作业方法		
4	工具使用		
5	工作质量		
6	文明操作		

模块3　配电架空线路导线架设

模块说明

本模块主要介绍登杆、绳扣打系基本技能以及配电架空线路导线架设的工作流程，让学员掌握导线架设的关键点及安全注意事项。

导线架设是线路施工中的主要工序，其任务是按设计图纸要求，将导线架设并固定在已经完成组立的杆塔上。导线的架设，按施工顺序大致可分为架线准备工作、放紧线工作、附件安装、引线连接等阶段。

一、现场勘察

现场工作负责人应提前组织有关人员进行现场勘察（如线路需停电施工，现场勘察应由工作票签发人或工作负责人组织，工作负责人、设备运维管理单位和检修施工单位相关人员参加），查看检修（施工）作业需要停电的范围、保留的带电部位、装设接地线的位置、邻近线路、交叉跨越、多电源、自备电源、地下管线设施和作业现场的条件、环境及其他影响作业的危险点，提出针对性的安全措施和注意事项，并确定作业方法。开工前，工作负责人或签发人应重新核对现场勘察情况，发现与原勘察情况有变化时，应及时修正、完善相应的安全措施。

二、施工准备工作

1. 资料准备

办理停电工作票（施工作业票）审核并签发，编写作业指导书、施工方案等现场“一板四卡”内容［“一板”即检修现场看板，用以传递工作内容，风险点及防范措施等信息的工具，“四卡”即工作票（含现场勘察记录）、班组风险控制卡、工序质量控制卡以及春（秋）检或大型检修工作“三大措施”］。

（1）工作负责人或签发人填写配电第一种工作票。

（2）检查工作票所填安全措施制订是否齐全。

（3）工作票提前一天签发。

（4）施工方案等措施审核、批准。

2. 施工工器具材料准备

开工前一天准备好施工所需工器具及材料。工器具必须有试验合格证，材料应充足、齐全。

三、登杆基本技能

1. 工器具准备、检查

（1）着装。穿工作服、绝缘鞋。

（2）安全帽：

1）安全帽在使用有效期内。

2）安全帽无破损、裂纹、变形。

3）缓冲衬垫带无断裂。

4）帽带完好，自紧扣完好。

（3）安全带：

1）安全带有试验合格证，且在使用有效期内。

2）安全带无破损、无严重磨损。

3）安全带组件齐全。

4）安全带的锁扣完好，活动灵活。

5）安全带的挂钩、挂环完好，无锈蚀、无裂纹、无变形。

6）安全带挂钩保险环完好。

（4）脚扣：

1）有试验合格证，且在使用有效期内。

2）组件齐全。

3）金属部分无锈蚀、裂纹、变形、损伤。

4）防滑橡胶磨损不严重，固定橡胶螺钉齐全无缺失。

5）支撑块螺栓磨损不严重，支撑块活动灵活。

6）脚扣带无破损、无严重磨损。

2. 办理工作许可手续

接设备运维管理单位许可命令后，工作负责人组织开工会，交代现场安全措施及危险点预控措施，确认现场安全措施已做好，汇报工作许可人，由工作许可人确认许可开工。

3. 线路核对

核对线路名称、工作地段、登杆作业的杆塔编号、色标、杆塔形式。

4. 杆身检查

无裂纹、倾斜、加挂杂物。

5. 基础检查

绕杆 1 圈检查杆塔基础牢固和埋深符合要求，无下陷、冲刷、取土、缺土、开裂现象。

6. 环境检查

无妨碍本作业的任何障碍（垃圾、堆积物、杂草、藤类植物、树木、建筑物、交叉跨越物、邻近带电线路、带电体）等。

7. 登杆

（1）登杆前对安全带、安全绳、脚扣分别做 3 次冲击试验。脚扣试验时先登一步电杆，然后使整个人体的自重以冲击的速度加在一只脚扣上，若无问题再做另一只脚扣。当试验证明两只脚扣都完好时，方可进行登杆。

（2）根据杆根的直径，调整好合适的脚扣节距，使脚扣能牢靠地扣住电杆。以防止脚扣下滑或脱落。

（3）站至杆下，两手扶杆，用一只脚扣稳稳地扣住电杆，另一只脚扣准备提升。若左脚向上跨扣，则左手应同时向上扶住电杆。

（4）接着右脚向上跨扣，右手应同时向上扶住电杆，这时左脚的脚扣借助右脚的跨扣力（或惯性），从杆上提起脚扣。

（5）身体上身前倾，臀部后坐，双手切忌搂抱电杆，而双手起的作用是扶持。

（6）两只脚交替上升，步子不宜过大，快到杆顶时，要防止横担碰头，待双手快到杆顶时，要选择好合适的工作位置，系好安全带。

（7）下杆方法基本是上杆动作的重复，只是下杆罢了。但是由于水泥杆是拔梢的，即根部较粗、梢都较细，按 1/75 的比例拔梢；所以，在开始上杆时选择好的脚扣节距，待登至一定高度以后，可适当调节脚扣的节距，这样才能使脚扣扣住电杆。在下杆时可适当扩大脚扣的节距。具体调节方法如下：若先调节左脚的脚扣，先将左脚脚扣从杆上拿出并抬起，左手扶住电杆，右手向下，使左脚脚扣与右手接触并达到调节的目的。若调节右脚脚扣，则右手扶杆，用左手与右脚的接触来进行调节。

四、绳扣打系

线路施工中，经常利用绳索在电杆上下传递工具及器材等，在运输电气设备和材料、立杆、放线、紧线等工作也离不开绳索。常用的绳索主要有白棕绳（又称麻绳）、蚕丝绳等。白棕绳要保持干燥和清洁，否则会降低其强度和寿命，在潮湿状态的荷载应减少一半，使用时注意避免尖锐物体将其划伤。蚕丝绳有较好的绝缘及抗拉强度，常用在带电作业中。绳索平时存放在干燥的环境里，应定期做电气试验，以保证可靠的绝缘性能。

绳扣的系法对于安全来说非常重要。绳扣的系法应保证受重力时不致自动滑脱，但在起重完毕后，应易于解开。常用绳扣的系法如下。

1. 直扣（十字结、平结）

直扣是最古老、最实用、最通行的结，也是最基本的结，有很多绳扣都是由它演化而成的。它常用来连接一条绳的两头或临时将两根绳连接在一起，也常作终端使用。直扣的系法如图 2－41 所示。首先将两个绳头相交（右绳头搭在左绳头上），然后一个绳头向另一绳头上绕一圈即成一半结，如图 2－41（a）所示。将两个绳头相交（这次将左绳头搭在右绳头上），再将一根绳头按箭头所示方向穿越，如图 2－41（b）所示。图 2－41（c）为整个直扣完成后的松散状。图 2－41（d）为整个直扣收紧后的造型。

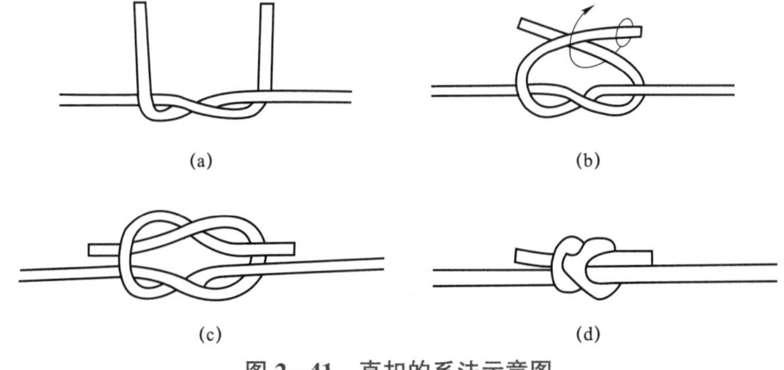

图 2－41　直扣的系法示意图

（a）步骤 1；（b）步骤 2；（c）步骤 3；（d）步骤 4

2. 活扣

活扣的结构基本上与直扣相同，不同之处是在第二次穿越时留有绳耳，故解结时极为方便，只要将绳头向箭头所示方向一抽即可，省时省力。活扣的系法如图 2-42 所示。

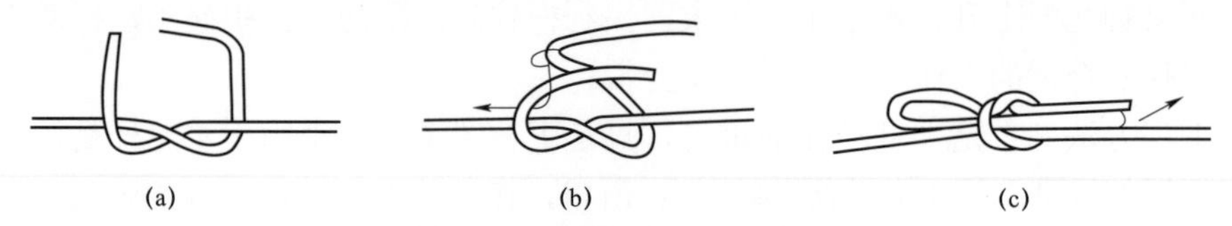

图 2-42 活扣的系法示意图

（a）步骤 1；（b）步骤 2；（c）步骤 3

3. 紧线扣

在系紧线扣（即所要绑扎的材料上）时，应有一个固定的圆圈式回头套；然后在此套上进行绑扎，在紧线的时候用来绑结导线。有的安全带一头也有一圆圈式的回头套，故也可用作腰绳扣。紧线扣的系法如图 2-43 所示，将绳穿入圆圈式绳套（从下向上穿），然后按图 2-43（a）箭头所示方向穿越，在主绳上绕一圈，即打一倒扣，如图 2-43（b）所示。图 2-43（c）为完成上述步骤以后，紧线扣的松散形状，图 2-43（d）为收紧后的紧线扣。

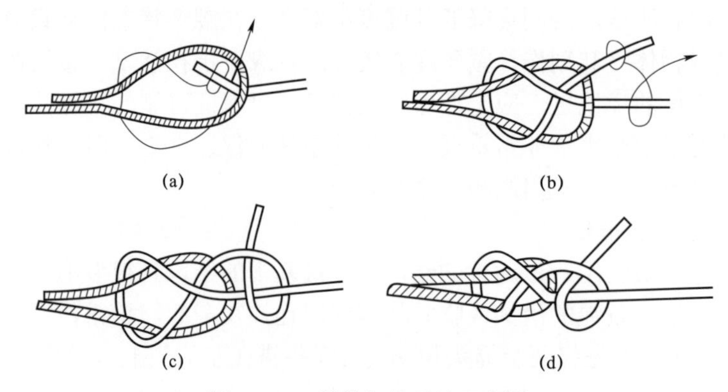

图 2-43 紧线扣的系法示意图

（a）步骤 1；（b）步骤 2；（c）步骤 3；（d）步骤 4

4. 猪蹄扣（梯形结）

猪蹄扣与其他结的不同之处是它常需绑扎在桩、柱、传递物体等处，它的特点是易结易解，便于使用，有时在抱杆顶部等处也绑扎此结。图 2-44 所示为猪蹄扣在平面上和物体上的结法。图 2-44（a）为在平面上的形状，按箭头所示方向进行重合。图 2-44（b）

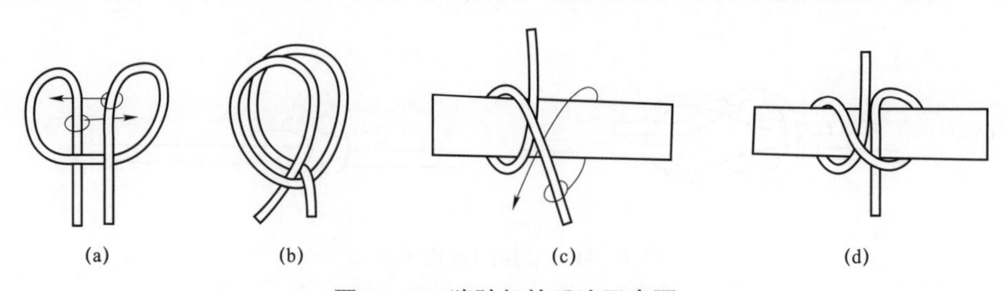

图 2-44 猪蹄扣的系法示意图

（a）平面绑扎步骤 1；（b）平面绑扎步骤 2；（c）物体绑扎步骤 1；（d）物体绑扎步骤 2

为完成后的猪蹄扣，两绳圈中心为所要绑扎的物体。图2－44（c）为绑扎在物体上的方法，首先在绑扎物上缠绕一圈，再按箭头所示方向进行穿越绑扎。图2－44（d）为完成后的猪蹄扣。

5. 倒扣

倒扣的特点是可以自由调节绳身的长短，结扣、解扣都极为方便，在绳身受张力时，结的效果更佳。在电力施工中，电杆或抱杆起立时，用此绳扣将临时拉线在地锚上固定。倒扣的系法如图2－45所示。将绳索绕穿过金属环，把绳头部分在绳身上绕圈并穿越，再间隔一段距离，按图2－45箭头所示方向继续穿越。应当注意的是，每次的缠绕方向应一致，并且注意在实际现场工作中，此扣系完后，在上部用绑线将短头与主绳固定，以防止绳长的突然变化。

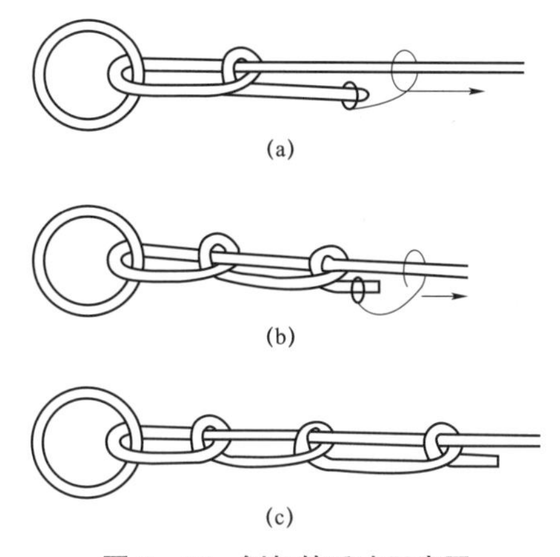

图2－45　倒扣的系法示意图

（a）步骤1；（b）步骤2；（c）步骤3

6. 背扣

背扣多用做临时拖、拉、升降物件之用，不受物体体积大小的限制。此结简单而实用，但必须在受张力下才能发挥扣的作用，并会越拉越紧。在高空作业时，上下传递材料、工具时常用此扣。背扣的系法如图2－46所示。

7. 倒背扣

倒背扣是背扣与倒扣的组合，在拖拉物体或垂直起吊轻而细长物件时使用，物体上的环形绳结（倒扣）可根据需要任意增减。倒背扣的系法如图2－47所示。

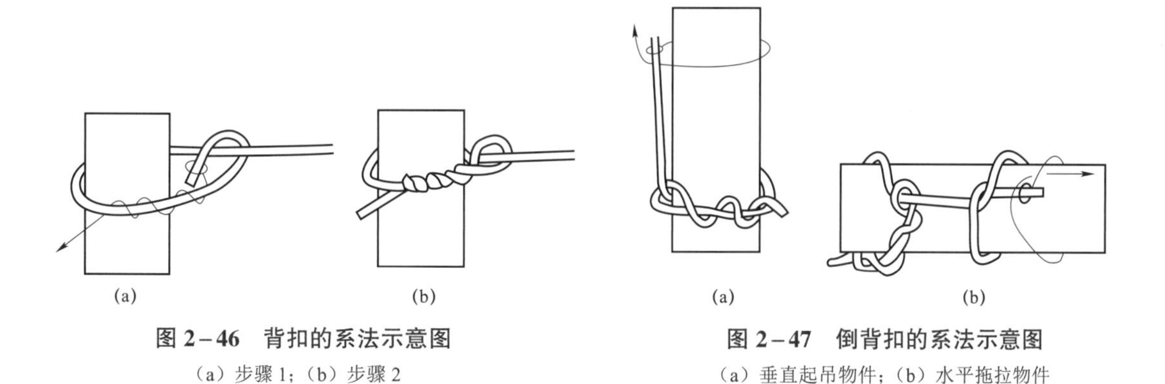

图2－46　背扣的系法示意图

（a）步骤1；（b）步骤2

图2－47　倒背扣的系法示意图

（a）垂直起吊物件；（b）水平拖拉物件

五、放紧线操作

1. 放线前准备

（1）导线的型号、规格应符合相关典型设计要求，绝缘线端部应有密封措施。

（2）放线前应清理线路走廊内的障碍物，满足架线施工要求。

（3）放线架应支架牢固，出线端应从线轴上方抽出。线轴应转动灵活，轴杠应水平，线轴应有制动装置。

（4）绝缘线宜采用网套牵引。

（5）牵引绳之间用旋转连接器或抗弯连接器连接贯通。

（6）在每基电杆上悬挂滑车，滑车应具有防止线绳脱落的闭锁装置。

（7）滑轮直径不应小于绝缘线外径的 12 倍，槽深不小于绝缘线外径的 1.25 倍，槽底部半径不小于 0.75 倍的绝缘线外径，轮槽倾角为 15°。

2. 牵引放线

（1）放线时，应有专人统一指挥、统一信号。

（2）用机械卷回牵引绳，拖动架空导线展放。

（3）牵引钢丝绳与导线连接的接头通过滑车时，牵引速度不宜超过 20m/min。

（4）牵引时应在首、末、中间派人观察，发现异常情况后及时用对讲机联系。

3. 紧线

（1）紧线的顺序一般是：导线三角或水平排列时，宜先紧中导线，后紧两边导线；导线垂直排列时，宜先紧上导线，后紧中、下导线。

（2）结合架线时的气象条件和档距，导线的弧垂值应符合典型设计导线应力弧垂表的要求。

（3）三相导线弧垂误差不得超过－5%或＋10%，一般档距内弧垂相差不宜超过 50mm。

（4）导线架设后，应满足最大弧垂情况下的垂直安全距离要求和最大风偏情况下的水平安全距离要求。导线对地面及建筑物的安全距离见表 2－11。

表 2－11　导线对地面及建筑物的安全距离　（m）

序号	线路经过地区	垂直安全距离（最大弧垂情况下）	水平安全距离（最大风偏情况下）
1	集镇、村庄居住区	6.5	—
2	非居住区	5.5	—
3	不能通航的河湖冰面	5	—
4	不能通航的河湖最高洪水位	3	—
5	交通困难地区	4.5	—
6	建筑物	2.5	0.75
7	街道行道树	0.8	1

4. 导线固定

（1）绝缘导线在绝缘子或线夹上固定应缠绕绝缘自粘带，缠绕长度应超过接触部分 30mm，缠绕绑线应采用不小于 $2.5mm^2$ 的单股塑铜线，严禁使用裸导线，符合“前三后四双十字”工艺标准（见图 2－48）。

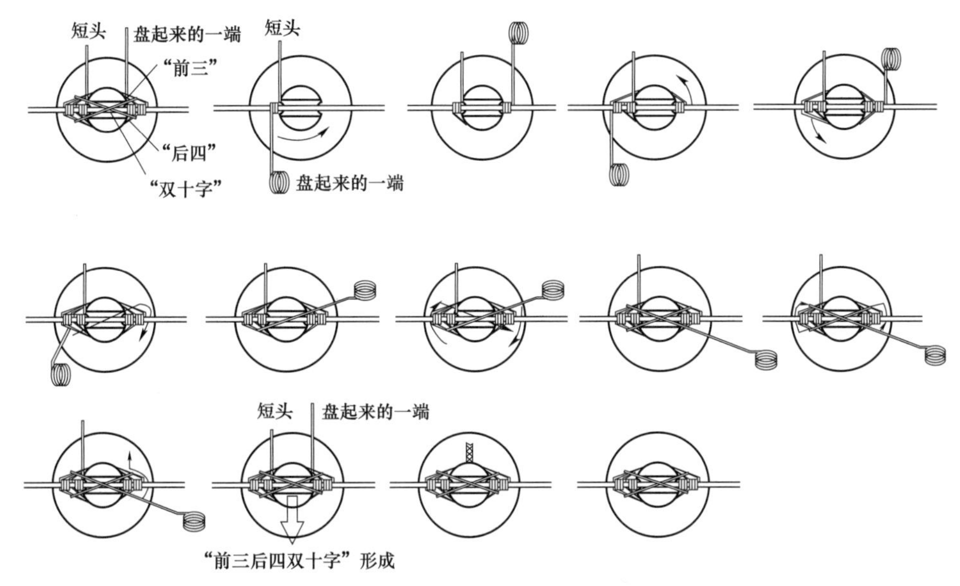

图 2-48　绝缘子顶槽"前三后四双十字"绑扎法示意图

1)"前三":绝缘子瓶颈缠绕3圈后,在绝缘子外侧中心交叉拧2~3个绞绕后拧一小辫收尾。

2)"后四":绝缘子瓶颈缠绕4圈。

3)"双十字":在绝缘子瓶颈缠绕"前三后四"后,用盘起来的绑线经过绝缘子顶部二次交叉压在导线上,形成两个"十字"压在绝缘子上面的导线上。

(2)直线转角杆(直线跨越杆),导线应使用双绝缘子固定在转角外侧绝缘子的槽内。绝缘子边槽绑扎法如图2-49所示,导线本体不应在固定处出现角度。

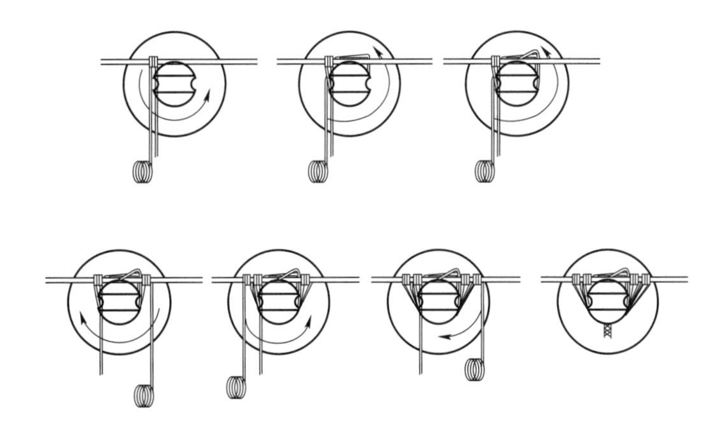

图 2-49　绝缘子边槽绑扎法示意图

5. 附件安装

(1)接地环一般安装在线路分段开关、联络开关前、后一基电杆处,以及分支杆、耐张杆、终端杆的一侧或两侧。

(2)中相接地环一般距横担 800mm,边相接地环一般距横担 500mm。接地环除下端环裸露外,其余部分均应用绝缘自粘带包缠两层,其表层再缠绕一层防老化、具有憎水性能的自粘带。

（3）故障指示器的安装位置一般为距离杆塔绝缘子 700～1000mm 处。

6. 引线连接

（1）使用并沟线夹连接导线时，每个导线连接处使用 2 个线夹。用线夹安装后，用绝缘罩密封，并做好防水处理。

（2）使用 H 型液压接续线夹连接导线时，每个导线连接处使用 1 个线夹，完成压接后用绝缘罩密封，并做好防水处理。

六、工作终结

（1）工作结束后进行自检、互检、验收，检查施工标准、有无遗漏工具材料。

（2）工作负责人清点人数，由监护人监督拆除现场所挂接地线及辅助安全措施，并核对拆除接地线组数是否与挂接地线组数一致。检查无误后，全体作业人员撤离作业现场。

（3）与工作许可人办理工作终结手续。

七、作业指导书

配电架空线路架设实训作业指导书格式见附件。

模块小结

通过本模块学习，能够掌握登杆、绳扣打系基本技能，熟悉配电架空线路导线架设的工作流程，掌握导线架设的关键点及安全注意事项。

思考与练习

1. 登杆过程的作业步骤有哪些？
2. 试述配电架空线路导线架设放线前的准备工作有哪些。
3. 导线固定的工艺标准有哪些要求？

扫码看答案

附件　配电架空线路架设实训作业指导书

扫码下载

1　适用范围

本作业项目适用于配电架空线路架设项目的技能实训工作。

2　规范性引用文件

（1）《10kV及以下架空配电线路设计技术规程》（DL/T 5220—2005）。

（2）《电气装置安装工程66kV及以下架空电力线路施工及验收规范》（GB 50173—2014）。

（3）《国家电网公司电力安全工作规程（配电部分）（试行）》。

（4）《配电网施工检修工艺规范》（Q/GDW 10742—2016）。

（5）《架空绝缘配电线路施工及验收规程》（DL/T 602—1996）。

（6）《配电网检修规程》（Q/GDW 11261—2014）。

3　作业前准备

3.1　现场勘察基本要求

序号	内容	标准	备注
1	现场勘察	现场工作负责人应提前组织有关人员进行现场勘察，根据勘察结果作出能否进行不停电作业的判断，并确定作业方法及应采取的安全技术措施	
2	编写作业指导书	工作负责人根据现场勘察情况编写作业指导书	
3	开工前一天准备好作业所需工器具及材料	工器具必须有试验合格证，材料应充足、齐全	
4	填写工作票并签发	按要求填写配电第一种工作票，安全措施应符合现场实际，工作票应提前一天签发	

3.2　现场作业人员基本要求

序号	内容	备注
1	作业人员应经《国家电网公司电力安全工作规程（配电部分）（试行）》考试合格	
2	作业人员应具备必要的电气知识，熟悉配电线路施工及验收规范	
3	作业人员应身体状况良好，情绪稳定，精神集中	
4	作业人员应“两穿一戴”，个人工具和劳保防护用品应合格、齐备	

3.3　工器具配备

序号	名称	型号/规格	单位	数量	备注
1	验电器		支	1	
2	接地线		副	2	
3	绝缘手套		副	1	

续表

序号	名称	型号/规格	单位	数量	备注
4	脚扣		副	10	
5	安全带		套	10	
6	传递绳		根	10	
7	个人工具		套	10	
8	水平尺		套	10	
9	放线架		台	1	
10	放线滑车		只	10	
11	牵引网套		个	3	
12	牵引设备		套	1	
13	交通安全警示牌		块	2	“电力施工，车辆缓行”
14	围栏（网）、安全警示牌等			若干	

3.4 危险点分析

序号	内容
1	不办理工作票或无票作业
2	使用工器具荷载不够、试验超期
3	作业人员未认真听取工作票所列内容和采取的安全措施，盲目开工
4	不核对线路名称及杆号
5	作业人员高空作业不使用安全带，会发生坠落
6	发生高空落物时，会造成人身伤害
7	工作地点在车辆较多的马路附近时，可能会发生交通意外

3.5 安全注意事项

序号	内容
1	所派工作负责人和工作班人员精神状态良好，工作前 4h 不得喝酒
2	严格按照要求签发工作票，要求安全措施具体、明确，无漏项、错项
3	必须保证所用的工器具在定期试验周期内，不得超期使用
4	认真核对线路名称及杆号无误后，方准开始作业
5	高空作业人员正确使用安全带，安全带的挂钩要挂在牢固的构件上
6	作业区域必须设置安全围栏和警示牌，防止行人通过
7	作业点前后方 30m 设置“电力施工，车辆缓行”警示牌

3.6　人员组织要求

人员分工	人数	工作内容
现场工作负责人	1 人	负责交代工作任务、安全措施和技术措施，履行监护职责
杆上作业人员	5 人	杆上作业
放线盘控制人员	1 人	人力放线制动
专责监护人	2 人	监护作业点
地面操作人员	4 人	地面操作

注　实训前，由培训师进行分组，并做好组内角色分工。

4　作业程序

4.1　现场复勘的内容

序号	内容	备注
1	核对工作票中工作任务与现场设备双重名称是否一致	
2	确认现场作业环境和天气满足施工作业条件	

4.2　作业内容及标准

序号	作业内容	作业步骤及标准	安全措施及注意事项	备注
1	开工	（1）工作负责人向设备运维管理单位履行许可手续。 （2）工作负责人召开班前会，进行“三交三查”。 （3）工作负责人发布开工令	（1）工作负责人要向全体工作班成员告知工作任务和保留带电部位，交代危险点及安全注意事项。 （2）工作班成员确已知晓后，在工作票上签字确认	
2	工器具检查	（1）验电器：有检验合格证且在检验有效期内；电压等级与待验线路设备电压等级一致；按下自检按钮，验电器能够正确指示；用高压工频信号发生器检验，验电器能够正确指示；验电器外观洁净、无破损、无污垢。 （2）接地线：有检验合格证且在检验有效期内；电压等级与待验线路设备电压等级一致；接地线采用有透明护套的编织软铜线构成，铜线无断股、护套无损伤。其铜线截面积不得小于 25mm^2。其线夹完好无损伤、弹性良好、引流编制铜线完好、固定牢固；线夹与接地线连接牢固；汇总接地线长度满足接地要求。接地线与接地极采用螺栓牢固连接，不得缠绕连接；接地极采用直径不小于 ϕ16 的圆钢，打入地下深度大于 0.6m。 （3）绝缘手套：有检验合格证且在检验有效期内；外观检查无破损、粘连；充气检查无漏气。 （4）脚扣：有检验合格证且在检验有效期内；外观完好，无变形、锈蚀、裂纹现象，脚扣带、胶垫完好无破损。 （5）安全带：有检验合格证且在检验有效期内；外观完好；后备保护绳、围杆带、腰带、系带无破损、断股，金属部件无损伤、裂纹、锈蚀现象；自锁器完好，开闭顺畅无卡涩。 （6）围栏：完好无损伤，数量满足使用要求。 （7）标示牌：齐全、正确、完好。 （8）个人工具：完好无损伤，齐全。 （9）其他施工工器具：完好无损伤，齐全	（1）注意各工器具连接组合要合适。 （2）工器具满足荷载要求。 （3）必须保证所用的工器具在定期试验周期内，不得超期使用	

续表

序号	作业内容	作业步骤及标准	安全措施及注意事项	备注
3	登杆前试验	（1）对杆身、基础、埋深、拉线的检查。 （2）对脚扣的检查、冲击试验。 （3）对安全带的检查、冲击试验	检查工器具是否完好，必须保证所用的工器具在定期试验周期内，不得超期使用	
4	线盘布置	（1）放线前应先制订放线计划，合理分配放线段。 （2）导线布置在交通方便、地势平坦处。地形有高低时，应将线盘布置在地势较高处，减轻放线牵引力。 （3）根据地形，适当增加放线段内的放线长度。 （4）导线放线应考虑减少放线后的余线，尽量将长度接近的线轴集中放在各耐张杆处。 （5）根据放线计划，将导线线盘运到指定地点。 （6）导线放线裕度：在采用人力放线时，平地增加3%，丘陵增加5%，山区增加10%；在采用固定机械牵引放线时，平地增加1.5%，丘陵增加2%，山区增加3%	（1）应设专人看守，并具备有效制动措施。 （2）邻近带电线路施工线盘应可靠接地	
5	放线准备	（1）放线架应支架牢固，出线端应从线轴上方抽出，并应检查放出导线的质量。 （2）在每基电杆上悬挂滑车，把导线放在轮槽内。 （3）绝缘线应使用塑料滑车或套有橡胶护套的铝滑车。滑车应具有防止线绳脱落的闭锁装置。滑车直径不应小于绝缘线外径的12倍，槽深不小于绝缘线外径的1.25倍，槽底部半径不小于0.75倍绝缘线外径，轮槽倾角为15°	（1）线轴应转动灵活，轴杠应水平，线轴应有制动装置。 （2）绝缘线宜采用网套牵引	
6	人力放线	（1）人力牵引导线放线时，拉线人员之间应保持适当距离。 （2）领线人员应对准前方，随时注意信号。 （3）跨（穿）越障碍物时应采取相应措施。 （4）牵引时应在首、末、中间派人观察，及时发现导线掉槽、滑车卡滞等故障，发现异常情况后及时用对讲机联系	（1）牵引过程中应保持牵引平稳。 （2）导线不应拖地，各相导线之间不得交叉	
7	机械牵引放线	（1）将牵引绳分段运至施工段内各处，使其依次通过放线滑车。 （2）固定机械牵引所用牵引绳应为无捻或少捻钢丝绳。 （3）牵引绳之间用旋转连接器或抗弯连接器连接贯通。 （4）旋转连接器不能进牵引机械卷筒。 （5）用机械卷回牵引绳，拖动架空导线展放。 （6）牵引钢丝绳与导线连接的接头通过滑车时，牵引速度每分钟不宜超过20m	牵引时应在首、末、中间派人观察，及时发现导线掉槽、滑车卡滞等故障，发现异常情况后及时用对讲机联系	
8	紧线	（1）紧线施工应在全紧线段内的杆塔全部检查合格后方可进行。 （2）紧线前应按要求装设临时拉线。 （3）放线工作结束后，应尽快紧线。 （4）总牵引地锚与紧线操作杆塔之间的水平距离应不小于挂线点高度的2倍，且与被紧架空导线方向应一致。 （5）紧线应紧靠挂线点。 （6）紧线时，人员不准站在或跨在已受力的导线上或导线的内角侧和展放的导线圈内以及架空线的垂直下方。 （7）紧线顺序：导线三角或水平排列时，宜先紧中导线，后紧两边导线；导线垂直排列时，宜先紧上导线，后紧中、下导线。	当以耐张杆塔作为操作或锚线杆塔紧线时，应设置临时拉线。 绝缘子、拉紧线夹安装前应进行外观检查，并确认符合要求。 安装时应检查碗头、球头与弹簧销子之间的间隙。在安装好弹簧销子的情况下，球头不得自碗头中脱出。	

续表

序号	作业内容	作业步骤及标准	安全措施及注意事项	备注
8	紧线	（8）绝缘线展放中不应损伤导线的绝缘层和出现扭、弯等现象，接头应符合相关规定，破口处应进行绝缘处理。 （9）导线的弧垂值应符合设计数值：三相导线弧垂误差不得超过 -5%或 +10%，一般档距内弧垂相差不宜超过 50mm	紧线时，应随时查看地锚和拉线状况。 跨越重要设施时应做好防导线跑线措施	
9	导线固定及附件安装	（1）导线的固定应牢固、可靠。绑线绑扎应符合“前三后四双十字”的工艺标准，绝缘子底部要加装弹簧垫。 （2）直线转角杆：对瓷质绝缘子，导线应固定在转角外侧的槽内；对瓷横担绝缘子，导线应固定在第一裙内。 （3）直线跨越杆：导线应双固定，导线本体不应在固定处出现角度。 （4）裸铝导线在绝缘子或线夹上固定应缠绕铝包带，缠绕长度应超出接触部分 30mm。铝包带的缠绕方向应与外层线股的绞制方向一致。 （5）绝缘导线在绝缘子或线夹上固定应缠绕粘布带，缠绕长度应超过接触部分 30mm，缠绕绑线应采用不小于 2.5mm^2 的单股塑铜线。严禁使用裸导线绑扎绝缘导线。 （6）紧线完成、弧垂值合格后，应及时进行附件安装	高空作业人员正确使用安全带，安全带的挂钩要挂在牢固的构件上	
10	导线连接	（1）铝绞线及钢芯铝绞线在档距内承力连接一般采用钳压接续管或采用预绞式接续条。 （2）10kV 绝缘线及低压绝缘线在档距内承力连接一般采用液压对接接续管。 （3）架空电力线路当采用跨径线夹连接引流线时，线夹数量不应少于 2 个，当采用节能安普线夹、C 型线夹、H 型液压线夹或弹射楔型线夹时，可使用 1 个，并使用专用工具安装。楔型线夹应与导线截面积匹配。 （4）连接面应平整、光洁，导线及并沟线夹槽内应清除氧化膜，涂电力复合脂。 （5）铜绞线与铝绞线的接头，宜采用铜铝过渡线夹、铜铝过渡线，或采用铜线搪锡插接。 （6）对于绝缘导线，接头处应做好防水密封处理。 （7）3～10kV 线路每相引流线，引下线与邻相的引流线，引下线或导线之间，安装后的净空距离应不小于 300mm；对于 3kV 以下电力线路应不小于 150mm。 （8）架空线路的导线与拉线，电杆或构架之间安装后的净空距离，3～10kV 时应不小于 200mm，3kV 以下时应不小于 100mm	高空作业人员正确使用安全带，安全带的挂钩要挂在牢固的构件上	

4.3 竣工要求

序号	内容
1	清理现场及工具，认真检查作业点有无遗留物，工作负责人全面检查工作完成情况，无误后清扫地面、撤离现场
2	向设备运维管理单位汇报工作终结
3	各类工器具对号入库，办理工作票终结手续

5 项目评价

项目完成后，根据学员任务完成情况，做好综合点评，并填写项目综合点评记录。

序号	项目	培训师对项目评价	
		存在问题	改进建议
1	安全措施		
2	作业流程		
3	作业方法		
4	工具使用		
5	工作质量		
6	文明操作		

模块4 拉线制作及更换

模块说明

本模块包含拉线制作、拉线安装。通过介绍拉线制作的方法步骤和注意事项，熟悉拉线安装的规定，熟练掌握拉线制作及更换的工艺标准和安装要求。

一、拉线制作

1. 工器具选用

（1）个人工具：钢丝钳、活络扳手、记号笔、钢卷尺。

（2）专用工具：木锤、断线钳、吊绳、登杆工具、安全带。

2. 材料准备

铁丝、钢绞线、NUT型线夹（平垫圈、螺母齐全）、NX型线夹（螺栓、销钉齐全）。

3. 制作拉线上把

（1）用卷尺从拉线的一端量420～430mm划印。

（2）弯曲钢绞线。左脚踩住主线，右手拉住线头，左手控制钢绞线画印处进行弯曲（将钢绞线线尾及主线弯成张开的开口销模样）。制作拉线时不能破坏楔型线夹及钢绞线的镀锌层，拉线弯曲部分不应有明显松股。

（3）钢绞线穿入线夹。将钢绞线从线夹小孔穿入，再将尾线从线夹的斜面穿出。

（4）钢绞线与线夹。放入楔子并拉紧凑。用木锤对着线夹两边敲紧，钢绞线与楔子接触应牢固、无缝隙，弯曲处应无散股现象，钢绞线与楔子回转处应留有缝隙。

（5）绑扎拉线：

1）先顺钢绞线平压一段扎丝，再缠绕压紧该端头。

2）在钢绞线尾线处扎（55±5）mm，每圈铁丝都扎紧且无缝隙。

3）尾线头剩出20～30mm。

4）铁丝两端头绞紧，3个麻花，不能超过尾线头。

（6）绑扎要求：

1）右手握钢丝钳，左手扶住钢绞线，人的站位方向在钢绞线的左侧。

2）铁丝断头在两钢绞线中间，钢绞线副线露出长（300±10）mm。

（7）上把制作完成。

4. 制作拉线下把

（1）制作下把前先观察电杆是否倾斜。

（2）画印：沿拉线受力方向拉。

（3）紧拉线棒，比出钢绞线弯曲部分的所需长度（U型螺杆穿进拉线棒环有效丝纹的2/3处）。

（4）钢绞线剪断位置。量出钢绞线剪断位置并剪断钢绞线（画印处延长 420～430mm

处剪断）。

（5）线夹套入钢绞线。

1） 从小口侧穿入钢绞线，弯曲钢绞线（将钢绞线线尾及主线弯成张开的开口销模样，并将钢绞线线尾穿入线夹，方向正确）。

2） 放入楔子拉紧凑。

3） 用木锤敲打（牢固、无缝隙，弯曲处无散股现象）。

（6）绑扎铁丝。

1） 先顺钢绞线平压一段扎丝，再缠绕压紧该端头。

2） 在钢绞线尾线处扎(55±5)mm，每圈铁丝都扎紧且无缝隙。尾线头剩出 20～30mm。

3） 铁丝两端头绞紧，3 个麻花，不能超过尾线头。

4） 尾线位置：线夹的凸肚位置应与尾线同侧，凸肚位置均朝地面。尾线长度为 300mm，允许+10mm 误差。

5） 结合部检查：钢绞线与楔子半圆弯曲结合处不得有散股和空隙。

6） 安装拉线：一人配合拉紧安装。

（7）下把制作完成。

5. 上把和下把连接制作

（1）拉线绝缘子与楔型线夹连接好后，R 型销针的开口在 30°～60°。

（2）当采用预绞式拉线，拉线金具一般采用螺旋式绞式耐张线夹，线夹与钢绞线旋向一致，采用标准右旋方向。

（3）拉线上把和拉线抱箍连接处采用延长环连接。

二、安装拉线

（1）拉线抱箍一般装设在相对应的横担下方，距横担中心线 100mm 处。

（2）用拉线抱箍将拉线上端固定在电杆上，正确安装螺栓和销钉、凸肚朝下，下端与拉线棒连接，线夹的凸肚位置应与尾线同侧。

（3）使用紧线器收紧拉线后，UT 型线夹螺杆丝扣应有 1/2 以上长度可供调紧。UT 型线夹的双螺母应拧紧并牢靠。外露螺栓长度一般为 20～50mm。

（4）安装后的拉线绝缘子应与上段拉线抱箍保持 3m 距离。在拉线断开的情况下，拉线绝缘子距地面的垂直距离不应小于 2.5m。

（5）安装后的拉线松紧程度应合适，转角杆应向外角预偏，紧线后不应向内角倾斜。向外角倾斜时，其杆梢位移不应大于杆梢直径。终端杆应向拉线侧预偏，其预偏值不应大于杆梢直径。紧线后不应向受力侧倾斜。

（6）拉线对地面夹角宜为 45°，若受地形限制，不应大于 60°或小于 30°。

（7）结合当地地质、地形条件及地区使用习惯选用合适的拉线盘，拉线坑的深度可按受力大小及设计要求决定；设计无明确要求时，拉线坑深度不应小于 1500mm。拉线盘的埋深及拉线棒的长度应合理，对于特殊地质条件要采取特别加固措施。

（8）放置拉线盘时应注意正反方向及角度。埋设拉线盘的拉线坑应有斜坡（马道），回填土应有防沉土台。

（9）拉线安装完毕后，城区或村镇的 10kV 及以下架空线路的拉线应根据实际情况配置拉线警示管。拉线警示管应使用黑黄反光漆涂刷，间距 200mm。拉线警示管应紧贴地面安装，顶部距离地面垂直距离不得小于 2m。

三、作业指导书

拉线制作及安装实训作业指导书格式见附件。

模块小结

通过本模块学习，熟练掌握拉线安装的规定、拉线制作的方法步骤和注意事项。

思考与练习

1. 钢绞线尾线绑扎有什么要求？
2. 拉线制作的材料准备有哪些？
3. 拉线安装应注意什么？

扫码看答案

附件　拉线制作及安装实训作业指导书

扫码下载

1　适用范围

本作业项目适用于拉线制作项目的技能实训工作。

2　规范性引用文件

（1）《10kV 及以下架空配电线路设计技术规程》（DL/T 5220—2005）。

（2）《电气装置安装工程 66kV 及以下架空电力线路施工及验收规范》（GB 50173—2014）。

（3）《国家电网公司电力安全工作规程（配电部分）（试行）》。

（4）《配电网施工检修工艺规范》（Q/GDW 10742—2016）。

（5）《架空绝缘配电线路施工及验收规程》（DL/T 602—1996）。

（6）《配电网检修规程》（Q/GDW 11261—2014）。

3　作业前准备

3.1　现场勘察基本要求

序号	内容	标准	备注
1	现场勘察	培训师组织所有参加培训学员到现场掌握现场情况及安全注意事项	
2	编写作业指导书	工作负责人根据现场勘察情况编写作业指导书	
3	准备所需工器具及材料	准备好所需工具、材料	
4	填写工作票并签发	按要求填写低压工作票，安全措施应符合现场实际，工作票应提前一天签发	

3.2　现场作业人员基本要求

序号	内容	备注
1	所有培训学员必须熟知电力安全工作规程的相关知识，并经考试合格，经医师鉴定无妨碍工作的病症	
2	现场培训学员的身体状况良好，精神饱满	
3	培训学员熟知拉线制作作业方法，经安全措施、安全注意事项等方面教育后方可进行工作，工作时应有专人监护	
4	作业人员应"两穿一戴"，个人工具和劳保防护用品应合格、齐备	
5	作业负责人必须经过分管领导批准	

3.3　工器具配备

序号	名称	型号/规格	单位	数量	备注
1	常用电工工具		套	1	
2	断线钳		把	1	

续表

序号	名称	型号/规格	单位	数量	备注
3	木锤		把	1	
4	钢卷尺		把	1	
5	记号笔		支	1	

3.4　材料配备

序号	名称	型号/规格	单位	数量	备注
1	安全围栏		m	30	
2	警示牌		块	若干	
3	拉线抱箍（带螺栓）	Q230	套	1	
4	楔型线夹	NE－1	套	1	
5	耐张线夹	NUT－1	套	1	
6	延长环	PH－7	只	1	
7	镀锌钢绞线	GJ－35	盘	1	
8	镀锌铁丝	10 号	盘	2	
9	镀锌铁丝	22 号	盘	1	
10	防锈漆		桶	1	
11	润滑脂		管	1	

3.5　危险点分析及安全措施

序号	危险点分析	安全措施
1	防止高空坠落	正确使用安全带，高空作业不能失去安全带的保护
2	防止高处落物伤人	装设安全围网，地面配合人员应站在物体坠落半径以外，防止高处落物伤害
3	防止钢绞线反弹伤人	剪切钢绞线及制作拉线过程中应防止钢绞线反弹伤人

3.6　安全注意事项

序号	内容
1	脚扣、安全带在使用前必须进行冲击试验
2	脚扣应严格按照操作的要求使用
3	在登杆的过程中应全过程使用安全带，不能失去双重保护
4	作业区内装设遮栏（围栏），禁止非作业人员进入

4 作业程序

4.1 实训项目流程

序号	内容	备注
1	工作负责人办理工作许可手续	
2	工作负责人向登杆人员对现场安全交底，交代作业内容、人员分工和现场安全措施及注意事项，进行危险点告知	
3	登杆人员对作业内容明确、安全措施及注意事项明确，危险点告知已确认知晓后签字，由工作负责人宣布开始工作的命令	

4.2 作业内容及标准

序号	作业内容	作业步骤及标准	安全措施及注意事项	工作负责人	作业人员
1	设置遮栏（围栏）	工作地点范围设置遮栏（围栏），四周悬挂警示牌	防止非工作人员、车辆进入		
2	申请工作	工作许可	得到工作负责人许可后方可开始工作		
3	工具、材料检查	（1）个人防护用品检查。 （2）工器具检查。 （3）材料检查	（1）现场检查安全帽、绝缘鞋、线手套、工作服是否穿戴整齐。 （2）对工具逐件进行检查，检查试验周期是否到期，绝缘是否良好，机械是否灵活。 （3）对材料进行检查，UT 型线夹丝扣是否完好，楔子与线夹是否配套，检查钢绞线是否合格		
4	现场检查	核对线路双重称号、埋深、倾斜度、电杆质量、拉线埋深	（1）核对线路双重称号。 （2）用卷尺从电杆 3m 画线处量到地面，检查电杆埋深是否符合要求。 （3）在杆基周围用螺丝刀或脚踩杆根土壤是否坚实（杆基符合要求）。 （4）走到距电杆 5m 处，用扳手当线垂检查倾斜度（走两个部位 90°，电杆倾斜度符合要求）。 （5）到拉线处用卷尺量取拉棒出土的长度，并脚踩拉盘上方的泥土（拉盘埋没符合要求）		
5	拉线制作	制作拉线上把	（1）用卷尺从拉线的一端量 420～430mm，划印。 （2）操作人一只手拉住线头，另一只手握着划印处，控制弯曲部位，弯曲钢绞线。弯曲时先弯成一个带圆角的直角，用一只手的虎口顶住这个圆角弯另一个圆角，使其形成一个半圆。 （3）用一只手紧握半圆，另一只手分别将主线各尾线向外拉，形成一个“Ω”与楔子的弧度相一致。 （4）将钢绞线尾线和主线调直。 （5）将钢绞线从线夹小孔穿入，再将尾线从线夹的斜面穿出。 （6）塞入楔子后，脚踩楔型线夹的螺栓，手握钢绞线向上提。 （7）右手摘下手套，用木锤对着线夹两边敲紧。 （8）从线夹平面端向主线量 100mm 划印。 （9）用 10 号铁丝一端制作成 R 型。 （10）先顺钢绞线平压一段扎丝，再缠绕压紧该端头。在钢绞线尾线处扎（55±5）mm，每圈铁丝都扎紧且无缝隙。尾线头剩出 20～30mm。铁丝两端头绞紧，3 个麻花，不能超过尾线头。 （11）用扳手将主线与尾线调整平直。 （12）用刷子蘸上防锈漆，涂在各处的绑线、钢绞线的断口处		

续表

序号	作业内容	作业步骤及标准	安全措施及注意事项	工作负责人	作业人员
6	安装拉线	安装拉线上把	（1）系上安全带后，拿脚扣、吊绳和拉线上把小跑到电杆边。 （2）脚扣登上电杆一步，每只脚扣单脚冲击 2 次，取下再外观检查（报告：脚扣冲击试验合格）。 （3）将后备保护绳系在电杆上，身体往后靠冲击，取下再对扣环和绳子外观检查（报告：后备保护绳系冲击试验合格）。 （4）将安全带系在电杆上，调整好长度，身体往后靠冲击，取下再对扣环和外观检查（报告：安全带系冲击试验合格）。 （5）系上吊绳后汇报（报告：上杆前“三查”符合作业要求，请求登杆）。 （6）选择好工作面，登上电杆立即系上安全带。 （7）登杆过程中及时收紧脚扣（不少于 2 次），同时观察距杆顶距离（眼睛向上观察多次）。 （8）登杆到距杆头 1m 处放慢速度，调整好站位，立即将后备保护绳系在电杆上。 （9）将吊绳在电杆上系好（在系吊绳的同时，可通知地面配合人员将上把拉线系在吊绳上）。 （10）吊上拉线上把，将楔型线夹装入到延长环中，楔型线夹的凸肚朝下。螺钉穿向应与抱箍螺钉穿向一致。插入开口销，开口销应朝下。 （11）取下吊绳系在身上，取下后备保护绳系在身上（报告：杆上工作已结束，请求下杆）。 （12）到达地面后收好吊绳，小跑到拉线处，将安全带、吊绳、脚扣放置在防潮垫上		
7	收紧拉线	收紧拉线	（1）用紧线器钩子一端连接拉棒环（在安装紧线器时通知配合人员手拉钢绞线收紧）。 （2）用卡线钳夹住钢绞线。 （3）慢慢收紧钢绞线，在收紧时应小跑到电杆处观察电杆倾斜度（每次收紧钢绞线都必须观察）		
8	安装下把拉线	安装下把拉线	（1）拆掉 UT 型线夹上螺母，用刷子将润滑油涂在 UT 型线夹的螺杆上，将 U 型环从拉棒中穿入。 （2）拉紧 U 型环与拉线，从丝扣顶端处向下量出 200mm 划印（弯曲处）。 （3）从丝扣顶端处向下量出 420～430mm（剪断处）。 （4）在断口处两端各 10mm 处，用 22 号铁丝各缠绕 7 圈后封头。 （5）配合人员两手各握住剪断处两个头，操作人员用断线钳将其开断，剪断时要防止反弹。 （6）操作人一只手拉住线头，另一只手握着 200mm 划印处，控制弯曲部位，弯曲钢绞线，弯曲时先弯成一个带圆角的直角。 （7）用一只手的虎口顶住这个圆角弯另一个圆角，使其形成一个半圆。 （8）用一只手紧握半圆，另一只手分别将主线各尾线向外拉，形成一个“Ω”与楔子的弧度相一致。 （9）将钢绞线尾线和主线调直。 （10）将钢绞线从线夹小孔穿入，再将尾线从线夹的斜面穿出。 （11）塞入楔子后朝下拉一下。 （12）右手摘下手套，用木锤对着线夹两边敲紧。		

续表

序号	作业内容	作业步骤及标准	安全措施及注意事项	工作负责人	作业人员
8	安装下把拉线	安装下把拉线	（13）将线夹套入到U型环上，注意线夹的凸肚朝下，放入垫片后旋入螺母。 （14）用扳手将两个螺母依次拧紧，应将线夹调整到两螺杆的中间部位。U型螺杆出丝不少于20mm丝扣，但不多于螺杆1/2丝扣。 （15）将其他两个螺母旋入，并用两把扳手反方向拧紧。 （16）将紧线器松下，收好放置到防潮垫上。 （17）从线夹平面端向主线量100mm划印。 （18）用10号铁丝一端制作成R型。 （19）先顺钢绞线平压一段扎丝，再缠绕压紧该端头。在钢绞线尾线处扎（55±5）mm，每圈铁丝都扎紧且无缝隙。尾线头剩出20～30mm。铁丝两端头绞紧，3个麻花，不能超过尾线头。尾线位置：线夹的凸肚位置应与尾线同侧，凸肚位置均朝地面。尾线长度为300mm允许+10mm误差。结合部检查：钢绞线与楔子半圆弯曲结合处不得有散股和空隙。 （20）用扳手将主线与尾线调整平直。 （21）用刷子蘸上防锈漆，涂在各处的绑线、钢绞线的断口处		
9	安全监护		工作负责人在学员登杆中应不间断监护，及时纠正学员的不规范动作和不安全行为。工作负责人离开现场时，应临时指定负责人，并设法通知全体培训学员		
10	工作终结验收	（1）工具材料、摆放整齐，无遗漏。 （2）工作负责人确认工作现场无遗留物件。 （3）所有工作人员撤离作业现场。 （4）工作负责人向工作许可人汇报，履行工作终结手续	（1）符合文明生产要求。 （2）工作负责人确认全体作业人员撤离作业现场，工作现场无遗留物件，安全措施全部拆除后，方可履行工作终结手续		

4.3　竣工内容要求

序号	内容
1	钢绞线应与线夹配合紧密，与舌头间缝隙不大于2mm
2	无明显的弯曲和散股现象，尾线端应在凸肚侧
3	尾线与主线固定应牢固，上、下把拉线尾线长度留有（300±10）mm的长度
4	尾线采用10号铁丝绑扎
5	尾线端头22号铁丝绑线并应用防锈漆涂刷，拉线应美观、平直
6	钢绞线尾线处要保留原有防散的铁丝
7	U型螺杆出丝不少于20mm丝扣，但不多于螺杆1/2丝扣
8	拉线做好后松紧度适宜
9	上下把拉线凸肚侧朝下
10	拉线安装完成后，应在地面以上部分安装警示保护管

5　项目评价

项目完成后，根据学员任务完成情况，做好综合点评，并填写项目综合点评记录。

序号	项目	培训师对项目评价	
		存在问题	改进建议
1	安全措施		
2	作业流程		
3	作业方法		
4	工具使用		
5	工作质量		
6	文明操作		

配电电缆线路施工

模块1 配电电缆线路组成

模块说明

本模块介绍电力电缆的结构和性能、种类和特点以及命名方法，通过要点介绍，掌握电缆导体、屏蔽层、绝缘层的结构及性能，熟悉电缆护层的结构及作用，掌握电力电缆的命名方法。

一、电力电缆基本结构

电力电缆的基本结构一般由导体、绝缘层、护层三部分组成，6kV 及以上电缆导体外和绝缘层外还增加了屏蔽层。其中，护层可进一步细分为外护套、铠装层和内护套，屏蔽层可细分为内屏蔽层和外屏蔽层。对于没有金属护套的挤包绝缘电缆，除半导电屏蔽层外，还要增加用铜带或铜丝绕包的金属屏蔽层。10kV XLPE 电力电缆的结构如图 3-1 所示。

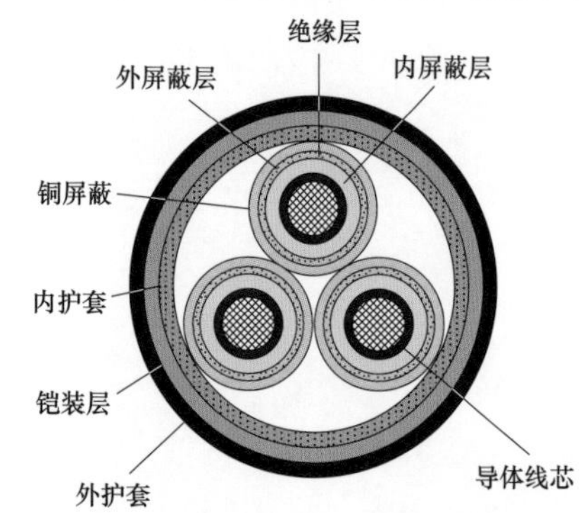

图 3-1 10kV XLPE 电力电缆结构示意图

（一）电缆导体材料的性能及结构

1. 电缆导体材料的性能

导体的作用是传输电流，电缆导体（线芯）大都采用高电导系数的金属铜或铝制造。

（1）铜的电导率大、机械强度高，易于进行压延、拉丝和焊接等加工。铜是电缆导体最常用的材料，其主要性能如下：

1）20℃时的密度为 $8.89g/cm^3$；

2）20℃时的电阻率为 $1.724\times10^{-8}\Omega\cdot m$；

3）电阻温度系数为 0.003 93/℃；

4）抗拉强度为 $200\sim210N/mm^2$。

（2）铝也是用作电缆导体比较理想的材料，其主要性能是：

1）20℃时的密度为 2.70g/cm^3；

2）20℃时的电阻率为 $2.80\times10^{-8}\Omega\cdot m$；

3）电阻温度系数为 0.004 03/℃；

4）抗拉强度为 70～95N/mm^2。

2. 电缆导体材料的结构

电缆导体一般由多根导线绞合而成，是为了满足电缆的柔软性和可曲性的要求。当导体沿某一半径弯曲时，导体中心线圆外部分被拉伸，中心线圆内部分被压缩，绞合导体中心线内外两部分可以相互滑动，使导体不发生塑性变形。

绞合导体外形有圆形、扇形、腰圆形等。

（1）圆形绞合导体几何形状固定，稳定性好，表面电场比较均匀。20kV 及以上油纸电力电缆和 10kV 及以上交联聚乙烯电力电缆一般都采用圆形绞合导体结构。

（2）10kV 及以下多芯油纸电缆和部分 1kV 及以下多芯塑料电缆，为了减小电缆直径、节约材料消耗，采用扇形或腰圆形导体结构。

（二）电缆屏蔽层的结构及性能

屏蔽层是能够将电场控制在绝缘内部同时能够使得绝缘界面处表面光滑并借此消除界面空隙的导电层。

（1）电缆导体由多根导线绞合而成，它与绝缘层之间易形成气隙，导体表面不光滑，会造成电场集中。在导体表面加一层半导电材料的屏蔽层，它与被屏蔽的导体等电位，并与绝缘层良好接触，从而避免在导体与绝缘层之间发生局部放电。这一层屏蔽又称为内屏蔽层。

（2）在绝缘表面和护套接触处，也可能存在间隙，电缆弯曲时，油纸电缆绝缘表面易造成裂纹或褶皱，这些都是引起局部放电的因素。在绝缘层表面加一层半导电材料的屏蔽层，它与被屏蔽的绝缘层有良好接触，与金属护套等电位，从而避免在绝缘层与护套之间发生局部放电。这一层屏蔽又称为外屏蔽层。

屏蔽层的材料是半导电材料，其体积电阻率为 $10^3\sim10^6\Omega\cdot m$。油纸电缆的屏蔽层为半导电纸，半导电纸还有吸附离子的作用，有利于改善绝缘电气性能。挤包绝缘电缆的屏蔽层材料是加入炭黑粒子的聚合物。没有金属护套的挤包绝缘电缆，除半导电屏蔽层外，还要增加用铜带或铜丝绕包的金属屏蔽层，其作用为：在正常运行时通过电容电流；当系统发生短路时，作为短路电流的通道，同时也起到屏蔽电场的作用。在电缆结构设计中，要根据系统短路电流的大小采用相应截面积的金属屏蔽层。

（三）电缆绝缘层的结构及性能

电缆绝缘层具有承受电网电压的功能。电缆运行时绝缘层应具有稳定的特性、较高的绝缘电阻、击穿强度、优良的耐树枝放电和局部放电性能。配电电缆绝缘常见类型为挤包绝缘。

挤包绝缘材料——各类塑料、橡胶具有耐受电网电压的功能，由高分子聚合物，经挤包工艺一次成型紧密地挤包在电缆导体上。塑料和橡胶属于均匀介质，这是与油浸纸的夹层结构完全不同的。聚氯乙烯、聚乙烯、交联聚乙烯和乙丙橡胶的主要性能如下：

（1）聚氯乙烯塑料是以聚氯乙烯树脂为主要原料，加入适量配合剂、增塑剂、稳定剂、填充剂、着色剂等经混合塑化而制成的。聚氯乙烯具有较好的电气性能和较高的机械强度，具有耐酸、耐碱、耐油性能，工艺性能也比较好；缺点是耐热性较差，绝缘电阻率较小，介质损耗较大，因此仅用于 6kV 及以下的电缆绝缘。

（2）聚乙烯具有优良的电气性能，介电常数小、介质损耗小、加工方便；缺点是耐热性差、机械强度低、耐电晕性能差、容易产生环境应力开裂。

（3）交联聚乙烯是聚乙烯经过交联反应后的产物。采用交联的方法，将线形结构的聚乙烯加工成网状结构的交联聚乙烯，从而改善了材料的电气性能、耐热性能和机械性能。

聚乙烯交联反应的基本机理是，利用物理的方法（如用高能粒子射线辐照）或者化学的方法（如加入过化氧化物化学交联剂，或用硅烷接枝等）来夺取聚乙烯中的氢原子，使其成为带有活性基的聚乙烯分子；而后带有活性基的聚乙烯分子之间交联成三度空间结构的大分子。

（4）乙丙橡胶是一种合成橡胶。用作电缆绝缘的乙丙橡胶是由乙烯、丙烯和少量第三单体共聚而成。乙丙橡胶具有良好的电气性能、耐热性能、耐臭氧和耐气候性能；缺点是不耐油，可以燃烧。

（四）电缆护层的结构及作用

电缆护层是覆盖在电缆绝缘层外面的保护层。典型的护层结构包括内护套和外护层。

（1）内护套贴紧绝缘层，是绝缘的直接保护层。

（2）包覆在内护套外面的是外护层。通常，外护层又由内衬层、铠装层和外被层组成。外护层的三个组成部分以同心圆形式层层相叠，成为一个整体。

护层的作用是使电缆能够适应各种使用环境的要求，使电缆绝缘层在敷设和运行过程中，免受机械或各种环境因素损坏，以长期保持稳定的电气性能。内护套的作用是阻止水分、潮气及其他有害物质侵入绝缘层，以确保绝缘层性能不变。内衬层的作用是保护内护套不被铠装轧伤。铠装层使电缆具备必须的机械强度。外被层主要是用于保护铠装层或金属护套免受化学腐蚀及其他环境损害。

二、配电电缆的种类和特点

（一）按电缆的绝缘材料分类

根据绝缘材料的不同，电力电缆可分为油纸绝缘电缆和挤包绝缘电缆两大类。

1. 油纸绝缘电缆

油纸绝缘电缆是绕包绝缘纸带后浸渍绝缘剂（油类）作为绝缘的电力电缆。

根据浸渍剂不同，油纸绝缘电缆可以分为黏性浸渍纸绝缘电缆和不滴流浸渍纸绝缘电缆两个种类，二者结构完全一样，制造过程除浸渍工艺有所不同外，其他均相同。不滴流电缆的浸渍剂黏度大，在工作温度下不滴流，能满足高差较大的环境（如矿山、竖井等）使用。

按绝缘结构不同，油纸绝缘电缆主要分为统包绝缘电缆、分相屏蔽电缆和分相铅包电缆。

（1）统包绝缘电缆（又称带绝缘电缆）。统包绝缘电缆的结构特点，是在每相导体上分别绕包部分带绝缘后，加适当填料经绞合成缆，再绕包带绝缘，以补充其各相导体对地绝缘厚度，然后挤包金属护套。

统包绝缘电缆结构紧凑，节约原材料，价格较低。其缺点是内部电场分布很不均匀，电力线不是径向分布，具有沿着纸面的切向分量，所以这类电缆又称作非径向电场型电缆。由于油纸的切向绝缘强度只有径向绝缘强度的1/10～1/2，所以统包绝缘电缆容易产生移滑放电，因此这类电缆只能用于10kV及以下电压等级。

（2）分相屏蔽电缆和分相铅包电缆。分相屏蔽和分相铅包电缆的结构基本相同，这两种电缆的特点是，在每相绝缘芯制好后，包覆屏蔽层或挤包铅套，然后再成缆。分相屏蔽电缆在成缆后挤包一个三相共用的金属护套，使各相间电场互不相关，从而消除了切向分量，其电力线沿着绝缘芯径向分布，所以这类电缆又称作径向电场型电缆。径向电场型电缆的绝缘击穿强度比非径向型电缆要高得多，多用于35kV电压等级。

2. 挤包绝缘电缆

挤包绝缘电缆又称固体挤压聚合电缆，它是以热塑性或热固性材料挤包形成绝缘的电缆。

目前，挤包绝缘电缆有聚氯乙烯（PVC）电缆、聚乙烯（PE）电缆、交联聚乙烯（XLPE）电缆和乙丙橡胶（EPR）电缆等，这些电缆使用在不同的电压等级。

交联聚乙烯电缆是20世纪60年代以后技术发展最快的电缆品种。与油纸绝缘电缆相比，它在加工制造和敷设应用方面有不少优点：其制造周期较短、效率较高、安装工艺较为简便、导体工作温度可达到90℃。

（二）按电缆的线芯数量分类

按照电缆线芯的数量不同，电力电缆可以分为单芯电缆和多芯电缆。

1. 单芯电缆

单芯电缆是由单独一相导体构成的电力电缆，一般在大截面、高电压等级电缆多采用此种结构。

2. 多芯电缆

多芯电缆是由多芯导体构成的电力电缆，一般在小截面、中低压电缆中使用较多，有两芯、三芯、四芯、五芯等。

（三）按电压等级分类

电缆的额定电压以 U_0/U（U_m）表示：U_0 表示电缆设计用的导体对金属屏蔽之间的额定工频电压；U 表示电缆设计用的导体之间的额定工频电压；U_m 是设计采用的电缆任何两导体之间可承受的最高系统电压的最大值。根据IEC标准推荐，配电电缆按照额定电压分为低压电缆和中压电缆两类。

1. 低压电缆

额定电压 U 小于等于1kV，如0.6/1kV。

2. 中压电缆

额定电压 U 介于6～35kV之间，如6/6、6/10、8.7/10、21/35、26/35kV。

（四）按特殊需求分类

按对电力电缆的特殊需求，主要有防火电缆、光纤复合电力电缆和超导电缆等品种。

1. 防火电缆

防火电缆是具有防火性能电缆的总称，它包括阻燃电缆和耐火电缆。

（1）阻燃电缆：能够阻滞、延缓火焰沿着其外表蔓延，使火灾不扩大的电力电缆。在电缆比较密集的隧道、竖井或电缆夹层中，为防止电力电缆着火酿成严重事故，35kV及以下电力电缆应选用阻燃电缆。有条件时，应选用低烟无卤或低烟低卤护套的阻燃电缆。

（2）耐火电缆：当受到外部火焰以一定高温和时间作用期间，在施加额定电压状态下具有维持通电运行功能的电缆，用于防火要求特别高的场所。

2. 光纤复合电力电缆

将光纤组合在电力电缆的结构层中，使其同时具有电力传输和光纤通信功能的电力电缆称为光纤复合电力电缆。光纤复合电力电缆集两方面功能于一体，因而降低了工程建设投资和运行维护费用，具有明显的技术经济意义。

3. 超导电缆

以超导金属或超导合金为导体材料，将其置于临界温度、临界磁场强度和临界电流密度条件下工作，利用超低温下出现失阻现象的某些金属及其合金为导体的电缆称为超导电缆。在超导状态下，导体的直流电阻为零，以提高电缆的传输容量。目前，上海宝钢公司有一条千米级超导电缆正在建设中，即将投入运行。

三、电力电缆的命名方法

电力电缆产品命名用型号、规格和标准编号表示。电力电缆的产品型号一般由导体、绝缘、护层的代号构成，因电缆种类的不同，型号的构成也有所区别。规格由额定电压、芯数、标称截面积构成，以字母和数字为代号组合表示。

1. 额定电压 1kV（U_m=1.2kV）到 35kV（U_m=40.5kV）挤包绝缘电力电缆命名方法

（1）电力电缆产品型号的组成和排列顺序如图 3-2 所示。

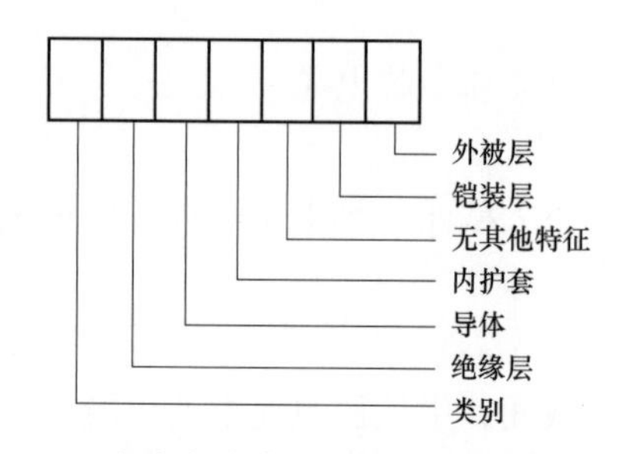

图 3-2 电力电缆产品型号的组成和排列顺序

（2）电力电缆产品代号见表 3-1。

表 3-1 电力电缆产品代号

产品构成	含义	代号
导体	铜导体	T（省略）
	铝导体	L
绝缘	聚氯乙烯绝缘	V
	交联聚乙烯绝缘	YJ
	乙丙橡胶绝缘	E
	硬乙丙橡胶绝缘	HE
护套	聚氯乙烯护套	V
	聚乙烯护套	Y
	弹性体护套	F
	挡潮层聚乙烯护套	A
	铅套	Q

续表

产品构成	含义	代号
铠装	双钢带铠装	2
	细圆钢丝铠装	3
	粗圆钢丝铠装	4
	双非磁性金属带铠装	6
	非磁性金属丝铠装	7
外护套	聚氯乙烯外护套	2
	聚乙烯外护套	3
	弹性体外护套	4

举例：

（1）铜芯交联聚乙烯绝缘钢带铠装聚氯乙烯护套电力电缆，额定电压为0.6/1kV，3+1芯，标称截面积95mm²，中性线截面积50mm²，表示为YJV_{22}−0.6/1　3×95+1×50。

（2）铝芯交联聚乙烯绝缘钢带铠装聚氯乙烯护套电力电缆，额定电压为8.7/10kV，三芯，标称截面积300mm²，表示为$YJLV_{22}$−8.7/10　3×300。

（3）铜芯交联乙烯绝缘聚乙烯护套电力电缆，额定电压为26/35kV，单芯，标称截面积400mm²，表示为YJY−26/35　1×400。

2. 额定电压35kV及以下铜芯、铝芯纸绝缘电力电缆命名方法

（1）电力电缆产品型号依次由导体、绝缘、金属护套、特征结构、外护层代号构成。

（2）电力电缆各部分代号见表3−2和表3−3。

表3−2　　导体、绝缘、金属护套及特征结构代号

产品构成	含义	代号
导体	铜导体	T（省略）
	铝导体	L
绝缘	纸绝缘	Z
金属护套	铅套	Q
	铝套	L
特征结构	分相电缆	F
	不滴流电缆	D
	粘性电缆	（省略）

外护层代号编制原则：一般外护层按铠装层和外被层结构顺序，以两个阿拉伯数字表示，每一个数字表示所采用的主要材料。

表3−3　　纸绝缘电力电缆外护层代号及含义

代号	铠装层	外被层或外护套
0	无	—
1	联锁钢带	纤维外被
2	双钢带	聚氯乙烯外套

续表

代号	铠装层	外被层或外护套
3	细圆钢丝	聚乙烯外套
4	粗圆钢丝	
5	皱纹钢带	
6	双铝带或铝合金带	

举例：

（1）铜芯不滴流油浸纸绝缘分相铅套双钢带铠装聚氯乙烯套电力电缆，额定电压26/35kV，三芯，标称截面积150mm²，表示为 $ZQFD_{22}-26/35\ 3\times150$。

（2）铝芯粘性油浸纸绝缘铝套聚乙烯套电力电缆，额定电压0.6/1kV，三根主线芯，标称截面积150mm²，中性线芯标称截面积70mm²，表示为 $ZLL_{03}-0.6/1\ 3\times150+1\times70$。

四、配电电缆线路敷设方式

配电电缆线路敷设分为直埋、排管、电缆沟、电缆隧道、水底、电缆桥梁方式。

（1）将电力电缆敷设于地下壕沟中，沿沟底和电缆上覆盖有软土层或砂且设有保护板，再埋齐地坪的敷设方式称为电缆直埋敷设。

（2）将电力电缆敷设于预先建设好的地下排管中的敷设方法，称为电缆排管敷设。

（3）封闭式不通行、盖板与地面相齐或稍有上下、盖板可开启的电缆构筑物为电缆沟。将电力电缆敷设于预先建设好的电缆沟中的敷设方法，称为电缆沟敷设。

（4）容纳电力电缆数量较多、有供安装和巡视的通道、全封闭的电缆构筑物为电缆隧道。将电力电缆敷设于预先建设好的电缆隧道中的敷设方法，称为电缆隧道敷设。

（5）水底电缆是指通过江、河、湖、海敷设在水底的电力电缆。主要使用在海岛与大陆或海岛与海岛之间的电网连接，横跨大河、大江或港湾以连接陆上架空输电线路，陆地与海上石油平台以及海上石油平台之间的相互连接，敷设水底电力电缆的敷设方式，称为水底电缆敷设。

（6）为跨越河道，将电力电缆敷设在交通桥梁或专用电缆桥上的电缆安装方式称为电缆桥梁敷设。

模块小结

通过本模块学习，重点掌握电力电缆的结构、种类等基础知识，掌握电力电缆的命名方法，并对电缆不同类型的敷设方式有初步了解，能够加以区分。

思考与练习

扫码看答案

1. 电力电缆的基本结构一般由哪几部分组成？
2. 电缆屏蔽层有何作用？
3. 电力电缆按绝缘材料和线芯数量分类，有哪几类？

模块 2　配电电缆线路敷设

模块说明

本模块介绍电缆敷设常用机具的类型、使用和维护方法以及电缆敷设的基本要求、各类敷设方式的特点。通过要点讲解和图形解释，熟悉电缆敷设常用挖掘、装卸运输、牵引机具和敷设专用工器具的用途和特点，掌握电缆敷设常用机具的配置使用和维护方法，熟悉电缆敷设牵引、弯曲半径、电缆排列固定和标示牌装设等基本要求，掌握电缆敷设施工基本方法和各种技术要求。

一、施工机具使用

电缆敷设施工需使用各种机械设备和工器具，包括挖掘与起重运输机械、牵引机械和其他专用敷设机械与器具。

（一）挖掘与起重运输机械

1. 气镐和空气压缩机

气镐是以压缩空气为动力，用镐杆敲凿路面结构层的气动工具。除气镐外，挖掘路面的设备还有内燃凿岩机、象鼻式掘路机等机械。空气压缩机有螺杆式和活塞式两种，通常采用柴油发动机。螺杆式空气压缩机具有噪声较小的优点，较适宜城市道路的挖掘施工。

（1）工作原理：由空气压缩机提供压缩空气，压缩空气经管状分配阀轮流进入缸体两端，在工作压力下，压缩空气做功，使锤体进行往复运动，冲击镐杆尾部，把镐杆打入路面的结构层中，实施路面开挖。

（2）使用注意事项：

1）保持气镐内部清洁和气管接头接牢。

2）在软矿层工作时，勿使镐钎全部插入矿层，以防空击。

3）镐钎卡在岩缝中，不可猛力摇动气镐，以免缸体和连接套螺纹部分受损。

4）工作时应检查镐钎尾部和衬套配合情况，间隙不得过大或过小，以防镐钎偏歪和卡死。

（3）维护要求：

1）气镐正常工作时，每隔 2～3h 加注润滑油一次。注油时卸掉气管接头，斜置气镐，按压镐柄，由连接处注入。如滤网被污物堵塞，应及时排除，不得取掉滤网。

2）气镐在使用期间，每星期至少拆卸两次，用清洁的柴油清洗、吹干，并涂以润滑油，再行装配和试验。发现有易损件严重磨损或失灵，应及时调换。

2. 水平导向钻机

水平导向钻机是一种能满足在不开挖地表的条件下完成管道埋设的施工机械，即通过它实现“非开挖施工技术”。水平导向钻机的特点是具有液压控制和电子跟踪装置，能够有效控制钻头的前进方向。

（1）使用方法：按经可视化探测设计的非开挖钻进轨迹路径，先钻定向导向孔，同时注入适量以膨润土加水调匀的钻进液，以保持管壁稳定，并根据当地土壤特性调整泥浆黏度、比重、固相含量等参数。在全线贯通后再回头扩孔，当孔径符合设计要求时拉入电缆管道。

（2）注意事项：在水平导向钻机开机后，要对定向钻头进行导向监控。一般每钻进 2m 用电子跟踪装置测一次钻头位置，以保证钻头不偏离设计轨迹。

3. 起重运输机械

起重运输机械包括汽车、起重机和自卸汽车等。用于电缆盘、各种管材、保护盖板和电缆附件的装卸和运输，以及电缆沟余土的外运。

（二）牵引机械

1. 电动卷扬机

电动卷扬机是以电动机作为动力，通过驱动装置使卷筒回转的机械装置，如图 3－3 所示。在敷设电缆时，电动卷扬机可以用来牵引电缆。

图 3－3　电动卷扬机

（1）工作原理：当卷扬机接通电源后，电动机逆时针方向转动，通过连接轴带动齿轮箱的输入轴转动，齿轮箱的输出轴上装的小齿轮带动大齿轮和卷筒转动（大齿轮固定在卷筒上，卷筒和大齿轮一起转动），卷筒卷进钢丝绳使电缆前行。

（2）使用及注意事项：

1）卷扬机应选择合适的安装地点，并固定牢固。

2）开动卷扬机前，应对个卷扬机的各部分进行检查，确认有无松脱或损坏。

3）钢丝绳在卷扬机滚筒上的排列要整齐，工作时不能放尽，至少要留 5 圈。

4）卷扬机操作人员应与相关工作人员保持密切联系。

（3）日常维护：

1）工作中检查运转情况，确认有无噪声、振动。

2）检查电动机、减速箱及其他连接部是否紧固。确认制动器是否灵活可靠、弹性联轴器是否正常、传动防护是否良好。

3）检查电控箱各操作开关是否正常，阴雨天应特别注意检查电器的防潮。

4）定期清洁设备表面油污，对卷扬机开式齿轮、卷筒轴两端加油润滑，并对卷扬机钢丝绳进行润滑。

2. 电缆输送机

电缆输送机包括主机架，电动机、变速装置、传动装置和输送轮，是一种电缆输送机械。电缆输送机如图 3－4 所示。

图 3－4　电缆输送机

（1）工作原理：电缆输送机以电动机驱动，

用凹型橡胶带夹紧电缆，并用预压弹簧调节对电缆的压力，使之对电缆产生一定的推力。

1）使用前，应检查输送机各部分有无损坏，确认履带表面无异物。

2）在电缆敷设施工时，如果同时使用多台输送机和牵引车，则必须要有联动控制装置，使各台输送机和牵引车的操作能集中控制、关停同步、速度一致。

（2）日常维护：

1）输送机运行一段时间以后，链条可能会松弛，应自行调整，并在链条部位加机油润滑。

2）检查各个连接部位的紧固件的连接是否松动，对出现异常的进行恢复，避免因零部件松动损坏设备。

3）检查履带的磨损状况，及时更换，以免正常夹紧力时敷设电缆的输送力不够，或夹紧力太大损伤电缆的外护套。

（三）其他专用敷设机械和器具

1. 电缆盘支架、液压千斤顶和电缆盘制动装置

（1）电缆盘支架一般用钢管或型钢制作，要求坚固，有足够的稳定性和适用于多种电缆盘的通用性。

（2）电缆盘支架上配有液压千斤顶，用以顶升电缆盘和调整电缆盘离地面的高度及盘轴的水平度。

（3）为了防止由于电缆盘转动速度过快导致盘上外圈电缆松弛下垂，以及为满足敷设过程中临时停车的需要，电缆盘应安装有效的制动装置。

电缆盘支架、千斤顶和电缆盘制动装置如图 3-5 所示。

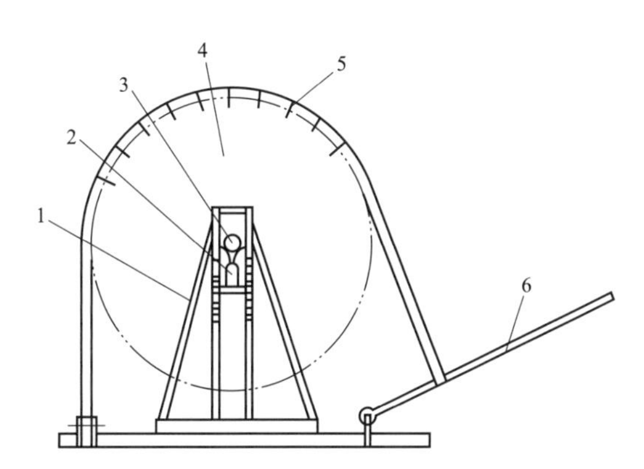

图 3-5　千斤顶和电缆盘制动装置示意图

1—电缆盘支架；2—千斤顶；3—电缆盘轴；4—电缆盘；5—制动带；6—制动手柄

2. 防捻器

防捻器是安装在电缆牵引头和牵引钢丝绳之间的连接器，是采用钢丝绳牵引电缆时必备的重要器具之一。防捻器如图 3-6 所示。因它具有两侧可相对旋转，并有耐牵引的抗张强度的特性，所以用它来消除牵引钢丝绳在受张力后的退扭力和电缆自身的扭转应力。

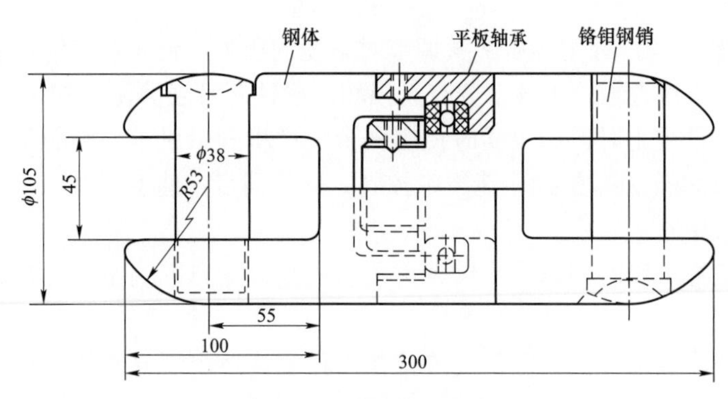

图 3-6　防捻器示意图

3. 电缆牵引头和牵引网套

（1）电缆牵引头：装在电缆端部用作牵引电缆的一种金具，它将牵引钢丝绳上的拉力传递到电缆的导体和金属护套。电缆牵引头能承受电缆敷设时的拉力，又是电缆端部的密封套头，安装后应具有与电缆金属护套相同的密封性能。有的牵引头的拉环可以转动，牵引时有退扭作用，如果拉环不能转动，则需连接一只防捻器。

用于不同结构电缆的牵引头有不同的设计和式样。三芯交联电缆牵引头如图 3-7 所示。

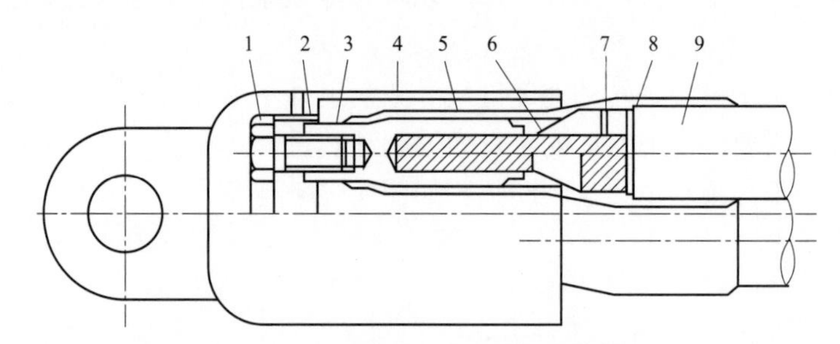

图 3-7　三芯交联电缆牵引头示意图

1—紧固螺栓；2—分线金具；3—牵引头主体；4—牵引头盖；5—防水层；
6—防水填料；7—护套绝缘检测用导线；8—防水填料；9—电缆

（2）牵引网套：牵引网套是用细钢丝绳、尼龙绳或麻绳经编结而成，用于牵引力较小或作辅助牵引，牵引力小于电缆护层的允许牵引力。电缆牵引网套如图 3-8 所示。

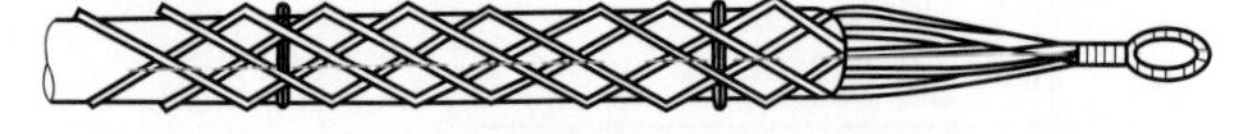

图 3-8　电缆牵引网套示意图

4. 电缆滚轮

正确使用电缆滚轮，可有效减小电缆的牵引力和侧压力，避免电缆外护层遭到损伤。滚轮的轴与其支架之间可采用耐磨轴套，也可采用滚动轴承；后者的摩擦力比前者小，但必须经常维护。为适应各种不同敷设现场的具体情况，电缆滚轮有普通型、加长型和 L 型等。一般在电缆敷设路径上每 2～3m 放置一个滚轮，以电缆不拖地为原则。

5. 电缆外护套防护用具

为防止电缆外护套在管孔口、工井口等处由于牵引时受力被刮破、擦伤，应采用适当的防护用具。通常在管孔口安装一副由两个半件组合的防护喇叭，在工井口、隧道、竖井口等处采用波纹聚乙烯管防护，将其套在电缆上。

6. 钢丝绳

在电缆敷设牵引或起吊重物时，通常使用钢丝绳作为连接。

（1）使用及注意事项：

1）使用钢丝绳时不得超过允许最大使用拉力。

2）钢丝绳中有断股、磨损或腐蚀达到及超过原钢丝绳直径 40%，或钢丝绳受过严重火灾或局部电火烧过时，应予报废。

3）钢丝绳在使用中断丝增加很快时应予换新。

4）环绳或双头绳结合段长度不应小于钢丝绳直径的 20 倍，最短不应小于 300mm。

5）当钢丝绳起吊有棱角的重物时，必须垫以麻袋或木板等物，以避免物件尖锐边缘割伤绳索。

（2）日常维护：

1）钢丝绳上的污垢应用抹布和煤油清除，不得使用钢丝刷及其他锐利的工具清除。

2）钢丝绳须定期上油，并放置在通风良好的室内架上保管。

3）钢丝绳必须定期进行拉力试验。

二、电缆敷设

（一）电缆敷设基本要求

1. 电缆敷设一般要求

敷设施工前，应按照工程实际情况对电缆敷设机械力进行计算。敷设施工中应采取必要措施确保各段电缆的敷设机械力在允许范围内。根据敷设机械力计算、确定敷设设备的规格，并按最大允许机械力确定被牵引电缆的最大长度和最小弯曲半径。

2. 电缆的牵引方法

电缆的牵引方法主要有制作牵引头和网套牵引两种。为消除电缆的扭力和不退扭钢丝绳的扭转力传递作用，牵引前端必须加装防捻器。

（1）牵引头。连接卷扬机的钢丝绳和电缆首端的金具，称作牵引头。它的作用不但是电缆首端的一个密封套头，而且又是牵引电缆时将卷扬机的牵引力传递到电缆导体的连接件。对有压力的电缆，它还带有可拆接的供油或供气的油嘴，以便需要时连接供气或供油的压力箱。

（2）牵引网套。牵引网套是用钢丝绳（也有用尼龙绳或白麻绳）由人工编织而成。由于牵引网套只是将牵引力过渡到电缆护层上，而护层允许牵引强度较小，因此不能代替牵引头；只有在线路不长，经过计算牵引力小于护层的允许牵引力时才可单独使用。

（3）防捻器。用不退扭钢丝绳牵引电缆时，在达到一定张力后，钢丝绳会出现退扭，更由于卷扬机将钢丝绳收到收线盘上时，增大了旋转电缆的力矩，如不及时消除这种退扭力，电缆会受到扭转应力；不但会损坏电缆结构，而且在牵引完毕后，积聚在钢丝绳上的扭转应力会使钢丝绳弹跳，易于击伤施工人员。为此，在牵引电缆前应串联一只防捻器。

（二）配电电缆弯曲半径

电缆在制造运输和敷设安装施工中，总要受到弯曲。弯曲时，电缆外侧被拉伸，内侧被挤压。由于电缆材料和结构特性的原因，电缆能够承受弯曲，但有一定的限度。过度的弯曲容易对电缆的绝缘层和护套造成损伤，甚至破坏电缆，因此规定电缆的最小弯曲半径应满足电缆供货商的技术规定数据，在制造商无规定时，按表 3-4 执行。

表 3-4　　配电电缆最小弯曲半径

状态	单芯电缆		三芯电缆	
	无铠装	有铠装	无铠装	有铠装
敷设时	20*D*	15*D*	15*D*	12*D*
运行时	15*D*	12*D*	12*D*	10*D*

注　*D* 为电缆外径。

（三）电缆的排列要求

（1）原则上 66kV 以下与 66kV 及以上电压等级电缆宜分开敷设；

（2）电力电缆和控制电缆不应配置在同一层支架上；

（3）同通道敷设的电缆应按电压等级的高低从下向上分层布置，不同电压等级电缆间宜设置防火隔板等防护措施；

（4）重要变电站和重要用户的双路电源电缆不宜同通道敷设；

（5）通信光缆应布置在最上层且应设置防火隔槽等防护措施；

（6）交流单芯电缆穿越的闭合管、孔应采用非铁磁性材料。

（四）电缆的固定

垂直敷设或超过 30° 倾斜敷设的电缆，水平敷设转弯处或易于滑脱的电缆，以及靠近终端或接头附近的电缆，都必须采用特制的夹具将电缆固定在支架上。其作用在于把电缆的重力和因热胀冷缩产生的热机械力分散到各个夹具上或得到释放，使电缆绝缘、护层、终端或接头的密封部位免受机械损伤。

1. 刚性固定

采用间距密集布置的夹具将电缆固定，两个相邻夹具之间的电缆在受到重力和热胀冷缩的作用下被约束，不能发生位移的夹紧固定方式称为电缆刚性固定，如图 3-9 所示。

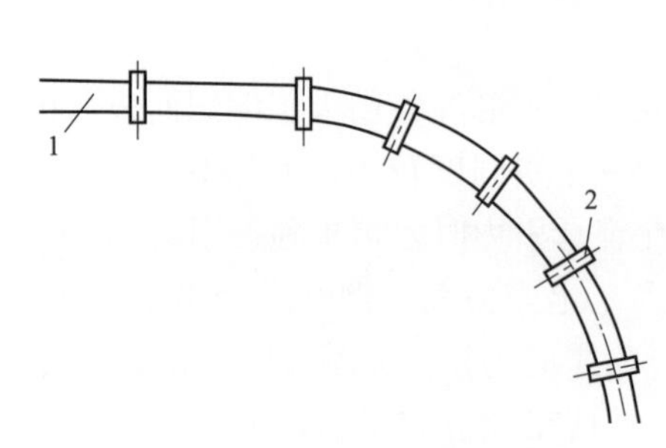

图 3-9　电缆刚性固定示意图

1—电缆；2—电缆夹具

刚性固定通常适用于截面积不大的电缆。当电缆导体受热膨胀时，热机械力转变为内部压缩应力，可防止电缆由于严重局部应力而产生纵向弯曲。在电缆线路转弯处，相邻夹具的间距应较小，约为直线部分的 1/2。

2. 挠性固定

允许电缆在受到热胀冷缩影响时可沿固定处轴向产生一定的角度变化或稍有横向位移的固定方式称为电缆挠性固定，如图 3-10 所示。

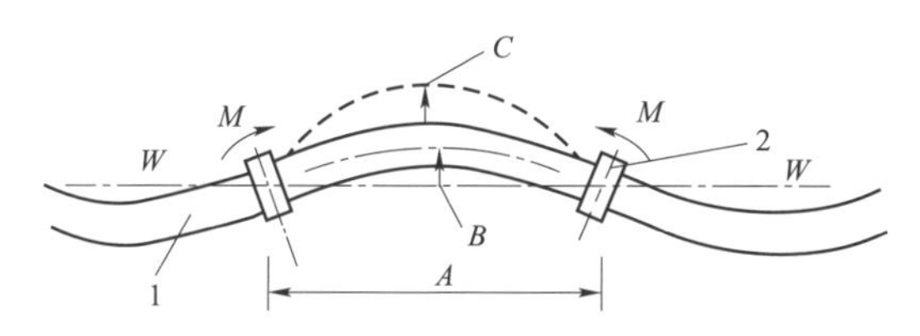

图 3－10　电缆挠性固定示意图

1—电缆；2—移动夹具

A—电缆挠性固定夹具节距；*B*—电缆至中轴线固定幅值；*C*—挠性固定电缆移动幅值；

M—移动夹具转动方向；*W*—两只夹具之间中轴线

采取挠性固定时，电缆呈蛇形状敷设，即将电缆沿平面或垂直部位敷设成近似正弦波的连续波浪形，在波浪形两头电缆用夹具固定，而在波峰（谷）处电缆不装夹具或装设可移动式夹具，以使电缆可以自由平移。

3. 固定夹具安装

（1）选用。电缆夹具一般采用两半组合结构。固定电缆用的夹具、扎带、捆绳或支托件等部件，应具有表面光滑、便于安装、足够的机械强度和适合使用环境的耐久性。单芯电缆夹具不得以铁磁材料构成闭合磁路。电缆夹具如图 3－11 所示。

图 3－11　电缆夹具

（2）衬垫。在电缆和夹具之间，要加上衬垫。衬垫材料有橡皮、塑料、铅板和木质垫圈，也可用电缆上剥下的塑料护套作为衬垫。衬垫在电缆和夹具之间形成一个缓冲层，使得夹具既夹紧电缆，又不易夹伤电缆。裸金属护套或裸铠装电缆以绝缘材料作衬垫，使电缆护层对地绝缘，以免受杂散电流或通过护层入地的短路电流的伤害。过桥电缆在夹具间加弹性衬垫，有防振作用。

（3）安装。在电缆隧道、电缆沟的转弯处、电缆桥架的两端采用挠性固定方式时，应选用移动式电缆夹具。固定夹具应当由有经验的人员安装。所有夹具的松紧程度应基本一致，夹具两边的螺钉应交替紧固，不能过紧或过松，应用力矩扳手紧固为宜。

4. 电缆附件固定要求

35kV 及以下电缆明敷时，应设置适当固定的部位，并应符合下列规定：

（1）水平敷设，应设置在电缆线路首、末端和转弯处以及接头的两侧，且宜设置在直线段每隔不少于 100m 处。

（2）垂直敷设，应设置在上、下端和中间适当数量位置处。

（3）斜坡敷设，应遵照前两条规定因地制宜。

（4）当电缆间需保持一定间隙时，宜设置在每隔约 10m 处。

电缆支持及固定如图 3－12 所示。

图 3－12　电缆支持及固定

5. 电缆支架的选用

电缆支架除支持工作电流大于 1500A 的交流系统单芯电缆外，宜选用钢制。

（五）电缆线路标示牌

1. 标示牌装设要求

（1）电缆敷设排列固定后，应及时装设标示牌。

（2）电缆线路标示牌装设应符合位置规定。

图 3-13 电缆排管敷设标示牌装设

（3）标示牌上应注明线路编号。无编号时，应写明电缆型号、规格及起讫地点。

（4）并联使用的电缆线路应有顺序号。

（5）标示牌字迹应清晰、不易脱落。

（6）标示牌规格宜统一。标示牌应能防腐，挂装应牢固。电缆排管敷设标示牌装设如图 3-13 所示。

2. 标示牌装设位置

（1）在生产厂房或变电站内，应在电缆终端和电缆接头处装设电缆标示牌。

（2）电力电缆线路应在下列部位装设标示牌：

1）电缆终端和电缆接头处。

2）电缆管两端电缆沟、电缆井等敞开处。

3）电缆隧道内转弯处、电缆分支处、直线段间隔 50～100m 处。

（六）电缆直埋敷设

1. 直埋敷设的特点

直埋敷设适用于电缆线路不太密集和交通不太繁忙的城市地下走廊，如市区人行道、公共绿化、建筑物边缘地带等。直埋敷设不需要大量的前期土建工程，施工周期较短，是一种比较经济的敷设方式。电缆埋设在土壤中，一般散热条件比较好，线路输送容量比较大。

直埋敷设较容易遭受机械外力损坏和周围土壤的化学或电化学腐蚀，以及白蚁和老鼠危害。地下管网较多的地段，可能有熔化金属、高温液体和对电缆有腐蚀液体溢出的场所，待开发、有较频繁开挖的地方，不宜采用直埋。

直埋敷设法不宜敷设电压等级较高的电缆，通常 35kV 及以下电压等级铠装电力电缆可直埋敷设于土壤中。

2. 直埋敷设的施工方法

（1）直埋敷设作业前准备。

根据敷设施工设计图所选择的电缆路径，必须经城市规划管理部门确认。敷设前，应申办电缆线路管线执照、掘路执照和道路施工许可证。沿电缆路径开挖样洞，查明电缆线路路径上邻近地下管线和土质情况，按电缆电压等级、品种结构和分盘长度等，制订详细的分段施工敷设方案。如有邻近地下管线、建筑物或树木迁让，应明确各公用管线和绿化管理单位的配合、赔偿事宜，并签订书面协议。

明确施工组织机构，制订安全生产保证措施、施工质量保证措施及文明施工保证措施。熟悉施工图纸，根据开挖样洞的情况，对施工图做必要修改。确定电缆分段长度和接头位置。编制敷设施工作业指导书。

确定各段敷设方案和必要的技术措施，进行施工前对各盘电缆验收，检查电缆有无机械损伤，封端是否良好，有无电缆“保质书”，进行绝缘校潮试验、油样试验和护层绝缘试验。

除电缆外，主要材料包括各种电缆附件、电缆保护盖板、过路导管。机具设备包括各种挖掘机械、敷设专用机械、工地临时设施（工棚）、施工围栏、临时路基板。运输方面的准备，应根据每盘电缆的质量制订运输计划，同时应备有相应的大件运输装卸设备。

（2）直埋作业敷设操作步骤。

直埋电缆敷设作业操作步骤应按照如图 3－14 所示电缆直埋敷设作业顺序操作。直埋沟槽的挖掘应按图纸标示电缆线路坐标位置，在地面划出电缆线路位置及走向。凡电缆线路经过的道路和建筑物墙壁，均按标高敷设过路导管和过墙管。根据划出电缆线路位置及走向开挖电缆沟，直埋沟的形状挖成上大下小的倒梯形。电缆埋设深度应符合相关标准，其宽度由电缆数量来确定，但不得小于 0.4m。电缆沟转角处要挖成圆弧形，并保证电缆的允许弯曲半径。保证电缆之间、电缆与其他管道之间平行和交叉的最小净距离。

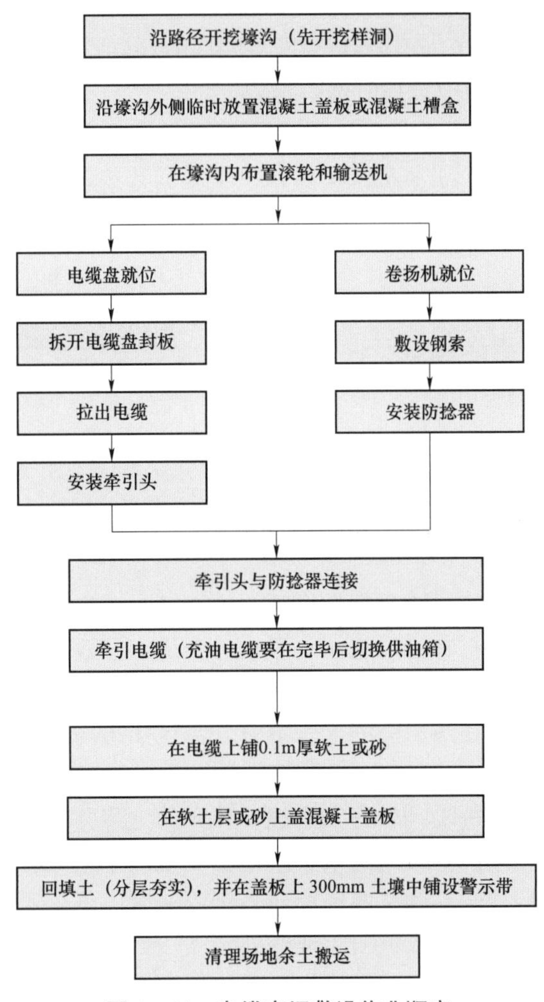

图 3－14 电缆直埋敷设作业顺序

在电缆直埋的路径上，凡遇到以下情况，应分别采取保护措施：

1）机械损伤：加保护管。

2）化学作用：换土并隔离（如陶瓷管），或与相关部门联系，征得同意后绕开。

3）地下电流：屏蔽或加套陶瓷管。

4）腐蚀物质：换土并隔离。

5）虫鼠危害：加保护管或其他隔离保护等。

挖沟时应注意地下的原有设施，遇到电缆、管道等，应与有关部门联系，不得随意损坏。

在安装电缆接头处，电缆沟应加宽和加深，这一段沟称为接头坑。接头坑应避免设置在道路交叉口、有车辆进出的建筑物门口、电缆线路转弯处及地下管线密集处；电缆接头坑的位置应选择在电缆线路直线部分，与导管口的距离应在 3m 以上。接头坑的大小要能满足接头的操作需要。一般电缆接头坑宽度为电缆沟宽度的 2～3 倍，接头坑深度要使接头保护盒与电缆有相同埋设深度。接头坑的长度需满足全部接头安装和接头外壳临时套在电缆上的一段直线距离。

对挖好的沟进行平整和清除杂物，全线检查，应符合前述要求。合格后可将细砂、细土铺在沟内，厚度 10cm，沙子中不得有石块、锋利物及其他杂物。所有堆土应置于沟的一侧，且距沟边 1m 以外，以免放电缆时滑落沟内。

在开挖好的电缆沟槽内敷设电缆时必须用放线架。直埋电缆敷设沟槽施工断面如图 3－15 所示。电缆的牵引可用人工牵引和机械牵引。将电缆放在放线支架上，注意电缆盘上箭头方向，不要弄反。

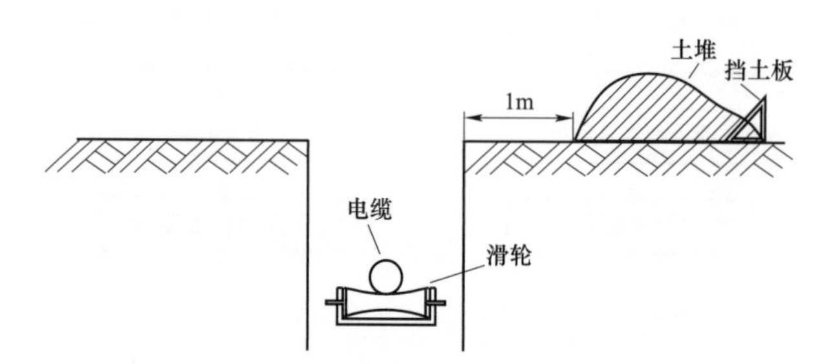

图 3－15　直埋电缆敷设沟槽施工断面示意图

电缆的埋设与热力管道交叉或平行敷设，如不能满足允许距离要求时，应在接近或交叉点前后做隔热处理。隔热材料可用泡沫混凝土、石棉水泥板、软木或玻璃丝板。埋设隔热材料时，除热力的沟（管）宽度外，两边各伸出 2m。电缆宜从隔热后的沟下面穿过，任何时候不能将电缆平行敷设在热力沟的上、下方。穿过热力沟部分的电缆除隔热层外，还应穿管保护。

人工牵引展放电缆就是每隔几米有人肩扛着放开的电缆并在沟内向前移动，或在沟内每隔几米有人持展开的电缆向前传递而人不移动。在电缆轴架处有人分别站在两侧用力转动电缆盘。牵引速度宜慢，转动轴架的速度应与牵引速度同步。遇到保护管时应将电缆穿入保护管，并有人在管孔守候，以免卡阻或意外。

机械牵引和人力牵引基本相同。机械牵引前应根据电缆规格先沿沟底放置滚轮，并将电缆放在滚轮上，滚轮的间距以电缆通过滑车不下垂碰地为原则，以避免与地面、沙面的摩擦。电缆转弯处需放置转角滑车来保护，电缆盘的两侧应有人协助转动。电缆的牵引端用牵引头或牵引网罩牵引，牵引速度应小于 15m/min。电缆直埋敷设施工纵向断面如图 3－16 所示。

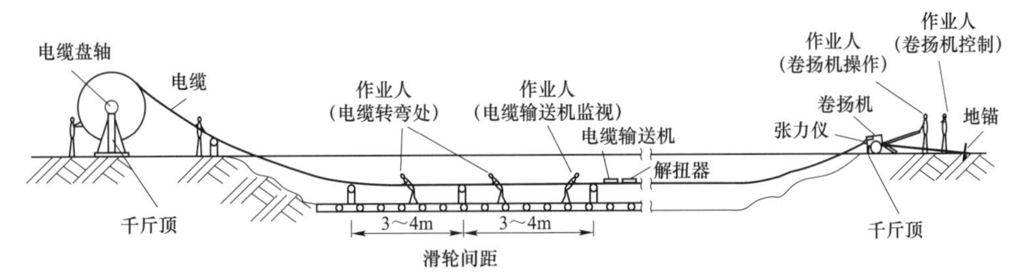

图 3－16 电缆直埋敷设施工纵向断面示意图

敷设时，电缆不要碰地和摩擦沟沿或沟底硬物。

电缆在沟内应留有一定的波形余量，以防冬季电缆收缩受力。多根电缆同沟敷设应排列整齐。

先向沟内充填 0.1m 的细土或砂，然后盖上保护盖板，保护板之间要靠近。也可把电缆放入预制钢筋混凝土槽盒内填满细土或砂，然后盖上槽盒盖。

为防止电缆遭受外力损坏，在电缆接头做完后再砌井或铺砂盖保护板。在电缆保护盖板上铺设印有“电力电缆”和管理单位名称的标识。

回填土应分层填好夯实，保护盖板上应全新铺设警示带，覆盖土要高于地面 0.15～0.2m，以防沉陷。将复土略压平，把现场清理和打扫干净。

在电缆直埋路径上按要求规定的适当间距位置埋标桩（牌）。

冬季环境温度过低，电缆绝缘和塑料护层在低温时物理性能发生明显变化，因此不宜进行电缆的敷设施工。如果必须在低温条件下进行电缆敷设，应对电缆进行预加热处理。

当施工现场的温度不能满足要求时，应采用适当的措施，避免损坏电缆，如采取加热法或躲开寒冷期等。一般加温预热方法如下：

1）用提高周围空气温度的方法加热。当温度为 5～10℃时，需 72h；如温度为 25℃，则需用 24～36h。

2）用电流通过电缆导体的方法加热。加热电缆不得大于电缆的额定电流，加热后电缆的表面温度应根据各地的气候条件决定，但不得低于 5℃。

经烘热的电缆应尽快敷设，敷设前放置的时间一般不超过 1h。当电缆冷至低于规定温度时，不宜弯曲。

（3）直埋敷设作业质量标准及注意事项。

1）直埋电缆一般选用铠装电缆。只有在修理电缆时，才允许用短段无铠装电缆，但必须外加机械保护。选择直埋电缆路径时，应注意直埋电缆周围的土壤中不得含有腐蚀电缆的物质。

2）电缆表面距地面的距离应不小于 0.7m。冬季土壤冻结深度大于 0.7m 的地区，应适当加大埋设深度，使电缆埋于冻土层以下。引入建筑物或地下障碍物交叉时可浅一些，但应采取保护措施，并不得小于 0.3m。

3）电缆沟底必须具有良好的土层，不应有石块或其他硬质杂物，应铺 0.1m 的软土或砂层。电缆敷设好后，上面再铺 0.1m 的软土或砂层。沿电缆全长应盖混凝土保护板，覆盖宽度应超出电缆两侧 0.05m。在特殊情况下，可以用砖代替混凝土保护板。

4）电缆中间接头盒外面应有防止机械损伤的保护盒（有较好机械强度的塑料电缆中间接头除外）。

5）电缆线路全线应设立电缆位置的标识，间距应合适。

6）电缆与电缆、管道、道路、构筑物等之间的容许最小距离，应符合表 3－5 规定。

表 3－5　　电缆与电缆、管道、道路、构筑物等之间的容许最小距离　　（m）

电缆直埋敷设时的配置情况		平行	交叉
控制电缆之间		—	0.5*
电力电缆之间或与控制电缆之间	10kV 及以下电力电缆	0.1	0.5*
	10kV 以上电力电缆	0.25**	0.5*
不同部门使用的电缆		0.5**	0.5*
电缆与地下管沟	热力管道	2***	0.5*
	油管或易（可）燃气管道	1	0.5*
	其他管道	0.5	0.5*
电缆与铁路	非直流电气化化铁路路轨	3	1.0
	直流电气化化铁路路轨	10	1.0
电缆与建筑物基础		0.6***	—
电缆与公路边		1.0***	—
电缆与排水沟		1.0***	—
电缆与树木的主干		0.7	—
电缆与 1kV 以下架空线电杆		1.0***	—
电缆与 1kV 以上架空线杆塔基础		4.0***	—

*　用隔板分隔或电缆穿管时不得小于 0.25m。

**　用隔板分隔或电缆穿管时不得小于 0.1m。

***　特殊情况时，减小值不得大于 50%（电缆穿管敷设时，与公路、街道路面、杆塔基础、建筑物基础、排水沟等的平行最小间距可按表中数据减半）。

7）电力电缆间、控制电缆间以及它们相互之间，不同使用部门的电缆间在交叉点前后 1m 范围内，当电缆穿入管中或用隔板隔开时，其交叉净距可降低为 0.25m。

8）电缆与热管道（沟）、油管道（沟）、可燃气体及易燃液体管道（沟）、热力设备或其他管道（沟）之间，虽净距能满足要求，但检修管路可能伤及电缆时，在交叉点前后 1m 范围内，应采取保护措施。电缆与热管道（沟）及热力设备平行、交叉时，应采取隔热措施，使电缆周围土壤的温升不超过 10℃。

9）当直流电缆与电气化铁路路轨平行、交叉，其净距不能满足要求时，应采取防电化腐蚀的措施。防止的措施主要有增加绝缘和增设保护电极。

10）直埋电缆穿越城市街道、公路、铁路，或穿过有载重车辆通过的大门，进入建筑物的墙角处，进入隧道、人井，或从地下引出到地面时，应将电缆敷设在满足强度要求的管道内，并将管口封堵好。

11）直埋敷设的电缆与铁路、公路或街道交叉时，应穿保护管，保护范围应超出路基、街道路两边以及排水沟边0.5m以上。引入构筑物，在贯穿墙孔处应设置保护管，管口应施阻水堵塞。

12）直埋敷设电缆采取特殊换土回填时，回填土的土质应对电缆外护层无腐蚀性。在电缆线路路径上有可能使电缆受到机械性损伤、化学作用、地下电流、振动、热影响、腐蚀物质、虫害等危害的地段，应采取保护措施（如穿管、铺砂、筑槽、毒土处理等）。

13）直埋电缆回填土前，应经隐蔽工程验收合格，并分层夯实。

3. 直埋敷设的危险点分析与控制

（1）高处坠落：直埋敷设作业中起吊电缆上终端塔，登高工作前应检查杆根或铁塔基础是否牢固，必要时加设拉线；在高度超过1.5m的工作地点工作时，应系安全带，或采取其他可靠的措施；作业过程中必须系好安全带，安全带必须绑在牢固物件上，转移作业位置时不得失去安全带保护，并应有专人监护；施工现场的所有孔洞应设可靠的围栏或盖板。

（2）高空落物：直埋敷设作业中起吊电缆，遇到高处作业必须使用工具包防止掉东西；所用的工器具、材料等必须用绳索传递，不得乱扔，终端塔下应防止行人逗留；现场人员应按《国家电网公司电力安全工作规程》标准戴安全帽；起吊电缆时应避免上下交叉作业，上下交叉作业或多人一处作业时应相互照应、密切配合。

（3）烫伤、烧伤：封电缆牵引头和电缆帽头等动用明火作业时，火焰应远离易燃易爆品，工作人员应穿长袖工作服；不熟悉喷灯或喷枪使用方法的人员不得擅自使用喷灯；使用喷枪应先检查本体是否漏气或堵塞，禁止在明火附近进行放气或点火；喷枪使用完毕应放置在安全地点，冷却后装运。

（4）机械损伤：在使用电锯锯电缆时，应使用合格的带有保护罩的电锯；不准使用无合格防护罩和有裂纹及其他不良情况的砂轮机和无齿锯。

（5）触电：现场施工电源应采用绝缘导线，并在开关箱的首端处装设合格的剩余电流动作保护器；现场使用的电动工具应按规定周期进行试验合格；移动式电动设备或电动工具应使用软橡胶电缆，电缆不得破损、漏电。

（6）挤伤、砸伤：电缆盘运输、敷设过程中应设专人监护，防止电缆盘倾倒；用滑车敷设电缆时，不要在滑车滚动时用手搬动滑车，工作人员应站在滑车前进方向。

（7）钢丝绳断裂：用机械牵引电缆时，绳索应有足够的机械强度；工作人员应站在安全位置，不得站在钢丝绳内角侧等危险地段；电缆盘转动时，应用工具控制转速。

（8）现场勘察不清：必须核对图纸，勘察现场，查明可能向作业点反送电的电源，并断开其断路器、隔离开关；对大型作业及较为复杂的施工项目，勘察现场后，制订“三措”（施工组织措施、技术措施、安全措施）并报有关领导批准后，方可实施。

（9）任务不清：现场负责人要在作业前将人员的任务分工、危险点及控制措施予以明确并交代清楚。

（10）人员安排不当：选派的工作负责人应有一定的工作经验、较强的责任心和安全意识，并熟练掌握所承担工作的检修项目和质量标准；选派的工作班成员能安全、保质保量地完成所承担的工作任务；工作人员精神状态和身体条件能够任本职工作。

（11）特种工作作业票不全：电焊、起重、动用明火等特殊工作现场作业票、动火票应齐全。

（12）单人留在作业现场：起吊电缆盘及起吊电缆上终端构架时，工作人员不得单独留在作业现场。

（13）违反监护制度：被监护人在作业过程中，工作监护人的视线不得离开被监护人；专责监护人不得做其他工作。

（14）违反现场作业纪律：工作负责人应及时提醒和制止影响工作安全的行为；工作负责人应注意观察工作班成员的精神和身体状态，必要时可对作业人员进行适当的调整；工作中严禁喝酒、谈笑、打闹等。

（15）擅自变更现场安全措施：不得随意变更现场安全措施；特殊情况下需要变更安全措施时，必须征得工作负责人的同意，完成后及时恢复原安全措施。

（16）穿越临时遮栏：临时遮栏的装设需在保证作业人员不能误登带电设备的前提下，方便作业人员进出现场和实施作业；严禁穿越和擅自移动临时遮栏。

（17）工作不协调：多人同时进行工作时，应互相呼应、协同作业；多人同时进行工作，应设专人指挥，并明确指挥方式；使用通信工具应事先检查工具是否完好。

（18）交通安全：工作负责人应提醒司机安全行车；乘车人员严禁在车上打闹或将头、手伸出车外；注意防止随车装运的工器具挤、砸、碰伤乘车人员。

（19）交通伤害：在交通路口、人口密集地段工作时，应设安全围栏、挂标示牌。

（七）电缆排管敷设

1. 排管敷设的特点

电缆排管敷设对电缆的保护效果比直埋敷设好，电缆不容易受到外部机械损伤，占用空间小，且运行可靠。当电缆敷设回路数较多、平行敷设于道路的下面、穿越公路、铁路和建筑物时，排管敷设为一种较好的选择。排管敷设适用于交通比较繁忙、地下走廊比较拥挤、敷设电缆数较多的地段。敷设在排管中的电缆应有塑料外护套。

工作井和排管的位置一般在城市道路的非机动车道，也有设在人行道或机动车道。工作井和排管的土建工程完成后，除敷设近期的电缆线路外，以后若相同路径的电缆线路安装维修或更新电缆，则不必重复挖掘路面。电缆排管敷设施工较为复杂，敷设和更换电缆不方便，散热差，影响电缆载流量；土建工程投资较大，工期较长；当管道中电缆或工作井内接头发生故障，往往需要更换两座工作井之间的整段电缆，修理费用较大。

2. 排管敷设的施工方法

电缆排管敷设如图 3－17 所示，电缆排管敷设作业顺序如图 3－18 所示。

（1）排管敷设作业前的准备：排管建好后，敷设电缆前，应检查电缆排管安装时的封堵是否良好。电缆排管内不得有因漏浆形成的水泥结块及其他残留物。衬管接头处应光滑，不得有尖突。如发现问题，应进行疏通清扫，以保证管内无积水、无杂物堵塞。在疏通检查过程中发现排管内有可能损伤电缆护套的异物必须及时清除。清除的方法可用钢丝刷、铁链和疏通器来回牵拉，必要时，用管道内窥镜探测检查。只有当管道内异物清除、整条管道双向畅通后，才能敷设电缆。

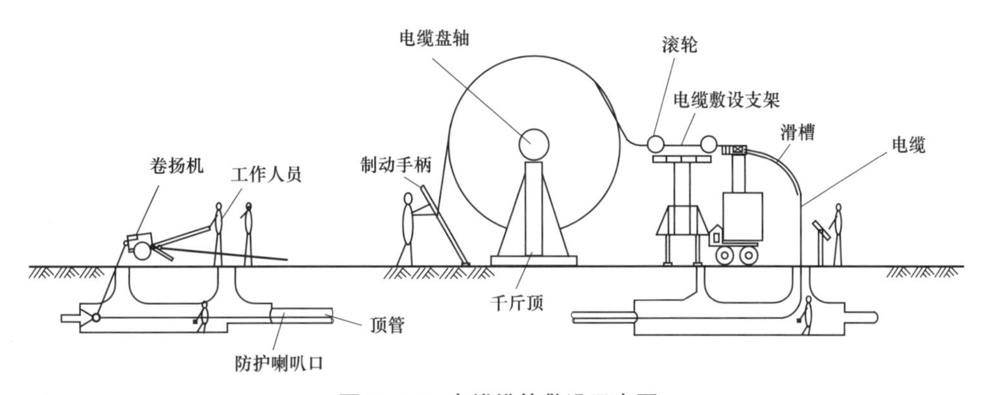

图 3-17　电缆排管敷设示意图

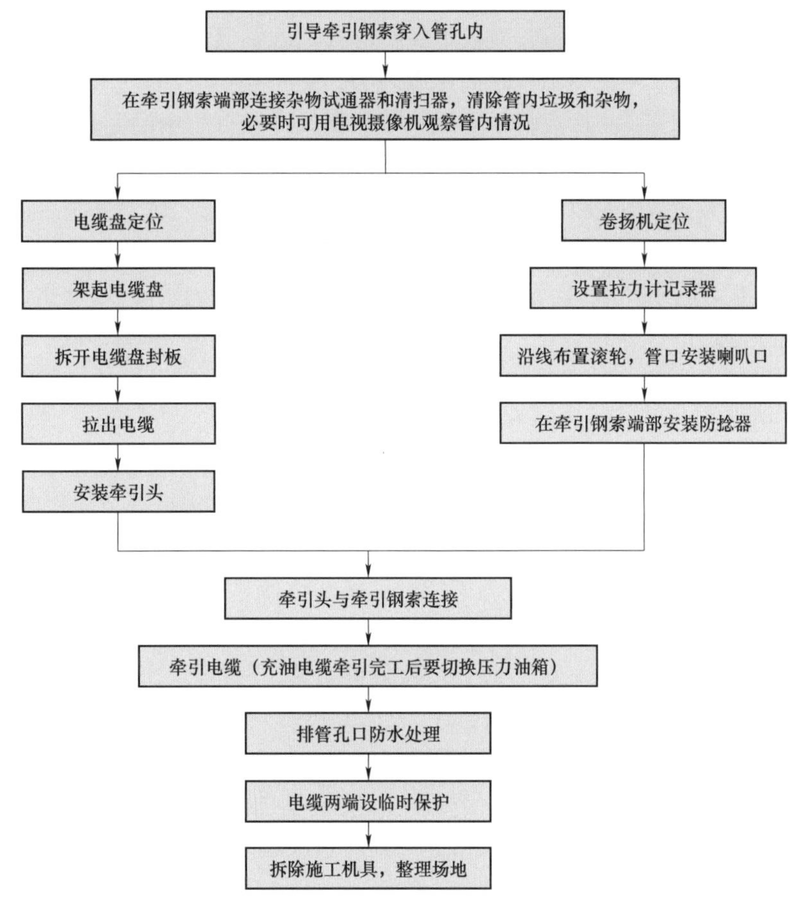

图 3-18　电缆排管敷设作业顺序

（2）排管敷设的操作步骤：在疏通排管时可用直径不小于 0.85 倍管孔内径、长度约 600mm 的钢管来回疏通，再用与管孔等直径的钢丝刷清除管内杂物。试验棒疏通管路如图 3-19 所示。

敷设在管道内的电缆，一般为塑料护套电缆。为了减少电缆和管壁间的摩擦阻力，便于牵引，电缆入管前可在护套表面涂以润滑剂（如滑石粉等），润滑剂不得采用对电缆外护套产生腐蚀的材料。敷设电缆时应特别注意，避免机械损伤外护层。

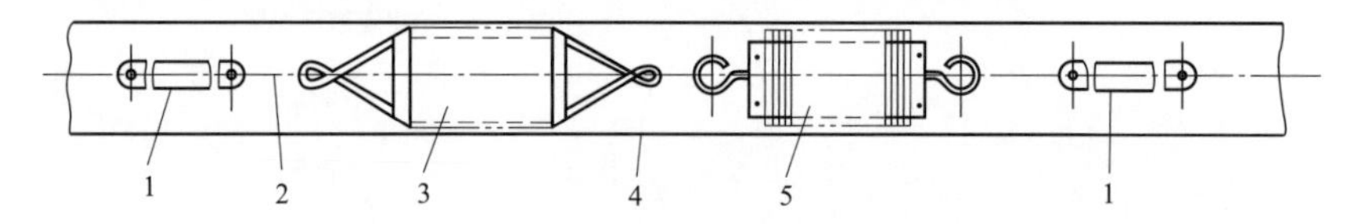

图 3-19　试验棒疏通电缆管路示意图

1—防捻器；2—钢丝绳；3—试验棒；4—电缆导管；5—圆形钢丝刷

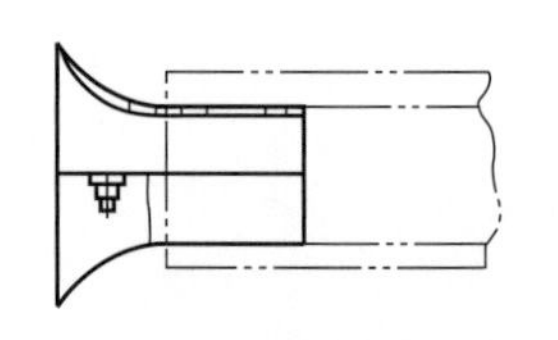

图 3-20　防护喇叭管示意图

在排管口应套以波纹聚乙烯或铝合金制成的光滑喇叭管以保护电缆，防护喇叭管如图 3-20 所示。如果电缆盘搁置位置离开工作井口有一段距离，则需在工作井外和工作井内安装滚轮支架组，或采用保护套管，以确保电缆敷设牵引时的弯曲半径，减小牵引时的摩擦阻力，防止损伤电缆外护套。

润滑钢丝绳。一般钢丝绳涂有防锈油脂，但用作排管牵引、进入管孔前仍要涂抹润滑剂，这不但可减小牵引力，又防止了钢丝绳对管孔内壁的擦损。

牵引力监视。装设监视张力表是保证牵引质量的较好措施，除了克服启动时的静摩擦力大于允许的牵引力外，一般如发现张力过大应找出其原因（如电缆盘的转动是否和牵引设备同步，制动有可能未释放），等解决后才能继续牵引。比较牵引力记录和计算牵引力的结果，可判断所选用的摩擦系数是否适当。

排管敷设采用人工敷设时，短段电缆可直接将电缆穿入管内；稍长一些的管道或有直角弯时，可采用先穿入导引铁丝的方法牵引电缆。

管路较长时需用牵引，一般采用人工和机械牵引相结合的方式敷设电缆。将电缆盘放在工作井口，然后借预先穿过管道的钢丝绳将电缆拖拉过管道到另一个工作井。对长度长、质量大的电缆应制作电缆牵引头牵引电缆导体，可在线路中间的工作井内安装输送机，并与卷扬机采用同步联动控制。在牵引力不超过外护套抗拉强度时，还可用网套牵引。

电缆敷设前后，应用绝缘电阻表测试电缆外护套绝缘电阻，并做好记录，以监视电缆外护套在敷设过程中有无受损，如有损伤采取修补措施。

从排管口到接头支架之间的一段电缆，应借助夹具弯成两个相切的圆弧形状，即形成伸缩弧，以吸收排管电缆因温度变化所引起的热胀冷缩，从而保护电缆和接头免受热机械力的影响。伸缩弧的弯曲半径应不小于电缆允许弯曲半径。

在工作井内的接头和单芯电缆必须用非磁性材料或经隔磁处理的夹具固定，每只夹具应加塑料或橡胶衬垫。

电缆敷设完成后，所有管口应严密封堵，所有备用孔也应封堵。

工作井内的电缆应有防火措施，可以涂防火漆、绕包防火带、填沙等。

（3）排管敷设的质量标准及注意事项：

电缆排管内径应不小于电缆外径的 1.5 倍，且最小不宜小于 150mm。管道内部必须光滑，管道连接时，管孔应对准，接缝应严密，不得有地下水和泥浆深入。管道接头相互之间必须错开。

电缆管的埋设深度，自管道顶部至地面的距离，一般地区应不小于 0.7m，在人行道下不应小于 0.5m，室内不宜小于 0.2m。

排管在选择路径时，应尽可能取直线，在转弯和折角处，应增设工作井。在直线部分，两工作井之间的距离不宜大于 150m，排管连接处应设立管枕。

穿入管中的电缆应符合设计要求。交流单芯电缆穿管不得使用铁磁性材料或形成磁性闭合回路材质的管材，以免因电磁感应在钢管内产生损耗。

排管内部应无积水，且无杂物堵塞。穿电缆时，不得损伤护层，可采用无腐蚀性的润滑剂。

在敷设电缆前，电缆排管应进行疏通，清除杂物。

管孔数应按发展需要预留适当备用。

电缆芯工作温度相差较大的电缆，宜分别置于适当间距的不同排管组。

排管地基应坚实、平整，不得有沉陷。不符合要求时，应对地基进行处理夯实并在排管和地基之间增加垫块，以免地基下沉损坏电缆。管路顶部土壤覆盖厚度不宜小于 0.5m，纵向排水坡度不宜小于 0.2%。

管路纵向连接处的弯曲度，应符合牵引电缆时不致损伤的要求。

管孔端口应有防止损伤电缆的措施。

3. 排管敷设的危险点分析与控制

（1）烫伤、烧伤：排管敷设作业中，封电缆牵引头、封电缆帽头或对管接头进行热连接处理等动用明火作业时，火焰应远离易燃易爆品，工作人员应穿长袖工作服；不熟悉喷灯或喷枪使用方法的人员不得擅自使用喷灯；使用喷枪应先检查本体是否漏气或堵塞，禁止在明火附近进行放气或点火；喷枪使用完毕应放置在安全地点，冷却后装运；排管敷设作业中，动火作业票应齐全、完善。

（2）机械损伤：在使用电锯锯电缆时，应使用合格的带有保护罩的电锯；不准使用无合格防护罩和有裂纹及其他不良情况的砂轮机和无齿锯。

（3）触电：现场施工电源应采用绝缘导线，并在开关箱的首端处装设合格的剩余电流动作保护器；现场使用的电动工具应按规定周期进行试验合格；移动式电动设备或电动工具应使用软橡胶电缆，电缆不得破损、漏电。

（4）挤伤、砸伤：电缆盘运输、敷设过程中应设专人监护，防止电缆盘倾倒；用滑车敷设电缆时，不要在滑车滚动时用手搬动滑车，工作人员应站在滑车前进方向。

（5）钢丝绳断裂：用机械牵引电缆时，绳索应有足够的机械强度；工作人员应站在安全位置，不得站在钢丝绳内角侧等危险地段；电缆盘转动时，应用工具控制转速。

（6）现场勘察不清：必须核对图纸，勘察现场，查明可能向作业点反送电的电源，并断开其断路器、隔离开关；对大型作业及较为复杂的施工项目，勘察现场后，制订“三措”并报有关领导批准后，方可实施。

（7）任务不清：现场负责人要在作业前将人员的任务分工、危险点及控制措施予以明确并交代清楚。

（8）人员安排不当：选派的工作负责人应有一定的工作经验、较强的责任心和安全意识，并熟练掌握所承担工作的检修项目和质量标准；选派的工作班成员能安全、保质保量地完成所承担的工作任务。工作人员精神状态和身体条件能够任本职工作。

（9）单人留在作业现场：起吊电缆盘及起吊电缆上终端构架时，工作人员不得单独留在作业现场。

（10）违反监护制度：被监护人在作业过程中，工作监护人的视线不得离开被监护人；专责监护人不得做其他工作。

（11）违反现场作业纪律：工作负责人应及时提醒和制止影响工作的安全行为；工作负责人应注意观察工作班成员的精神和身体状态，必要时可对作业人员进行适当的调整；工作中严禁喝酒、谈笑、打闹等。

（12）擅自变更现场安全措施：不得随意变更现场安全措施；特殊情况下需要变更安全措施时，必须征得工作负责人的同意，完成后及时恢复原安全措施。

（13）穿越临时遮栏：临时遮栏的装设需在保证作业人员不能误登带电设备的前提下，方便作业人员进出现场和实施作业；严禁穿越和擅自移动临时遮栏。

（14）工作不协调：多人同时进行工作时，应互相呼应、协同作业；多人同时进行工作，应设专人指挥，并明确指挥方式；使用通信工具应事先检查工具是否完好。

（15）交通安全：工作负责人应提醒司机安全行车；乘车人员严禁在车上打闹或将头、手伸出车外。注意防止随车装运的工器具挤、砸、碰伤乘车人员。

（16）交通伤害：在交通路口、人口密集地段工作时，应设安全围栏、挂标示牌。

（八）电缆的沟道敷设

1. 电缆沟敷设

封闭式不通行、盖板与地面相齐或稍有上下、盖板可开启的电缆构筑物称为电缆沟。将电缆敷设于预先建设好的电缆沟中的安装方法，称为电缆沟敷设。电缆沟断面如图 3－21 所示。

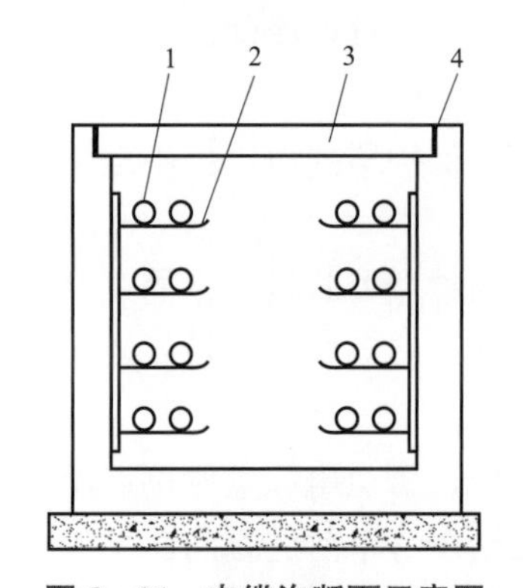

图 3－21　电缆沟断面示意图

1—电缆；2—支架；3—盖板；4—沟边齿口

（1）电缆沟敷设的特点：电缆沟敷设适用于并列安装多根电缆的场所，如发电厂及变电站内、工厂厂区或城市人行道等；电缆不容易受到外部机械损伤，占用空间相对较小；根据并列安装的电缆数量，需在沟的单侧或双侧装置电缆支架，敷设的电缆应固定在支架上；敷设在电缆沟中的电缆应满足防火要求，如具有不延燃的外护套或钢带铠装，重要的电缆线路应具有阻燃外护套的电缆。

地下水位太高的地区不宜采用普通电缆沟敷设，因电缆沟内容易积水、积污，而且清除不方便。电缆沟施工复杂、周期长，电缆沟中电缆的散热条件较差，影响其允许载流量，但电缆维修和抢修相对简单，费用较低。

（2）电缆沟敷设的施工方法：电缆沟敷设作业顺序如图 3－22 所示。

1）电缆沟敷设前的准备：电缆施工前需揭开部分电缆沟盖板，在不妨碍施工人员下电缆沟工作的情况下，可以采用间隔方式揭开电缆沟盖板；然后在电缆沟底安放滑车，清除沟内外杂物、检查支架预埋情况并修补，并把沟盖板全部布置于沟上面不展放电缆的一侧，另一侧应清理干净。

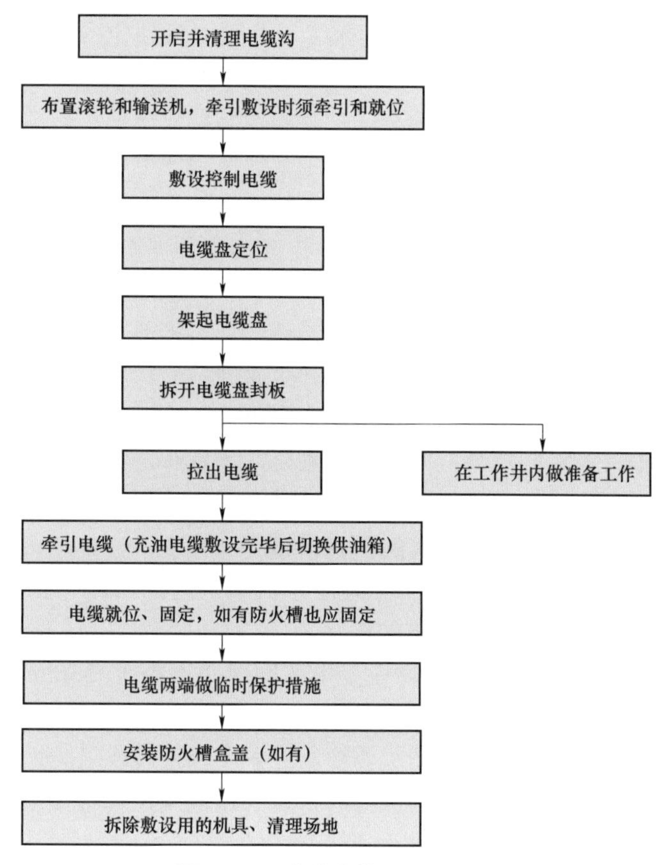

图 3－22　电缆沟敷设作业顺序

2）电缆沟敷设的操作步骤：施放电缆的方法，一般情况下是先放支架最下层、最里侧的电缆，然后从里到外，从下层到上层一次展放。

电缆沟中敷设牵引电缆，与直埋敷设基本相同，需要特别注意的是，要防止电缆在牵引过程中被电缆沟边或电缆支架刮伤。因此，在电缆引入电缆沟处和电缆沟转角处，必须搭建转角滑车支架，用滚轮组成适当圆弧，减小牵引力和侧压力，以控制电缆弯曲半径，防止电缆在牵引时受到沟边或沟内金属支架擦伤，从而对电缆起到很好的保护作用。

在电缆沟转弯处使用加长支架，让电缆在支架上允许适当位移。单芯电缆要有固定措施，如用尼龙绳将电缆绑扎在支架上，每两挡支架扎一道，也可将三相单芯电缆呈品字形绑扎在一起。

电缆敷设就位后恢复沟道防火设施，电缆接头做防火防爆处理，有防火要求的新敷设电缆区段实施涂刷防火涂料等防火措施。

电缆敷设完后，应及时将沟内杂物清理干净，盖好盖板。必要时，应将盖板缝隙密封，以免水、汽、油、灰等侵入。

3）电缆沟敷设的质量标准及注意事项：

电缆沟采用钢筋混凝土或砖砌结构，用预制钢筋混凝土或钢制盖板覆盖，盖板顶面与地面相平。电缆可直接放在沟底或电缆支架上。

电缆固定于支架上，在设计无明确要求时，各支撑点间距应符合相关规定。

电缆沟的内净距尺寸应根据电缆的外径和总计电缆条数决定。电缆沟内最小允许距离应符合相关规定。

电缆沟内金属支架、裸铠装电缆的金属护套和铠装层应全部和接地装置连接。为了避免电缆外皮与金属支架间产生电位差，从而发生交流腐蚀或电位差过高危及人身安全，电缆沟内全长应装设有连续的接地线装置，接地线的规格应符合相关规范要求。电缆沟中应用镀锌扁钢组成接地网，接地电阻应小于4Ω。电缆沟中预埋铁件应与接地网以电焊连接。

电缆沟中的支架，按结构不同有装配式和工厂分段制造的电缆托架等种类。以材质分，有金属支架和塑料支架。金属支架应采用热浸镀锌，并与接地网连接。以硬质塑料制成的塑料支架又称绝缘支架，具有一定的机械强度并耐腐蚀。

电缆沟盖板必须满足道路承载要求。钢筋混凝土盖板应有角钢或槽钢包边。电缆沟的齿口也应有角钢保护。盖板的尺寸应与齿口相吻合，不宜有过大间隙。盖板和齿口的角钢或槽钢要除锈后刷红丹漆二度，黑色或灰色漆一度。

电缆沟内的金属构件均应采取镀锌的防腐措施。

为保持电缆沟干燥，应适当采取防止地下水流入沟内的措施。在电缆沟底设不小于0.5%的排水坡度，在沟内设置适当数量的积水坑。

充砂电缆沟内，电缆平行敷设在沟中，电缆间净距不小于 35mm，层间净距不小于100mm，中间填满砂子。

敷设在普通电缆沟内的电缆，为防火需要，应采用裸铠装或阻燃性外护套的电缆。

电缆线路上如有接头，为防止接头故障时殃及邻近电缆，可将接头用防火保护盒保护或采取其他防火措施。

电力电缆和控制电缆应分别安装在沟的两边支架上；若不能时，则应将电力电缆安置在控制电缆之下的支架上，高电压等级的电缆宜敷设在低电压等级电缆的下面。

2. 电缆隧道敷设

容纳电缆数量较多、有供安装和巡视的通道、全封闭的电缆构筑物称为电缆隧道。将电缆敷设于预先建设好的隧道中的安装方法，称为电缆隧道敷设。电缆隧道断面如图 3－23 所示。

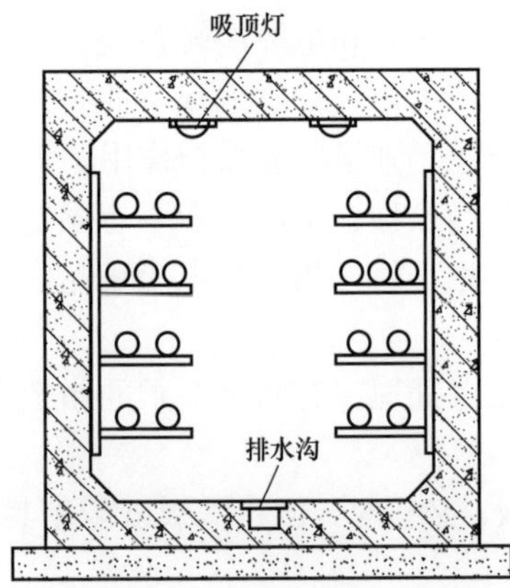

图 3－23 电缆隧道断面示意图

（1）电缆隧道敷设的特点：电缆隧道应具有照明、排水装置，并采用自然通风和机械通风相结合的通风方式；隧道内还应具有烟雾报警、自动灭火、灭火箱、消防栓等消防设备。

电缆敷设于隧道中，消除了外力损坏的可能性，对电缆的安全运行十分有利；但是隧道的建设投资较大、建设周期较长。

电缆隧道适用的场合一般有：

1）大型发电厂或变电站，进出线电缆在 20 根以上的区段。

2）电缆并列敷设在 20 根以上的城市道路。

3）有多回高压电缆从同一地段跨越内河时。

（2）电缆隧道敷设的施工方法：电缆隧道敷设如图 3－24 所示。

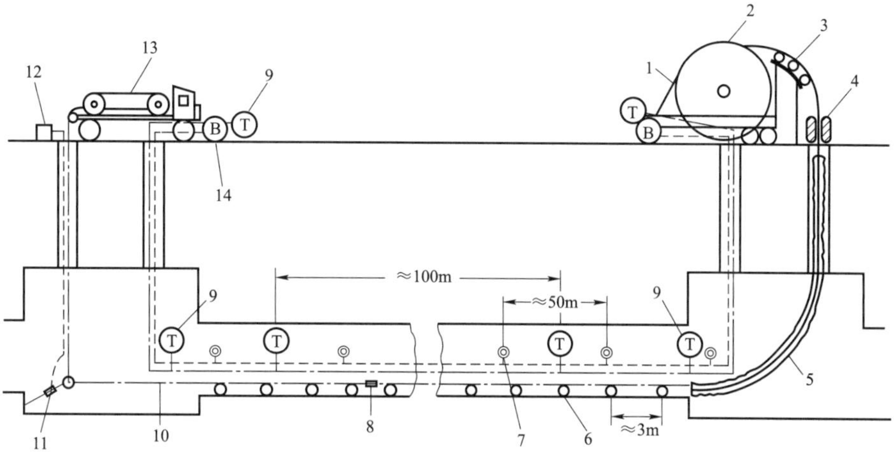

图 3－24　电缆隧道敷设示意图

1—电缆盘制动装置；2—电缆盘；3—上弯曲滑车组；4—履带牵引机；5—波纹保护管；6—滑车；
7—紧急停机按钮；8—防捻器；9—对讲机；10—牵引钢丝绳；11—张力感受器；
12—张力自动记录仪；13—卷扬机；14—紧急停机报警器

1）电缆隧道敷设前的准备：在敷设电缆前，电缆端部应制作牵引端。将电缆盘和卷扬机分别安放在隧道入口处，并搭建适当的滑车、滚轮支架。在电缆盘处和隧道中转弯处设置电缆输送机，以减小电缆的牵引力和侧压力。

当隧道相邻入口相距较远，电缆盘和卷扬机安置在隧道的同一入口处，牵引钢丝绳经隧道底部的开口葫芦反向。

电缆隧道敷设，必须有可靠的通信联络设施。

2）电缆隧道敷设的操作步骤：电缆隧道敷设牵引一般采用卷扬机钢丝绳牵引和输送机（或电动滚轮）相结合的方法，其间使用联动控制装置。电缆从工作井引入，端部使用牵引端和防捻器。牵引钢丝绳如需应用葫芦及滑车转向，可选择隧道内位置合适的拉环。在隧道底部每隔 2～3m 安放一只滑车，用输送机敷设时一般根据电缆质量每隔 30m 设置一台，敷设时关键部位应有人监视。高度差较大的隧道两端部位，应防止电缆引入时因自重产生过大的牵引力、侧压力和扭转应力。隧道中宜选用交联聚乙烯电缆，当敷设充油电缆时，应注意监视高、低端油压变化。位于地面电缆盘上的电缆油压应不低于最低允许油压，在隧道底部最低处电缆油压应不高于最高允许油压。

电缆敷设时，卷扬机的启动和停车一定要执行现场指挥人员的统一指令。常用的通信联络手段是架设临时有线电话或专用无线通信。

电缆敷设完后，应根据设计施工图规定将电缆安装在支架上。单芯电缆必须采用适当夹具将电缆固定；高压大截面单芯电缆，应使用可移动时夹具，以蛇形方式固定。

3）电缆隧道敷设的质量标准及注意事项：电缆隧道一般为钢筋混凝土结构，也可采用砖砌或钢管结构，可视当地的土质条件和地下水位高低而定。一般隧道高度为 1.9～2m，宽度为 1.8～2.2m。

电缆隧道两侧应架设用于放置固定电缆的支架，电缆支架与顶板或底板之间的距离应符合规定要求。支架上蛇形敷设的高压、超高压电缆应按设计节距用专用金具固定，或用尼龙绳绑扎。电力电缆与控制电缆最好分别安装在隧道的两侧支架上，如果条件不允许时，则控制电缆应该放在电力电缆的上面。

深度较浅的电缆隧道应有两个以上的人孔，长距离一般每隔 100～200m 应设一人孔。设置人孔时，应综合考虑电缆施工敷设，在敷设电缆的地点设置两个人孔，一个用于电缆进入，另一个供人员进出。近人孔处装设进出风口，在出风口处装设强迫排风装置。深度较深的电缆隧道，两端进出口一般与竖井相连接，并通常使用强迫排风管道装置进行通风。电缆隧道内的通风要求在夏季不超过室外空气温度 10℃为原则。

在电缆隧道内设置适当数量的积水坑，一般每隔 50m 左右设积水坑一个，使水及时排出。

隧道内应有良好的电气照明设施和排水装置，并采用自然通风和机械通风相结合的通风方式。隧道内还应具有烟雾报警、自动灭火、灭火箱、消防栓等消防设备。

电缆隧道内应装设贯通全长的、连续的接地线，所有电缆金属支架应与接地线连通。电缆的金属护套、铠装除有绝缘要求（如单芯电缆）以外，应全部相互连接并接地，这是为了避免电缆金属护套或铠装与金属支架间产生电位差，从而发生交流腐蚀。

电缆隧道敷设方式选择应遵循以下几点：① 同一通道的地下电缆数量众多，电缆沟不足以容纳时应采用隧道；② 同一通道的地下电缆数量较多，且位于有腐蚀性液体或经常有地面水流溢的场所，或含有 35kV 以上高压电缆，或穿越公路、铁路等地段，宜用隧道；③ 受城镇地下通道条件限制或交通流量较大的道路下，与较多电缆沿同一路径有非高温的水、气和通信电缆管线共同配置时，可在公用性隧道中敷设电缆。

（九）桥梁上的电缆敷设

为跨越河道，将电缆敷设在交通桥梁或专用电缆桥上的电缆安装方式称为电缆桥梁敷设。

1. 桥梁上电缆敷设的特点

在短跨距的交通桥梁上敷设电缆，一般应将电缆穿入内壁光滑、耐燃的管道内，并在桥堍部位设过渡工作井，以吸收过桥部分电缆的热伸缩量。电缆专用桥梁一般为箱型，其断面结构与电缆沟相似。

2. 桥梁上电缆敷设的施工方法

（1）桥梁上电缆敷设前的准备：桥梁上电缆敷设一般采用卷扬机钢丝绳牵引和电缆输送机牵引相结合的办法。在敷设电缆前，电缆端部应制作牵引头。将电缆盘和卷扬机分别安放在桥箱入口处，并搭建适当的滑车、滚轮支架。在电缆盘处和桥箱中转弯处设置电缆输送机，以减小电缆的牵引力和侧压力。在电缆桥箱内安放滑轮，清除桥箱内外杂物、检查支架预埋情况并修补。

（2）桥梁上电缆敷设的操作步骤：电缆桥梁敷设施工方法与电缆沟道或排管敷设方法相似。电缆桥梁敷设的最难点在于两个桥堍处，此位置电缆的弯曲和受力情况必须经过计算确认在电缆允许值范围内，并有严密的技术保证措施，以确保电缆施工质量。

短跨距交通桥梁，电缆应穿入内壁光滑、耐燃的管道内，在桥堍部位设电缆伸缩弧以吸收过桥电缆的热伸缩量。

长跨距交通桥梁人行道下敷设电缆，为降低桥梁振动对电缆金属护套的影响，应在电缆下面每隔 1～2m 加垫橡胶垫块。在两边桥堍建过渡井，设置电缆伸缩弧，高压大截面电缆应作蛇形敷设。

长跨距交通桥梁箱型电缆通道。当通过交通桥梁电缆根数较多，按市政规划把电缆通道作为桥梁结构的一部分进行统一设计。这种过桥电缆通道一般为箱型结构，类似电缆隧道，桥面应有临时供敷设电缆的人孔。在桥梁伸缩间隙部位，应按桥桁最大伸缩长度设置电缆伸缩弧，高压大截面电缆应作蛇形敷设。

在没有交通桥梁可通过电缆时，应建专用电缆桥。专用电缆桥一般为弓形，采用钢结构或钢筋混凝土结构，断面形状与电缆沟相似。

公路、铁道桥梁上的电缆，应采取防止振动、热伸缩以及风力影响下金属护套因长期应力疲劳导致断裂的措施。

电缆桥梁敷设，除填砂和穿管外，应采取与电缆沟敷设相同的防火措施。

（3）桥梁上电缆敷设的质量标准及注意事项：木桥上的电缆应穿管敷设；在其他结构的桥上敷设的电缆，应在人行道下设电缆沟或穿入由耐火材料制成的管道中；在人不易接触处，电缆可在桥上裸露敷设，但应采取避免太阳直接照射的措施。

悬吊架设的电缆与桥梁架构之间的净距不应小于 0.5m。

经常受到振动的桥梁上敷设的电缆，应有防振措施。桥墩两端和伸缩缝处的电缆，应留有松弛部分。

电缆在桥梁上敷设的要求：① 电缆及附件的质量在桥梁设计的允许承载范围之内；② 在桥梁上敷设的电缆及附件，不得低于桥底距水面的高度；③ 在桥梁上敷设的电缆及附件，不得有损桥梁及外观。

在长跨距桥桁内或桥梁人行道下敷设电缆的注意事项：① 为降低桥梁振动对电缆金属护套的影响，在电缆下每隔 1～2m 加垫用弹性材料制成的衬垫；② 在桥梁伸缩间隙部位的一端，应设置电缆伸缩弧，即把电缆敷设成圆弧形，以吸收由于桥梁主体热胀冷缩引起的电缆伸缩量；③ 电缆宜采用耐火槽盒保护，全长作蛇形敷设；④ 在两边桥堍，电缆必须采用活动支架固定。

三、作业指导书

35kV 及以下陆上电力电缆敷设实训作业指导书格式见附件。

模块小结

通过本模块学习，重点掌握电缆敷设施工机具的使用，能够分辨比较各类敷设方式的特点、优势，熟悉电缆敷设牵引、弯曲半径、电缆排列固定和标示牌装设等基本要求。

思考与练习

1. 按牵引动力进行分类，常用的电缆牵引有哪几种？
2. 输送机应如何进行维护？
3. 电缆直埋敷设的特点是什么？

扫码看答案

附件　35kV及以下陆上电力电缆敷设实训作业指导书

扫码下载

1　适用范围

本作业项目适用于陆上电力电缆敷设项目的技能实训工作。

2　规范性引用文件

（1）《电力电缆及通道运维规程》（Q/GDW 1512—2014）。

（2）《国家电网公司电力安全工作规程　线路部分》（Q/GDW 1799.2—2013）。

3　作业前准备

3.1　现场勘察基本要求

序号	内容	标准	备注
1	现场勘察	现场工作负责人应提前组织有关人员进行现场勘察，根据勘察结果确定作业方法及应采取的安全技术措施	
2	编写作业指导书	工作负责人根据现场勘察情况编写作业指导书	
3	开工前一天准备好带电作业所需工器具及材料	工器具必须有试验合格证，材料应充足、齐全	
4	填写工作票并签发	按要求填写施工作业票，安全措施应符合现场实际，作业票应提前一天签发	

3.2　现场作业人员基本要求

序号	内容	备注
1	作业人员应经《国家电网公司电力安全工作规程　线路部分》（Q/GDW 1799.2—2013）考试合格	
2	作业人员应具备必要的电气知识，熟悉电力电缆作业规范	
3	作业人员应身体状况良好，情绪稳定，精神集中	
4	作业人员应“两穿一戴”，个人工具和劳保防护用品应合格、齐备	
5	作业人员应具备相应的资质，并熟练掌握电力电缆敷设作业方法及技术	

3.3　工器具配备

序号	名称	单位	数量	备注
1	发电机	台	5	数量可根据现场实际增减
2	对讲机	部	10	数量可根据现场实际增减
3	电缆滚轮	个	2～2.5m/个	
4	电缆轴架	套	1	
5	牵引机	台	1	

3.4 危险点分析

序号	内容
1	工作井等有限空间作业，可能有害气体中毒意外
2	起重机械施工风险
3	工作井上下跌落、落物风险
4	低压触电风险
5	电缆损伤风险
6	深基坑有塌方、中毒风险
7	作业人员高空作业不使用安全带，会发生坠落
8	发生高空落物时，会造成人身伤害
9	工作地点在车辆较多的马路附近时，可能会发生交通意外
10	缩封热缩帽有火灾风险
11	挤伤、砸伤风险
12	钢丝绳断裂风险

3.5 安全注意事项

序号	内容
1	履行有限空间作业申请手续，填写有限空间作业申请单，做到“先通风、再检测、后作业”，经检测合格后方可下井工作。核对工作人员资质，确认是否有有限空间作业证。每次进入有限空间前需测量有毒有害气体含量，做好记录
2	检查进场的起重机械，收集作业人员的起重机械特种作业证。作业时专责监护人专职监护，保证人员绝对安全。起吊装设备时，吊物应绑牢，并有防止倾倒的措施。吊钩悬挂点应与吊物的重心在同一垂直线上，吊钩钢丝绳应保持垂直，严禁偏拉斜吊。起重工作区域内，无关人员不得停留或通过。在伸臂及吊物的下方，严禁任何人员通过或逗留。起吊前应检查起重设备及其安全装置。重物吊离地面约 10cm 时应暂停起吊并进行全面检查，确认良好后方可正式起吊。起重机械必须安置平稳牢固，并应设有制动和逆制装置。在起吊、牵引过程中，受力钢丝绳的周围、上下方、内角侧和起吊物的下面，严禁有人逗留和通过。起重机械进场时，在道路的转弯处设专人监护，保证车辆转弯时不损伤道路的路牙、路面和边角
3	上下井人员存在跌落风险，井口布置合格的绝缘梯并树立稳固，人员上下派专人扶持。布置现场时，井口不得堆积杂物和容易掉落的工具，作业人员全程佩戴安全帽。若使用人字梯须具有坚固的铰链和限制开度的拉链。人在梯子上时，禁止移动梯子。严禁两人在同一个梯子上工作
4	现场使用的发电机可靠接地，接地端若有油漆需刮除。使用带剩余电流动作保护器的电源轴，提前检查电气工器具是否良好，人员可能踩的地方电源线均采取防踩踏措施。现场大型设备及工器具使用应严格按照工器具操作规程执行，设备外壳应牢固接地，接地线应合理布置。使用电动工具外壳必须可靠接地，移动电动工具必须切断电源
5	放缆过程中做好呼应，注意放缆过程中的施工安全。牵引绳两侧不准站人，发现钢丝绳有断股情况时禁止使用。保持 6m/min 的敷设速度。敷设和回轴过程中，人员不准站立于轴旁，轴应有制动装置。放缆全线均设人员盯守，及时监护护套破损情况
6	挖坑时，应及时清除坑口附近浮土、石块，坑边禁止外人逗留。在超过 1.5m 深的基坑内作业时，向坑外抛掷土石应防止土石回落坑内，并做好临边防护措施。作业人员不准在坑内休息。在土质松软处挖坑，应有防止塌方的措施，如加挡板、撑木等。不准站在挡板、撑木上传递土石或放置传土工具。禁止由下部掏挖土层。在下水道、煤气管线、潮湿地、垃圾堆或有腐质物等附近挖坑时，应设监护人。在挖深超过 2m 的坑内工作时，应采取安全措施，如戴防毒面具、向坑中送风和持续检测等。监护人应密切注意挖坑人员，防止煤气、沼气等有毒气体中毒。在居民区及交通道路附近开挖的基坑，应设坑盖或可靠的遮栏，加挂警告标示牌，夜间挂红灯

续表

序号	内容
7	高空作业人员正确使用安全带，安全带的挂钩要挂在牢固的构件上
8	作业区域必须设置安全围栏和警示牌，防止行人通过
9	作业点前后方 30m 设置“电力施工，车辆缓行”警示牌。工作区在便道上时，指定交通疏导专员负责引导过往行人。工作区在马路中间时，按照有限空间标准化要求设置防撞式围栏，专人负责引导过往车辆，夜间配置足够的照明设备。夜间施工应佩戴反光标志，施工地点挂警示灯
10	填写动火工作票，设专人监护动火作业。作业前办理动火工作票许可手续，在动火点配备合格的灭火器。动火作业应有专人监护，现场的通排风要良好。动火作业间断或终结后，应清理现场，确认无残留火种后，方可离开
11	电缆盘运输、敷设过程中应设专人监护，防止电缆盘倾倒。用滑车敷设电缆时，不要在滑车滚动时用手搬动滑车。工作人员应站在滑车前进方向
12	用机械牵引电缆时，绳索应有足够的机械强度。工作人员应站在安全位置，不得站在钢丝绳内角侧等危险地段。电缆盘转动时，应用工具控制转速。牵引机需要装设保护罩

3.6 人员组织要求

人员分工	人数	工作内容
现场工作负责人	1 人	负责交代工作任务、安全措施和技术措施，履行监护职责
牵引机操作工	1 人	操作牵引机
钢丝绳收放工	8 人	负责牵引钢丝绳收放，可根据实际情况增减人数
牵引监护人	6 人	监护敷设作业点电缆输送情况，及时发出牵引机启停指令

注 实训前，培训师进行分组，并做好组内角色分工。

4 作业程序

4.1 现场复勘的内容

序号	内容	备注
1	核对作业票中工作任务与现场一致	
2	确认现场作业环境和天气满足电力电缆敷设作业条件	
3	工作负责人检查工作票所列安全措施，在工作票上补充安全措施	

4.2 作业内容及标准

序号	作业内容	作业步骤及标准	安全措施及注意事项	备注
1	开工	（1）工作负责人向设备运维管理单位履行许可手续。 （2）工作负责人召开班前会，进行“三交三查”。 （3）工作负责人发布开工令	（1）工作负责人要向全体工作班成员告知工作任务和保留带电部位，交代危险点及安全注意事项。 （2）工作班成员确已知晓后，在工作票上签字确认	

续表

序号	作业内容	作业步骤及标准	安全措施及注意事项	备注
2	电缆盘卸车与固定	（1）电缆盘从运输车辆上卸下。 （2）将电缆盘固定在轴架上	（1）电缆盘在移动前必须检查线盘是否牢固，电缆两端应固定，线圈不应松弛。松弛和摇晃的电缆盘必须紧固后方可搬运。如线盘无法紧固，则应更换线盘，新线盘的轴径应不小于旧线盘的轴径。 （2）禁止将电缆盘平放储存或搬运。卸车时禁止将电缆盘直接从车上抛下。 （3）短距离的搬运，允许将电缆盘滚至敷设地点，但电缆盘必须牢固，保护板完整。无保护板时，只有在路面坚固、道路平整、无砖石硬块，且线盘高出电缆外皮 100mm，才能滚动。电缆盘的滚动方向必须与电缆盘上箭头指示方向一致，放线时转动方向必须与电缆盘上指示方向相反。 （4）检查进场的起重机械，收集作业人员的起重机械特种作业证。作业时专责监护人专职监护，保证人员绝对安全。起吊装设备时，吊物应绑牢，并有防止倾倒的措施。吊钩悬挂点应与吊物的重心在同一垂直线上，吊钩钢丝绳应保持垂直，严禁偏拉斜吊。起重工作区域内，无关人员不得停留或通过。在伸臂及吊物的下方，严禁任何人员通过或逗留。起吊前应检查起重设备及其安全装置。重物吊离地面约 10cm 时应暂停起吊并进行全面检查，确认良好后方可正式起吊。起重机械必须安置平稳牢固，并应设有制动和逆制装置。在起吊、牵引过程中，受力钢丝绳的周围、上下方、内角侧和起吊物的下面，严禁有人逗留和通过。起重机械进场时，在道路的转弯处设专人监护，保证车辆转弯时不损伤道路的路牙、路面和边角	
3	电缆检查	电缆外观检查	（1）进行外观检查并对其规范是否符合要求进行检查，尤其应注意电压等级、导线材质和截面积。 （2）敷设电缆前应检查电缆端头是否完好，电缆护层有无损伤及漏油现象，如发现问题则应根据情况进行处理，做必要的电气试验、校验潮气和进行封焊、绑扎修补等	
4	敷设环境清理	（1）清除沟底杂物及临时障碍物。 （2）井内、沟内积水抽净	进入工作井等有限空间作业，应履行有限空间作业申请手续，填写有限空间作业申请单，做到“先通风、再检测、后作业”，经检测合格后方可下井工作。沟内、井内杂物要清理干净	
5	牵引钢丝绳敷设	牵引钢丝绳敷设	牵引钢丝绳要通过电缆牵引网套与被牵引电缆连接，中间禁止盘绕	
6	电缆牵引	用人力或牵引机牵引进行电缆敷设	（1）放缆过程中做好呼应，注意放缆过程中的施工安全。牵引绳两侧不准站人，发现钢丝绳有断股情况时禁止使用。保持 6m/min 的敷设速度。敷设和回轴过程中，人员不准站立于轴旁，轴应有制动装置。放缆全线均设人员盯守，及时监护护套破损情况。 （2）放缆时必须统一指挥，并保持通信畅通，沿线设专人看守，检查有无电缆磨损和缆轴翻倒等异常现象。发现异常停止牵引，处理后方可继续展放。电缆过管后应用手检查电缆外皮有无损伤，若有损伤应做好标记。 （3）电缆转弯处设专人看守，电缆滚动必须支垫牢靠。弯曲半径不小于电缆外径的 15 倍。 （4）缆轴应专人看守，并有可靠的制动措施。 （5）电缆需要人力展放或下轴时必须相互呼应，在地面移动时下部应垫草袋或软木	

续表

序号	作业内容	作业步骤及标准	安全措施及注意事项	备注
7	电缆就位、固定	在沟槽中、支架上相应位置按照施工图对电缆进行固定	（1）电缆敷设于沟中后，不必严格将其拉直，应松弛一些呈波浪形，松弛长度约为全长的0.5%。 （2）垂直敷设或超过30°倾斜敷设的电缆，水平敷设转弯处或易于滑脱的电缆，以及靠近终端头或接头附近的电缆，都必须采用特制夹具将电缆固定到支架上	
8	敷设收尾	（1）截除多余电缆。 （2）电缆端口缩封热缩帽	（1）现场使用的发电机可靠接地，接地端若有油漆需刮除。使用带剩余电流动作保护器的电源轴，提前检查电气工器具是否良好，人员可能踩的地方电源线均采取防踩踏措施。现场大型设备及工器具使用应严格按照工器具操作规程执行，设备外壳应牢固接地，接地线应合理布置。使用电动工具外壳必须可靠接地，移动电动工具必须切断电源。 （2）填写动火工作票，设专人监护动火作业。作业前办理动火工作票许可手续，在动火点配备合格的灭火器。动火作业应有专人监护，现场的通排风要良好。动火作业间断或终结后，应清理现场，确认无残留火种后，方可离开	
9	施工收尾	清理现场并确认无遗留物	确认无遗留物、人员全部撤出后盖好工作井井盖，电缆沟槽应加盖板	

4.3 竣工内容要求

序号	内容
1	清理现场及工具，认真检查作业点有无遗留物，工作负责人全面检查工作完成情况，无误后清扫地面、撤离现场
2	向设备运维管理单位汇报工作终结
3	各类工器具对号入库，办理作业票终结手续

5 项目评价

项目完成后，根据学员任务完成情况，做好综合点评，并填写项目综合点评记录表。

序号	项目	培训师对项目评价	
		存在问题	改进建议
1	安全措施		
2	作业流程		
3	作业方法		
4	工具使用		
5	工作质量		
6	文明操作		

模块3 10kV 电缆终端制作

模块说明

本模块包含配电电缆终端常用附件的分类，10kV 电缆冷缩及预制式终端制作的程序和工艺流程。通过不同分类方式，了解35kV及以下常用电缆附件的种类和基本特性，掌握10kV电力电缆冷缩及预制式终端制作工艺流程、操作步骤和工艺质量控制要点。

一、配电电缆终端附件的种类

电缆终端附件是电缆线路不可缺少的组成部分，安装在电缆末端，具有一定的绝缘和密封性能，以保证与该系统其他部分的电气连接，并保持绝缘至连接点的装置。

（一）按照附件在电缆线路中安装位置分类

按使用场所不同，配电电缆终端可分为以下几类。

1. 户内终端

在既不受阳光直射又不暴露在气候环境下使用的终端。

2. 户外终端

在受阳光直射或暴露在气候环境下或二者都存在情况下使用的终端。

3. 设备终端

被连接的电气设备上带有与电缆相连接的相应结构或部件，以使电缆导体与设备的连接处于全绝缘状态，例如GIS终端、插入变压器的象鼻式终端和用于中压电缆的可分离连接器等。

（二）按照附件制作原材料分类

1. 预制式附件

应用乙丙橡胶、三元乙丙橡胶或硅橡胶材料，在工厂经过挤塑、模塑或铸造成型后，再经过硫化工艺制成的预制件，在现场进行装配的附件。

2. 热缩式附件

应用高分子聚合物的基料加工成绝缘管、应力管、分支套和伞裙等部件，在现场经装配、加热，紧缩在电缆绝缘线芯上的附件。

3. 冷缩式附件

应用乙丙橡胶、三元乙丙橡胶或硅橡胶加工成型，经扩张后用螺旋形尼龙条支撑，安装时按照逆时针方向抽去支撑尼龙条，绝缘管靠橡胶收缩特性紧缩在电缆线芯上的附件。

二、10kV 电力电缆冷缩式终端制作

（一）工艺流程

10kV 冷缩式电缆终端制作工艺流程主要包含准备工作、电缆预处理、接地线安装、终端附件安装和安装记录填写等步骤。

（二）工艺质量控制要点

1. 剥除外护套、铠装、内护套（护层剥切）

（1）安装电缆终端时，应尽量垂直固定。对于大截面电缆终端，建议在杆塔上进行制作，以免在地面制作后吊装时造成线芯伸缩错位，三相长短不一，使分支手套局部受力损坏。

（2）剥除外护套：应分两次进行，以避免电缆铠装层铠装松散。先将电缆末端外护套保留 100mm，然后按规定尺寸剥除外护套，要求断口平整。外护套断口以下 100mm 部分用砂纸打毛并清洗干净，以保证分支手套定位后，密封性能可靠。

（3）剥除铠装：按规定尺寸在铠装上绑扎铜线，绑线的缠绕方向应与铠装的缠绕方向一致，使铠装越绑越紧，不致松散。绑线用 ϕ2.0 的铜线，每道 3～4 匝，或使用恒力弹簧进行绑扎缠绕，缠绕方向与铜线绑扎一致。锯铠装时，其圆周锯痕深度应均匀，深度在每层钢铠厚度的 1/2 左右即可，不得锯透，以免损伤内护套。剥铠装时，应首先沿锯痕将铠装卷断，铠装断开后再向电缆端头剥除。

（4）剥除内护套及填料：在应剥除内护套处用刀子横向切一环形痕，深度不超过内护套厚度的一半。纵向剥除内护套时，刀子切口应在两芯之间，防止切伤金属屏蔽层。剥除内护套后，应将金属屏蔽带末端用聚氯乙烯粘带扎牢，防止松散。切除填料时刀口应向外，防止损伤金属屏蔽层。

2. 固定接地线、绕包密封填充胶

（1）首先将钢铠、铜屏蔽安装地线处去除氧化层，然后用恒力弹簧将两条接地编织带分别固定在铠装层的两层钢带和三相铜屏蔽层上。在恒力弹簧外面绕包 PVC 胶带，防止恒力弹簧松脱。钢铠地线的恒力弹簧外面使用 PVC 胶带、绝缘带或绝缘填充胶缠绕，以保证铠装与金属屏蔽层的绝缘。

（2）自外护套断口向下 40mm 范围内的铜编织带必须做 20～30mm 的防潮段，同时在防潮段下端电缆上绕包两层密封胶，将接地编织带埋入其中，提高密封防水性能。两编织带之间必须绝缘分开，安装时错开一定距离，一般两根地线呈 90° 或 180° 分布。

（3）电缆内、外护套断口处要绕包填充胶，三相分叉部位空间应填实，绕包体表面应平整，绕包后外径必须小于分支手套内径。

3. 安装分支手套

（1）电缆三叉部位用填充胶绕包后，根据实际情况，上半部分可半搭盖绕包一层 PVC 胶带，以防止内部粘连和抽塑料衬管条时将填充胶带出；但填充胶绕包体上不能全部绕包 PVC 胶带。

（2）冷缩分支手套套入电缆前，应事先检查三指管内塑料衬管条内口预留是否过多。注意抽衬管条时，应谨慎小心，缓慢进行，以避免衬管条弹出。

（3）分支手套应套至电缆三叉部位填充胶上，必须压紧到位，检查三指管根部，不得有空隙存在。

4. 安装冷缩护套管

（1）安装冷缩护套管，抽出衬管条时，速度应均匀、缓慢，两手应协调配合，以防冷缩护套管收缩不均匀造成拉伸和反弹。

（2）护套管切割时，必须绕包两层 PVC 胶带固定，圆周环切后，才能纵向剖切。剥切时不得损伤铜屏蔽层，严禁无包扎切割。

5. 剥切铜屏蔽层、外半导电层

（1）剥切铜屏蔽时，应用 ϕ 1.0 镀锡铜绑线扎紧或用恒力弹簧固定。切割时，只能环压一刀痕，不能切透，以免损伤外半导电层。剥除时，应以刀痕处撕剥，断开后向线芯端部剥除。若不用刀切可做到断口平整，也可不环切，以避免用刀伤及内部结构的风险。

（2）外半导电层剥除时，应剥除干净，不得留有残迹，刀口不得伤及绝缘层。外半导电层剥除后，绝缘表面必须用细砂纸打磨，去除嵌入在绝缘表面的半导电颗粒，同时将电缆绝缘生产过程中产生的凹痕和突筋去除。

（3）外半导电层端部切削打磨斜坡时，注意不得损伤绝缘层。打磨后，外半导电层端口应平齐，坡面应平整光洁，与绝缘层圆滑过渡。

6. 剥切线芯绝缘、内半导电层

（1）割切线芯绝缘时，注意不得损伤线芯导体。剥除绝缘时，应顺着导线绞合方向进行，不得使导体松散。

（2）内半导电应剥除干净，不得留有残迹。

（3）绝缘端部应力处理前，用 PVC 胶带粘面朝外将电缆三相线芯端头包扎好，以防倒角时伤到导体。

（4）清洁绝缘层时，必须用清洁纸，从绝缘层端部向外半导电层端部方向一次性清洁，以免把半导电粉末带到绝缘上。清洁过半导电层或导体的清洁纸，禁止再用来清洁绝缘。

（5）仔细检查绝缘层，如有半导电粉末、颗粒或较深的凹槽等，则必须再用细砂纸打磨干净，再用新的清洁纸擦洗。

（6）使用干净的一次性手套将绝缘硅油或硅脂涂抹在清洁过后的绝缘上。

7. 安装终端

（1）涂抹硅油后，尽快安装终端头。小心将冷缩终端套入，直至终端下端口与标记对齐为止，注意不能超出标记。

（2）逆时针抽去衬条，让冷缩终端自然收缩在电缆上，并检查确认安装定位是否正确。

8. 压接接线端子、连接接地线

（1）把接线端子套到导体上，必须将接线端子下端防雨罩罩在终端头顶部裙边上。

（2）压接时，接线端子必须和导体紧密接触，按先上后下顺序进行压接。

（3）按系统相色，包缠相色带。

（4）最后压接接地端子与地网连接必须牢靠。

（5）固定三相，应保证相与相（接线端子之间）的距离，户外不小于 200mm，户内不小于 125mm。

（三）操作步骤及工艺要求

（1）固定电缆：根据终端的安装位置，将电缆固定在终端支持卡子上；为防止损伤外护套，卡子与电缆间应加衬垫；将支持卡子至末端 1m 以外的多余电缆锯除。

（2）剥除外护套、锯铠装、剥除内护套及填料：10kV XLPE 电力电缆冷缩式终端剥切尺寸如图 3－25 所示。

1）剥除电缆外护套 800mm，保留 30mm 铠装及 10mm 内护套，其余剥去。

2）用胶带将每相铜屏蔽带端头临时包好，清理填充物，将三相分开。

（3）固定接地线、绕包密封填充胶：

1）对铠装接地处进行打磨，去除氧化层，然后用两个恒力弹簧将两根地线分别固定在铜屏蔽和铠装上。顺序是先安装铠装接地线，安装完用绝缘胶带缠绕两层；再安装铜屏蔽接地线，三相要求接触良好，并且用绝缘胶带缠绕两层。

2）掀起两铜编织带，在电缆外护套断口上绕两层填充胶，将做好防潮段的两条铜编织带压入其中，在其上绕几层填充胶，再分别绕包三叉口，在绕包的填充胶外表面再包绕一层胶粘带。绕包后的外径应小于扩后分支手套内径。

（4）安装冷缩三相分支手套：

1）将冷缩分支手套套至三叉口的根部，沿逆时针方向均匀抽掉衬管条。先抽掉尾管部分，然后再分别抽掉指套部分，使冷缩分支手套收缩。

2）收缩后，在手套下端用绝缘带包绕 4 层，再加绕 2 层胶带加强密封。

（5）确定安装尺寸：冷缩护套管安装尺寸如图 3-26 所示。

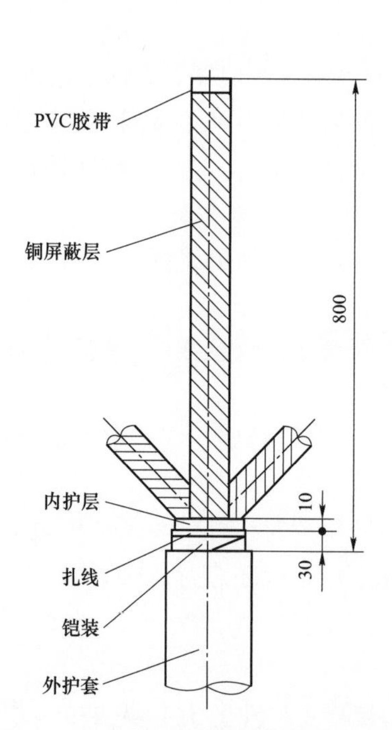

图 3-25　10kV XLPE 电力电缆冷缩式终端剥切尺寸示意图

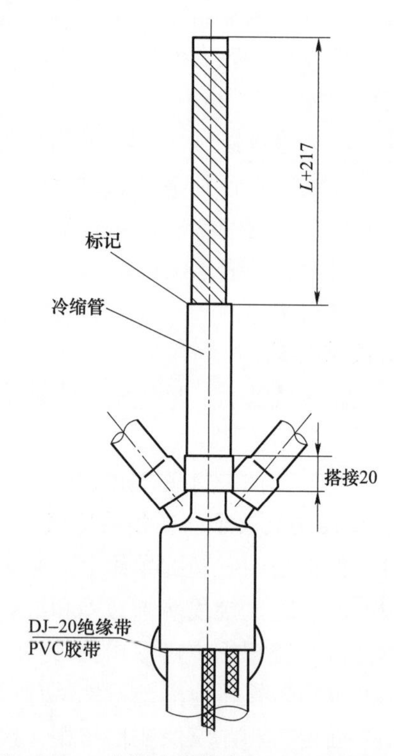

图 3-26　冷缩护套管安装尺寸示意图

1）将一根冷缩管套入电缆一相（衬管条伸出的一端后入电缆），沿逆时针方向均匀抽掉衬管条，收缩该冷缩管，使之与分支手套指管搭接 20mm。

2）根据附件厂家图纸或工艺说明切除冷缩管，这里以某厂家尺寸为例，在距电缆端头 $L+217$mm（L 为端子孔深，含防雨罩深度）处用胶带做好标记。除掉标记处以上的冷缩管，使冷缩管断口与标记齐平。按此工艺处理其他两相。

（6）剥除铜屏蔽层、外半导电层：铜屏蔽层、半导电层剥切尺寸如图 3－27 所示。

1）根据附件厂家图纸或工艺说明去除铜屏蔽层，这里以某厂家尺寸为例，自冷缩管端口向上量取 15mm 长铜屏蔽层，其余铜屏蔽层去掉。

2）根据附件厂家图纸或工艺说明去除半导电层，这里以某厂家尺寸为例，自铜屏蔽断口向上量取 15mm 长半导电层，其余半导电层去掉。

3）将绝缘表面用砂带打磨以去除吸附在绝缘表面的半导电粉尘，外半导电层端口切削成 3～5mm 的小斜坡并用砂纸打磨光洁，与绝缘圆滑过渡。

4）绕两层半导电带，将铜屏蔽层与外半导电层之间的台阶盖住。

（7）剥切线芯绝缘：线芯绝缘剥切尺寸如图 3－28 所示。

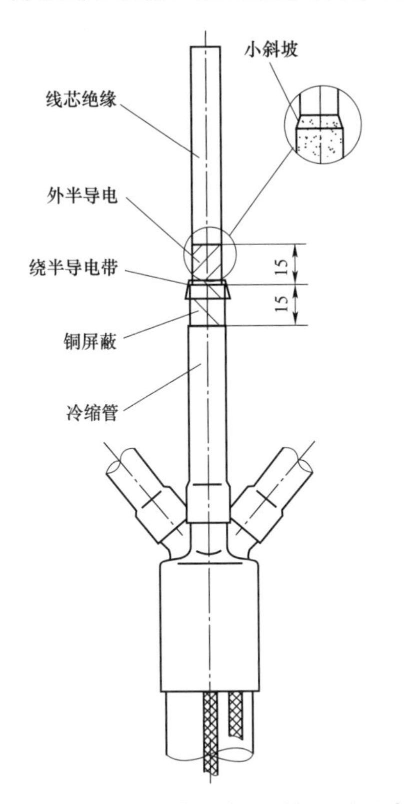

图 3－27　铜屏蔽层、半导电层剥切尺寸示意图

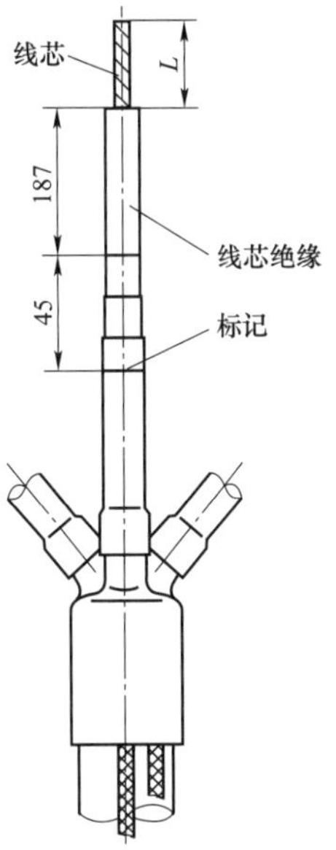

图 3－28　线芯绝缘剥切尺寸示意图

1）自电缆末端剥去线芯绝缘及内屏蔽层：L 为端子孔深，含防雨罩深度。

2）将绝缘层端头倒角，用细砂纸或砂布将绝缘层表面打磨。

3）根据附件厂家图纸尺寸或工艺说明制作定位标记，这里以某厂家尺寸为例，在半导电层端口以下 45mm 处用胶带做好标记。

（8）安装终端绝缘主体：

1）用清洁纸从上至下把各相清洗干净，待清洁剂挥发后，在绝缘层表面均匀地涂上硅脂。

2）将冷缩终端绝缘主体套入电缆（衬管条伸出的一端后入电缆），沿逆时针方向均匀地抽掉衬管条使终端绝缘主体收缩（注意：终端绝缘主体收缩好后，其下端与标记齐平），然后用扎带将终端绝缘主体尾部扎紧。

（9）压接接线端子：

1）在线芯套上接线端子，压接接线端子。

2）将相色带绕在各相终端下方。

3）将接地铜编织带与地网连接好，安装完毕。

（10）清理现场：施工作业结束后，工作负责人依据施工验收规范对施工工艺、质量进行自查验收，按要求清理施工现场，整理工具、材料，办理工作终结手续。

三、10kV 电力电缆预制式肘型终端制作

（一）工艺流程

10kV 预制式肘型电缆终端制作工艺流程主要包含准备工作、电缆预处理、接地线安装、终端附件安装和安装记录填写等步骤。

（二）工艺质量控制要点

1. 剥除外护套、铠装、内护套（护层剥切）

（1）安装电缆终端时，应尽量垂直固定。

（2）剥除外护套：应分两次进行，以避免电缆铠装层铠装松散。先将电缆末端外护套保留 100mm，然后按规定尺寸剥除外护套，要求断口平整。外护套断口以下 100mm 部分用砂纸打毛并清洗干净，以保证分支手套定位后，密封性能可靠。

（3）剥除铠装：按规定尺寸在铠装上绑扎铜线，绑线的缠绕方向应与铠装的缠绕方向一致，使铠装越绑越紧，不致松散。绑线用 ϕ 2.0 的铜线，每道 3～4 匝，或使用恒力弹簧进行绑扎缠绕，缠绕方向与铜线绑扎一致。锯铠装时，其圆周锯痕深度应均匀，深度在每层钢铠厚度的 1/2 左右即可，不得锯透，以免损伤内护套。剥铠装时，应首先沿锯痕将铠装卷断，铠装断开后再向电缆端头剥除。

（4）剥除内护套及填料：在应剥除内护套处用刀子横向切一环形痕，深度不超过内护套厚度的一半。纵向剥除内护套时，刀子切口应在两芯之间，防止切伤金属屏蔽层。剥除内护套后，应将金属屏蔽带末端用聚氯乙烯粘带扎牢，防止松散。切除填料时刀口应向外，防止损伤金属屏蔽层。

2. 固定接地线、绕包密封填充胶

（1）首先将钢铠、铜屏蔽安装地线处去除氧化层，然后用恒力弹簧将两条接地编织带分别固定在铠装层的两层钢带和三相铜屏蔽层上。在恒力弹簧外面绕包 PVC 胶带，防止恒力弹簧松脱。钢铠地线的恒力弹簧外面使用 PVC 胶带、绝缘带或绝缘填充胶缠绕，以保证铠装与金属屏蔽层的绝缘。

（2）自外护套断口向下 40mm 范围内的铜编织带必须做 20～30mm 的防潮段，同时在防潮段下端电缆上绕包两层密封胶，将接地编织带埋入其中，提高密封防水性能。两编织带之间必须绝缘分开，安装时错开一定距离，一般两根地线呈 90° 或 180° 分布。

（3）电缆内、外护套断口处要绕包填充胶，三相分叉部位空间应填实，绕包体表面应平整，绕包后外径必须小于分支手套内径。

3. 安装分支手套

（1）电缆三叉部位用填充胶绕包后，根据实际情况，上半部分可半搭盖绕包一层 PVC

胶带，以防止内部粘连和抽塑料衬管条时将填充胶带出。但填充胶绕包体上不能全部绕包PVC 胶带。

（2）冷缩分支手套套入电缆前，应事先检查三指管内塑料衬管条内口预留是否过多。注意抽衬管条时，应谨慎小心，缓慢进行，以避免衬管条弹出。

（3）分支手套应套至电缆三叉部位填充胶上，必须压紧到位，检查三指管根部，不得有空隙存在。

4. 安装冷缩护套管

（1）安装冷缩护套管，抽出衬管条时，速度应均匀缓慢，两手应协调配合，以防冷缩护套管收缩不均匀造成拉伸和反弹。

（2）护套管切割时，必须绕包两层 PVC 胶带固定，圆周环切后，才能纵向剖切。剥切时不得损伤铜屏蔽层，严禁无包扎切割。

5. 剥切铜屏蔽层、外半导电层

（1）剥切铜屏蔽时，应用 ϕ1.0 镀锡铜绑线扎紧或用恒力弹簧固定，切割时，只能环压一刀痕，不能切透，以免损伤外半导电层。剥除时，应以刀痕处撕剥，断开后向线芯端部剥除。若不用刀切可做到断口平整，也可不环切，以避免用刀伤及内部结构的风险。

（2）外半导电层剥除时，应剥除干净，不得留有残迹，刀口不得伤及绝缘层。外半导电层剥除后，绝缘表面必须用细砂纸打磨，去除嵌入在绝缘表面的半导电颗粒，同时将电缆绝缘生产过程中产生的凹痕和突筋去除。

（3）外半导电层端部切削打磨斜坡时，注意不得损伤绝缘层。打磨后，外半导电层端口应平齐，坡面应平整光洁，与绝缘层圆滑过渡。

6. 剥切线芯绝缘、内半导电层

（1）割切线芯绝缘时，注意不得损伤线芯导体。剥除绝缘时，应顺着导线绞合方向进行，不得使导体松散。

（2）内半导电应剥除干净，不得留有残迹。

（3）绝缘端部应力处理前，用 PVC 胶带粘面朝外将电缆三相线芯端头包扎好，以防倒角时伤到导体。

（4）清洁绝缘层时，必须用清洁纸，从绝缘层端部向外半导电层端部一次性清洁，以免把半导电粉末带到绝缘层上。清洁过半导电层或导体的清洁纸，禁止再用来清洁层绝缘。

（5）仔细检查绝缘层，如有半导电粉末、颗粒或较深的凹槽等，则必须再用细砂纸打磨干净，再用新的清洁纸擦洗。

（6）使用干净的一次性手套将绝缘硅油或硅脂涂抹在清洁过后的绝缘层上。

7. 绕包半导电带台阶

半导电带必须拉伸 200%，绕包成圆柱形台阶，其上平面应和线芯垂直，圆周应平整，不得绕包成圆锥形或鼓形。

8. 安装应力锥

（1）将硅脂均匀涂抹在电缆绝缘表面和应力锥内表面，注意不要涂在半导电层上。

（2）将应力锥套入电缆绝缘上，直到应力锥下端的台阶与绕包的半导电带圆柱形凸台紧密接触。

9. 压接接线端子

压接时，必须保证接线端子和导体紧密接触，按先上后下顺序进行压接。端子表面尖端和毛刺必须打磨光洁。

10. 安装肘型插头、连接接地线

（1）将肘型插头套在电缆端部，并推到底，直至肘型插头内屏蔽层顶部与端子接触，并且从肘型插头端部可见压接端子螺栓孔。

（2）按系统相色，包缠相色带。

（3）将双头螺栓拧紧在环网柜套管上，确保螺纹对位。

（4）将肘型插头套入环网柜套管上，确保电缆端子孔正对螺栓，用螺母将电缆端子压紧在套管端部的铜导体上。

（5）用接地线在肘型插头耳部将外屏蔽接地。

（三）操作步骤及工艺要求

（1）固定电缆：根据终端的安装位置，将电缆固定在终端支持卡子上；为防止损伤外护套，卡子与电缆间应加衬垫；将支持卡子至末端 1m 以外的多余电缆锯除。

（2）剥除外护套，锯铠装，剥除内护套及填料：10kV XLPE 电力电缆预制式肘型终端剥切尺寸如图 3－29 所示。

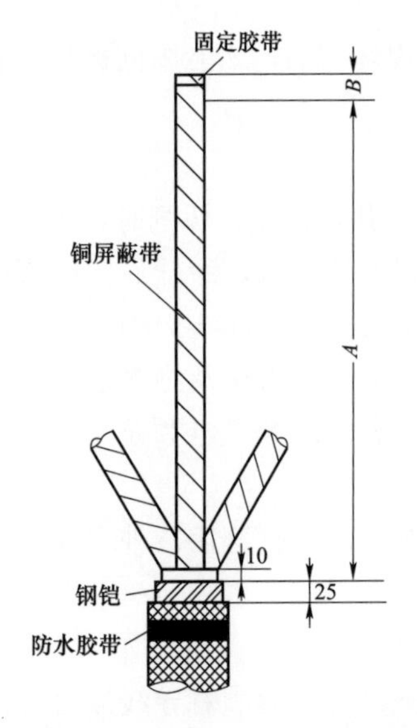

图 3－29　10kV XLPE 电力电缆预制式肘型终端剥切尺寸示意图

1）根据附件厂家图纸尺寸及现场实际情况，自电缆端头量取 $A+B$（A 为现场实际尺寸，B 为接线端子孔深）剥除电缆外护套。外护套端口以下 100mm 部分用清洁纸擦洗干净。

2）从电缆外护套端口量取铠装 25mm 用铜绑线扎紧，锯除其余铠装。

3）保留 10mm 内护套，其余部分剥除。

4）剥除纤维色带，切割填充料，用 PVC 胶带把三相铜屏蔽端头临时包好，将三相线芯分开。

（3）铠装及铜屏蔽接地线的安装：对铠装接地处进行打磨，去除氧化层，然后用两个恒力弹簧将两根地线分别固定在铜屏蔽和铠装上。顺序是先安装铠装接地线，安装完用绝缘胶带缠绕两层；再安装铜屏蔽接地线，三相要求接触良好，并且用绝缘胶带缠绕两层。铠装接地线与铜屏蔽接地线分别安装在电缆两侧。

（4）填充绕包处理：用填充胶将接地线处绕包充实，并在接地线与外护套间及地线上面各绕包一层填充胶，将地线包在中间，以起到防潮和避免突出异物损伤分支手套的作用。

（5）安装冷缩三相分支手套：将分支手套套入电缆分叉处，先抽出下端内部塑料螺旋条，再抽出三个指管内部的塑料螺旋条。注意收缩要均匀，不能用蛮力，以免造成附件损坏。

（6）安装冷缩护套管：

1）将冷缩护套管分别套入电缆各芯，绝缘管要套入根部，与分支手套搭接应符合相关要求。

2）调整电缆，按照开关柜实际尺寸将电缆多余部分去除。

（7）剥除铜屏蔽层、外半导电层：铜屏蔽层、外半导电层剥切尺寸如图3－30所示。

1）根据附件厂家图纸尺寸，从冷缩护套管端口向上量取35m铜屏蔽层，用镀锡铜绑线扎紧或用恒力弹簧固定，35m以上的铜屏蔽层剥除。

2）根据附件厂家图纸尺寸，自铜屏蔽层端口向上量取40mm半导电层，其余半导电层剥除。

3）用细砂纸将绝缘层表面吸附的半导电粉尘打磨干净，并使绝缘层表面平整光洁。

4）将外半导电层端口切削成3～5mm的小斜坡并打磨光洁，与绝缘平滑过渡。绕包两层半导电带，将铜屏蔽层与外半导电层之间的台阶盖住。

5）在冷缩套管管口往下6mm的地方绕包一层防水胶带。

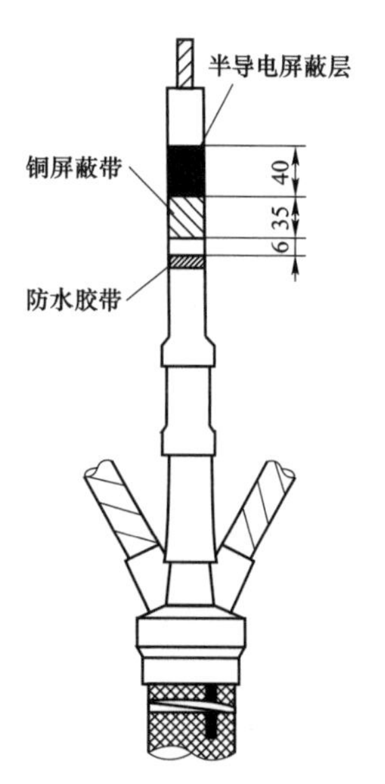

图3－30　铜屏蔽层、外半导电层剥切尺寸示意图

（8）切除相绝缘：根据接线端子孔深加5mm来确定切除绝缘的长度。

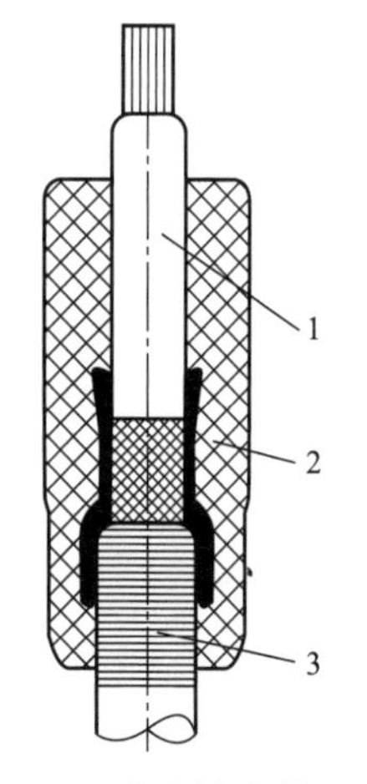

图3－31　应力锥安装示意图
1—线芯绝缘；2—应力锥；3—半导电带

（9）打磨并清洁电缆绝缘表面：用细砂纸打磨主绝缘表面（不能用打磨过半导电层的砂纸打磨主绝缘），并用清洁纸由绝缘向外半导电层擦拭。

（10）绕包半导电层圆柱形凸台。根据附件厂家图纸尺寸，在铜屏蔽层断口用半导电带绕包一宽20mm、厚3mm的圆柱形凸台，分别压半导电层和保护管各5mm。

（11）将硅脂均匀涂抹在电缆绝缘表面和应力锥内表面上（不要涂在半导电层上）。

（12）将应力锥边转动边用力套至电缆绝缘上，直到应力锥下端的台阶与绕包的半导体圆柱形凸台紧密接触。应力锥安装如图3－31所示。

（13）压接接线端子：根据电缆的规格选择相对应的模具，压接的顺序为先上后下；压接后打磨毛刺、飞边。

（14）在肘型插头的内表面均匀涂上一层硅脂。

（15）用螺丝刀将双头螺杆旋入环网开关柜套管的螺孔内。预制式肘型终端安装如图3－32所示。

（16）将肘型插头以单向不停顿运动方式套入压好接线端子的电缆终端上，直到与接线端子孔对准为止。

（17）将肘型插头以同样的方式套至环网开关柜套管上。

（18）按顺序套入弹簧垫圈、平垫圈和螺母，再用专用套筒扳手拧紧螺母。

（19）最后清洁绝缘塞外表面及肘型插头内表面并涂抹硅油，套上绝缘塞，并用专用套筒拧紧。

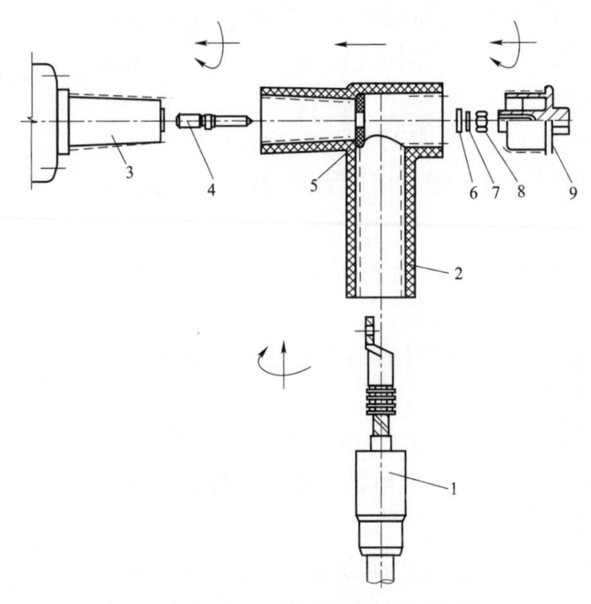

图 3-32　预制式肘型终端安装示意图

1—应力锥；2—肘型插头；3—插座；4—双头螺杆；5—压缩连接器；6—弹簧垫圈；7—平垫圈；8—螺母；9—绝缘塞

（20）清理现场：施工作业结束后，工作负责人依据施工验收规范对施工工艺、质量进行自查验收，按要求清理施工现场，整理工具、材料，办理工作终结手续。

四、作业指导书

10kV 电力电缆冷缩式终端制作实训作业指导书格式见附件 1。

10kV 电力电缆预制式肘型终端制作实训作业指导书格式见附件 2。

模块小结

本模块讲授了配电电缆终端附件的种类和特性，以 10kV 电力电缆为例讲解了冷缩式、预制式肘型电缆终端附件安装的流程和工艺要点，其中包含电缆预处理、电缆终端安装两个部分。重点要掌握电缆附件密封处理、电缆接地处理、电缆导体连接等工艺难点内容。

思考与练习

扫码看答案

1. 配电电缆终端按其使用场所分哪几种？
2. 10kV 电缆终端制作需要哪些工器具？
3. 10kV 电力电缆冷缩式终端制作如何做好密封？

附件1　10kV电力电缆冷缩式终端制作实训作业指导书

1　适用范围

扫码下载

本作业项目适用于10kV电力电缆冷缩式终端制作项目的技能实训工作。

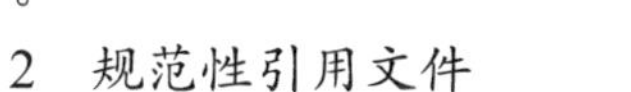
2　规范性引用文件

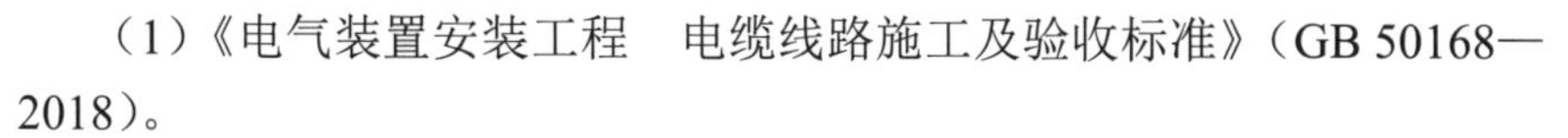
（1）《电气装置安装工程　电缆线路施工及验收标准》（GB 50168—2018）。

（2）《电力电缆及通道运维规程》（Q/GDW 1512—2014）。

（3）《国家电网公司电力安全工作规程　变电部分》（Q/GDW 1799.1—2013）。

（4）《国家电网公司电力安全工作规程　线路部分》（Q/GDW 1799.2—2013）。

（5）《电力工程电缆设计标准》（GB 50217—2018）。

3　作业前准备

3.1　现场勘察基本要求

序号	内容	标准	备注
1	现场勘察	现场工作负责人应提前组织有关人员进行现场勘察，根据勘察结果作出能否进行电缆终端制作的判断，并确定作业方法及应采取的安全技术措施	
2	编写作业指导书	工作负责人根据现场勘察情况编写作业指导书	
3	开工前一天准备好所需工器具及材料	工器具、材料应充足、齐全	

3.2　现场作业人员基本要求

序号	内容	备注
1	作业人员应经《国家电网公司电力安全工作规程（配电部分）（试行）》考试合格	
2	作业人员应具备必要的电气知识，熟悉作业规范	
3	作业人员应身体状况良好，情绪稳定，精神集中	
4	作业人员应“两穿一戴”，个人工具和劳保防护用品应合格、齐备	

3.3　工器具配备

序号	名称	型号/规格	单位	数量	备注
1	常用工具		套	1	电工刀、钢丝钳、改锥、卷尺
2	电锯		把	1	
3	电压钳		把	1	
4	手锯		把	2	

续表

序号	名称	型号/规格	单位	数量	备注
5	锉刀	平锉/圆锉	把	1/1	
6	电源轴		卷	2	
7	铰刀		把	2	
8	活络扳手	10/12in	把	2/2	

3.4 材料配备

序号	名称	规格	单位	数量	备注
1	10kV 冷缩交联终端	根据需要选用	套	1	分支手套、冷缩管、冷缩终端主体、相色管等
2	酒精	95%	瓶	1	
3	PVC 胶带	黄、绿、红	卷	3	
4	清洁布		kg	2	
5	清洁纸		包	1	
6	铜绑线	ϕ2	kg	1	
7	镀锡铜绑线	ϕ1	kg	1	
8	接线端子	根据需要选用	支	3	
9	砂纸	180/240 号	张	2/2	

3.5 安全注意事项

序号	内容
1	为防止触电，应使用合格验电笔及绝缘手套确认无电后再挂接地线
2	使用移动电气设备时必须装设剩余电流动作保护器
3	监护人员应时刻提醒作业人员动作范围
4	搬运电缆附件时，施工人员应相互配合，轻搬轻放，不得抛接
5	用刀或其他切割工具时，正确控制切割方向
6	用刀剥切钢铠、铜屏蔽时，必须佩戴手套
7	作业现场要悬挂“在此工作”标示牌
8	进出电缆通道内部作业除按以上要求外，还应按照有限空间作业相关要求执行

3.6 人员组织要求

人员分工	人数	工作内容
现场工作负责人	1 人	负责交代工作任务、安全措施和技术措施，履行监护职责
现场工作人	1 人	电缆剥切，安装终端附件
专责监护人	1 人	监护作业点

注 实训前，培训师进行分组，并做好组内角色分工。

4　作业程序

4.1　作业内容及标准

序号	作业内容	作业步骤及标准	备注
1	固定电缆	根据终端的安装位置，将电缆固定在终端支持卡子上；为防止损伤外护套，卡子与电缆间应加衬垫；将支持卡子至末端1m以外的多余电缆锯除	
2	剥除外护套，锯铠装，剥除内护套及填料	（1）按照实际安装尺寸剥除外护套，锯铠装，剥除内护套及填料。 （2）用胶带将每相铜屏蔽带端头临时包好，清理填充物，将三相分开	
3	固定接地线，绕包密封填充胶	（1）对铠装接地处进行打磨，去除氧化层，然后用两个恒力弹簧将两根地线分别固定在铜屏蔽和铠装上。顺序是先安装铠装接地线，安装完用绝缘胶带缠绕两层；再安装铜屏蔽接地线，三相要求接触良好，并且用绝缘胶带缠绕两层。 （2）掀起两铜编织带，在电缆外护套断口上绕两层填充胶，将做好防潮段的两条铜编织带压入其中，在其上绕几层填充胶，再分别绕包三叉口，在绕包的填充胶外表面再包绕一层胶粘带。绕包后的外径应小于扩后分支手套内径	
4	安装冷缩三相分支手套	（1）将冷缩分支手套套至三叉口的根部，沿逆时针方向均匀抽掉衬管条。先抽掉尾管部分，然后再分别抽掉指套部分，使冷缩分支手套收缩。 （2）收缩后，在手套下端用绝缘带包绕4层，再加绕2层胶带加强密封	
5	安装冷缩护套管、确定安装尺寸	（1）将一根冷缩管套入电缆一相（衬管条伸出的一端后入电缆），沿逆时针方向均匀抽掉衬管条，收缩该冷缩管，使之与分支手套指管搭接20mm。 （2）按实际安装尺寸要求，在距电缆端头处用胶带做好标记。除掉标记处以上的冷缩管，使冷缩管断口与标记齐平。按此工艺处理其他两相	
6	按实际安装尺寸剥除铜屏蔽层、外半导电层	（1）自冷缩管端口向上量取实际保留铜屏蔽层尺寸，其余铜屏蔽层去掉。 （2）自铜屏蔽断口向上量取实际保留半导电层尺寸，其余半导电层去掉。 （3）将绝缘表面用砂带打磨以去除吸附在绝缘表面的半导电粉尘，外半导电层端口切削成3～5mm的小斜坡并用砂纸打磨光洁，与绝缘圆滑过渡。 （4）绕两层半导电带，将铜屏蔽层与外半导电层之间的台阶盖住	
7	按实际安装尺寸剥切线芯绝缘	（1）自电缆末端剥去线芯绝缘及内屏蔽层。 （2）将绝缘层端头倒角，用细砂纸或纱布将绝缘层表面打磨。 （3）在半导电层端口以下规定尺寸用胶带做好标记	
8	安装终端绝缘主体	（1）用清洁纸从上至下把各相清洗干净，待清洁剂挥发后，在绝缘层表面均匀地涂上硅脂。 （2）将冷缩终端绝缘主体套入电缆（衬管条伸出的一端后入电缆），沿逆时针方向均匀地抽掉衬管条使终端绝缘主体收缩（注意：终端绝缘主体收缩好后，其下端与标记齐平），然后用扎带将终端绝缘主体尾部扎紧	
9	按实际安装尺寸压接接线端子	（1）压接接线端子。 （2）将相色带绕在各相终端下方	
10	清理现场	实训结束后，培训学员按要求清理操作现场，整理工具、材料	

注　尺寸要求以附件中的安装说明书为准。

4.2　竣工内容要求

序号	内容
1	清理现场及工具，认真检查作业点有无遗留物，工作负责人全面检查工作完成情况，无误后清扫地面、撤离现场
2	汇报工作终结
3	各类工器具对号入库

5 项目评价

项目完成后，根据学员任务完成情况，做好综合点评，并填写项目综合点评记录。

序号	项目	培训师对项目评价	
		存在问题	改进建议
1	安全措施		
2	作业流程		
3	作业方法		
4	工具使用		
5	工作质量		
6	文明操作		

附件 2　10kV 电力电缆预制式肘型终端制作实训作业指导书

扫码下载

1　适用范围

本作业项目适用于 10kV 电力电缆预制式肘型终端制作项目的技能实训工作。

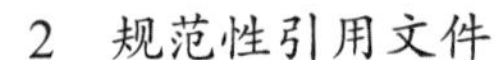
2　规范性引用文件

（1）《电气装置安装工程　电缆线路施工及验收标准》（GB 50168—2018）。

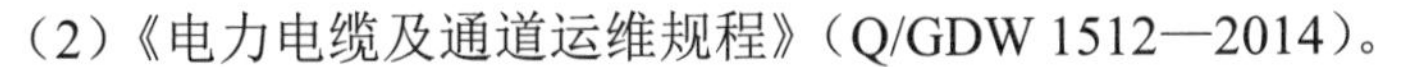
（2）《电力电缆及通道运维规程》（Q/GDW 1512—2014）。

（3）《国家电网公司电力安全工作规程　变电部分》（Q/GDW 1799.1—2013）。

（4）《国家电网公司电力安全工作规程　线路部分》（Q/GDW 1799.2—2013）。

（5）《电力工程电缆设计标准》（GB 50217—2018）。

3　作业前准备

3.1　现场勘察基本要求

序号	内容	标准	备注
1	现场勘察	现场工作负责人应提前组织有关人员进行现场勘察，根据勘察结果作出能否进行电缆终端制作的判断，并确定作业方法及应采取的安全技术措施	
2	编写作业指导书	工作负责人根据现场勘察情况编写作业指导书	
3	开工前一天准备好所需工器具及材料	工器具、材料应充足、齐全	

3.2　现场作业人员基本要求

序号	内容	备注
1	作业人员应经《国家电网公司电力安全工作规程（配电部分）（试行）》考试合格	
2	作业人员应具备必要的电气知识，熟悉作业规范	
3	作业人员应身体状况良好，情绪稳定，精神集中	
4	作业人员应“两穿一戴”，个人工具和劳保防护用品应合格、齐备	

3.3　工器具配备

序号	名称	型号/规格	单位	数量	备注
1	常用工具		套	1	电工刀、钢丝钳、改锥、卷尺
2	电锯		把	1	

续表

序号	名称	型号/规格	单位	数量	备注
3	电压钳		把	1	
4	手锯		把	2	
5	锉刀	平锉/圆锉	把	1/1	
6	电源轴		卷	2	
7	铰刀		把	2	
8	活络扳手	10/12in	把	2/2	
9	棘轮扳手	17/19/22/24	把	2/2/2/2	
10	力矩扳手		套	1	

3.4 材料配备

序号	名称	规格	单位	数量	备注
1	10kV 肘型交联终端	根据需要选用	套	1	分支手套、冷缩管、应力锥、肘型插头、相色管等
2	酒精	95%	瓶	1	
3	PVC 胶带	黄、绿、红	卷	3	
4	清洁布		kg	2	
5	清洁纸		包	1	
6	铜绑线	$\phi 2$	kg	1	
7	镀锡铜绑线	$\phi 1$	kg	1	
8	接线端子	根据需要选用	支	3	
9	砂纸	180/240 号	张	2/2	

3.5 安全注意事项

序号	内容
1	为防止触电，应使用合格验电笔及绝缘手套确认无电后再挂接地线
2	使用移动电气设备时必须装设剩余电流动作保护器
3	监护人员应时刻提醒作业人员动作范围
4	搬运电缆附件时，施工人员应相互配合，轻搬轻放，不得抛接
5	用刀或其他切割工具时，正确控制切割方向
6	用刀剥切钢铠、铜屏蔽时，必须佩戴手套
7	作业现场要悬挂“在此工作”标示牌
8	进出电缆通道内部作业除按以上要求外，还应按照有限空间作业相关要求执行

3.6　人员组织要求

人员分工	人数	工作内容
现场工作负责人	1人	负责交代工作任务、安全措施和技术措施，履行监护职责
现场工作人	1人	电缆剥切，安装终端附件
专责监护人	1人	监护作业点

注　实训前，培训师进行分组，并做好组内角色分工。

4　作业程序

4.1　作业内容及标准

序号	作业内容	作业步骤及标准	备注
1	固定电缆	根据终端的安装位置，将电缆固定在终端支持卡子上；为防止损伤外护套，卡子与电缆间应加衬垫；将支持卡子至末端 1m 以外的多余电缆锯除	
2	剥除外护套，锯铠装，剥除内护套及填料	（1）按照实际安装尺寸剥除外护套，锯铠装，剥除内护套及填料。 （2）用胶带将每相铜屏蔽带端头临时包好，清理填充物，将三相分开	
3	固定接地线，绕包密封填充胶	（1）对铠装接地处进行打磨，去除氧化层，然后用两个恒力弹簧将两根地线分别固定在铜屏蔽和铠装上。顺序是先安装铠装接地线，安装完用绝缘胶带缠绕两层；再安装铜屏蔽接地线，三相要求接触良好，并且用绝缘胶带缠绕两层。 （2）掀起两铜编织带，在电缆外护套断口上绕两层填充胶，将做好防潮段的两条铜编织带压入其中，在其上绕几层填充胶，再分别绕包三叉口，在绕包的填充胶外表面再包绕一层胶粘带。绕包后的外径应小于扩后分支手套内径	
4	安装冷缩三相分支手套	（1）将冷缩分支手套套至三叉口的根部，沿逆时针方向均匀抽掉衬管条。先抽掉尾管部分，然后再分别抽掉指套部分，使冷缩分支手套收缩。 （2）收缩后，在手套下端用绝缘带包绕4层，再加绕2层胶带加强密封	
5	安装冷缩护套管	（1）将冷缩护套管分别套入电缆各芯，绝缘管要套入根部，与分支手套搭接符合相关要求。 （2）调整电缆，按照开关柜实际尺寸将电缆多余部分去除	
6	按实际安装尺寸剥除铜屏蔽层、外半导电层	（1）自冷缩管端口向上量取实际保留铜屏蔽层尺寸，其余铜屏蔽层去掉。 （2）自铜屏蔽断口向上量取实际保留半导电层尺寸，其余半导电层去掉。 （3）将绝缘表面用砂带打磨以去除吸附在绝缘表面的半导电粉尘，外半导电层端口切削成 3～5mm 的小斜坡并用砂纸打磨光洁，与绝缘圆滑过渡。 （4）绕两层半导电带，将铜屏蔽层与外半导电层之间的台阶盖住。 （5）在冷缩套管管口往下按规定尺寸绕包一层防水胶带	
7	按实际安装尺寸剥切线芯绝缘	（1）自电缆末端剥去线芯绝缘及内屏蔽层。 （2）将绝缘层端头倒角，用细砂纸或纱布打磨绝缘层表面。 （3）在半导电层端口以下规定尺寸用胶带做好标记。 （4）用清洁纸由绝缘向外半导电层擦拭	

续表

序号	作业内容	作业步骤及标准	备注
8	安装应力锥	（1）绕包半导电层圆柱形凸台。在铜屏蔽层断口用半导电带绕包一宽 20mm、厚 3mm 的圆柱形凸台，分别压半导电层和保护管各 5mm。 （2）将硅脂均匀涂抹在电缆绝缘表面和应力锥内表面上（不要涂在半导电层上）。 （3）将应力锥边转动边用力套至电缆绝缘上，直到应力锥下端的台阶与绕包的半导体圆柱形凸台紧密接触	
9	压接接线端子	根据电缆的规格选择相对应的模具，压接的顺序为先上后下。压接后打磨毛刺、飞边	
10	安装肘型插头	（1）在肘型插头的内表面均匀涂上一层硅脂。 （2）用螺丝刀将双头螺杆旋入环网开关柜套管的螺孔内。 （3）将肘型插头以单向不停顿运动方式套入压好接线端子的电缆终端上，直到与接线端子孔对准为止。 （4）将肘型插头以同样的方式套至环网开关柜套管上。 （5）按顺序套入平垫圈、弹簧垫圈和螺母，再用专用套筒扳手拧紧螺母。 （6）最后套上绝缘塞，并用专用套筒拧紧	
11	清理现场	实训结束后，培训学员按要求清理操作现场，整理工具、材料	

注 尺寸要求以附件中的安装说明书为准。

4.2 竣工内容要求

序号	内容
1	清理现场及工具，认真检查作业点有无遗留物，工作负责人全面检查工作完成情况，无误后清扫地面、撤离现场
2	汇报工作终结
3	各类工器具对号入库

5 项目评价

项目完成后，根据学员任务完成情况，做好综合点评，并填写项目综合点评记录。

序号	项目	培训师对项目评价	
		存在问题	改进建议
1	安全措施		
2	作业流程		
3	作业方法		
4	工具使用		
5	工作质量		
6	文明操作		

模块 4　10kV 电缆中间接头制作

模块说明

本模块包含配电电缆中间接头常用附件的分类，10kV 电力电缆冷缩、预制式中间接头制作的程序和工艺流程。通过不同分类方式，了解 35kV 及以下常用电缆中间接头附件的种类和基本特性，掌握 10kV 电力电缆冷缩、预制式中间接头制作工艺流程、操作步骤和工艺质量控制要点。

一、配电电缆中间接头附件的种类

电缆中间接头是安装在电缆与电缆之间，使两段及以上电缆导体连通，并具有一定绝缘、密封性能的装置。电缆中间接头除连通导体外，还具有其他功能。电缆中间接头附件是电缆线路不可缺少的组成部分。

（一）按照附件在电缆线路中安装位置分类

1. 直通接头

连接两根电缆形成连续电路的附件。

2. 分支接头

将分支电缆连接到主干电缆上的附件。

3. 过渡接头

把两根不同种类挤包绝缘电缆连接起来的直通接头或分支接头。

（二）按照附件制作原材料分类

1. 预制式附件

应用乙丙橡胶、三元乙丙橡胶或硅橡胶材料，在工厂经过挤塑、模塑或铸造成型后，再经过硫化工艺制成的预制件，在现场进行装配的附件。

2. 热缩式附件

应用高分子聚合物的基料加工成绝缘管、应力管、分支套和伞裙等部件，在现场经装配、加热，紧缩在电缆绝缘线芯上的附件。

3. 冷缩式附件

应用乙丙橡胶、三元乙丙橡胶或硅橡胶加工成型，经扩张后用螺旋形尼龙条支撑，安装时按照逆时针方向抽去支撑尼龙条，绝缘管靠橡胶收缩特性紧缩在电缆线芯上的附件。

二、10kV 电力电缆冷缩式中间接头制作

（一）工艺流程

10kV 冷缩式电缆中间接头制作工艺流程主要包含准备工作、电缆预处理、中间接头附件安装和安装记录填写等步骤。

（二）工艺质量控制要点

1. 剥除外护套、铠装、内护套

（1）剥除外护套：首先在电缆的两侧套入附件中的内外护套管。在剥切电缆外护套时，应分两次进行，以避免电缆铠装层铠装松散。先将电缆末端外护套保留 100mm，然后按规定尺寸剥除外护套，要求断口平整。外护套断口以下 100mm 部分用砂纸打毛并清洗干净，以保证外护套收缩后密封性能可靠。

（2）剥除铠装：按规定尺寸在铠装上绑扎铜线，绑线的缠绕方向应与铠装的缠绕方向一致，使铠装越绑越紧不致松散。绑线用 ϕ 2.0 的铜线，每道 3～4 匝，或使用恒力弹簧进行绑扎缠绕，缠绕方向与铜线绑扎一致。锯铠装时，其圆周锯痕深度应均匀，深度在每层钢铠厚度的 1/2 左右即可，不得锯透，以免损伤内护套。剥铠装时，应首先沿锯痕将铠装卷断，铠装断开后再向电缆端头剥除。

（3）剥除内护套及填料：在应剥除内护套处用刀子横向切一环形痕，深度不超过内护套厚度的一半。纵向剥除内护套时，刀子切口应在两芯之间，防止切伤金属屏蔽层。剥除内护套后，应将金属屏蔽带末端用聚氯乙烯粘带扎牢，防止松散。切除填料时刀口应向外，防止损伤金属屏蔽层。

2. 电缆分相、锯除多余电缆线芯

（1）在电缆线芯分叉处将线芯扳弯，弯曲不宜过大，以便于操作为宜；但一定要保证弯曲半径符合相关规定要求，避免铜屏蔽层变形、褶皱和损坏。

（2）将接头中心尺寸核对准确后，锯断多余电缆芯线。锯割时，应保证电缆线芯端口平直。

3. 剥除铜屏蔽层和外半导电层

（1）剥切铜屏蔽时，在其断口处用 ϕ 1.0 镀锡铜绑线扎紧或用恒力弹簧固定。切割时，只能环压一刀痕，不能切透，以防损伤半导电层。剥除时，应从刀痕处撕剥，断开后向线芯端部剥除。若不用刀切可做到断口平整，也可不环切，以避免用刀伤及内部结构的风险。

（2）铜屏蔽层的断口应切割平整，不得有尖端和毛刺。

（3）外半导电层应剥除干净，不得留有残迹，刀口不得伤及绝缘层。剥除后，必须用细砂纸将绝缘表面吸附的半导电粉尘打磨干净，同时将电缆绝缘生产过程中产生的凹痕和突筋去除，并清洗光洁。

（4）将外半导电层端部切削成小斜坡，注意不得损伤绝缘层。用砂纸打磨后，半导电层端口应平齐，坡面应平整光洁，与绝缘层圆滑过渡。

4. 剥切绝缘层、套中间接头管

（1）剥切线芯绝缘和内半导电层时，不得伤及线芯导体。剥除绝缘层应顺线芯绞合方向进行，以防线芯导体松散。

（2）绝缘层端口用刀或倒角器将绝缘端部倒 45°。线芯导体端部的锐边应锉去，清洁干净后用 PVC 胶带包好。

（3）中间接头管应套在电缆铜屏蔽保留较长一端的线芯上。套入前必须将绝缘层、外半导电层、铜屏蔽层用清洁纸依次清洁干净，从绝缘层端部向外半导电层端部方向一次性清洁绝缘和外半导电，以免把半导电粉末带到绝缘上。清洁过半导电或导体的清洁纸，禁止再用来清洁绝缘。套入时，应注意塑料衬管条伸出一端先套入电缆线芯。

（4）将中间接头管和电缆绝缘用塑料布临时保护好，以防碰伤和灰尘杂物落入，保持环境清洁。

5. 压接连接管

（1）必须事先检查连接管与电缆线芯标称截面积是否相符，压接模具与连接管规范尺寸应配套。

（2）连接管压接时，两端线芯应顶牢，不得松动。

（3）选择合适的压模，从中间向两边压接。

（4）压接后，连接管表面的尖端、毛刺应用锉刀和砂纸打磨平整光洁，必须用清洁纸将绝缘层表面和连接管表面清洗干净。应特别注意不能在中间接头端头位置留有金属粉屑或其他导电物体。

6. 安装中间接头管

（1）在中间接头管安装区域表面均匀涂抹一薄层硅脂，并经认真检查后，将中间接头管移至中心部位，其一端必须与记号齐平。

（2）抽出衬管条时，应沿逆时针方向进行，其速度必须缓慢均匀，使中间接头管自然收缩，定位后用双手从接头中部向两端圆周捏一捏，使中间接头内壁结构与电缆绝缘、外半导电屏蔽层有更好的界面接触。

7. 连接两端铜屏蔽层

铜丝网套应以半搭盖或提前套入的方式平整紧密地安装在接头主体外侧，铜丝网套两端与电缆铜屏蔽层搭接。用恒力弹簧固定时，夹入铜编织带并反折恒力弹簧之中，用力收紧，并用 PVC 胶带缠紧固定。

8. 恢复内护套

（1）电缆三相接头之间的间隙必须用填充料填充饱满，再用 PVC 胶带或白布带将电缆三相并拢扎紧，以增强接头整体结构的严密性和机械强度。

（2）将两端内护套打毛并清洁干净，绕包防水带，绕包时将胶带拉伸至原来宽度的 3/4。完成后，双手用力挤压所包胶带，使其紧密贴附。防水带应覆盖接头两端的电缆内护套足够长度。

9. 连接两端铠装层

铜编织带两端与铠装层连接时，必须先用锉刀或砂纸将钢铠表面氧化层打磨去除，将铜编织带端头沿宽度方向略加展开，夹入并反折恒力弹簧之中，用力收紧，并用 PVC 胶带缠紧固定，以增加铜编织带与钢铠的接触面积和稳固性。

10. 恢复外护套

（1）将两端外护套打毛并清洁干净，绕包防水带，绕包时将胶带拉伸至原来宽度的 3/4。完成后，双手用力挤压所包胶带，使其紧密贴附。防水带应覆盖接头两端的电缆外护套各 50mm。

（2）在外护套防水带上绕包两层铠装带。绕包铠装带以半重叠方式绕包，必须紧固，并覆盖接头两端的电缆外护套各 70mm。

（3）静置 30min，待铠装带胶层固化以后方可进行电缆接头搬移工作，以免损坏外护层结构。

（三）操作步骤及工艺要求

（1）定接头中心、预切割电缆：将电缆调直，根据附件厂家图纸尺寸，确定接头中心电缆长端 700mm，短端 460mm，两电缆重叠 200mm，锯除多余电缆。

（2）剥除外护套、铠装和内护套：根据附件厂家图纸尺寸，按图 3－33 所示尺寸，依次剥除电缆的外护套、铠装、内护套及线芯间的填料。

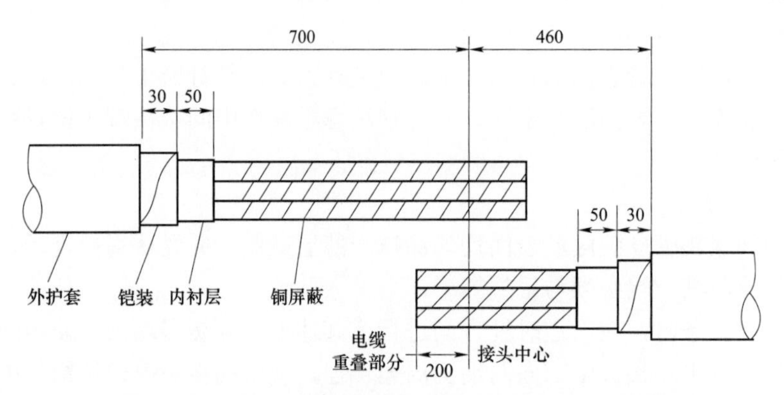

图 3－33　10kV 冷缩式电缆中间接头剥切尺寸示意图

（3）核实接头中心位置，锯除多余电缆。

（4）根据附件厂家图纸尺寸，按照图 3－34 尺寸要求，去除铜屏蔽和半导电层，铜屏蔽边缘用铜粘条缠绕，铜屏蔽及半导电层断口边缘应整齐、无毛刺。去除半导电层时不得划伤绝缘（操作此步骤时要格外小心，铜屏蔽及半导体断口边缘不能有毛刺及尖端）。

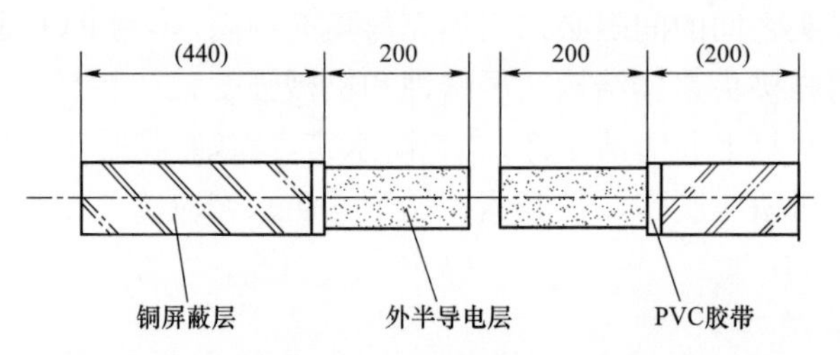

图 3－34　铜屏蔽层和外半导电层剥切尺寸示意图

（5）按接管长度的 1/2 加 5mm 切除绝缘，并将两端电缆绝缘的端部做倒角。

（6）处理半导电层和主绝缘层：将外半导电层端口倒成斜坡并用砂纸进行打磨处理，用细砂纸打磨主绝缘表面（不能用打磨过半导电层的砂纸打磨主绝缘）。

（7）将铜丝网套套入短端，冷收缩绝缘主体套入剥切尺寸长的一端，衬管条伸出的一端要先套入电缆，将接头绝缘主体和电缆绝缘临时保护好。

（8）导体连接：根据电缆的规格选择相对应的模具。压接的顺序为先中间、后两边，压接后打磨毛刺、飞边，按安装工艺的要求将接管处填充。

（9）清洁电缆绝缘表面，必须由绝缘向半导电层擦拭。在两端电缆绝缘和填充物上均匀涂抹硅脂。

（10）按安装工艺的要求在电缆短端的半导电层上做应力锥的定位标记，将冷收缩绝缘主体拉至接头中间，使其一端与定位标记平齐；然后逆时针方向旋转拉出衬条，收缩完毕后立刻调整位置，使中间接头处在两定位标记中间，安装冷缩绝缘主体如图3－35所示。在收缩后的绝缘主体两端用阻水胶缠绕成45°的斜坡，坡顶与中间接头端面平齐，再用半导电带在其表面进行包缠。

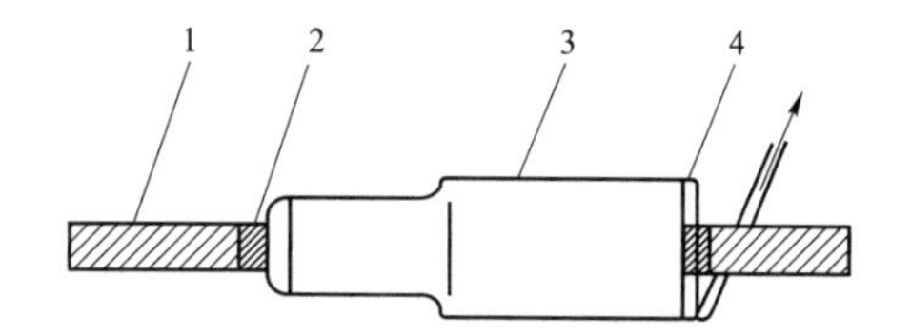

图3－35 安装冷缩绝缘主体示意图

1—铜屏蔽；2—定位标记；3—冷收缩绝缘主体；4—衬条

（11）恢复铜屏蔽：将预先套入的铜丝网套移至接头绝缘主体上，铜丝网套两端分别与电缆铜屏蔽搭接50mm以上，并覆盖铜编织带，用镀锡铜绑线扎紧或用恒力弹簧固定。

（12）缠白布带：将三相并拢，可用填充物回填至三相之间的空隙，用白布带从一端内护层开始向另一端内护层半搭盖缠绕。

（13）恢复电缆内护套：在两端露出的50mm的内护套上用砂纸打磨粗糙并清洁干净，从一端内护套上开始至另一端内护套，在整个接头上绕包防水带一个来回。

（14）安装铠装连接线：用恒力弹簧将一根铜编织地线固定在两端铠装上，用PVC胶带在恒力弹簧上绕包两层。

（15）恢复电缆外护套：

1）用防水胶带做接头防潮密封，在电缆外护套上从开剥端口起60mm的范围内用砂纸打磨粗糙，并清洁干净；然后从距护套口60mm处开始半重叠绕包防水胶带至另一端护套口，压护套60mm，绕包一个来回。绕包时，将胶带拉伸至原来宽度的3/4；绕包后，双手用力挤压所包胶带，使其紧密贴附。

2）半重叠绕包两层铠装带作为机械保护。为得到一个整齐的外观，可先用防水带填平两边的凹陷处。

3）静置30min，待铠装带胶层完全固化后方可移动电缆。

（16）清理现场：施工作业结束后，工作负责人依据施工验收规范对施工工艺、质量进行自查验收，按要求清理施工现场，整理工具、材料，办理工作终结手续。

三、10kV电力电缆预制式中间接头制作

（一）工艺流程

10kV预制式电缆中间接头制作工艺流程主要包含准备工作、电缆预处理、中间接头附件安装和安装记录填写等步骤。

（二）工艺质量控制要点

1. 剥除外护套、铠装、内护套

（1）剥除外护套：首先在电缆的两侧套入附件中的内外护套管。在剥切电缆外护套时，应分两次进行，以避免电缆铠装层铠装松散。先将电缆末端外护套保留100mm，然后按规定尺寸剥除外护套，要求断口平整。外护套断口以下100mm部分用砂纸打毛并清洗干净，以保证外护套收缩后密封性能可靠。

（2）剥除铠装：按规定尺寸在铠装上绑扎铜线，绑线的缠绕方向应与铠装的缠绕方向一致，使铠装越绑越紧不致松散。绑线用 ϕ2.0 的铜线，每道 3～4 匝，或使用恒力弹簧进行绑扎缠绕，缠绕方向与铜线绑扎一致。锯铠装时，其圆周锯痕深度应均匀，深度在每层钢铠厚度的 1/2 左右即可，不得锯透，以免损伤内护套。剥铠装时，应首先沿锯痕将铠装卷断，铠装断开后再向电缆端头剥除。

（3）剥除内护套及填料：在应剥除内护套处用刀子横向切一环形痕，深度不超过内护套厚度的一半。纵向剥除内护套时，刀子切口应在两芯之间，防止切伤金属屏蔽层。剥除内护套后，应将金属屏蔽带末端用聚氯乙烯粘带扎牢，防止松散。切除填料时刀口应向外，防止损伤金属屏蔽层。

2. 电缆分相、锯除多余电缆线芯

（1）在电缆线芯分叉处将线芯扳弯，弯曲不宜过大，以便于操作为宜；但一定要保证弯曲半径符合相关规定要求，避免铜屏蔽层变形、褶皱和损坏。

（2）将接头中心尺寸核对准确后，锯断多余电缆线芯。锯割时，应保证电缆线芯端口平直。

3. 剥除铜屏蔽层和外半导电层

（1）剥切铜屏蔽时，在其断口处用 ϕ1.0 镀锡铜绑线扎紧或用恒力弹簧固定。切割时，只能环压一刀痕，不能切透，以防损伤半导电层。剥除时，应从刀痕处撕剥，断开后向线芯端部剥除。若不用刀切可做到断口平整，也可不环切，以避免用刀伤及内部结构的风险。

（2）铜屏蔽层的断口应切割平整，不得有尖端和毛刺。

（3）外半导电层应剥除干净，不得留有残迹。剥除后，必须用细砂纸将绝缘表面吸附的半导电粉尘打磨干净，同时将电缆绝缘生产过程中产生的凹痕和突筋去除，并清洗光洁。剥除外半导电层时，刀口不得伤及绝缘层。

（4）将外半导电层端部切削成小斜坡，注意不得损伤绝缘层。用砂纸打磨后，半导电层端口应平齐，坡面应平整光洁，与绝缘层圆滑过渡。

4. 剥线芯绝缘、推入硅橡胶预制体

（1）剥切线芯绝缘和内半导电层时，不得伤及线芯导体。剥除绝缘层时应顺线芯绞合方向进行，以防线芯导体松散变形。

（2）绝缘端部倒角后，应用砂纸打磨圆滑。线芯导体端部的锐边应锉去，清洁干净后用 PVC 胶带包好，以防尖端锐边刺伤硅橡胶预制体。

（3）在推入硅橡胶预制体前，必须用清洁纸将长端绝缘及屏蔽层表面清洗干净。清洁时，应由绝缘端部向外半导电屏蔽层方向进行，不可颠倒，清洁纸不得重复使用。

（4）在长端绝缘以及屏蔽层表面涂抹硅油，将硅橡胶预制体用力推入长端并漏出线芯部位。

5. 压接连接管、预制体复位

（1）压接前用清洁纸将连接管内、外和导体表面清洗干净。检查连接管与导体截面积及径向尺寸是否相符，压接模具与连接管外径尺寸是否配套。

（2）压接连接管时，两端线芯应顶牢，不得松动。压接后，对连接管表面的棱角和毛刺，必须用锉刀和砂纸打磨光洁，并将铜屑粉末清洗干净。

（3）将硅橡胶预制体安装位置的绝缘、连接管、绝缘屏蔽位置清洁干净，并涂抹硅油。拉回过程中应受力均匀。预制体定位后，必须用手从其中部向两端用力捏一捏，以消除推拉时产生的内应力，防止预制体变形和扭曲，同时使之与绝缘表面紧密接触。

6. 绕包半导电带、连接铜屏蔽层

（1）三相预制体定位后，在预制体的两端来回绕包半导电带。绕包时，半导电带必须拉伸200%，以增强绕包的紧密度。

（2）铜丝网套两端用恒力弹簧固定在铜屏蔽层上。固定时，恒力弹簧应用力收紧，并用PVC胶带缠紧固定，以防连接部分松弛导致接触不良。

（3）在铜丝网套外再覆盖一条25mm^{2}铜编织带，两端与铜屏蔽层用铜绑线扎紧焊牢或用恒力弹簧卡紧。

7. 扎紧三相、热缩内护套、连接两端铠装

（1）将三相接头用白布带扎紧，以增加整体结构的紧密性，同时有利于内护套恢复。

（2）热缩内护套前先将两侧电缆内护套端部打毛，并包一层红色密封胶带。由中间向两端均匀、缓慢、环绕加热，使内护套均匀收缩。接头内护套管与电缆内护套搭接部位必须密封可靠。

（3）铜编织带应焊在两层钢带上。焊接时，铠装焊区应用锉刀和砂纸砂光打毛，并先镀上一层锡，将铜编织带两端分别放在铠装镀锡层上，用铜绑线扎紧并焊牢。

（4）用恒力弹簧固定铜编织带时，将铜编织带端头略加展开，夹入并反折在恒力弹簧之中，用力收紧，并用PVC胶带缠紧固定，以增加铜编织带与铠装的接触面和稳固性。

8. 热缩外护套

（1）热缩外护套前先将两侧电缆外护套端部150mm清洁打毛，并包一层红色密封胶带。分别热缩两段外护套热缩管，由电缆外护套端部向接头方向均匀、缓慢、环绕加热，使外护套均匀收缩。接头外护套管之间，以及与电缆外护套搭接部位，必须密封可靠。

（2）冷却30min以后方可进行电缆接头搬移工作，以免损坏外护层结构。

（三）操作步骤及工艺要求

（1）根据附件厂家图纸尺寸，定接头中心、预切割电缆：将电缆调直，确定接头中心电缆长端665mm，短端435mm，两电缆重叠200mm，锯除多余电缆。

（2）套入内、外护套热缩管：将电缆接头两端的外护套擦净，在长端套入两根长管，在短端套入一根短管。

（3）剥除外护套、铠装和内护套：按图3－36所示尺寸，依次剥除电缆的外护套、铠装、内护套及线芯间的填料。

（4）锯线芯：按相色要求将各对应线芯绑好，把多余线芯锯掉。要求：

1）根据附件厂家图纸尺寸，锯线芯前应按图3－36所示尺寸核对接头长度。

2）为防止铜屏蔽带松散，可在缆芯适当位置包缠PVC胶带扎紧。

（5）剥除铜屏蔽层和外半导电层：按图3－37所示尺寸依次将铜屏蔽和外半导电层剥除。

（6）剥切绝缘：剥切电缆绝缘，绝缘端部倒角2mm×45°。

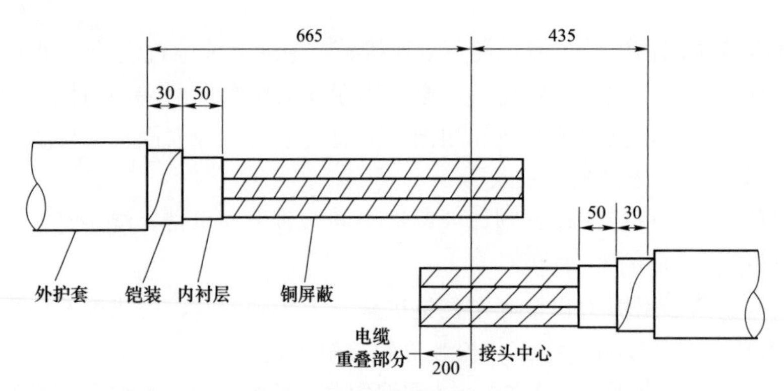

图 3－36　10kV 预制式电缆中间接头剥切尺寸示意图

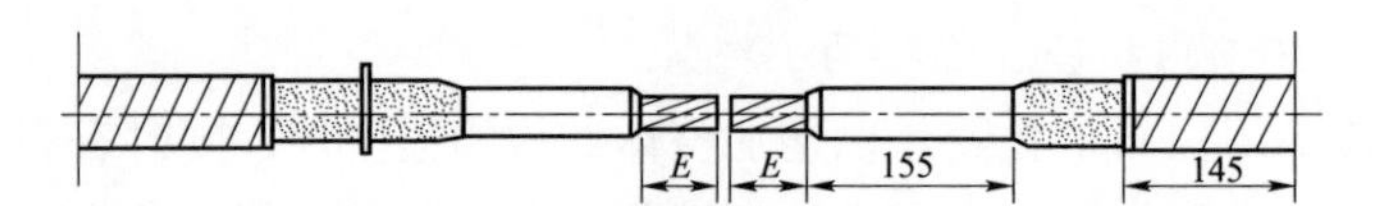

图 3－37　10kV 预制式电缆中间接头缆芯剥切尺寸示意图

（7）推入硅橡胶接头：在长端线芯导体上缠两层 PVC 胶带，以防推入中间接头时划伤内绝缘。用浸有清洁剂的布（纸）清洁长端电缆绝缘层及半导电层，然后分别在中间接头内侧、长端电缆绝缘层及半导电层上均匀地涂一层硅脂。用力一次性将中间接头推入到长端电缆芯上，直到电缆绝缘从另一端露出为止，用干净的布擦去多余的硅脂。

（8）压接连接管：拆除线芯导体上的 PVC 胶带，擦净线芯导体，按原定相色将线芯套入连接管；进行压接，然后用锉刀去除毛刺，用砂纸将接管表面打磨光滑。

（9）中间接头预制件归位：清洁连接管、短端电缆的绝缘层和半导电层表面，并在绝缘表面涂一层硅脂；然后在电缆短端半导电层上距半导电断口 20mm 处，用相色带做好标记；将中间接头预制件用力推过连接管及本体绝缘，直至中间接头的端部与相色带标记平齐；擦去多余硅脂，消除安装应力。

（10）接头定位：10kV 预制式电缆中间接头定位如图 3－38 所示，在接头两端用半导电带绕出与接头相同外径的台阶，然后以半重叠的方式在接头外部绕一层半导电带。

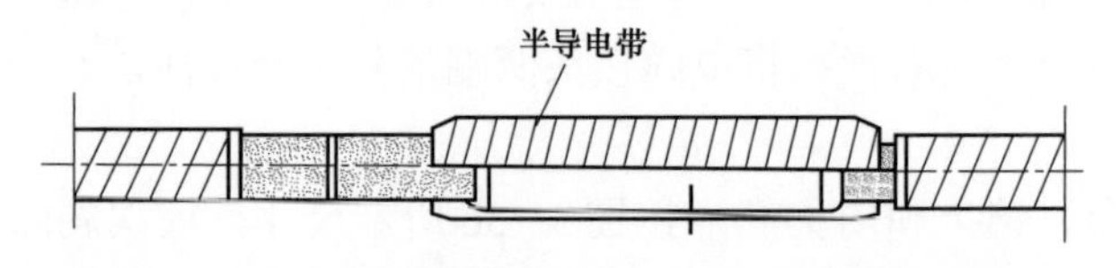

图 3－38　10kV 预制式电缆中间接头定位示意图

（11）连接铜屏蔽：在三相电缆线芯上，分别用 $25mm^2$ 的铜编织带连接两端铜屏蔽层，并临时固定，用半重叠法绕包一层铜丝网套，两端与铜编织带平齐，分别用 ϕ 1.0 的铜丝扎紧，再用焊锡焊牢。

（12）热缩内护套：将三相线芯并拢，用白布带扎紧；用粗砂纸打毛两侧内护套端部，并包一层密封胶带，将一根长热缩管拉至接头中间，两端与密封胶搭盖；从中间开始向两端加热，使其均匀收缩。

（13）连接铠装：用 25mm^2 的铜编织带连接两端铠装，用铜线绑紧并焊牢。

（14）热缩外护套：擦净接头两端电缆的外护套，将其端部用粗砂纸打毛，缠两层密封胶带，将剩余两根热缩管拉至接头上并热缩。要求热缩管与电缆外护套及两热缩管之间搭接长度不小于 100mm，两热缩管重叠部分也要用砂纸打毛并缠密封胶。

（15）清理现场：施工作业结束后，工作负责人依据施工验收规范对施工工艺、质量进行自查验收，按要求清理施工现场，整理工具、材料，办理工作终结手续。

四、作业指导书

10kV 电力电缆冷缩式中间接头制作实训作业指导书格式见附件 1。

10kV 电力电缆预制式中间接头制作实训作业指导书格式见附件 2。

模块小结

本模块讲授了配电电缆中间接头附件的种类和特性，以 10kV 电力电缆为例讲解了电缆冷缩式、预制式中间接头附件安装的流程和工艺要点，其中包含电缆预处理、中间接头安装两个部分。重点要掌握电缆中间接头附件密封处理、电缆接地处理、电缆导体连接等工艺难点内容。

思考与练习

扫码看答案

1. 10kV 电力电缆冷缩式中间接头安装工艺质量控制要点有哪些？
2. 10kV 电力电缆冷缩式中间接头制作需要哪些工器具？
3. 10kV 电力电缆冷缩式中间接头制作如何做好密封？

附件1 10kV电力电缆冷缩式中间接头制作实训作业指导书

扫码下载

1 适用范围

本作业项目适用于10kV电力电缆冷缩式中间接头制作项目的技能实训工作。

2 规范性引用文件

（1）《电气装置安装工程 电缆线路施工及验收标准》（GB 50168—2018）。

（2）《电力电缆及通道运维规程》（Q/GDW 1512—2014）。

（3）《国家电网公司电力安全工作规程 变电部分》（Q/GDW 1799.1—2013）。

（4）《国家电网公司电力安全工作规程 线路部分》（Q/GDW 1799.2—2013）。

（5）《电力工程电缆设计标准》（GB 50217—2018）。

3 作业前准备

3.1 现场勘察基本要求

序号	内容	标准	备注
1	现场勘察	现场工作负责人应提前组织有关人员进行现场勘察，根据勘察结果作出能否进行电缆中间接头制作的判断，并确定作业方法及应采取的安全技术措施	
2	编写作业指导书	工作负责人根据现场勘察情况编写作业指导书	
3	开工前一天准备好所需工器具及材料	工器具、材料应充足、齐全	

3.2 现场作业人员基本要求

序号	内容	备注
1	作业人员应经《国家电网公司电力安全工作规程（配电部分）（试行）》考试合格	
2	作业人员应具备必要的电气知识，熟悉作业规范	
3	作业人员应身体状况良好，情绪稳定，精神集中	
4	作业人员应“两穿一戴”，个人工具和劳保防护用品应合格、齐备	

3.3 工器具配备

序号	名称	型号/规格	单位	数量	备注
1	常用工具		套	1	电工刀、钢丝钳、改锥、卷尺
2	绝缘电阻表	500/2500V	块	1/1	
3	万用表		块	1	

续表

序号	名称	型号/规格	单位	数量	备注
4	验电器	10kV	支	1	
5	绝缘手套	10kV	副	2	
6	发电机	2kW	台	1	
7	电锯		把	1	
8	电压钳		把	1	
9	手锯		把	2	
10	锉刀	平锉/圆锉	把	1/1	
11	电源轴		卷	2	
12	铰刀		把	2	
13	工作灯	200W	盏	4	
14	活络扳手	10/12in	把	2/2	
15	棘轮扳手	17/19/22/24	把	2/2/2/2	
16	力矩扳手		套	1	
17	手电		把	2	

3.4　材料配备

序号	名称	规格	单位	数量	备注
1	冷缩交联中间接头	根据需要选用	组	1	应力管、绝缘管、内外护套管、冷缩绝缘主体等
2	酒精	95%	瓶	1	
3	PVC 胶带	黄、绿、红	卷	3	
4	清洁布		kg	2	
5	清洁纸		包	1	
6	铜绑线	$\phi 2$	kg	1	
7	铜编织带	$25mm^2$	根	4	
8	连接管	根据需要选用	支	3	
9	砂纸	180/240 号	张	2/2	

3.5　安全注意事项

序号	内容
1	为防止触电，应使用合格验电笔及绝缘手套确认无电后再挂接地线
2	使用移动电气设备时必须装设剩余电流动作保护器
3	监护人员应时刻提醒作业人员动作范围
4	搬运电缆附件时，施工人员应相互配合，轻搬轻放，不得抛接

续表

序号	内容
5	用刀或其他切割工具时，正确控制切割方向
6	用刀剥切钢铠、铜屏蔽时，必须佩戴手套
7	作业现场要悬挂“在此工作”标示牌
8	进出电缆通道内部作业除按以上要求外，还应按照有限空间作业相关要求执行

3.6 人员组织要求

人员分工	人数	工作内容
现场工作负责人	1人	负责交代工作任务、安全措施和技术措施，履行监护职责
1号工作人	1人	一端电缆剥切，配合安装中间接头附件
2号工作人	1人	另一端电缆剥切，配合安装中间接头附件
专责监护人	1人	监护作业点

注 实训前，培训师进行分组，并做好组内角色分工。

4 作业程序

4.1 作业内容及标准

序号	作业内容	作业步骤及标准	备注
1	定接头中心、预切割电缆	将电缆调直，确定接头中心电缆长端700mm，短端460mm，两电缆重叠200mm，锯除多余电缆	
2	剥除外护套、铠甲和内护套	按照长短端实际安装尺寸剥除外护套，锯铠装，剥除内护套及填料。用胶带将每相铜屏蔽带端头临时包好，清理填充物，将各相分开	
3	确定实际对接位置	按规定相色要求将三芯分开成等边三角形，使各相间有足够的空间。将各对应线芯绑在一起，量取一端的中心位置，将多余的线去掉	
4	按实际安装尺寸剥除各相铜屏蔽层、外半导电层	（1）铜屏蔽边缘用粘条缠绕，铜屏蔽及半导电层断口边缘应整齐、无毛刺。 （2）将绝缘表面用砂带打磨以去除吸附在绝缘表面的半导电粉尘。 （3）将外半导电层端口倒成斜坡并用砂纸进行打磨处理（不能用打磨过半导电层的砂纸打磨主绝缘）	
5	按实际安装尺寸剥切线芯绝缘	（1）自电缆末端剥去线芯绝缘及内屏蔽层。 （2）将绝缘层端头倒角，倒角应平滑	
6	套入铜丝网套、冷缩绝缘主体	擦净金属屏蔽层表面，将铜丝网套入短端，冷缩绝缘主体套入长端，衬管条伸出的一端要先套入电缆，将接头绝缘主体和电缆绝缘临时保护好	
7	导体连接	（1）将对应线芯套入连接管，调整线芯成三角形，三相长度应相同，进行压接，压接后将接管表面尖刺及棱角锉平，用砂纸打磨光滑，并用清洁剂擦净。 （2）按安装工艺的要求将接管处填充	
8	主绝缘清洁	（1）用清洁剂擦净绝缘表面，清洁时从绝缘端口向外半导电方向擦抹，不能反复擦。 （2）在两端电缆绝缘和填充物上均匀涂抹硅脂	

续表

序号	作业内容	作业步骤及标准	备注
9	安装冷缩绝缘主体	（1）按安装工艺的要求在电缆两端的半导电层上做好定位标记；将冷收缩绝缘主体拉至接头中间，使其一端与定位标记平齐；然后逆时针方向旋转拉出衬条，收缩完毕后立刻调整位置，使中间接头处在两定位标记中间。 （2）在收缩后的绝缘主体两端用阻水胶缠绕成 45° 的斜坡，坡顶与中间接头端面平齐，再用半导电带在其表面进行包缠	
10	恢复铜屏蔽	将预先套入的铜丝网套移至接头绝缘主体上，铜丝网套两端分别与电缆铜屏蔽搭接 50mm 以上，并覆盖铜编织带，用镀锡铜绑线扎紧或用恒力弹簧固定	
11	缠白布带	将三相并拢，用白布带从一端内护层开始向另一端内护层半搭盖缠绕	
12	恢复电缆内护套	在两端露出的 50mm 的内护套上用砂纸打磨粗糙并清洁干净，从一端内护套上开始至另一端内护套，在整个接头上绕包防水带一个来回	
13	安装铠装连接线	用恒力弹簧将一根铜编织地线固定在两端铠装上。用 PVC 胶带在恒力弹簧上绕包两层	
14	恢复电缆外护套	（1）用防水胶带做接头防潮密封，在电缆外护套上从开剥端口起 60mm 的范围内用砂纸打磨粗糙，并清洁干净；然后从距护套口 60mm 处开始半重叠绕包防水胶带至另一端护套口，压护套 60mm，绕包一个来回。绕包时，将胶带拉伸至原来宽度的 3/4；绕包后，双手用力挤压所包胶带，使其紧密贴服。 （2）半重叠绕包两层铠装带作为机械保护。为得到一个整齐的外观，可先用防水带填平两边的凹陷处	
15	清理现场	实训结束后，按要求清理施工现场，整理工具、材料	

4.2　竣工内容要求

序号	内容
1	清理现场及工具，认真检查作业点有无遗留物，工作负责人全面检查工作完成情况，无误后清扫地面、撤离现场
2	汇报工作终结
3	各类工器具对号入库

5　项目评价

项目完成后，根据学员任务完成情况，做好综合点评，并填写项目综合点评记录表。

序号	项目	培训师对项目评价	
		存在问题	改进建议
1	安全措施		
2	作业流程		
3	作业方法		
4	工具使用		
5	工作质量		
6	文明操作		

附件 2　10kV 电力电缆预制式中间接头制作实训作业指导书

扫码下载

1　适用范围

本作业项目适用于 10kV 电力电缆预制式中间接头制作项目的技能实训工作。

2　规范性引用文件

（1）《电气装置安装工程　电缆线路施工及验收标准》（GB 50168—2018）。

（2）《电力电缆及通道运维规程》（Q/GDW 1512—2014）。

（3）《国家电网公司电力安全工作规程　变电部分》（Q/GDW 1799.1—2013）。

（4）《国家电网公司电力安全工作规程　线路部分》（Q/GDW 1799.2—2013）。

（5）《电力工程电缆设计标准》（GB 50217—2018）。

3　作业前准备

3.1　现场勘察基本要求

序号	内容	标准	备注
1	现场勘察	现场工作负责人应提前组织有关人员进行现场勘察，根据勘察结果作出能否进行电缆中间接头制作的判断，并确定作业方法及应采取的安全技术措施	
2	编写作业指导书	工作负责人根据现场勘察情况编写作业指导书	
3	开工前一天准备好所需工器具及材料	工器具、材料应充足、齐全	

3.2　现场作业人员基本要求

序号	内容	备注
1	作业人员应经《国家电网公司电力安全工作规程（配电部分）（试行）》考试合格	
2	作业人员应具备必要的电气知识，熟悉作业规范	
3	作业人员应身体状况良好，情绪稳定，精神集中	
4	作业人员应“两穿一戴”，个人工具和劳保防护用品应合格、齐备	

3.3　工器具配备

序号	名称	型号/规格	单位	数量	备注
1	常用工具		套	1	电工刀、钢丝钳、改锥、卷尺
2	绝缘电阻表	500/2500V	块	1/1	
3	万用表		块	1	

续表

序号	名称	型号/规格	单位	数量	备注
4	验电器	10kV	支	1	
5	绝缘手套	10kV	副	2	
6	发电机	2kW	台	1	
7	电锯		把	1	
8	电压钳		把	1	
9	手锯		把	2	
10	锉刀	平锉/圆锉	把	1/1	
11	电源轴		卷	2	
12	铰刀		把	2	
13	工作灯	200W	盏	4	
14	活络扳手	10/12in	把	2/2	
15	棘轮扳手	17/19/22/24	把	2/2/2/2	
16	力矩扳手		套	1	
17	手电		把	2	
18	液化气罐	50L	瓶	2	
19	喷枪头		把	2	
20	电烙铁	1kW	把	1	
21	灭火器		个	2	

3.4　材料配备

序号	名称	规格	单位	数量	备注
1	预制交联中间接头	根据需要选用	组	1	应力管、绝缘管、内外护套管、预制绝缘主体等
2	酒精	95%	瓶	1	
3	PVC 胶带	黄、绿、红	卷	3	
4	清洁布		kg	2	
5	清洁纸		包	1	
6	铜绑线	ϕ2	kg	1	
7	铜编织带	25mm^2	根	4	
8	连接管	根据需要选用	支	3	
9	砂纸	180/240 号	张	2/2	
10	焊锡膏		盒	1	
11	焊锡丝		卷	1	

3.5 安全注意事项

序号	内容
1	为防止触电，应使用合格验电笔及绝缘手套确认无电后再挂接地线
2	使用移动电气设备时必须装设剩余电流动作保护器
3	监护人员应时刻提醒作业人员动作范围
4	搬运电缆附件时，施工人员应相互配合，轻搬轻放，不得抛
5	用刀或其他切割工具时，正确控制切割方向
6	用刀剥切钢铠、铜屏蔽时，必须佩戴手套
7	作业现场要悬挂“在此工作”标示牌
8	进出电缆通道内部作业除按以上要求外，还应按照有限空间作业相关要求执行

3.6 人员组织要求

人员分工	人数	工作内容
现场工作负责人	1人	负责交代工作任务、安全措施和技术措施，履行监护职责
1号工作人	1人	一端电缆剥切，配合安装中间接头附件
2号工作人	1人	另一端电缆剥切，配合安装中间接头附件
专责监护人	1人	监护作业点

注 实训前，培训师进行分组，并做好组内角色分工。

4 作业程序

4.1 作业内容及标准

序号	作业内容	作业步骤及标准	备注
1	定接头中心、预切割电缆	将电缆调直，确定接头中心电缆长端 665mm，短端 435mm，两电缆重叠 200mm，锯除多余电缆	
2	套入内、外护套热缩管	将电缆接头两端的外护套擦净，在长端套入两根长管，在短端套入一根短管	
3	剥除外护套、铠甲和内护套	依次剥除电缆的外护套、铠甲、内护套及线芯间的填料	
4	锯线芯	按相色要求将各对应线芯绑好，把多余线芯锯掉。要求： （1）锯线芯前应核对接头长度。 （2）为防止铜屏蔽带松散，可在缆芯适当位置包缠 PVC 胶带扎紧	
5	剥除铜屏蔽层和外半导电层	依次将铜屏蔽和外半导电层剥除	
6	剥切绝缘	按 1/2 接管长的尺寸剥切电缆绝缘，绝缘端部倒角 2mm×45°	
7	推入硅橡胶接头	在长端线芯导体上缠两层 PVC 胶带，以防推入中间接头时划伤预制件内壁。用浸有清洁剂的布（纸）清洁长端电缆绝缘层及半导电层，然后分别在中间接头内侧、长端电缆绝缘层及半导电层上均匀地涂一层硅脂。用力一次性将中间接头推入到长端电缆芯上，直到电缆绝缘从另一端露出为止，用干净的布擦去多余的硅脂	

续表

序号	作业内容	作业步骤及标准	备注
8	压接连接管	拆除线芯导体上的 PVC 胶带，擦净线芯导体，按原定相色将线芯套入连接管。进行压接，然后用砂纸将接管表面打磨光滑	
9	中间接头归位	清洁连接管、短端电缆的绝缘层和半导电层表面，并在绝缘表面涂一层硅脂；然后在电缆短端半导电层上距半导电断口 20mm 处，用相色带做好标记；将中间接头用力推过连接管及绝缘，直至中间接头的端部与相色带标记平齐；擦去多余硅脂，消除安装应力	
10	接头定位	在接头两端用半导电带绕出与接头相同外径的台阶，然后以半重叠的方式在接头外部绕一层半导电带	
11	连接铜屏蔽	在三相电缆线芯上，分别用 $25mm^2$ 的铜编织带连接两端铜屏蔽层，并临时固定，用半重叠法绕包一层铜丝网套，两端与铜编织带平齐，分别用 $\phi 1.0$ 的铜丝扎紧，再用焊锡焊牢	
12	热缩内护套	将三相线芯并拢，用白布带扎紧；用粗砂纸打毛两侧内护套端部，并包一层密封胶带，将一根长热缩管拉至接头中间，两端与密封胶搭盖；从中间开始向两端加热，使其均匀收缩	
13	连接铠装	用 $25mm^2$ 的铜编织带连接两端铠装，用铜线绑紧并焊牢	
14	热缩外护套	擦净接头两端电缆的外护套，将其端部用粗砂纸打毛，缠两层密封胶带，将剩余两根热缩管拉至接头上并热缩。要求热缩管与电缆外护套及两热缩管之间搭接长度不小于 100mm，两热缩管重叠部分也要用砂纸打毛并缠密封胶	
15	清理现场	施工作业结束后，工作负责人依据施工验收规范对施工工艺、质量进行自查验收，按要求清理施工现场，整理工具、材料，办理工作终结手续	

注 尺寸要求以附件中的安装说明书为准。

4.2 竣工内容要求

序号	内容
1	清理现场及工具，认真检查作业点有无遗留物，工作负责人全面检查工作完成情况，无误后清扫地面、撤离现场
2	汇报工作终结
3	各类工器具对号入库

5 项目评价

项目完成后，根据学员任务完成情况，做好综合点评，并填写项目综合点评记录表。

序号	项目	培训师对项目评价	
		存在问题	改进建议
1	安全措施		
2	作业流程		
3	作业方法		
4	工具使用		
5	工作质量		
6	文明操作		

模块5 电缆线路交接试验

模块说明

本模块介绍电缆线路交接试验中主绝缘及外护套绝缘电阻检测、主绝缘交流耐压试验、电缆两端的相位检查、金属屏蔽（金属护套）电阻与导体电阻比测量、局部放电检测以及介质损耗检测的概念与要求。

一、配电电缆线路试验分类

配电电缆线路试验分为交接试验、例行试验和诊断性试验三类。

1. 交接试验

交接试验是电缆线路安装完成后，为了验证线路安装质量对电缆线路开展的各种试验；包括电缆主绝缘及外护套绝缘电阻测量、主绝缘交流耐压试验和电缆两端的相位检查，具备条件的宜开展局部放电检测和介质损耗检测。

2. 例行试验

例行试验是为获得电缆线路状态量，评估电缆线路状态，定期进行的各种带电检测试验；包括红外测温、超声波局部放电检测、暂态地电压局部放电检测、金属屏蔽接地电流检测、接地电阻检测和主绝缘及外护套绝缘电阻检测。

3. 诊断性试验

诊断性试验是发现电缆线路状态不良，或经受了不良工况，或受家族性缺陷警示，或连续运行了较长时间，为进一步评估电缆线路状态进行的试验，分为带电检测试验与停电检测试验；包括红外测温、铜屏蔽层电阻和导体电阻比检测、高频局部放电检测、特高频局部放电检测和介质损耗检测。

二、试验总体要求

交接试验中电缆线路主绝缘交流耐压试验、局部放电检测和介质损耗检测，对含已投运电缆段或故障等原因重新安装电缆附件的电缆线路，按照非新投运线路要求执行；对整相电缆和附件全部更换的线路，按照新投运线路要求执行。

局部放电检测中，新投运电缆部分与非新投运电缆部分应分别评价。

主绝缘停电试验应分别在每一相上进行，对一相进行试验或测量时，金属屏蔽和其他两相导体一起接地。被测电缆的两端应与电网的其他设备断开连接，避雷器、电压互感器等附件需要拆除，对金属屏蔽一端接地。另一端装有护层电压限制器的单芯电缆主绝缘停电试验时，应将护层电压限制器短接，使这一端的电缆金属屏蔽临时接地，电缆终端处的三相间需留有足够的安全距离。

试验应保证足够的安全作业空间，满足相关试验操作及设备安全要求，主绝缘停电试验中每一相试验前后应对被试电缆进行充分放电。

试验对象及环境的温度宜在－10～＋40℃范围内，空气相对湿度不宜大于 90%，不应在有雷、雨、雾、雪环境下作业。试验端子要保持清洁。应避免电焊、气体放电灯等强电磁信号干扰。

三、交接试验项目要求

1. 主绝缘及外护套绝缘电阻检测

（1）电缆主绝缘绝缘电阻检测应采用2500V及以上电压的绝缘电阻表，外护套绝缘电阻测量宜采用1000V绝缘电阻表。

（2）耐压试验前后，主绝缘绝缘电阻应无明显变化。电缆外护套绝缘电阻不低于0.5MΩ·km。

2. 主绝缘交流耐压试验

可采用频率范围为20～300Hz的交流电压对电缆线路进行耐压试验，不具备条件时可采用频率为0.1Hz超低频交流电压对电缆线路进行耐压试验，具体要求见表3-6。

表3-6　主绝缘交流耐压试验要求

电压形式	额定电压 U_0/U（kV）			
	18/30kV以下		21/35kV和26/35kV	
	新投运线路或不超过3年的非新投运线路	非新投运线路	新投运线路或不超过3年的非新投运线路	非新投运线路
	试验电压（时间）			
20～300Hz交流电压	$2.5U_0$（5min）或$2U_0$（60min）	$2.5U_0$（5min）或$1.6U_0$（60min）	$2.0U_0$（60min）	$1.6U_0$（60min）
超低频电压	$3.0U_0$（15min）或$2.5U_0$（60min）		$2.5U_0$（15min）或$2.0U_0$（60min）	

3. 金属屏蔽（金属护套）电阻与导体电阻比测量

结合其他连接设备一起，采用双臂电桥或其他方法，测量在相同温度下的回路金属屏蔽（金属护套）和导体的直流电阻，并求取金属屏蔽（金属护套）和导体电阻比，作为后期监测基础数据。

4. 局部放电检测

交接试验中主绝缘局部放电检测可采用振荡波、超低频正弦波、超低频余弦方波三种电压激励形式，具体要求见表3-7。

表3-7　交接试验中局部放电检测要求

电压形式	最高试验电压		最高试验电压激励次数/时长	试验要求	
	全新电缆	非全新电缆		新投运电缆部分	非新投运电缆部分
振荡波电压	$2.0U_0$	$1.7U_0$	≥5次	起始局部放电电压≥$1.2U_0$； 本体局部放电检出值≤100pC； 接头局部放电检出值≤200pC； 终端局部放电检出值≤2000pC	本体局部放电检出值≤100pC； 接头局部放电检出值≤300pC； 终端局部放电检出值≤3000pC
超低频正弦波电压	$3.0U_0$	$2.5U_0$	≥15min		
超低频余弦方波电压	$2.5U_0$	$2.0U_0$			

5. 介质损耗检测

交接试验中主绝缘介质损耗检测可采用工频和超低频正弦波两种电压激励形式，具体要求见表 3－8。

表 3－8　　交接试验中介质损耗检测要求

电压形式	试验电压		介质损耗检测数量	试验要求	
	全新电缆	非全新电缆		全新电缆	非全新电缆
超低频正弦波电压	$1.0U_0$ $2.0U_0$	$0.5U_0$ $1.0U_0$ $1.5U_0$	每级电压下≥5	$1.0U_0$ 下介质损耗值偏差 $<0.1\times10^{-3}$； $2.0U_0$ 与 $1.0U_0$ 超低频介质损耗平均值的差值 $<0.8\times10^{-3}$； $1.0U_0$ 下介质损耗平均值 $<1.0\times10^{-3}$	$1.0U_0$ 下介质损耗值偏差 $<0.5\times10^{-3}$； $0.5U_0$ 与 $1.5U_0$ 超低频介质损耗平均值的差值 $<80\times10^{-3}$； $1.0U_0$ 下介质损耗平均值 $<50\times10^{-3}$
工频电压	$1.0U_0$		—	$<0.1\times10^{-2}$	

四、作业指导书

配电电缆交流耐压试验实训作业指导书格式见附件。

模块小结

通过本模块学习，重点掌握电力电缆交接试验中绝缘电阻检测、局部放电检测、介质损耗检测、电缆主绝缘检测的相关要求等。

思考与练习

扫码看答案

1. 主绝缘交流耐压试验中 18/30kV 以下新投运电缆线路的试验电压、时间要求为多少？
2. 交接试验中主绝缘局部放电检测可采用哪些电压激励形式？
3. 交接试验中主绝缘介质损耗检测可采用哪些电压激励形式？

附件　配电电缆交流耐压试验实训作业指导书

扫码下载

1　适用范围

本作业指导书适用于配电电缆线路交流耐压试验的技能实训工作。

2　规范性引用文件

（1）《电气装置安装工程　电缆线路施工及验收标准》（GB 50168—2018）。

（2）《电力电缆及通道运维规程》（Q/GDW 1512—2014）。

（3）《国家电网公司电力安全工作规程　变电部分》（Q/GDW 1799.1—2013）。

（4）《国家电网公司电力安全工作规程　线路部分》（Q/GDW 1799.2—2013）。

（5）《配电电缆线路试验规程》（Q/GDW 11838—2018）。

3　作业前准备

3.1　准备工作

序号	内容	标准	备注
1	试验前，由车间生产组报试验计划	根据试验情况、设备情况及所需要的试验工器具制订组织措施和技术措施	
2	工作前要填写工作票，提交相关停电申请	工作票的填写应按照《国家电网公司电力安全工作规程　线路部分》（Q/GDW 1799.2—2013）进行	
3	开工前，准备好试验所需仪器仪表、工具、相关材料和技术数据	仪器仪表、工器具应试验合格，满足本次试验的要求，器材试验设备应齐全，应符合现场实际情况	
4	开工前确定现场仪器摆放位置	现场试验设备摆放位置参考定置图，确保现场试验安全、可靠	
5	根据本次作业内容和性质确定好试验人员，并组织学习本指导书	要求所有试验人员都明确本次试验内容、进度要求、试验标准及安全注意事项	
6	现场条件及周围环境	试验现场应做好安全措施，设备对端挂试验标示牌并有人看守	
7	试验完毕后及时汇报生产组	试验完毕后做到原拆原搭，杜绝各种不利因素的伤害	

3.2　现场作业人员基本要求

序号	内容	责任人	备注
1	试验工作票负责人是现场第一责任者，必须经公司批准，并具有现场实际工作经验		
2	现场试验人员的身体状况、精神状态良好		
3	试验辅助人员（外来及厂家）必须经公司安监部门对其进行安全教育、试验范围、安全注意事项等方面施教后方可参加工作		
4	试验成员应持证上岗，并具有一定的现场实际工作经验		
5	所有试验人员必须具备必要的电气知识，基本掌握本专业试验技能及《国家电网公司电力安全工作规程》的相关知识，并经考试合格		

3.3 工器具配备

序号	名称	型号/规格	单位	数量	备注
1	验电器		支	1	选取相应电压等级
2	接地线		副	2	选取相应电压等级
3	绝缘手套		副	2	选取相应电压等级
4	放电棒		支	1	选取相应电压等级
5	试验引线		根	若干	
6	安全遮栏（围栏）		套	若干	
7	安全标示牌		块	若干	
8	绝缘电阻表	2500V 及以上	块	1	
9	温湿度计		只	1	
10	万用表		块	1	
11	核相器		只	1	
12	干电池		节	若干	
13	交流耐压试验设备		套	1	选取相应电压等级

3.4 危险点分析及安全控制措施

序号	危险点分析	安全控制措施
1	试验现场未设围栏，未悬挂“有电危险”标示牌，闲杂人员误入	试验设备四周要设置围栏和遮栏，夜间作业时加装警示灯
2	电缆拆、接引线时，感应电伤人。高空坠落物体伤人或登高人员坠落	工作中需要进行登高和下井作业时，对工器具进行必要的检查，做好防止人员摔落的安全措施
3	试验设备接地不良或未可靠接地，以及使用自来水管作为接地极等	应先接接地端，后接导线端，接地线连接可靠，不准缠绕，拆接地线的程序与此相反
4	进入隧道、工作井等有限空间内施工时，通风不畅，有毒气体伤人。井盖四周未设安全交通标识及监护人，造成施工人员被车辆撞伤及行人跌入伤害	进入隧道、工作井等有限空间作业前，按照有限空间作业相关要求先进行通风，如需进入隧道深处，应随时使用氧浓度及有毒有害气体检测仪检查隧道内部的含氧量，必要时，佩戴防毒面具。在寻找故障时，应注意往来车辆，避免伤及人员
5	接地线不合格，如电压等级不符、截面积过小、接地棒的绝缘电阻不合格、缠绕接地或挂接地线顺序错误	在停电线路装接地线前，要先核对线路名称、相位无误后，再使用检验合格的验电器验电，验明停电线路确无电压
6	试验设备误接线，试验设备漏、放电	检查试验设备的良好性，防止漏放电伤人
7	电缆线路残余电压过高伤人	放电端部要渐渐接近试品的金属引线，反复几次放电，待放电时不再有明显火化时，再用直接接地的接地线放电
8	试验电源线乱搭、乱接，不正确使用电源线连接板	试验设备的金属外壳应可靠接地，试验仪器与设备的接线应正确、牢固
9	变更测试方式及电缆试验完毕时，残余电荷未放尽，或测试电源开关未拉开，造成残余电压伤人	变更试验方式及加压试验完毕，必须先拉开试验电源开关，使用放电棒逐相放电，最后将地线与高压设备短接
10	加压试验时，电缆对端没有设专人监护或通信不畅通	在升压过程中，实行呼唱制度。加压试验时，电缆对端应设专人监护，通信畅通
11	工作完毕后，漏拆除接地线	工作完毕后，应有专人检查接地线是否拆除

4　作业程序

4.1　开工要求

序号	内容	作业人员签字
1	试验负责人按生产有关规定办理好工作票许可手续，完成逐级交底工作	
2	负责人对本班试验人员进行明确分工，并在开工前检查确认所有试验人员正确使用劳保用品和工器具	
3	在负责人带领下进入作业现场并在工作现场向所有试验人员详细交代作业任务、安全措施和安全注意事项，全体工作人员应明确作业范围、进度要求等内容，并在到位人员签字栏上分别签名	
4	外来与厂家人员按规定进行施教，施教内容包括：作业范围、安全措施、安全注意事项等	

4.2　试验电源的使用

序号	内容	标准
1	试验电源接取位置	从检修电源箱接取，且在工作现场电源引入处配置有明显断开点的隔离开关和触电保护器
2	试验电源的配置	电源必须是三相四线并有剩余电流动作保护器及电源轴上有剩余电流动作保护器
3	接取电源时注意事项	必须由试验专业人员接取并有监护人监督，接取时严禁单人操作接取电源前应先验电，用万用表确认电源电压等级和电源类型无误后，从检修电源箱内出线隔离开关下桩头引出

4.3　试验内容

序号	内容	标准
1	核相测试	核相测试包括两种方法，分别是干电池法核相和绝缘电阻测试仪核相
2	主绝缘绝缘电阻测量	
3	交流耐压试验	

4.4　竣工内容要求

序号	内容	负责人员签字
1	清理工作现场，将工器具全部收拢并清点，废弃物按相关规定处理，材料及备品备件回收清点	
2	按相关规定，关闭检修电源	
3	做好试验记录，记录本次试验内容、反事故措施或技改情况，查看有无遗留问题	
4	会同运行人员对各试验项目进行验收	
5	会同运行人员对现场安全措施及试验设备的状态进行检查，要求恢复至工作许可时状态	
6	经全部验收合格，做好试验记录后，办理工作票结束手续	

5 项目评价

项目完成后，根据学员任务完成情况，做好综合点评，并填写项目综合点评记录。

序号	项目	培训师对项目评价	
		存在问题	改进建议
1	安全措施		
2	作业流程		
3	作业方法		
4	工具使用		
5	工作质量		
6	文明操作		

模块6 电缆线路故障测寻

模块说明

本模块介绍电缆线路故障测寻内容和要求，以及电缆线路故障分类及故障诊断方法。通过概念解释和要点介绍，掌握电缆线路运行中发生故障的诊断方法和步骤。

一、电缆故障性质诊断

在查找电缆故障点时，首先要进行电缆故障性质的诊断，即确定故障的类型及故障电阻阻值，以便于测试人员选择适当的故障测距与定点方法。

(一) 电缆故障性质的分类

按故障发生的直接原因，电缆故障可以分为两大类，一类为试验击穿故障，另一类为在运行中发生的故障。按故障性质来分，又可分为接地故障、短路故障、断线故障、闪络故障及混合性故障五种类型：

（1）接地故障。电缆一芯主绝缘对地击穿故障。

（2）短路故障。电缆两芯或三芯短路。

（3）断线故障。电缆一芯或数芯被故障电流烧断或受机械外力拉断，造成导体完全断开。

（4）闪络性故障。这类故障一般发生于电缆耐压试验中，并多出现在电缆中间接头或终端内。试验时绝缘被击穿，形成间隙性放电通道。当试验电压达到某一定值时，发生击穿放电。而当击穿后放电电压降至某一值时，绝缘又恢复而不发生击穿，这种故障称为开放性闪络故障。有时在特殊条件下，绝缘击穿后又恢复正常，即使提高试验电压，也不再击穿，这种故障称为封闭性闪络故障。以上两种现象均属于闪络性故障。

（5）混合性故障。同时具有上述接地、短路、断线中两种以上性质的故障称为混合性故障。

(二) 电缆故障诊断方法

电缆发生故障后，除特殊情况（如电缆终端的爆炸故障，当时发生的外力破坏故障）可直接观察到故障点外，一般均无法通过巡视发现，必须使用电缆故障测试设备进行测量，从而确定电缆故障点的位置。由于电缆故障类型很多，测寻方法也随故障性质的不同而异；因此在故障测寻工作开始之前，须准确地确定电缆故障的性质。

现将电缆故障性质确定的方法和分类分述如下。

1. 试验击穿故障性质的确定

在试验过程中发生击穿的故障，其性质比较简单，一般为一相接地或两相短路，很少有三相同时在试验中接地或短路的情况，更不可能发生断线故障。其另一个特点是故障电阻均比较高，一般不能直接用绝缘电阻测出，而需要借助耐压试验设备进行测试，其方法如下：

（1）在试验中发生击穿时，对于分相屏蔽型电缆均为一相接地。对于统包型电缆，则应将未试相地线拆除，再进行加压。如仍发生击穿，则为一相接地故障；如果将未试相地线拆除后不再发生击穿，则说明是相间故障，此时则应将未试相分别接地后再分别加压，以查验是哪两相之间发生短路故障。

（2）在试验中，当电压升至某一定值时，电缆绝缘水平下降，发生击穿放电现象；当电压降低后，电缆绝缘恢复，击穿放电终止，这种故障即为闪络性故障。

2. 运行故障性质的确定

和试验击穿故障的性质相比，运行电缆故障的性质比较复杂，除发生接地或短路故障外，还可能发生断线故障。因此，在测寻前，还应做电缆导体连续性的检查，以确定是否为断线故障。

确定电缆故障的性质，一般应用绝缘电阻和万用表进行测量并做好记录。

（1）首先在任意一端用绝缘电阻表测量 A—地、B—地及 C—地的绝缘电阻值，测量时另外两相不接地，以判断是否为接地故障。

（2）测量各相间 A—B、B—C 及 C—A 的绝缘电阻，以判断有无相间短路故障。

（3）分相屏蔽型电缆（如交联聚乙烯电缆和分相铅包电缆），一般均为单相接地故障，应分别测量每相对地的绝缘电阻；当发现两相短路时，可按照两个接地故障考虑。在小电流接地系统中，常发生不同两点同时发生接地的“相间”短路故障。

（4）如用绝缘电阻表测得绝缘电阻为零时，则应用万用表测出各相对地的绝缘电阻和各相间的绝缘电阻值。

（5）如用绝缘电阻表测得绝缘电阻很高，无法确定故障相时，应对电缆进行直流电压试验，判断电缆是否存在故障。

（6）因为运行电缆故障有发生断线的可能，所以还应做电缆导体连续性是否完好的检查。其方法是在一端将 A、B、C 三相短接（不接地），到另一端用万能表的低阻挡测量各相间电阻值是否为零，检查是否完全通路。

3. 电缆低阻、高阻故障的确定

所谓的电缆低阻、高阻故障的区分，不能简单用某个具体的电阻数值来界定，而是由所使用的电缆故障查找设备的灵敏度确定的。例：低压脉冲设备理论上只能查找 100Ω 以下的电缆短路或接地故障。而电缆故障探伤仪理论上可查找 10kΩ 以下的一相接地或两相短路故障。

二、电缆故障测距

电缆线路的故障测寻一般包括初测和精确定点两部分：电缆故障的初测是指故障点的测距，而精确定点是指确定故障点的准确位置。

（一）电缆故障初测

根据仪器和设备的测试原理，电缆故障初测可分为脉冲法和电桥法两大类。

脉冲也称行波，就是以一定速度在线路中传播的电压、电流波，又分为稳态脉冲和暂态脉冲，其中：低压脉冲法与二次脉冲法测量的是测距设备向线路中输入暂态的电压脉冲。而闪测法测量的则是故障点放电产生的电流脉冲或电压脉冲。

脉冲法测距的理论基础是把电缆当作“均匀长线”，来讨论电波在电缆中传播的微观过程。在脉冲测距中，电缆是由沿电缆长度分布的许许多多电阻、电容和电感元件（等效元件）组成，这些元件的参数称为电缆传输线路的分布参数。沿电缆分布的电阻、电感、电容，在任一点都相等，每一段电缆传输线路（等效长线）的等效电路，即均匀传输线电路模型如图 3－39 所示。

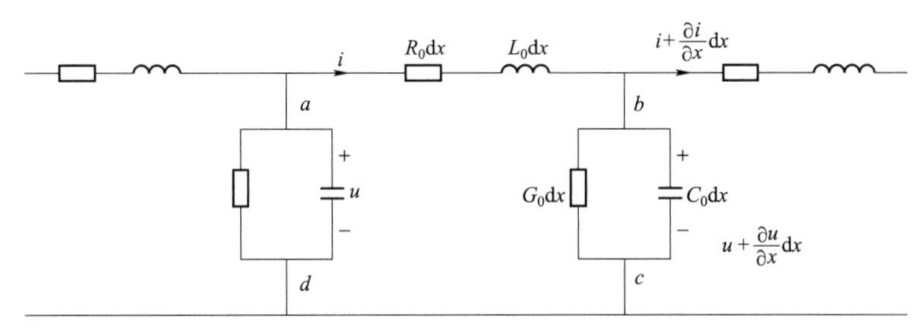

图 3－39　均匀传输线电路模型

1. 低压脉冲法

故障测试过程中，将低压脉冲信号由测试端输入电缆内，该信号将以电缆绝缘为介质进行传播，当电缆存在波阻抗不一致的情况时，脉冲信号出现反射现象并被测试端接收，根据反射脉冲的具体情况可计算确定故障点（即阻抗不一致点）与测试端之间的距离。低压脉冲法原理波形如图 3－40 所示。

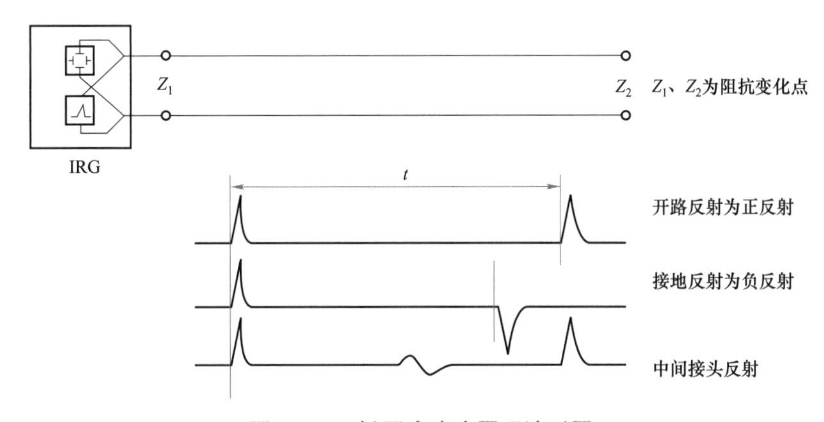

图 3－40　低压脉冲法原理波形图

若脉冲信号发射与反射接收的时差用 t_x 表示，用 v 表示脉冲信号在电缆内的传播速度，则可通过公式计算确定发射点与故障点之间的距离：

$$L=\frac{1}{2}vt_x \tag{3-1}$$

电缆故障的性质可根据反射脉冲所表现出来的极性特征进行判断，反射脉冲极性和电压反射系数 P_u 相关，故障点阻抗等效电路如图 3－41 所示。

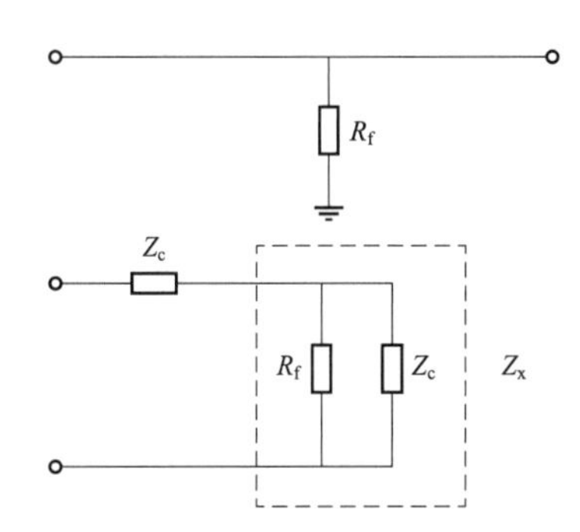

图 3－41　电缆故障点阻抗等效电路图

对于断线故障而言，断线故障 Z_x 为无穷大，反射系数 $P_u>0$，发射脉冲与反射脉冲极性相同。低阻接地故障 $Z_x<Z_c$，反射系数 $P_u<0$，发射脉冲与反射脉冲极性相反。

当电缆近距离断线故障点或仪器选择的测量范围为几倍的断线故障距离时，仪器就会显示多次反射波形，每个反射脉冲波形的极性都和发射脉冲相同。断线脉冲波形的多次反射如图 3－42 所示。

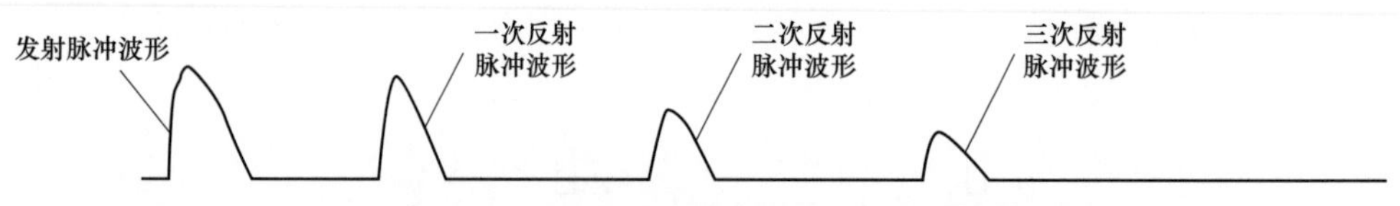

图 3－42　断线脉冲波形的多次反射示意图

当电缆发生近距离低阻故障时，或者仪器选择的测量范围为几倍低阻故障距离时，仪器就会显示多次反射脉冲波形。其中第一、三等奇数次反射脉冲在极性方面表现出同发射脉冲相反的特点，偶数次则极性保持一致。低阻脉冲波形的多次反射如图 3－43 所示。

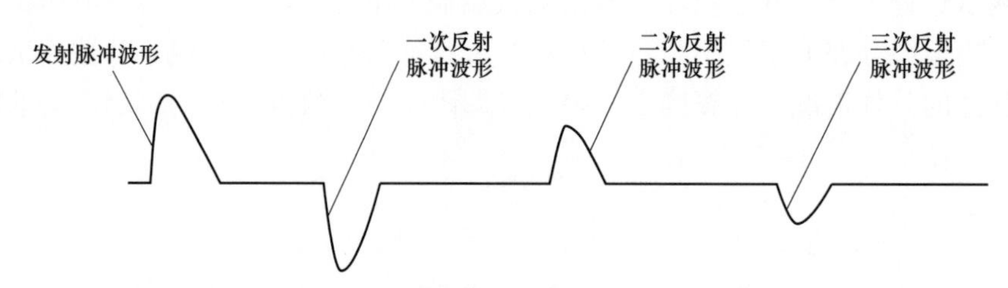

图 3－43　低阻脉冲波形的多次反射示意图

对于低压脉冲法而言，在具体应用过程中故障点电阻会显著影响反射脉冲的幅值。若故障点的实际电阻超过了电缆特性阻抗值的 10 倍且反射系数幅值未达到 5%，那么就会导致反射脉冲在识别方面存在较大困难，影响了低压脉冲法的实践效果。

故障点与测量端之间的距离、阻值、接头情况等都是脉冲波形的显著影响因素，在复杂的环境下会使得波形结构相对复杂，这就会影响测定结果的准确性与可靠性。在实际测量中，经常使用低压脉冲比较法来寻找故障点，低压脉冲比较法实测波形如图 3－44 所示。当以低压脉冲比较法对故障点进行测定时，可通过对比分析故障相、正常相的脉冲波形差异来确定故障点位置，可以克服接头等因素的干扰，从而提高测定结果的准确性。对于高阻或闪络性故障，通常可用低压脉冲法先校验电缆的全长，之后再用其他方法进行初测。

2. 二次脉冲法

二次脉冲法的测试原理如图 3－45 所示，通过高压发生器给存在高阻或闪络性故障的电缆施加高压脉冲，使故障点出现弧光放电。弧光放电期间故障点电阻表现降低，因此会在放电时出现高阻、闪络性故障电缆的阻值瞬时下降。此时输入低压脉冲信号并接收和确定其反射波形，当电弧熄灭时再输入一个低压脉冲信号，此时就可通过对比分析上述波形在故障点的差异点来确定故障点的具体位置，从而明确故障点距测试点之间的距离，二次脉冲法实测波形图如图 3－46 所示。

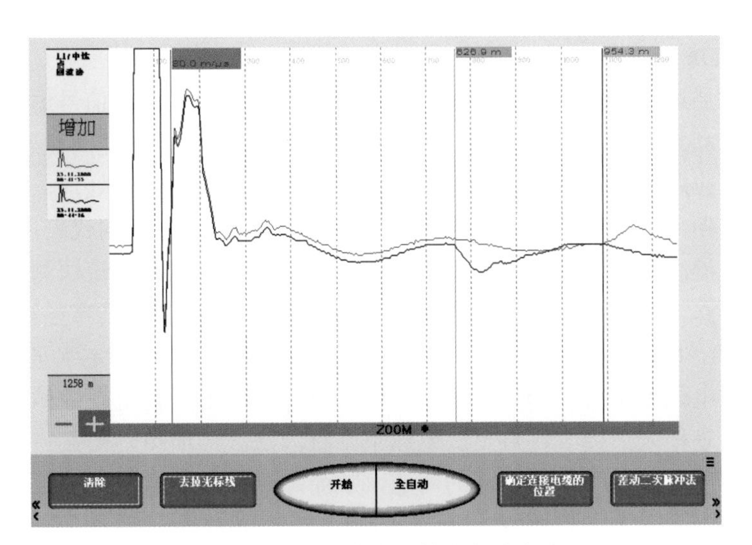

图 3－44　低压脉冲比较法实测波形

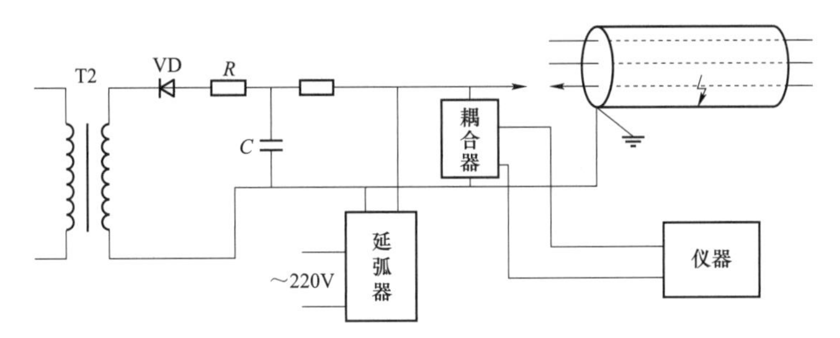

图 3－45　二次脉冲法测试原理图

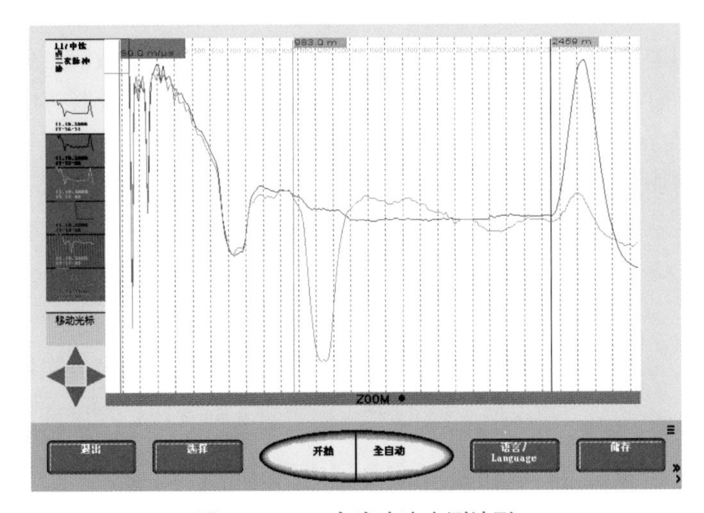

图 3－46　二次脉冲法实测波形

二次脉冲法适用于高阻故障的测距（1kΩ 及以上）。二次脉冲法燃弧时间短、燃弧不易稳定，因此在实际工作中往往需要反复、多次测定结果并进行比对和优化，从而确定最佳波形结果作为计算分析的基础。若故障点与电缆始点之间的距离相对较短（近端故障），则会导致结果的精确性下降，表现出更加显著的误差问题。

3. 脉冲电流法

脉冲电流法通过高压击穿的方式对故障点放电形成的电流行波信号进行采集和记录，在此基础上分析和判断电流行波信号在测试点与击穿点（故障点）之间往返运动所需时间，进而计算确定相应距离。该方法借助互感器实现了脉冲电流的耦合处理，因此能够在相对安全的环境下方便简单地获得波形结果对故障点进行定位。该方法的代表性方法具体如下：

直闪法（直流高压闪络法）一般用于测量闪络性故障。脉冲电流法测量（直闪法）接线如图 3－47 所示，其中，AV 与 T 分别为调压器与高压试验变压器，其容量约为 0.5～1.0kVA 且输出电压为 30～60kV；C 代表储能电容器。当输入电压增加至一定水平时，电缆故障点将出现闪络性放电现象，放电形成的电流将以电流脉冲的形式在电缆中传播并被故障点进行反射后由仪器进行采集接收，直至放电结束。直闪法波形简单，但某些闪络性故障会于若干次放电动作后出现故障电阻下降的问题，从而影响后续放电波形的稳定性，导致直闪法失效。若电阻下降变为高阻故障，则一般采用冲闪法进行测试。

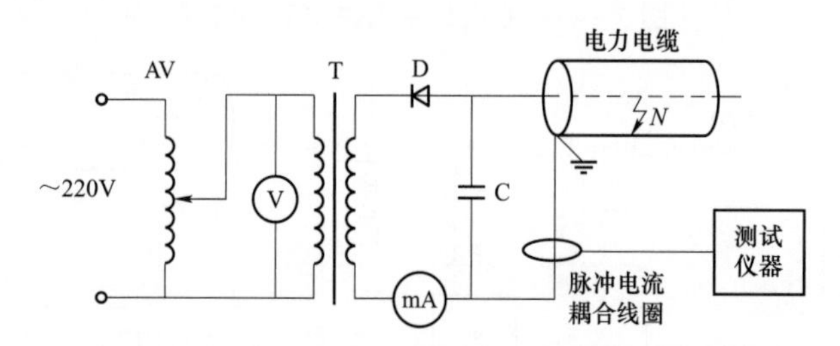

图 3－47 脉冲电流法测量（直闪法）接线示意图

冲闪法（冲击高压闪络法）是通过一个球隙（球形放电间隙）将高压加到故障电缆上。脉冲电流法的测量（冲闪法）接线如图 3－48 所示，该方法与直闪法基本相同，区别在于 G 这个特殊球形间隙的存在。该方法能够充分满足大多数闪络性故障、低阻或高阻故障的测定需求，也是目前相对常用的一种测定方法。通过调节调压升压器对电容 C 充电，当电容 C 上电压到达临界击穿电压时，球隙 G 击穿，电容 C 对电缆放电，这一过程相当于把直流电源电压突然加到电缆上去

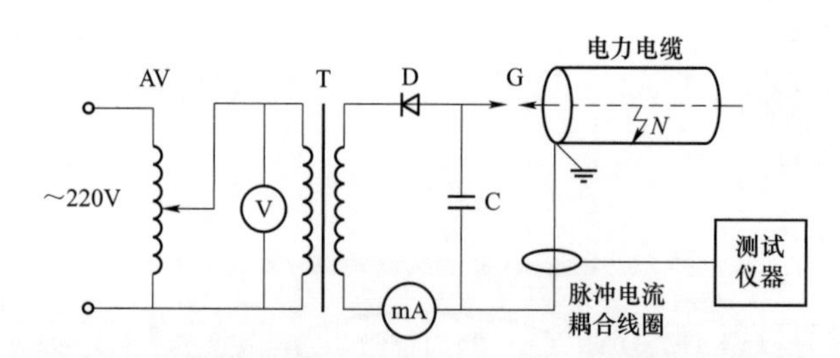

图 3－48 脉冲电流法的测量（冲闪法）接线示意图。

当故障点出现放电击穿情况时，故障点直接击穿时实测波形如图 3－49 所示。图 3－49 即脉冲电流法在具体应用中所表现出来的最具代表性的波形特征，对于该波形图而言，脉冲电流在 a、b 两点的传播时间用 $2\tau+t_d$ 表示，而 b、c 两点之间的距离即为故障点与测量点之间的距离，脉冲信号的传播时间为 2τ。前者的计算结果要高于后者，即实测结果与理论结果保持一致。在具体应用中，需要重点关注 d 点所对应的突起现象，导致该现象的原

因在于高压设备同导引线之间形成了杂散电感，属于干扰因素需要进行处理。

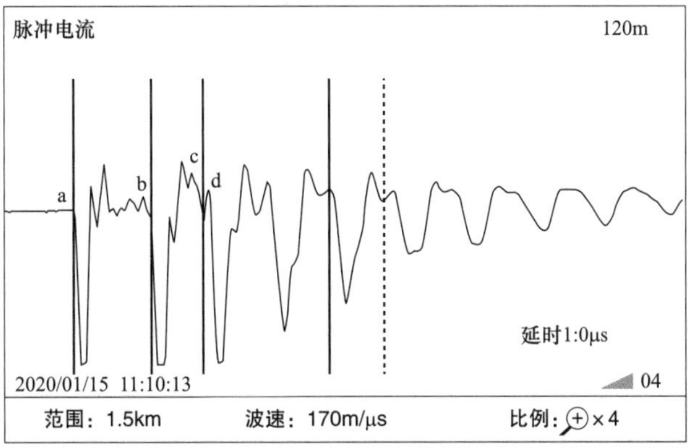

图 3－49　故障点直接击穿时实测波形

在脉冲电流法具体应用的过程中，故障点环境特征、电阻情况、放电特征等都会对其结果产生显著影响。特别是在冲闪的过程中，故障点的电阻可能发生变化，从而导致对应波形的结构相对复杂，在分析和判断方面存在较大困难，在经验不足时难以准确判断具体情况。因此，该方法在实际应用时对操作人员的经验和能力提出了较高要求，使得操作人员的个人主观因素成为结果的重要影响因素。此外，复杂的现场环境也会对测定结果产生种种不同程度的干扰，进而影响测定结果的准确性。因此，提升检测设备的抗干扰性能就成为克服以上问题的主要措施。而不同企业的仪器设备也表现出差异性的性能，这一问题也应受到充分重视。在具体应用中，通常需要保证故障点良好的击穿放电效果，才能确保测定结果的科学性。

4. 电桥法

电桥法的原理接线如图 3－50 所示。由图 3－50 可知，该方法在具体应用时需要将测定设备两桥臂接在故障与完好相，另一端故障与完好相端进行短接处理，然后通过安装在电桥臂上的可调电阻进行调节，实现电桥的平衡状态。

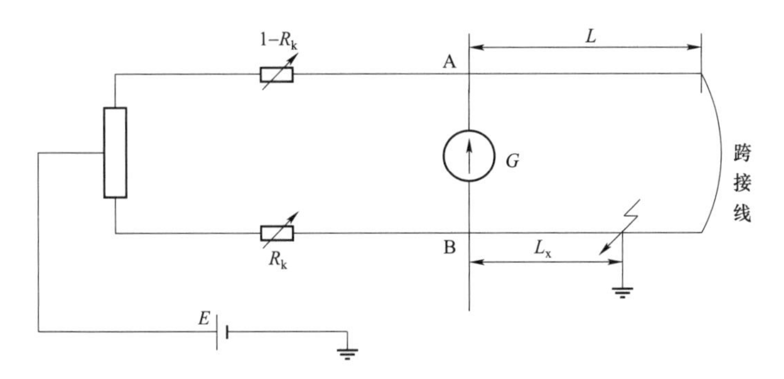

图 3－50　电桥法原理接线示意图

根据同种规格电缆导体的直流电阻与长度成正比可得：

$$\frac{1-R_k}{R_k}=\frac{2L-L_x}{L_x} \qquad (3-2)$$

简化后得：

$$L_x = R_k \times 2L \tag{3-3}$$

式中：L_x 为测量端至故障点的距离，m；L 为电缆全长，m；R_k 为电桥读数。

通过正接法与反接法得到的测量结果取其均值，作为初测距离的计算基础。

该方法的优势在于相对简单的测量过程和相对良好的测量精度。对于单芯高压电缆的护层故障来说，可以采用电桥法；但是对电缆线路的高阻和闪络性故障，则由于电桥电流很小而不易探测。电桥法查找故障的限制条件主要有以下几项：

（1）电缆为低阻接地或两相短路故障。电桥法仅能满足低阻故障位置测定的需求，其电阻通常保持在 100kΩ 以下的水平，通常不得高于 500kΩ。

（2）故障电缆至少要有一相线芯绝缘良好。

（3）电缆不能是断线故障。

（4）电缆要有准确的长度。

（二）电缆故障精确定点

电缆故障的精确定点是故障探测的重要环节，目前比较常用的方法是冲击放电声测法（简称声测法）、声磁信号同步接收定点法（简称声磁同步法）、跨步电压法及主要用于低阻故障定点的音频感应法。实际应用中，往往因电缆故障点环境因素复杂，如振动噪声过大、电缆埋设深度过深等，造成定点困难，成为快速找到故障点的主要矛盾。

1. 声测法

声测法的原理是利用和高压脉冲法一样的高压设备向电缆输入高压脉冲，使故障点出现击穿放电现象，该击穿放电所产生的机械振动会通过介质向地面传播，此时可通过声电传感器对这一振动信号进行采集，即可定位故障点的具体位置。除接地电阻特别低的接地故障外，该方法通常都能使用；但由于外界环境一般很嘈杂，干扰比较大，有时候很难分辨出真正的故障点放电的声音。不同故障类型声测试验接线如图 3-51 所示，图中 AV 为调压器，T 为试验变压器，U 为硅整流器，F 为球隙，C 为电容器。

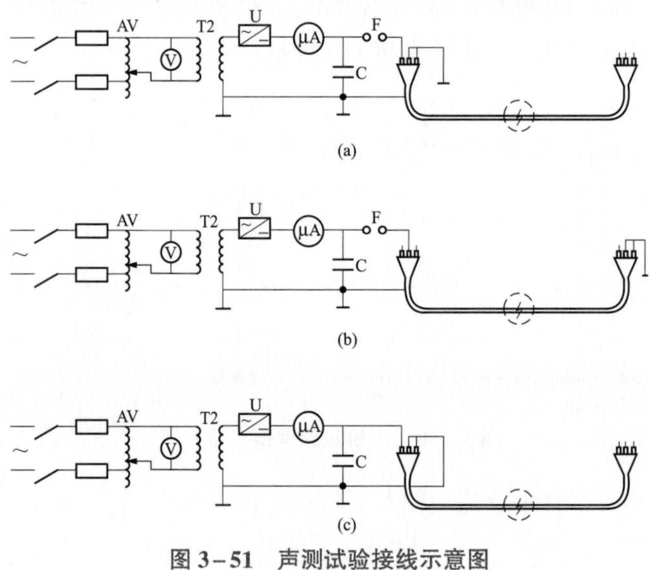

图 3-51 声测试验接线示意图

（a）接地故障；（b）断线不接地故障；（c）闪络故障

2. 声磁同步法

复杂的现场环境会产生不同程度的干扰信号，从而影响测定结果的准确性。而单单依靠声测法或磁测法都无法对放电信号、干扰信号进行准确区分。由于施加高电压脉冲信号使故障点击穿放电，故障点会同时产生声音信号与脉冲磁场信号。磁场信号的传播速度比声音信号快，它们到达地面相同位置所需的时间就不同，而这种传播时差最小的点即为故障点，这就是声磁同步法的具体原理。该方法的优势在于能够有效克服环境干扰对定点结果的不利影响，有效保证定点结果的精准水平。声磁同步法接线同声测法，其原理及波形如图 3－52 所示。

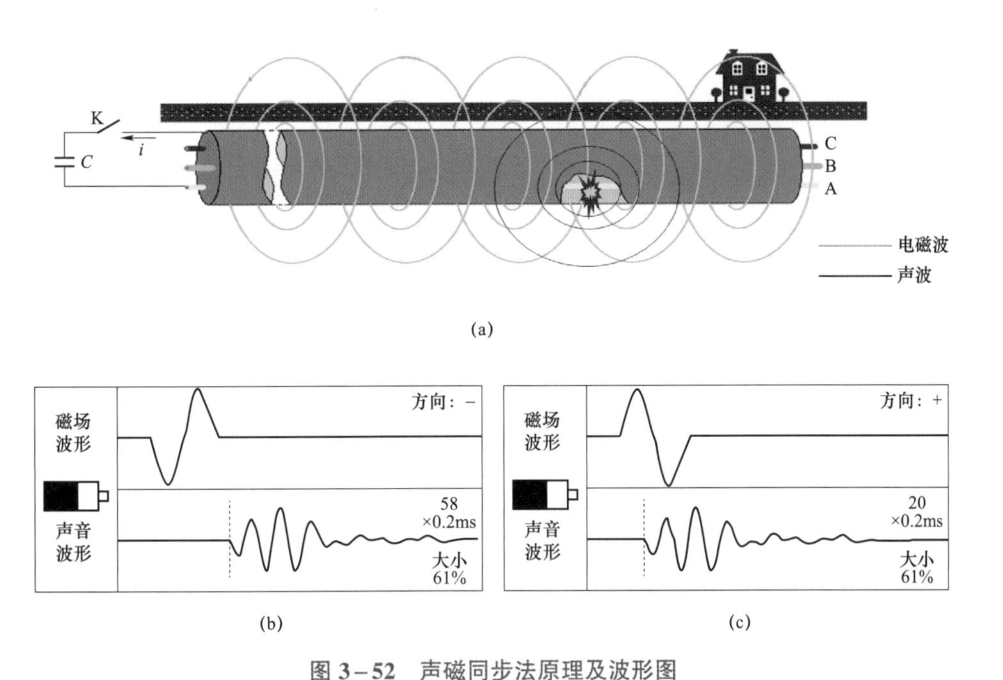

图 3－52 声磁同步法原理及波形图

（a）原理图；（b）波形图 1（负磁场，离故障点较远）；（c）波形图 2（正磁场，离故障点较近）

3. 音频感应法

在相对较低的接地电阻条件下，音频感应法能够实现相对准确的故障点测定结果。当电缆故障点接地电阻较小时，尤其是金属性接地，故障点没有放电声音，声测法定点则不适用，此时需要用音频感应法进行特殊测量。音频感应法一般用于探测故障电阻小于 10Ω 的低阻故障，该方法在电缆发生金属性短路的两者之间加入一个音频电流信号，用音频信号接收器接收这个音频电流产生的音频信号磁场信号，并将该信号用声音或波形的方式表现出来，以使人耳朵或眼睛能识别这个信号，而故障点正上方则是信号突然增强的位置，此后信号将逐渐减弱甚至消失，便找到了故障点位置。音频感应法的原理如图 3－53 所示。

4. 跨步电压法

跨步电压法可用于直埋敷设方式的电缆故障点处护层破损的开放性主绝缘故障与单芯电缆护层故障的精确定点，其工作原理如图 3－54 所示。

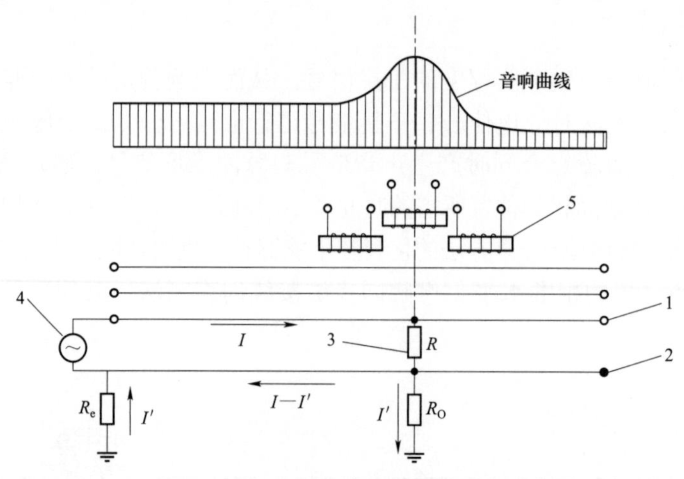

图 3-53 音频感应法原理图

1—电缆线芯；2—护层（铠装）；3—故障点；4—音频信号发生器；5—探头

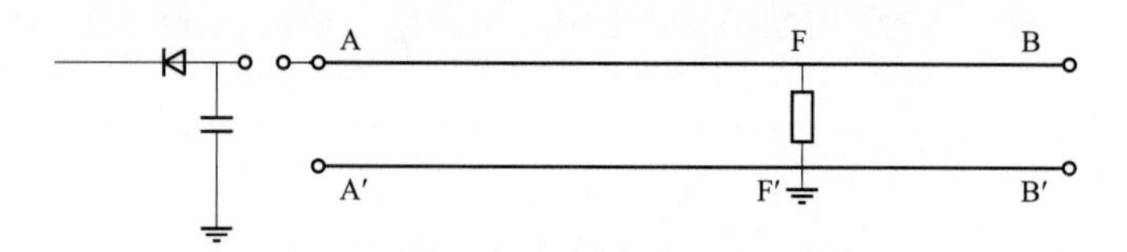

图 3-54 跨步电压法故障定点原理图

如图 3-54 所示，假设该直埋电缆发生开放性接地故障，AB 是芯线，A′ B′ 是金属护层，故障点 F′ 处已经对大地裸露。把护层 A′ 和 B′ 两点接地线解开，从 A 端向电缆线芯和大地之间加入高压脉冲信号，在 F′ 点的大地表面上就会出现喇叭形的电位分布，用高灵敏度的电压表在大地表面测两点间的电压，在故障点附近就会产生电压变化，在插到地表上的探针前后位置不变的情况下，在故障点前后电压表指针的摆动方向是不同的，以此就可以找到故障点的位置。

三、测试报告编写

电缆故障测试试验报告编写格式见表 3-9。

表 3-9　　电缆故障测试试验报告编写格式

线路编号		起止位置	
故障时间	年　月　日　时　分		
绝缘电阻测试	A 相： B 相： C 相：	导通试验测试	AB 相间： BC 相间： CA 相间：
故障性质	接地□　短路□　断线□　闪络型□	故障电阻	（M）Ω
测距方式	低压脉冲法□　电桥法□　脉冲电流法□ 二次脉冲法□	故障波形图	
故障测试端		故障距离	距测试端　　m
定点方法	声测法□　声磁同步法□　音频感应法□	定点距离	距测试端　　m
测试人		测试日期	年　月　日　时　分

四、作业指导书

电缆故障测寻实训作业指导书格式见附件。

模块小结

通过本模块学习，重点掌握电缆故障测寻的性质诊断、故障测距、测试报告的编写、实训作业指导书，熟悉故障测寻工作。

思考与练习

扫码看答案

1. 电缆故障分哪五类？
2. 怎样确定电缆运行故障性质？
3. 为什么断线故障用低压脉冲法进行初测最简单？

附件　电缆故障测寻实训作业指导书

扫码下载

1　适用范围

本作业指导书适用于电缆线路主绝缘故障查找作业的技能实训工作。

2　规范性引用文件

（1）《电气装置安装工程　电缆线路施工及验收标准》（GB 50168—2018）。

（2）《电力电缆及通道运维规程》（Q/GDW 1512—2014）。

（3）《国家电网公司电力安全工作规程　变电部分》（Q/GDW 1799.1—2013）。

（4）《国家电网公司电力安全工作规程　线路部分》（Q/GDW 1799.2—2013）。

3　作业前准备

3.1　准备工作

序号	内容	责任人	备注
1	熟悉本线路电气接线图。熟悉本线路的具体路径、走向、电缆敷设方式（电缆沟、埋管、电缆隧道等）		
2	部门内部组织安全、质量、进度的技术交底，熟练掌握电缆故障查找方法、技术标准、安全要求、危险点分析、修复方式等		
3	查阅电缆和有关附件的型号、制造厂家、安装日期、施工人员等原始资料		
4	查阅电缆预防性试验安装报告、负荷、故障、检修等运行历史情况		
5	查阅电缆故障时的系统操作和继电保护动作等情况		
6	对进场的工器具、设备进行检查和保养，确保能够正常使用		
7	办理必备的开工手续，国家电网有限公司系统内办理第一种工作票，国家电网有限公司系统外办理交通管理局、城市管理局等相关部门的占道或开挖手续		
8	准备相应的安全标识、试验围栏，如在电缆隧道内查找故障，必须准备防毒面具，绝缘雨靴、便携式应急灯		
9	沿线检查电缆线路周边环境，如邻近故障处的地面情况，有无新的挖土、打桩或埋设等其他管线工程		

3.2　现场作业人员基本要求

序号	内容	责任人	备注
1	作业人员应身体健康、精神状态良好，思想稳定，心态正常。如不适应施工现场要求，工作负责人必须对作业人员进行适当调整		
2	作业人员必须熟练掌握本专业作业技能及《国家电网公司电力安全工作规程》相关知识，经考试合格，持有本专业职业资格证书，熟悉本线路的施工环境及连接方式		
3	进入变电站、开关站、电缆井、隧道施工，必须至少有 2 人进行，正确填写工作票		

续表

序号	内容	责任人	备注
4	在作业过程中，所有从业人员严禁吸烟和嬉笑打闹		
5	进入施工现场工作，必须有监护人，监护人原则上不得做其他工作或擅离作业现场		

3.3　工器具配备

序号	名称	型号/规格	单位	数量	备注
1	电力电缆故障测距仪或故障试验车		台	1	
2	电缆测试高压信号发生器		台	1	
3	电缆音频信号发生器		台	1	
4	电缆故障定点仪		台	2	
5	发电机		台	1	容量满足施工要求
6	故障用电源线		m	100	
7	万用表		块	1	
8	高压验电器、低压验电笔	××kV 500V	支	各1	
9	绝缘电阻表（2500V）/（500V）	5000MΩ	只	1	
10	通信工具		部	4	
11	照明灯具或应急灯		盏	若干	
12	接地棒		副	2	
13	绝缘空心杆		个	1	
14	盖板起用专用工具		套	3	
15	防毒面具		副	1	视现场情况而定
16	绝缘手套		副	2	
17	氧浓度及有毒有害气体检测仪		台	1	
18	安全警示标牌及安全遮栏			若干	视现场情况而定
19	竣工图纸		套	1	

3.4　危险点分析及安全控制措施

序号	危险点分析	安全控制措施
1	查找故障时，与邻近带电线路裸露部分未保持足够的安全距离	加绝缘挡板以满足安全要求后，再进行故障查找
2	查找故障设备时，在现场搬动过程中，指挥不当，造成设备损坏、砸伤人员	搬运设备应避免伤人及设备
3	换相测试前或调整间隙，被试电缆和试验设备在移动时未进行放电	试验的电缆应装设接地线，并可靠接地

续表

序号	危险点分析	安全控制措施
4	试验设备接地不良或未可靠接地，以及使用自来水管作为接地极等违规操作	应先接接地端，后接导线端，接地线连接可靠，不准缠绕，拆接地线的程序与此相反
5	进入隧道、工作井等有限空间内施工时，通风不畅，有毒气体伤人，井盖四周未设安全交通标识及监护人，造成施工人员被车辆撞伤及行人跌入伤害	进入隧道作业前，按照有限空间作业相关要求先进行通风，如需进入隧道深处，应随时使用氧浓度及有毒有害气体检测仪检查隧道内部的含氧量，必要时，佩戴防毒面具。在寻找故障时，应注意往来车辆，避免伤及人员
6	接地线不合格，如电压等级不符、截面积过小、接地棒的绝缘电阻不合格、缠绕接地或挂接地线顺序错误	在停电线路装接地线前，要先核对线路名称、相位无误后，再使用检验合格的验电器验电，验明停电线路确无电压
7	登杆、塔未系保险安全带、戴安全帽。进入试验现场，验电未戴绝缘手套	验电时，应戴绝缘手套、戴安全帽、扎安全带，并有专人监护并应逐相进行
8	电缆拆、接引线时，感应电伤人，高空坠落物体伤人或登高人员坠落	工作中需要进行登高和下井作业时，对工器具进行必要的检查，做好防止人员摔落的安全措施
9	试验设备误接线，试验设备漏、放电	检查试验设备的良好性，防止漏放电伤人
10	被试电缆线路有电压	当电缆发生故障时，进行鉴定故障性质的试验须在电缆与电力系统完全脱离后方可进行
11	试验现场未设围栏，未悬挂“有电危险”警示牌，闲杂人员误入	试验设备四周要设置围栏和遮栏，夜间作业时加装警示灯
12	电缆试验粗测时，操作人员注意力不集中，加压速度过快（一般1～2kV/s）或误操作损坏设备	在升压过程中，按相关规定进行操作，避免造成人员触电及损坏设备
13	试验电源线乱搭、乱接，不正确使用电源线连接板	试验设备的金属外壳应可靠接地，试验仪器与设备的接线应正确、牢固
14	变更测试方式及电缆试验完毕时，残余电荷未放尽，或测试电源开关未拉开，造成残余电压伤人	变更试验方式及加压试验完毕，必须先拉开试验电源开关，使用放电棒逐相放电，最后将地线与高压设备短接
15	分相加压查找故障电缆时，另两相电缆没有可靠接地，感应触电	对故障电缆进行测寻时，试验人员应注意与带电线路和故障测寻设备带电部分保持足够的安全距离。在测量故障电缆电阻过程中及接绝缘电阻表引线时，必须加强监护，防止线路感应电压及绝缘电阻表自身错接线、漏电伤人
16	加压前，未核对试验接线，对电气连接方式、设备容量、电压变比不清，盲目加压，造成设备损坏	使用直闪法、冲闪法测试前，要反复检查每一根连线，仔细检查仪器接地、高压接地、保护接地的连接，应符合设备生产厂家的要求。加压时，升压速度应控制在1～2kV/s
17	声测设备的地线与系统地线未分开连接或接地不牢	查找设备的接线方式与原理图应相符，避免损物伤人
18	加压试验时，电缆对端没有设专人监护或通信不畅通	在升压过程中，实行呼唱制度。加压试验时，电缆对端应设专人监护，通信畅通
19	工作过程中不注意行人跌入窨井、沟坎，对开启的井口、窨井、沟坎不设专人监护，不加装警示标识和安全标识	进入隧道作业前，按照有限空间作业相关要求先进行通风。如需进入隧道深处，应随时使用氧浓度检测仪检查隧道内部的含氧量，必要时，佩戴防毒面具。注意各井口有专人监护
20	工作完毕后，漏拆除接地线	工作完毕后，应有专人检查接地线是否拆除

4 作业程序

4.1 开工要求

序号	内容	作业人员签字
1	重新学习施工组织措施和技术措施，落实熟练掌握电缆故障查找方法、技术标准等的人员到位。携带经检查合格的故障查找工器具及材料进场	
2	向调度申请断开线路断路器和隔离开关	
3	开工前认真填写工作票，严格审批制度	
4	严格站、班会制，对当天的工作必须进行“三查”“三交”[查着装、查“三宝”（安全帽、安全带、绝缘鞋）、查精神状况，交任务、交技术、交安全]	
5	工作负责人发布开工令	
6	在宣读工作票时，进行现场技术交底，每个工作人员必须在场聆听，不清楚之处及时向工作负责人提问。工作负责人必须向每一位工作人员交代清楚各自的工作任务、工作范围、工作时间、安全措施、危险点和安全注意事项	
7	向调度报开工，得到工作许可命令后，验电接地完毕方可开工	
8	登杆、塔人员应认真核对线路名称及杆、塔号，防止误登有电侧线路及感应触电，地面应设专人监护	

4.2 作业内容及标准

序号	作业内容	作业步骤及标准	安全措施及注意事项	责任人签字
1	确认故障电缆线路	（1）确认故障电缆线路名称及相位。 （2）全线巡视，检查电缆线路有无外力破坏现象或明显故障点。 （3）如未发现明显的故障点，再进行下步程序	巡查人员必须熟悉线路走向、路径、电缆排列方式	
2	准备测试电源	（1）工作现场设置安全遮栏，防止闲杂人员进入。 （2）就近取用测试检测所需的低压电源（220V）或装设发电机。 （3）取用试验检测所需的低压电源（220V）前，必须使用低压验电笔进行验电，并用万用表进行测量，设有专人监护	尽量取用系统电源，发电机噪声大，电压不稳，不利于故障查找	
3	故障电缆放电并隔离	（1）将故障电缆放电并接地。 （2）工作负责人监督拆除故障电缆两端与其他设备的电气连线，不得损伤电缆终端和其他电气设备	登高作业人员按防高坠要求进行	
4	故障相电缆电阻精确测量	（1）首先使用绝缘电阻表或万用表测量故障电缆的绝缘电阻值，并仔细检查电缆线芯的连续性，初步分析判断故障的性质并做好检查试验记录。 （2）如果故障电缆是低阻故障，用低压脉冲法。 （3）如果故障电缆是高阻故障，用直闪法或冲闪法试验。 （4）如果故障电缆是低阻与断线故障，可用校正仪器测量波速的方法，检查导体的连续性	测量故障电缆对地电阻时，其余两相必须可靠接地，测量值必须准确	
5	低压脉冲法粗试	（1）被测电缆上送入一个脉冲电压，当发射脉冲在传输线上遇到故障时，由于故障点阻抗不匹配，而产生向测量点运行的反射脉冲，仪器记录下发射脉冲与反射脉冲二者的时间差比，则对应于脉冲信号在测量点与故障点往返一次所需的时间，求出故障点的距离（$S=1/2vt$）。 （2）低电阻故障引起的反射脉冲为负。 （3）断线或接触不良引起的反射脉冲为正	（1）电缆金属屏蔽全线分相连通，再按技术要求接地。 （2）按照脉冲法原理图接线，加压试验前，由专责工程师核对接线无误	

续表

序号	作业内容	作业步骤及标准	安全措施及注意事项	责任人签字
6	直闪法粗测	（1）把电缆的故障芯与直流高压发生器相连接，对电缆充电，逐渐升高外加电压，当电压升至一定值时，故障点击穿，电压突然下降，电流升高，这类故障属于闪络性故障，故障电阻很大，一般在预防性试验中出现，要用直闪法测量。 （2）在加到电缆上的电压增加到某一数值时，故障点击穿放电，产生向测量点运动的放电脉冲，到达测量点后，仪器耦合器记录下每一个放电脉冲。放电脉冲在测量点又反射回故障点，再折回测量点，这一反射过程不断进行，直至放电过程结束。 （3）按照厂家仪器说明书要求接线，工作负责人检查接线是否正确，经专责工程师核对无误。 （4）按照所使用的仪器操作步骤升压（1～2kV/s）使故障点击穿放电，工作方式选择“直流挡”。 （5）采集、记录并保存故障点的放电波形，调整波形直至满意为止并保存。 （6）仪器设备退出工作状态，对电容型设备放电。 （7）作业人员分析电缆故障点的波形，计算故障点距测试端的距离	（1）电缆金属屏蔽层全线分相连通，再按技术要求接地。 （2）按照直闪法原理图接线，加压试验前，由专责工程师核对接线无误。 （3）试验完毕，必须先断开试验电源隔离开关再放电，放电必须充分	
7	冲闪法粗测	（1）如果对电缆加直流高压时，发现电流表指示较大，直流高压加不上，说明故障点泄漏大，故障点电阻不很高，要采用冲闪法测距。 （2）测试接线基本与直闪法相同，不同之处只是在高压试验设备与电缆导体之间串入一球隙F。 （3）电缆故障点没有击穿时，电流表指针摆动范围较小，球隙F的放电声音哑且小。故障点击穿时，电流表指针摆动范围较大，球隙F放电声音响且大。 （4）升压前，必须将仪器的工作方式置于“单次”。 （5）工作接地必须和保护接地分开	（1）电缆金属屏蔽层全线分相连通，再按技术要求接地。 （2）按照冲闪法原理图接线，加压试验前，由专责工程师核对接线无误	
8	分析粗测数据，确定故障点大概距离	（1）将测量结果打印、记录。 （2）如果有必要，可在电缆的对端再测量一次，将两端测量的数据进行分析比较，以便得出正确的结论。 （3）测量的波形和数据要由故障分析人员经过综合分析判断。看脉冲法的测试波形时，应抓住三要素：极性、幅度、时间	分析人员必须是具备丰富故障查找经验的人员	
9	声测放电精确定点	（1）正确连接电缆测试线和高压信号发生器设备，检查高压调整旋钮是否在零位置，检查安全措施是否齐备，工作负责人宣布开始升压放电。 （2）一组人员沿电缆路径在初测的范围内对故障点进行精确定点，另一组人员在放电现场。两组人员保持通信畅通，确保故障现场、定点人员能够接收到有效信号。 （3）球隙放电时间间隔一般取2～5s一次，放电太快，试验设备容易损坏，放电太慢则不容易区别外界干扰。放电时间一般靠改变电压和电容量的大小来确定。 （4）定点人员和操作高压设备人员应通过通信工具等手段保持联络，可以方便地控制高压设备的开、停以及球隙放电时间间隔，有利于排除环境噪声干扰，缩短故障定点时间。必要时可在夜深人静时进行声测定点。 （5）声测人员必须始终在放电现场，加压人员监视放电电压的大小，防止试验设备发热，造成设备损坏。作业人员沿电缆路径仔细听探故障点的位置，发现地面有明显振动且声音最大处即为故障点的实际位置。用通信工具通知停止声测放电，将电缆充分放电。 （6）声测完毕，高压旋钮回零，拉开试验电源的隔离开关，使用放电棒渐进、缓慢靠近加压端试验设备及电缆，对电缆进行充分放电并挂上接地线	（1）正确区分噪声与故障放电声。 （2）确认加压停止后，才能对故障点进行临时防潮密封处理。 （3）试验停止后，必须先断开试验电源隔离开关再放电，放电必须充分	

续表

序号	作业内容	作业步骤及标准	安全措施及注意事项	责任人签字
10	故障位置确认	（1）将电缆两端挂上短路接地线，工作负责人向生产组汇报查找结果，组织人力开挖故障点并做好安全措施。 （2）电缆专业人员要始终监守电缆和挖掘工作现场。 （3）开断电缆前，将带接地线的铁钉固定在绝缘棒上，用带绝缘柄的铁锤将铁钉打入电缆主绝缘，确定电缆无电后，方可开断电缆。 （4）故障点开断后，现场作业人员在故障点两端做好电缆分段耐压试验，防止重复故障点漏查现象发生。将开断点做好密封处理，防止电缆受潮	（1）铁钉上的接地线必须接地良好。绝缘棒及绝缘柄的绝缘应可靠。 （2）操作人员必须戴绝缘手套并站在绝缘橡皮上操作	

4.3　竣工内容要求

序号	内容	负责人员签字
1	故障点确定后向施工检修人员进行工作交接	
2	工毕后，拆除施工电源，清理施工现场，施工垃圾分类存放，确保施工环境无污染，做到“工完、料净、场地清”	
3	指定专人认真清点本项目施工的所有从业人员，清理开工前所携带的工器具应无丢失，材料的使用情况正常，确定线路无人后，拆除所挂接地线并向调度报完工	
4	详细记录电缆故障点查找过程中的绝缘电阻、故障查找方法、加压大小等内容，并加以总结	
5	查找电缆线路故障点的结果，记入《电缆故障测寻记录》内	
6	将摄像和拍照作为故障分析资料	
7	详细绘制电缆故障点的位置图，妥善保存于该电缆线路的运行档案内，便于日后管理	

5　项目评价

项目完成后，根据学员任务完成情况，做好综合点评，并填写项目综合点评记录。

序号	项目	培训师对项目评价	
		存在问题	改进建议
1	安全措施		
2	作业流程		
3	作业方法		
4	工具使用		
5	工作质量		
6	文明操作		

配电设施安装与调试

模块1 箱式变电站安装

模块说明

本模块介绍箱式变电站的特点、种类、结构、运行和安装方法。通过要点归纳和图形说明，掌握箱式变电站选择和安装注意事项。

一、箱式变电站的特点

箱式变电站是指将高低压开关设备和变压器共同安装于一个或几个箱体内的紧凑型成套配电装置，适用于额定电压10（20）/0.4kV三相交流系统，作为线路和分配电能之用，具有以下特点：

（1）占地面积小。安装箱式变电站比建设同等规模的常规变电站能节省2/3以上的占地面积。

（2）组合方式灵活。箱式变电站结构比较紧凑，每个箱均构成一个独立系统，这就使得组合方式灵活多变，使用单位可根据实际情况自由组合一些模式，以满足不同场所的需要。

（3）外形美观，易与环境协调。箱体外壳可根据不同安装场所选用不同颜色，从而极易与周围环境协调一致，特别适用于城市居民住宅小区、车站、港口、机场、公园、绿化带等人口密集地区，它既可作为固定式变电站，也可作为移动式变电站。

（4）投资省、建设周期短。箱式变电站较同规模常规变电站减少投资的40%～50%，建设安装周期可大幅缩短。同时，箱式变电站日常维护工作量也较小。

二、箱式变电站的种类

1. 拼装式

将高低压成套装置和变压器装入金属箱体，高低压配电装置中留有操作走廊，这种箱式变电站体积较大，现在很少使用。

2. 一体式

简化高压控制、保护装置，将高低压配电装置与变压器主体一起装入变压器油箱，成为一个整体，体积更小，接近同容量油浸式变压器，是欧式箱式变电站的 1/3，又称美式箱式变电站或紧凑型箱式变电站。

3. 组合装置型

不使用现有成套装置，而将高低压控制、保护电气设备直接装入箱内，成为一个整体。设计按免维护考虑，无操作走廊，箱体小，又称欧式箱式变电站。

三、箱式变电站的结构

1. 美式箱式变电站的结构

（1）美式箱式变电站将高压开关与变压器共用一油箱。常用美式箱式变电站型号有 ZB1336 型、GE 型和 COOPER 型。美式箱式变电站外形结构如图 4－1 所示。

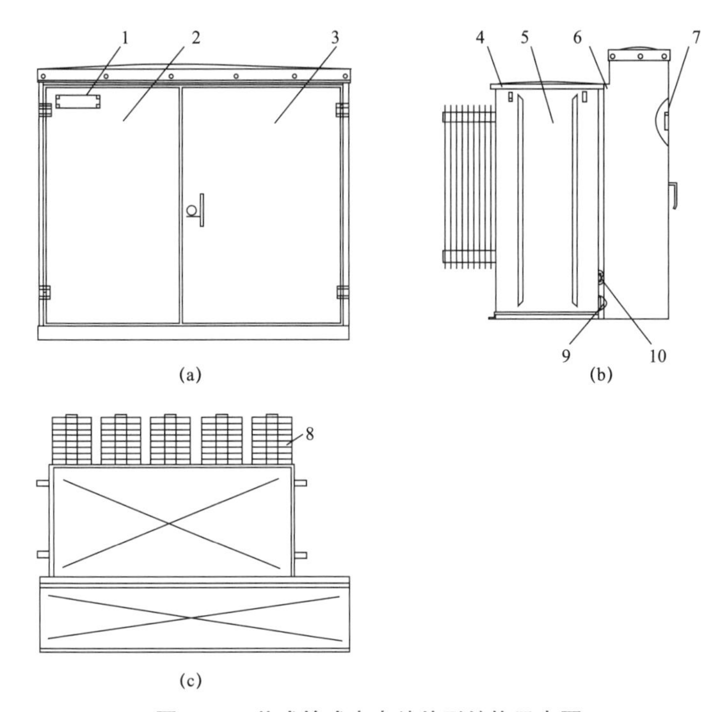

图 4－1　美式箱式变电站外形结构示意图

（a）正视图；（b）侧视图；（c）俯视图

1—铭牌；2—高压室；3—低压室；4—箱顶盖；5—变压器室；6—吊装环；7—压力释放阀；8—散热器；9—低压接地桩；10—箱体接地桩

美式箱式变电站采用全密封、全绝缘结构，可用于环网，又可用于终端，高压采用 T 形或 V 形三相联动四位置油负荷开关控制。

（2）变压器采用后备熔断器与插入式熔断器串联提供保护。后备熔断器安装在箱体内部，只在箱式变电站变压器发生内部相间故障时动作，用来保护高压线路。插入式熔断器在二次侧发生短路或过负荷时熔断。

2. 欧式箱式变电站的结构

欧式箱式变电站，三部分各为一室组成“目”或“品”字结构，常用型号有 ZBW 型和 XWB 型。欧式箱式变电站断面结构如图 4-2 所示。欧式箱式变电站高压室为环网、双线或终端单元负荷开关，体积较小，兼容环网柜。采用安全可靠的紧凑型设计，具有全面防误操作联锁功能，可靠性高，操作检修方便。高压设备一般采用负荷开关和熔断器组合电器；熔断器装有撞击器，熔断器熔断后，撞针顶动脱扣机构，负荷开关三相同时跳开，避免缺相运行；同时，若采用电动操动机构，可实施配电自动化功能。环网结构 10kV 电缆出线配置接地故障指示器零序传感器。变压器可采用油浸式变压器或干式变压器，Dyn11 接线，考虑到散热不利，可采用自然通风或顶部强迫通风。低压室设有计量和无功补偿，可根据用户需要设计二次回路及出线数量，满足不同需要。外壳采用钢板或合金板，双层顶盖，隔热好，外形及色彩可与环境协调一致。高压室、变压器室和低压室之间用隔板隔离成独立的小室；为了监视和检修，各小室设照明装置，由门控制照明开关。

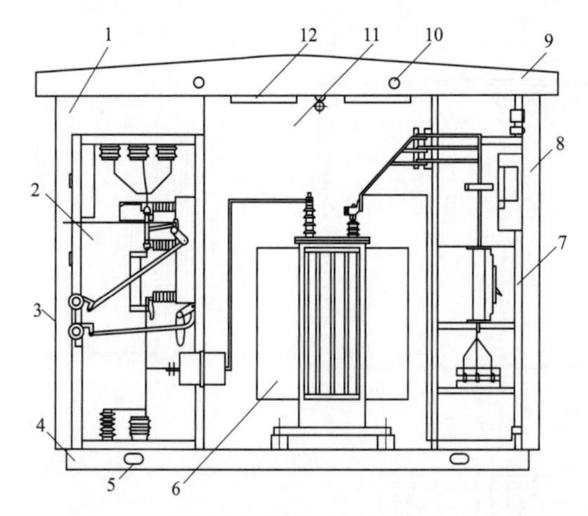

图 4-2　欧式箱式变电站断面结构示意图

1—高压室；2—环网柜；3—框架；4—底座；5—底部吊装轴；6—变压器；7—低压柜；
8—低压室；9—箱顶；10—顶部吊装支撑；11—变压器室；12—温控排风扇

四、箱式变电站的安装运行

（1）箱式变电站应选择安装放置在地势较高区域，避免安置在低洼积水处，以免积水倒灌入箱内影响设备安全运行。浇筑混凝土平台时要在高低压侧留有空当，便于电缆进出线的敷设。开挖地基时，如遇到垃圾或腐蚀土堆积而成的地面，必须挖到实土，然后回填较好的土质夯实，再填三合土或道碴，确保基础稳固。

（2）进行箱式变电站的基础施工，预埋相应的构件和电缆保护钢管。

（3）箱式变电站接地和接零可共用一个接地网，并分别与接地网连接。接地网一般采用在基础四角打接地桩，采用扁钢对接联通。箱式变电站与接地网必须有两处及以上可靠连接。投运后，应定期检查接地连接，确保接地不发生松动、锈蚀、脱落等故障情况。

（4）箱式变电站以自然风循环冷却为主，其周围不能堆放杂物影响散热，尤其是变压器室门不能堵塞，还应经常清除百叶窗通风孔，确保站内设备不超过最大允许温度。

（5）低压断路器跳闸后，应查明原因方可送电，防止事故扩大。

（6）高压室中环网开关、变压器、避雷器等设备应定期巡视维护，及时发现缺陷并处理，周期性进行预防性试验。停役时间超过12个月，再投运时应按交接性试验进行检测。

（7）更换无开断能力的高压熔断器，必须将进出线停电并挂接地线。操作时严格遵照“五防”[防止误分、误合断路器，防止带负荷拉、合隔离开关或手车触头，防止带电挂（合）接地线（接地开关），防止带接地线（接地开关）合断路器（隔离开关），防止误入带电间隔] 程序解除机械联锁，并使用专用绝缘工器具。

（8）箱式变电站所有进出线电缆孔采取封堵措施，防止小动物进入造成内部短路、放电等事故。

（9）必须具有“高压危险”的警告标志和电气设备双重名称编号。

五、箱式变电站的安装工作流程及要点

1. 准备工作

（1）工作负责人接受工作任务，进行现场勘察、确定施工方案、编写施工标准作业卡。

（2）核对箱式变电站型号，外观检查良好，所有部件及备件应齐全，无锈蚀或机械损伤。部件不应变形、受潮、破损。电气试验合格及防误装置检验合格。

（3）核对设计图纸、电缆附件明细表、材料表正确无误。

（4）准备合格的施工机具。

（5）工作负责人按照工作任务、人员的技术素质准备施工人员。

2. 办理许可手续

工作票得到工作许可人许可，工作负责人应查看、核对现场安全措施与工作票或作业票是否相符合（若不完备应补充安全措施），查看、核对无误后办理许可手续。

3. 工作负责人召集全体人员进行班前会

（1）宣读工作票或作业票，交代工作任务、工作地段、停电范围、带电部分、危险点、预防措施、人员分工和现场文明施工、注意事项等。

（2）检查全体作业人员是否戴好安全帽，人员应规范着装（穿长袖棉质衣服、穿软底绝缘鞋、戴手套）。

（3）检查安全工器具和个人工器具。

（4）检查施工机具和材料。

（5）施工人员分别在工作票或作业票上签字。

4. 作业过程

（1）根据工作票或作业票布置现场安全措施。验电，装设接地线，设立围栏、路牌。

（2）根据箱式变电站质量及地形情况，确定吊装方式（现场勘察时确定），采用起重机吊装。

（3）根据分工，开始工作。

1）起吊前：应检查施工现场周围有无易燃易爆物堆放，检查箱式变电站外观应良好、干净，SF_6压力值或真空度应符合产品要求；进行分合试验操作时机构灵活，经分合操作3

次以上，指示正常。

2）吊装就位：选取与箱式变电站质量相符的吊索，并牢靠地连接在起重挂点，使起吊时能保持水平，严禁超载起吊；箱式变电站稍一离地应暂停起吊并检查各吊点，确认正常后方可正式起吊。

3）在带电线路附近吊装时，起重机必须接地良好，与带电体的最小安全距离应符合《国家电网公司电力安全工作规程》的规定。

4）箱式变电站就位固定：箱体吊至合适的位置，确保外壳底部无妨碍电缆进出环网柜的障碍物，外部无妨碍箱门开关的障碍物；安装固定螺栓不少于 4 枚，螺栓规格不小于 M16。

5）接地电阻测量：测量接地电阻，测量时被测地极应与设备断开。

6）接地线连接：箱式变电站接地采用镀锌扁铁两点引上（4mm×40mm），接地电阻不大于 4Ω；接地线连接应牢固可靠，与设备连接点应清除锈渍，接地扁铁应除锈刷防锈漆；接地扁铁搭接长度应大于扁铁宽度的两倍并应三边焊接；各接地点应分别与主接地体相连。

7）箱式变电站试验：进行辅助及控制回路交流耐压试验、导电回路电阻试验。

8）电缆终端制作。

9）电缆试验：谐振交流耐压试验前后，用 2500V 绝缘电阻表对电缆终端分相测量相与另两相及地的主绝缘电阻；耐压试验前后用 500V 绝缘电阻表测量电缆外护层绝缘电阻，每千米不低于 0.5MΩ；按 1.6 倍额定相电压，加压 5min。

10）安装电缆支架：高、低压电缆均安装支架，防止桩头受力。

11）电缆终端连接：电缆连接应牢固可靠，无松动；电缆转弯半径不小于 15*D*；高、低压电缆三相分叉相位排列合理（电缆三相扭曲不大于 90°）；高压插拔式肘型插头插入深度一致。

12）悬挂设备标示牌：悬挂电缆标示牌、一次接线图、各开关设备标示牌及安全警示标志。

13）封堵：对箱式变电站底板所有孔洞进行封堵，电缆穿入位置做专业封堵。

5. 质量验收

（1）箱式变电站的产品说明书、出厂试验报告、合格证件、交接试验报告齐全。

（2）开关柜、变压器及附属设备固定牢靠，外表清洁、完整，无损伤。

（3）箱式变电站固定牢靠，无晃动现象。

（4）电气连接应可靠且接触良好，接地符合设计要求。

（5）设备及电缆试验合格。

（6）电缆插头搭接应牢固可靠、无松动。电缆转弯半径不小于 15*D*（*D* 代表电缆直径），高、低压电缆三相分叉相位排列合理（电缆三相扭曲不大于 90°），高压插拔式肘型插头插入深度一致。

（7）开关设备及其操动机构的联动应正常；开关设备进行操作时，机构应灵活、可靠、接触紧密，分、合闸指示位置正确、可靠。

（8）绝缘部件完整无损。

（9）设备命名牌和警告标志正确、完备。

6. 工作结束

（1）将现场的接地线、围栏、警示牌等安全措施拆除，恢复至许可前状态。

（2）清点人员、工器具和施工机具。

（3）清理施工现场，做到“工完、料尽、场地清”。

（4）向工作许可人汇报工作终结，办理工作终结手续。

7. 注意事项

（1）设备基础、操作平台距离、宽度、标高与图纸相符。通风口畅通。

（2）安装箱式变电站时应找水平，绑扎时起重机不应脱钩，绑扎牢固后方可摘钩。

（3）吊至离基础槽钢 20cm 左右时，应暂停下降，调整垫件，放正位置，缓慢下降。就位到指定处，安装平正、牢固。

（4）箱体外壳及支架应与接地网可靠连接，接地电阻应符合设计要求。

（5）设备“五防”装置齐全，机械及电气联锁装置动作灵活可靠，设备状态显示仪与设备实际位置一致。

（6）进入箱式变电站的电缆用电缆卡箍固定在套管的正下方。

（7）电缆从基础下进入箱式变电站时应有足够的弯曲半径，能够垂直进入。

（8）电缆进出口应进行防火、防潮、防小动物封堵。

（9）开关柜门开闭灵活，操动机构动作可靠，机械防护装置动作可靠。

（10）电缆终端制作搭接应符合电力电缆预制式肘型终端制作标准化作业指导书要求。

六、作业指导书

箱式变电站安装实训作业指导书格式见附件。

模块小结

本模块介绍了箱式变电站的特点、种类、结构、运行以及安装工作流程、工艺要求、作业危险点及预防控制措施，掌握并严格按照安装工艺要求进行施工，从而保证配电线路安全运行。

思考与练习

扫码看答案

1. 箱式变电站按结构分类有哪些种类？
2. 试述箱式变电站安装的主要流程。
3. 试述箱式变电站安装后的质量验收内容及标准。

附件　箱式变电站安装实训作业指导书

扫码下载

1　适用范围

本作业项目适用于箱式变电站安装项目的技能实训工作。

2　规范性引用文件

（1）《电气装置安装工程　高压电器施工及验收规范》（GB 50147—2010）。

（2）《国家电网公司电力安全工作规程（配电部分）（试行）》。

（3）《20kV 配电设计技术规定》（DL 5449—2012）。

（4）《电气装置安装工程　电气设备交接试验标准》（GB 50150—2006）。

（5）箱式变电站安装使用说明书（厂家说明书）。

3　作业前准备

3.1　现场勘察基本要求

序号	内容	标准	备注
1	现场勘察	现场工作负责人应提前组织有关人员进行现场勘察，根据勘察结果确定作业施工方案及应满足的安全组织、技术措施	
2	编写作业指导书	工作负责人根据现场勘察情况编写作业指导书	
3	开工前一天准备好所需工器具及材料	工器具必须经检验合格，材料应充足、齐全	
4	填写工作票并签发	按要求填写工作票，安全措施应符合现场实际，工作票应提前一天签发	

3.2　现场作业人员基本要求

序号	内容	备注
1	作业人员应经《国家电网公司电力安全工作规程（配电部分）（试行）》考试合格	
2	作业人员应具备必要的电气知识，熟悉作业规范	
3	作业人员应身体状况良好，情绪稳定，精神集中	
4	作业人员个人工具和劳保防护用品应合格、齐备	
5	焊接等特种人员持证上岗	

3.3　工器具配备

序号	名称		型号/规格	单位	数量	备注
1	个人防护用具	绝缘手套（含防穿刺手套）		副	3	
		绝缘鞋（靴）		双	3	
		双控背带式安全带		副	2	

续表

序号	名称		型号/规格	单位	数量	备注
1	个人防护用具	安全帽		顶	3	
		电焊手套		副	1	
		焊接面罩		副	1	
2	施工工具	扳手				根据现场实际情况安排
		钢卷尺		把	2	
		电缆绝缘剥刀		把	2	
		老虎钳		把	2	
		钢钎	ϕ 18×2m	根	2	
		铁锤	4lb	把	1	
		气体喷灯		把	2	带气瓶 2 罐
		电缆刀		把	4	
		压接钳		套	1	
		手锯		把	2	
		圆锉		把	2	
		电焊机		台	1	
3	仪器仪表	万用表		块	1	
		接地电阻测试仪		套	1	
		温湿度计		块	1	
		高压声光验电器	10kV	支	1	
		低压声光验电器	0.4kV	支	1	
		交流谐振耐压仪		套	1	
4	其他工器具	低压接地棒（线）	0.4kV	套	4	
		高压接地棒（线）	10kV	套	2	
		围栏（网）、安全警示牌等			若干	

3.4　材料配备

序号	名称	规格	单位	数量	备注
1	接地扁铁	4mm×40mm	m	5	
2	电缆终端	根据电缆规格	套	根据现场情况	
3	镀锌螺栓	ϕ 16×45mm	套	8	
4	镀锌螺栓	ϕ 12×45mm	套	8	
5	塑铜线	120mm^2	m	10	
6	铜接头	120mm^2	只	4	
7	电焊条		根	4	

3.5 危险点分析及安全控制措施

序号	危险点分析	安全控制措施
1	触电伤害	（1）工作前认真核对运行人员对线路及电缆终端周围停电情况所做安全措施。 （2）电缆终端逐相验电并放电后装设地线。 （3）检查移动电气设备是否未可靠接地或接线不规范，以免引起低压触电
2	人员绊伤、击打	（1）电缆穿入保护管时，施工人员的手臂与管口应保持一定距离。 （2）动用锹、镐挖掘地面时，作业人员与挖掘者保持一定的安全距离。 （3）作业人员应注意防止被地下障碍物绊倒
3	划伤、碰伤	（1）用刀或其他工具时，不准对着人体。 （2）使用手锯锯割时，用力要适度，防止折断锯条和划伤手臂。 （3）锉削时防止过力锉空而碰伤手臂。 （4）工作人员应穿工作服，衣服和袖口应扣好，工作应戴手套
4	误接线	（1）工作结束后核对相位并做好标记。 （2）电缆接引线后再进行检查与核对

3.6 作业分工

序号	作业内容	作业负责人	作业分工
1	工具、材料准备		
2	履行工作票，验电、挂工作中临时安全接地线		
3	工作现场设置安全围栏		
4	箱式变电站就位固定		
5	接地电阻测试及接地体制作连接		
6	设备试验		
7	电缆切割、电缆终端制作、电缆终端试验及连接		

4 作业程序

4.1 开工要求

序号	内容	备注
1	工作票负责人按有关规定办理好工作票许可手续	
2	本作业负责人召开班前会进行“三交三查”	
3	做好现场施工安全措施	

4.2 作业内容及标准

序号	作业内容	作业步骤及标准	安全措施及注意事项	备注
1	箱式变电站就位固定	（1）检查柜底无妨碍电缆进出箱式变电站的障碍物，外部无妨碍箱式变电站门开关的障碍物，周围无易燃易爆物堆放。 （2）固定螺栓应不少于4枚，规格不小于 $\phi 16 \times 45$ 终端，应固定牢靠，无晃动现象		

续表

序号	作业内容	作业步骤及标准	安全措施及注意事项	备注
2	接地电阻测量及接地线连接			
2.1	接地电阻测量	接地电阻小于4Ω	测量时被测地极应与设备断开	
2.2	接地线连接	（1）接地线连接应牢固可靠，与设备连接点应清除锈渍，接地扁铁应除锈刷防锈漆。 （2）接地扁铁搭接长度应大于扁铁宽度的两倍并应三边焊接。 （3）各接地点应分别与主接地体相连	焊接人员应持证工作，安全防护用具应佩带完备，操作时严格按焊接安全操作规程进行操作	
3	箱式变电站试验			
3.1	辅助及控制回路交流耐压试验	辅助和控制回路交流耐压值为1000V，可采用普通试验变压器或2500V绝缘电阻表耐压1min代替	试验中回路上不应有其他工作进行，使用绝缘电阻表测量后应充分放电	
3.2	导电回路电阻测试	将导电回路测试仪试验线接至一次接线端上	接线时应注意保持与带电设备之间的距离	
4	切割电缆、电缆头制作			
4.1	剥除电缆保护层	（1）按图纸要求尺寸剥去A长度外护套。 （2）留下30mm钢带，其余剥去。用砂纸打磨去除钢带表面的氧化层和油漆。 （3）留下10mm内护套，其余剥去，用PVC胶带包扎每相铜屏蔽，剥去填充物，三相分开 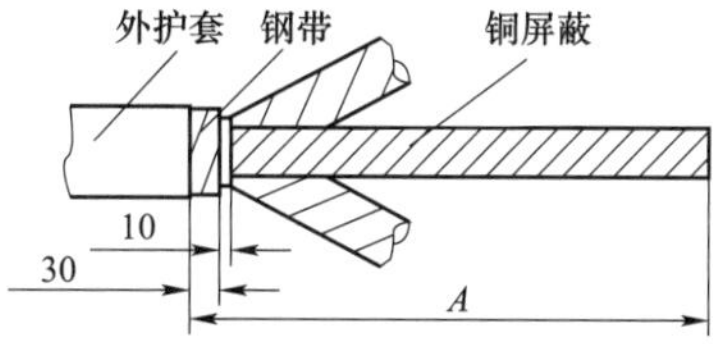 外护套 钢带 铜屏蔽 10 30 A	（1）小心手不被刀具划伤。 （2）电缆端部应锯整齐	
4.2	安装钢带接地线	（1）擦去剥开处往下50mm长外护套表面的污浊，在15mm处均匀绕一层填充胶。 （2）用恒力弹簧将铜编织带（较细的一根）卡在钢带上，用PVC胶带包好恒力弹簧及钢带，再在PVC胶带外绕一层填充胶 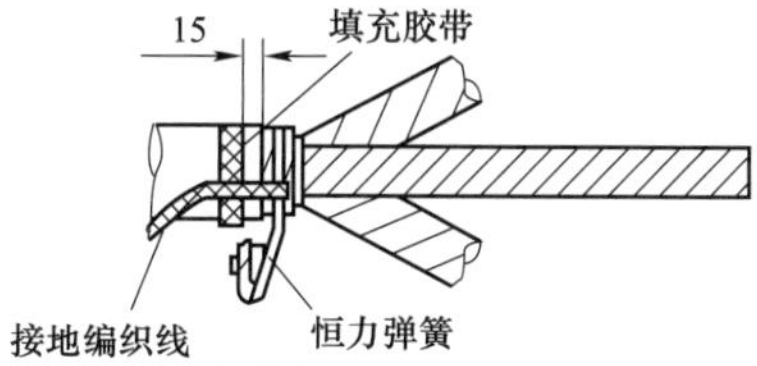 15 填充胶带 接地编织线 恒力弹簧	（1）绑扎固定扎线（恒力弹簧），方向应与电缆铠装绕包方向一致。 （2）剥去电缆内护套和填充料，应用相色带将电缆三相端头铜屏蔽层临时固定，防止散开	
4.3	安装铜屏蔽接地线	（1）将另一根铜编织带接到铜屏蔽层上（编织带末端翻卷2～3卷后插入三芯电缆分岔处并砌入分岔底部，绕包三相铜屏蔽一周后引出）。 （2）用恒力弹簧将铜编织带卡紧固定在电缆主体上 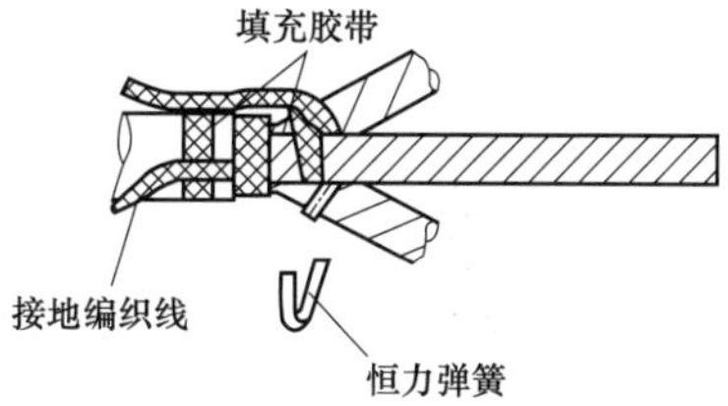 填充胶带 接地编织线 恒力弹簧	（1）铜屏蔽和钢带接地线应分别引出。 （2）套上冷缩三叉指套，根据安装位置、尺寸及布置型式将三相电缆按相序标记并排列好	

续表

序号	作业内容	作业步骤及标准	安全措施及注意事项	备注
4.4	包绕填充胶	将两根编织带分别按在填充胶上，再在上面绕2层至编织带与铜屏蔽层连结处 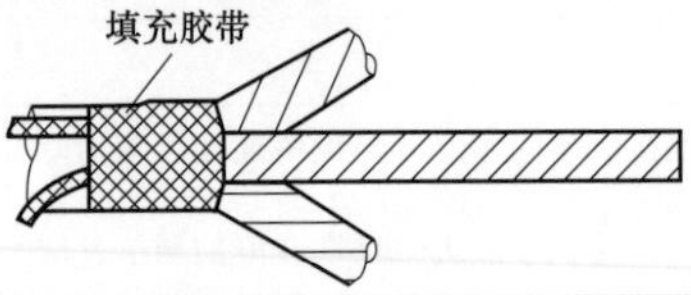 填充胶带	（1）在填充胶外绕一层绝缘自粘带。 （2）注意两接地编织带间请勿短接	
4.5	安装分支手套和绝缘套管	（1）套入冷缩分支手套，尽量往下，逆时针抽去衬条收缩。 （2）套入冷缩绝缘管，绝缘管与分支手套端搭接20～30mm，逆时针抽去衬条收缩 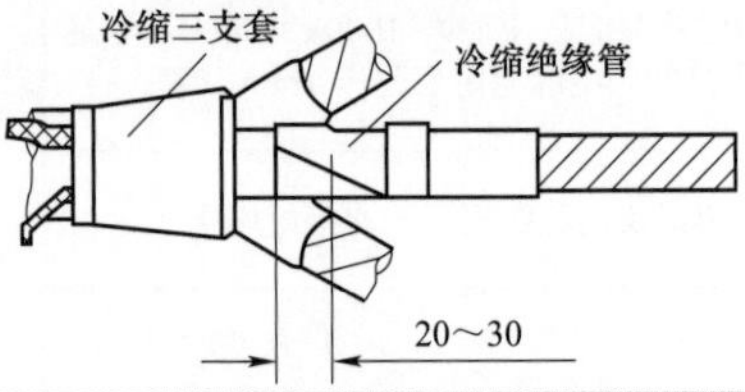 冷缩三支套 冷缩绝缘管 20～30	（1）抽衬条时应用力均匀。 （2）如果要加长绝缘管，与第一根搭接20～30mm	
4.6	校验各相尺寸	（1）按图纸要求，确定电缆顶部到冷缩管端口的长度尺寸，并切除多余冷缩管。 （2）剥切铜屏蔽层、半导体层、按照接线端子孔深加5mm长度切除各相绝缘层 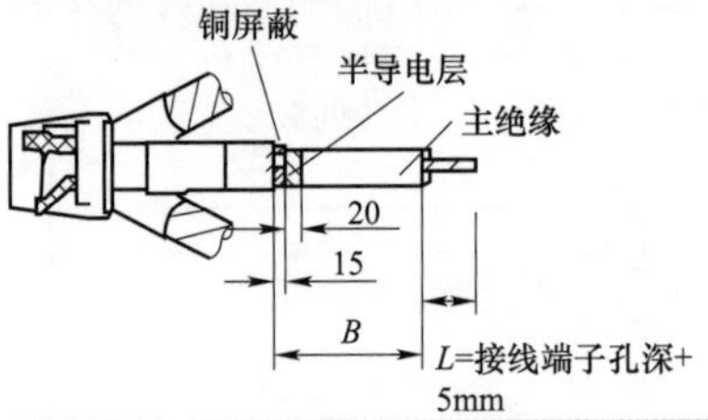 铜屏蔽 半导电层 主绝缘 20 15 B L=接线端子孔深+5mm	（1）切除绝缘管时，应先用PVC胶带固定后环切，严禁轴向切割。 （2）半导体层切口应整齐，过渡坡下端口开始至主绝缘末端口区域用砂纸打磨处理。 （3）绝缘应处理得光滑、圆整，端部做倒角处理。 （4）屏蔽层断口与绝缘之间平滑过渡，不得有明显凹凸、尖刺或漏洞	
4.7	定相	（1）用核相器进行定相后，分别套入相色标记管，拉出支撑条。 （2）在铜屏蔽与外半导体层的台阶处绕1～2mm厚的半导体带，并将铜屏蔽带覆盖住。 （3）半导体层末端用刀具倒角，使之平滑过渡 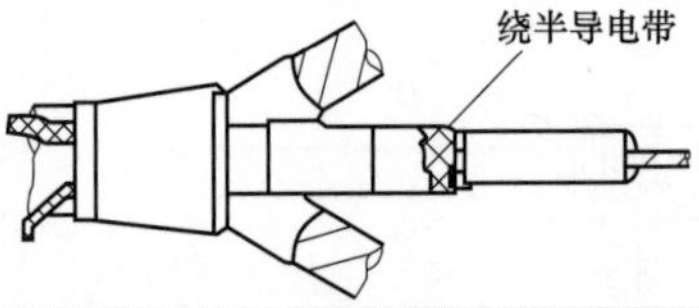 绕半导电带		
4.8	安装应力锥、接线端子	（1）按照图纸要求的尺寸用PVC胶带做一标识作为安装限位线。 （2）用细砂纸打磨绝缘层表面，将绝缘层表面清理干净。待清洁剂挥发后，将硅脂均匀地涂在绝缘层表面。 （3）将应力锥按方向固定在电缆每相上，检查固定位置是否与安装图纸尺寸相符。 （4）压接线端子，并去除棱角和毛刺 		

续表

序号	作业内容	作业步骤及标准	安全措施及注意事项	备注
4.9	安装绝缘靴套	电缆终端清洗晾干，涂抹硅脂，将绝缘靴套推至固定位置	绝缘靴套与应力锥连接紧密、正直	
5	电缆试验	（1）谐振交流耐压前后，用 2500V 绝缘电阻表对电缆终端分别测量对应相与另外两相及地的主绝缘电阻，并对前后测试值进行对比，不得下降过大。 （2）耐压前后用 500V 绝缘电阻表测量电缆外护层绝缘电阻，每千米不低于 0.5MΩ。 （3）新投运线路按 $2.0U_m$ 加压 60min 或 $2.5U_m$ 加压 5min，非新投运线路按 $1.6U_m$ 加压 60min 或 $2.0U_m$ 加压 5min	接线、换线前后均需短路接地放电，加压时电缆两端均应设专人监护	
6	电缆搭接			
6.1	安装电缆终端屏蔽接地线	电缆终端每相绝缘靴套分别用接地软线与设备外壳接地	与接地极必须接触良好，电缆插头搭接应牢固可靠、无松动。高压插拔式肘型插头插入深度一致	
6.2	螺栓固定	螺栓固定在绝缘套管上拧紧绝缘套管，清洗、涂抹硅脂后，将电缆固定在螺栓上后拧紧螺栓，电缆后堵盖涂抹硅脂后安装在靴套上	硅脂涂抹均匀，密封良好	
6.3	电缆固定	电缆终端安装完毕，在设备基础沟槽内安装电缆固定支架将电缆抱紧	电缆应用抱箍固定牢固，防止绝缘套管受力使设备漏气	
7	安装零序电流互感器及故障指示器	零序电流互感器套入电缆上，当电缆接地点在零序电流互感器以下时，接地线应直接接地；接地点在零序电流互感器以上时，接地线应穿过零序电流互感器接地。同时，由电缆终端至零序电流互感器的一段电缆金属护层和接地线应对地绝缘，对地绝缘电阻值应不低于 50kΩ，故障指示器分别固定在电缆终端三相上	所有互感器螺栓含二次接线均应拧紧	
8	悬挂设备标示牌	悬挂电缆标示牌、一次接线图、各开关标示牌及安全警示标志		
9	封堵	电缆穿入孔洞做好封堵		

4.3 竣工内容要求

序号	内容
1	清理现场及工具，认真检查作业点有无遗留物，工作负责人全面检查工作完成情况，无误后清扫地面、撤离现场
2	向设备运维管理单位汇报工作终结
3	各类工器具对号入库，办理工作票终结手续

5 项目评价

项目完成后，根据学员任务完成情况，做好综合点评，并填写项目综合点评记录。

序号	项目	培训师对项目评价	
		存在问题	改进建议
1	安全措施		
2	作业流程		
3	作业方法		
4	工具使用		
5	工作质量		
6	文明操作		

模块 2　配电变压器直流电阻测试

模块说明

本模块包括配电变压器直流电阻测试内容、测试工作要点以及测试仪器的使用。通过学习了解测试内容，能使用测试仪器测试变压器直流电阻，并能正确计算变压器三相直流电阻不平衡率判别变压器是否合格。

电阻是配电设备基本的电气参数之一，在直流条件下测量的电阻称为直流电阻。配电变压器直流电阻的测量是配电变压器试验中既简单、又重要的一个试验项目。它通过对变压器绕组直流电阻的测定，可以检查出变压器绕组内部导线接头的焊接质量、引线与绕组接头的焊接质量、分接开关、套管与引线间的焊接是否良好、分接开关各个分接位置接触是否良好、载流部分有无开路或断路的情况以及绕组有无断路现象、绕组所用导线的规格、电阻率是否符合要求、各项绕组的电阻是否平衡、绕组有无匝间短路等缺陷。开展配电变压器交接、大修、小修、变更分接头位置、故障检查及预防性试验等工作时，均要测量变压器各绕组的直流电阻。

一、作业流程及内容

配电变压器直流电阻试验一般分为以下几个工作步骤。

1. 工作准备

（1）指定工作负责人。工作负责人应由熟悉高压试验技术、具有一定高压试验工作经验并经产业单位安监部门批准、正式发文公布的人员担任。

（2）了解设备情况。试验人员应查阅设备档案，了解被试设备的历史试验数据并带至现场，以备综合分析。

（3）确定试验项目。工作负责人根据试验性质（大修、交接、预防性试验）及变压器实际情况确定做直流电阻试验的必要性。

（4）工具和测试设备的准备。试验人员应根据现场情况确定试验应准备的工具和测试设备并检查其性能状况，有校验要求的仪表应在校验周期内。

2. 试验作业

（1）对变压器验电、放电、接地。

（2）拆除变压器高低压端子引线，清洁接线端子表面。

（3）将试验设备与变压器正确接线，临时拆除变压器上高低压侧接地线。

（4）试验设备开机自检，根据变压器参数正确设置挡位。

（5）逐相、逐挡对变压器的高、低压侧绕组进行直流电阻测试，并填写好高压试验现场记录。

（6）试验完成后，拆除试验接线，恢复变压器原接线。

二、项目工作要点

（1）要严格遵守电气安全规程和设备预防性试验规程。工作负责人全面负责试验工作的安全，试验前对工作班人员详细交代安全注意事项，确认班组成员所做的安全措施是否符合现场实际条件，安全措施是否正确、完备，监督工作班人员安全作业，工作终结后进行安全小结。

（2）在变压器绕组温度稳定的情况下进行测量，要求变压器油箱上、下部的温度之差不超过5℃。最好是在冷却后与周围环境温度相近状态下进行。

（3）由于变压器绕组存有电感，测量开始时的充电电流不太稳定，一定要在电流保持稳定后再计数，必要时采取缩短充电时间的措施。

（4）尽量减少试验回路中的导线接触电阻，运行中的变压器分接头常受油膜等污物的影响而接触不良，一般需切换数次后再测量，以免造成判别错误。

（5）根据相关规范要求，三相变压器应测出线间电阻，有中性点引出的变压器，要测出相电阻。带有分接头的绕组，在大修和交接试验时，要测出所有分接头位置的绕组电阻，在小修和预防性试验时，只需测出运行挡位的绕组电阻。

三、直流电阻测试仪使用

直流电阻测试仪具有使用方便、测量精度高、测量范围宽、测量迅速、数据稳定、重复性好、抗干扰能力强、保护功能完善、充放电速度快等特点，自检和自动校准功能降低了仪器使用和维护的难度，是目前测量配电变压器绕组以及大功率电感设备直流电阻的常用设备。下面以ZZC－H型直流电阻测试仪为例来说明该仪器的操作过程及注意事项，测试仪面板如图4－3所示。

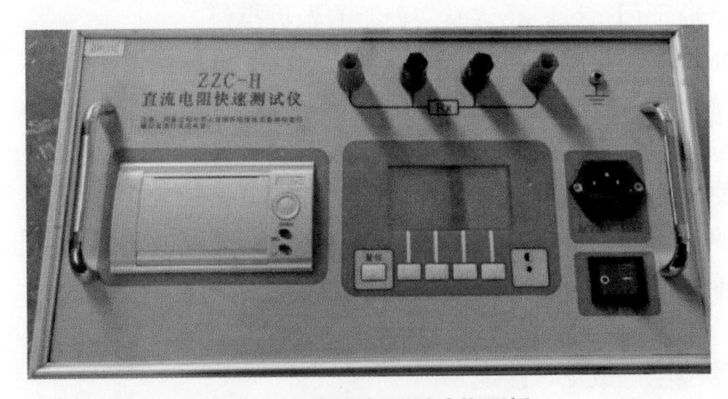

图4－3　直流电阻测试仪面板

1. 开机自检

首先检查仪器外观应完好，配件齐全（电源线、测试连接线、接地线），各种调节旋钮、按钮开关灵活可靠。开机后检查数码显示部分，不应出现重叠和不显示现象。

（1）直流电源测试：闭合总电源开关，相应有指示灯亮，按下“测试”键即可进行测试。测试完毕，按下“复位键”，仪器显示“正在放电”，等仪器返回到开机的界面，关闭总电源开关，相应的指示灯熄灭。

（2）交流电源测试：接上交流 AC220V 电源，“充电”指示灯亮，闭合总电源开关，具体操作同直流电源测试。

2. 测量前的准备

首先将电源线以及地线可靠连接到仪器上，然后把随机附带的测试线连接到仪器面板与其颜色相对应的输入输出接线端子上，将测试线末端的测试钳夹到待测变压器绕组两端，并用力刮擦接触部分去除氧化层，以确保接触良好。直流电阻测试仪接线如图 4－4 所示。

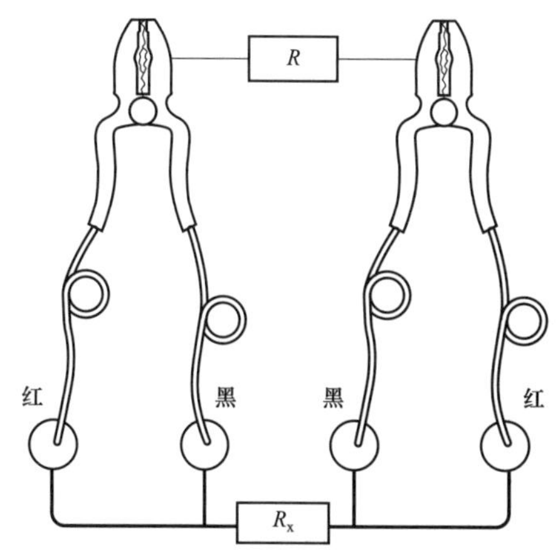

图 4－4　直流电阻测试仪接线示意图

打开电源开关；直流电阻测试仪提供了几种不同的测试电流（见表 4－1），可以根据需要按“上下”键进行选择。应注意每种测量电流的最大测量范围，以免出现所测绕组直流电阻大于所选电流的最大测量范围，使测量开始后电流达不到预定值，导致直流电阻测试仪长时间处于等待状态。

表 4－1　　直流电阻测试仪测试电流、测试范围及测试精度

序号	测试电流	测试范围	测试精度
1	2A	2mΩ～2Ω	0.2 级
2	500mA	20mΩ～10Ω	0.2 级
3	100mA	0.2～40Ω	0.2 级
4	10mA	2～400Ω	0.2 级
5	＜1mA	100mΩ～50kΩ	0.5 级

选择好测试电流后，按“测量”键开始整个测量过程。

3. 开始测量

直流电阻测试仪在按下“测量”键后开始对被测绕组充电，显示器中部显示区将出现一个充电进度条，进度条上部为当前的电流值。一般在测量大电感负载时，电流达到稳定需要一定时间，电流值由零向额定值上升。

注意：如果充电进度条长时间停滞在某一电流值不再上升，则可能当前的绕组电阻值超过了所选电流的测量范围，使电流达不到预定值；按“复位”键退出测量，然后选择小一挡的电流再试。

当电流达到额定值后，充电结束，仪器开始对数据进行采样计算。计算完毕后，所测电阻值将显示在显示屏上。待数据稳定后，即可记录数据。

在测量有载调压变压器的各分接电阻时，当测量完某个分接后，不必退出测量，直接切换到下一个分接，然后按“测量”键刷新数据，数据稳定后进行记录；如此依次测量，直到测完该绕组所有分接。

在测量无励磁调压变压器（配电变压器基本都是无励磁调压变压器）时，不允许直接切换分接开关，必须退出测量状态，放电完成后才能切换分接开关。

4. 结束测量

测量完毕后，按“复位”键退出测量。此时如果是电感性负载，仪器将自动开始对绕组放电，发出蜂鸣音提示。放电指示消失后，即可拆除测量接线，测试下一绕组。

5. 直流电阻测试仪使用注意事项

（1）仪器发生误动作或错误启动等异常情况时，应先按“复位”键终止测试过程，待调整好后，再进行测量。

（2）禁止在测量过程中或者放电指示消失前拆除测量接线，以免由于电感放电危及测试人员和设备的安全。仪器的输出端设有放电电路，关闭输出时，电感会通过仪器泄放能量。一定要在放电指示完毕后才能拆掉测试线。

（3）对于无励磁调压变压器，不允许测量过程中切换分接开关。

（4）测量过程中如果电源突然断电，仪器会自动开始放电，不要立刻拆卸接线，至少等待30s后才可拆卸接线。

（5）测量时，其他未测试的绕组不得短路接地，否则会导致变压器充磁过程变慢，数据稳定时间延长。

（6）开机前应检查电源电压：交流220V±10%，50Hz。仪器处于测试状态时，未经复位不得关闭电源。

（7）试验时应确认被测设备已断电，并与其他带电设备断开。

（8）试验时机壳必须可靠接地。

（9）试验时不允许不相干的物品堆放在设备面板上和周围。

（10）更换保险管和配件时，应使用与原仪器相同的型号。

（11）仪器注意防潮、防油污。

四、测试报告编写

1. 配电变压器直流电阻试验报告

直流电阻测量试验报告见表4-2，在填写时应注意以下几点：

（1）按报告要求准确填写设备铭牌上的各技术参数。

（2）准确填写试验时间、地点、温度、相对湿度，温度应填写变压器上层油温。

（3）填写试验结果应使用规范的计量单位，数据应稳定、精确。

（4）写明试验人员和记录人员姓名。

（5）字迹端正，数据齐全，无涂改痕迹。

2. 直流电阻不平衡率判别依据

由于变压器制造质量、运行单位维修水平、试验人员使用的仪器精度及测量接线方式的不同，测出的三相电阻值也不相同，通常引入不平衡率进行判别。

$$\begin{cases}\Delta R\% = [(R_{max} - R_{min}) / R_{av}] \times 100\% \\ R_{av} = (R_{ab} + R_{bc} + R_{ac}) / 3\end{cases} \qquad (4-1)$$

式中：$\Delta R\%$为误差百分数；R_{max} 为实测电阻的大值，Ω；R_{min} 为实测电阻的小值，Ω；R_{av} 为三相中实测电阻的平均值，Ω。

表 4–2　　直流电阻测量试验报告

<table>
<tr><td colspan="3">时间</td><td colspan="2"></td><td colspan="2">地点</td><td colspan="2"></td></tr>
<tr><td colspan="3">温度（℃）</td><td colspan="2"></td><td colspan="2">相对湿度（%）</td><td colspan="2"></td></tr>
<tr><td colspan="3">使用仪器仪表</td><td colspan="6"></td></tr>
<tr><td colspan="9">设备铭牌</td></tr>
<tr><td colspan="3">型号</td><td colspan="2"></td><td colspan="2">阻抗电压</td><td colspan="2"></td></tr>
<tr><td colspan="3">额定容量</td><td colspan="2"></td><td colspan="2">接线组别</td><td colspan="2"></td></tr>
<tr><td colspan="3">额定电压</td><td colspan="2"></td><td colspan="2">出厂编号</td><td colspan="2"></td></tr>
<tr><td colspan="3">额定电流</td><td colspan="2"></td><td colspan="2">出厂日期</td><td colspan="2"></td></tr>
<tr><td colspan="3">无励磁调压开关分接挡数</td><td colspan="2"></td><td colspan="2">生产厂家</td><td colspan="2"></td></tr>
<tr><td colspan="9">测量记录</td></tr>
<tr><td rowspan="7">高压绕组</td><td>部位</td><td>挡位</td><td>A0</td><td>B0</td><td>C0</td><td>AB</td><td>AC</td><td>BC</td></tr>
<tr><td rowspan="5">测量值</td><td>一</td><td></td><td></td><td></td><td></td><td></td><td></td></tr>
<tr><td>二</td><td></td><td></td><td></td><td></td><td></td><td></td></tr>
<tr><td>三</td><td></td><td></td><td></td><td></td><td></td><td></td></tr>
<tr><td>四</td><td></td><td></td><td></td><td></td><td></td><td></td></tr>
<tr><td>五</td><td></td><td></td><td></td><td></td><td></td><td></td></tr>
<tr><td colspan="2">不平衡率（%）</td><td colspan="6"></td></tr>
<tr><td rowspan="3">低压绕组</td><td colspan="2">对应相间</td><td>a0</td><td>b0</td><td>c0</td><td>ab</td><td>ac</td><td>bc</td></tr>
<tr><td colspan="2">测量值</td><td></td><td></td><td></td><td></td><td></td><td></td></tr>
<tr><td colspan="2">不平衡率（%）</td><td colspan="6"></td></tr>
<tr><td>试验结论</td><td colspan="8">试验人员：</td></tr>
</table>

（1）1.6MVA 以上变压器，各相绕组间的差别不应大于三相平均值的 2%，无中性点引出的绕组，线间差别不应大于三相平均值的 1%。

（2）1.6MVA 以下变压器，各相绕组间的差别不应大于三相平均值的 4%，无中性点引出的绕组，线间差别不应大于三相平均值的 2%。

（3）与以前相同部位测得值比较，其变化不应大于 2%。遇到直流电阻不平衡率偏大时，需考虑到以下几点：

1）试验引线过长或过细影响测试数据。

2）测试夹接触是否良好，测试夹和试品的接触面是否有油漆、氧化层等；如有，需用砂纸将接触面打磨光滑后再进行测试。

3）分接开关接触不良，造成阻值偏高现象较为普遍。如分接开关接触点脏污氧化、电镀脱落、弹簧压力不足、受力不均以及过电压时触点积炭等，都将会造成阻值偏高。此时应将分接开关挡位往返多转动几次，然后再进行测试，一般可消除。如果某挡测试结果不合格，换不同挡位测试数值合格，基本可以判定该分接开关存在缺陷。

4）测试前，变压器高、低压侧引线是否完全拆除，两侧隔离开关是否完全断开，是否存在引线短接变压器绕组可能，都要认真仔细检查核对。

如果经上述检查处理后试验数据仍超标时，证明该变压器内部存在某种故障，可能是绕组与引线虚焊、脱焊、断线等，或层间短路，或绕组烧毁，套管导杆与软连接铜带固定螺钉松动等故障，现场无法简单处理，需要对变压器进行吊心检查或者本体大修。

3. 变压器直流电阻相关换算

（1）变压器的直流电阻，与同温度下产品出厂实测数值比较，相应变化不应大于 2%。不同温度下电阻值按照下式换算：

$$R_2 = R_1 \times (T + T_2)/(T + T_1) \tag{4-2}$$

式中：R_1、R_2 分别为温度在 T_1、T_2 时的电阻值，Ω；T 为计算用常数，铜导线取 235，铝导线取 225。

（2）为了确定缺陷所在的相别，对于无中性点引出的三相变压器，还需将测得的线间电阻换算成每相电阻。

1）设三相变压器的可测线间电阻为 R_{ab}、R_{bc}、R_{ac}，每相电阻为 R_a、R_b、R_c，当变压器绕组为星形连接时，相电阻为：

$$\begin{cases} R_a = (R_{ab} + R_{ac} - R_{bc})/2 \\ R_b = (R_{ab} + R_{bc} - R_{ac})/2 \\ R_c = (R_{ac} + R_{bc} - R_{ab})/2 \end{cases} \tag{4-3}$$

如果三相平衡，相电阻等于 0.5 倍线电阻。

2）当变压器绕组为三角形连接，且 a 连 y、b 连 z、c 连 x 时，相电阻为：

$$\begin{aligned} R_a &= (R_{ac} - R_{av}) - R_{ab}R_{bc}/(R_{ac} - R_{av}) \\ R_b &= (R_{ab} - R_{av}) - R_{ac}R_{bc}/(R_{ab} - R_{av}) \\ R_c &= (R_{bc} - R_{av}) - R_{ab}R_{ac}/(R_{bc} - R_{av}) \end{aligned} \tag{4-4}$$

当变压器绕组为三角形连接，且 a 连 z、b 连 x、c 连 y 时，相电阻为：

$$\begin{aligned} R_a &= (R_{ab} - R_{av}) - R_{ac}R_{bc}/(R_{ab} - R_{av}) \\ R_b &= (R_{bc} - R_{av}) - R_{ab}R_{ac}/(R_{bc} - R_{av}) \\ R_c &= (R_{ac} - R_{av}) - R_{ab}R_{bc}/(R_{ac} - R_{av}) \end{aligned} \tag{4-5}$$

式中：$R_{av} = (R_{ab} + R_{ab} + R_{ac})/2$。

如果三相平衡，相电阻等于 1.5 倍线电阻。

五、作业指导书

10kV 变压器直流电阻测试实训作业指导书格式见附件。

模块小结

通过本模块学习，应掌握变压器直流电阻测试方法及测试仪器使用，能根据测试直流电阻换算后数据，判断直流电阻不平衡率。

思考与练习

1. 引起变压器绕组电阻值超出规范要求的因素有哪些?

2. 一台 800kVA 变压器测试直流电阻分别为 $R_a=15.50\Omega$、$R_b=15.60\Omega$、$R_c=15.70\Omega$，试分析判断这台变压器的直流电阻不平衡率是否合格。

3. 一台变压器某相直流电阻为 16.55Ω(20℃)，油温 30℃试验时测得直流电阻值为 17.55Ω，试分析判断这台变压器的直流电阻值是否合格。

扫码看答案

附件　10kV变压器直流电阻测试实训作业指导书

1　适用范围

本作业指导书适用于10kV变压器直流电阻测试工作。

2　规范性引用文件

（1）《电气装置安装工程　电气设备交接试验标准》（GB 50150—2016）。

（2）《配电设备状态检修试验规程》（DL/T 1753—2017）。

（3）《国家电网公司电力安全工作规程（配电部分）（试行）》。

（4）直流电阻测试仪使用说明书（厂家说明书）。

3　作业前准备

3.1　准备工作

序号	内容	标准	备注
1	根据试验性质、设备参数和结构，确定试验项目，编写交接验收电气试验方案	完成审核、审批流程	
2	了解现场试验条件，落实试验所需配合工作	落实完备	
3	组织作业人员学习作业指导书，使全体作业人员熟悉作业内容、作业标准、安全注意事项	全面了解	确定现场负责人、安全员、若干班组成员
4	了解被试设备出厂和历史试验数据，分析设备状况	明确设备状况及参数	
5	准备试验用仪器仪表，所用仪器仪表良好，有校验要求的仪表应在校验周期内	仪器良好，在校验周期内	

3.2　工器具配备

序号	名称	单位	数量	备注
1	2500V绝缘电阻表	块	1	满足电压和容量要求
2	直流电阻测试仪	台	1	

3.3　危险点分析及安全控制措施

序号	危险点分析	安全控制措施
1	作业人员进入作业现场不戴安全帽、不穿绝缘鞋，试验操作人员不站在绝缘垫上操作可能会发生人身伤害事故	进入试验现场，试验人员必须正确佩戴安全帽，穿绝缘鞋，试验操作人员应站在绝缘垫上操作
2	作业人员进入作业现场可能会发生走错间隔及与带电设备保持距离不够的情况	开始试验前，负责人应对全体试验人员详细说明试验中的安全注意事项。根据带电设备的电压等级，试验人员应注意保持与带电体的安全距离不应小于《国家电网公司电力安全工作规程》中规定的距离

续表

序号	危险点分析	安全控制措施
3	试验区不设安全围栏，会使非试验人员误入试验场地，造成触电	试验区应装设专用遮栏或围栏，向外悬挂“止步，高压危险！”的标示牌并有专人监护，严禁非试验人员进入试验场地
4	登高作业可能会发生高空坠落或设备损坏	工作中如需使用登高工具时，应做好防止设备损坏和人员高空摔跌的安全措施
5	不断开电源、不挂接地线，可能会对试验人员造成伤害	遇异常情况、变更接线或试验结束时，应首先将电压回零，然后断开电源侧隔离开关，并在试品和加压设备的输出端充分放电并接地
6	试验设备和被试设备因不良气象条件和表面脏污引起外绝缘闪络	试验应在天气良好的情况下进行，遇雷雨大风等天气应停止试验，禁止在雨天和相对湿度大于 80%时进行试验，保持设备绝缘表面清洁
7	测量变压器绕组电阻时，可能会造成试验人员触电	任一绕组测试完毕，应进行充分放电后才能更改接线
8	试验完成后没有恢复设备至许可前状态导致事故发生	试验结束后，恢复被试设备至许可前状态，进行检查和清理现场

4　试验作业

4.1　开工要求

序号	内容	备注
1	工作负责人按有关规定办理好工作票许可手续	
2	本作业负责人召开班前会进行“三交三查”	
3	做好现场施工安全措施	

4.2　试验项目和操作标准

序号	试验项目	试验方法	注意事项	试验标准
1	直流电阻	绕组有中性点引出时，应测试各相对中性点的直流电阻，将被试绕组与中性点引出线接入直流电阻测试仪。对于带有载调压方式的绕组，测量所有分接挡位的直流电阻。带无励磁调压方式的绕组，只需测量运行分接挡位的直流电阻	（1）任一绕组测试完毕，应进行充分放电。 （2）必须准确记录变压器顶层油温	（1）三相绕组电阻同温度下相互间的差别不应大于三相平均值的 2%。无中性点引出的绕组，线间差别不应大于三相平均值的 1%。 （2）与出厂相同部位测得值同温度比较，其变化不应大于 2%

4.3　试验收工要求

序号	内容
1	清理现场及工具，认真检查作业点有无遗留物，测试线和接地线均已恢复，工作负责人全面检查工作完成情况，无误后清扫地面、撤离现场
2	向设备运维管理单位汇报试验工作终结
3	各类试验工器具对号入库，办理工作票终结手续

5 项目评价

项目完成后，根据学员任务完成情况，做好综合点评，并填写项目综合点评记录。

序号	项目	培训师对项目评价	
		存在问题	改进建议
1	安全措施		
2	作业流程		
3	作业方法		
4	工具使用		
5	工作质量		
6	文明操作		

模块 3　柱上开关设备安装

模块说明

本模块主要介绍 10kV 架空线路柱上设备中的柱上断路器、柱上负荷开关的安装流程和安装要点，掌握柱上断路器、柱上负荷开关安装所需的工器具、材料、质量标准、操作步骤、危险点预控和安全注意事项。

一、柱上断路器、柱上负荷开关的一般适用范围

（1）柱上断路器、柱上负荷开关在线路有电压、有负载时切断线路及转换线路时使用。

（2）实现停电检修时形成明显断开点，柱上断路器、柱上负荷开关（无隔离开关、内置隔离开关）可与柱上隔离开关配合使用。

（3）作为分段、分界、联络类开关使用时，一般需加装柱上隔离开关。

二、柱上断路器、柱上负荷开关安装的图例、材料

单回路分段开关（联络）安装图如图 4－5 所示，图中安装材料见表 4－3。

表 4－3　单回路分段开关（联络）安装材料表

序号	材料名称	单位	数量	附注
1	瓷横担绝缘子，RA2.5ET185L	只	4	
2	断路器，ZW－12G/630－20	台	1	带隔离开关
3	过电压保护器（过渡支架），YH5WD－17/45DZ	只	6	带接地环
4	绝缘导线，JKLYJ－10（主导线截面积）	m	20	设计选型
5	BV 铜芯塑料线，BV－50	m	10	
6	线路角铁横担，HD8－1900	块	4	
7	接地连铁，—40×4×140	只	1	
8	铜接线端子，DT－50	只	4	与断路器接地孔连接
9	绝缘穿刺线夹	只	12	设计选型
10	C 型设备线夹，单出线	套	18	设计选型
11	双头螺杆，ϕ18×310	根	4	230 梢径采用 ϕ340
12	单头螺栓，M16 × 40	根	9	包含螺母、垫片，与水泥杆接地孔连接
13	单头螺栓，M12 × 35	根	4	包含螺母、垫片，与交流避雷器横担连接
14	接地装置	组	1	设计选型

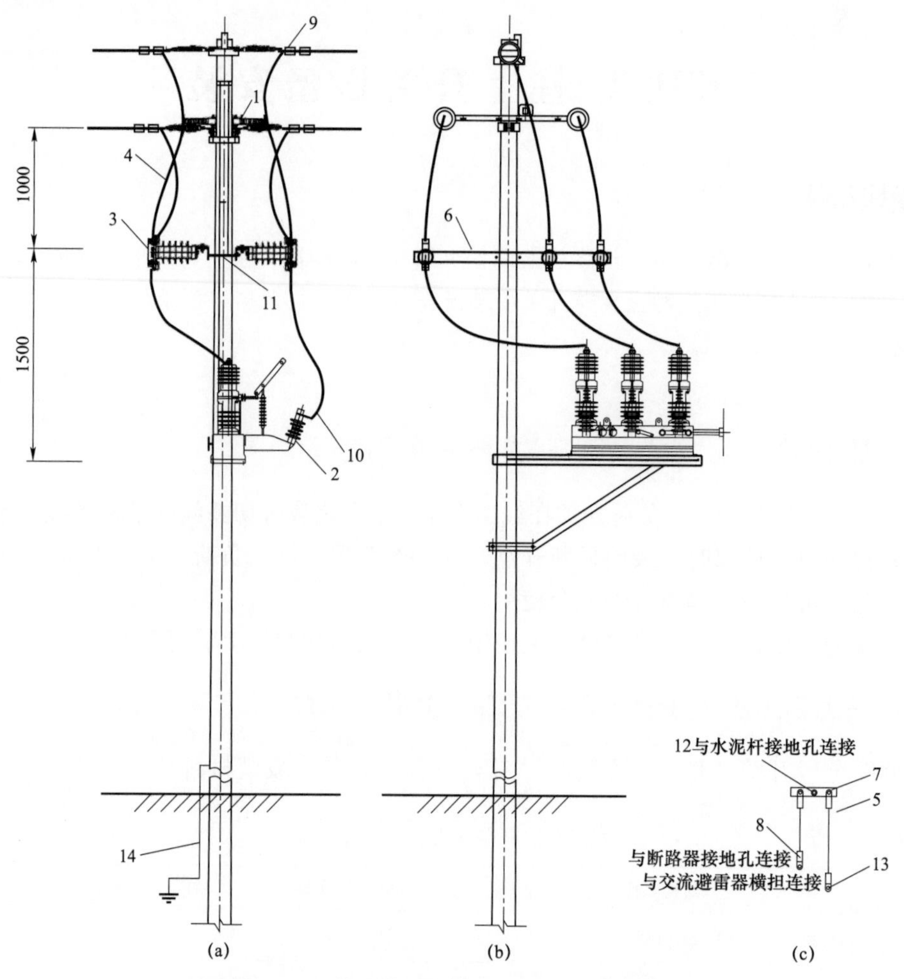

图 4-5　单回路分段开关（联络）安装图

（a）垂直线路方向安装图；（b）顺线路方向安装图；（c）接地装置安装图

单回路单分支开关安装图如图 4-6 所示，图中安装材料见表 4-4。

表 4-4　　单回路单分支开关安装材料表

序号	材料名称	单位	数量	附注
1	瓷横担绝缘子，RA2.5ET185L	只	4	
2	耐张绝缘子串	串	3	设计选型
3	断路器，ZW-12G/630-20	台	1	带隔离开关
4	过电压保护器（过渡支架），YH5WD-17/45DZ	只	6	带接地环
5	绝缘导线 JKLYJ-10（分支导线截面积）	m	20	设计选型
6	BV 铜芯塑料线，BV-50	m	10	
7	线路角铁横担，HD8-1900	块	4	
8	挂线连铁，LT8-540G	块	2	230 梢径采用，LT8-580G
9	挂板，—160 × 8 × 170	块	1	

续表

序号	材料名称	单位	数量	附注
10	绝缘穿刺线夹	只	6	设计选型
11	铜接线端子，DT－50	只	4	与断路器接地孔连接
12	C 型设备线夹，单出线	套	18	设计选型
13	双头螺杆，ϕ18 × 310	根	8	230 梢径采用 ϕ340
14	单头螺栓，M16 × 40	根	14	包含螺母、垫片，与水泥杆接地孔连接
15	单头螺栓，M12 × 35	根	4	包含螺母、垫片，与交流避雷器横担连接
16	接地装置	组	1	设计选型
17	接地连铁，—40 × 4 × 140	只	1	

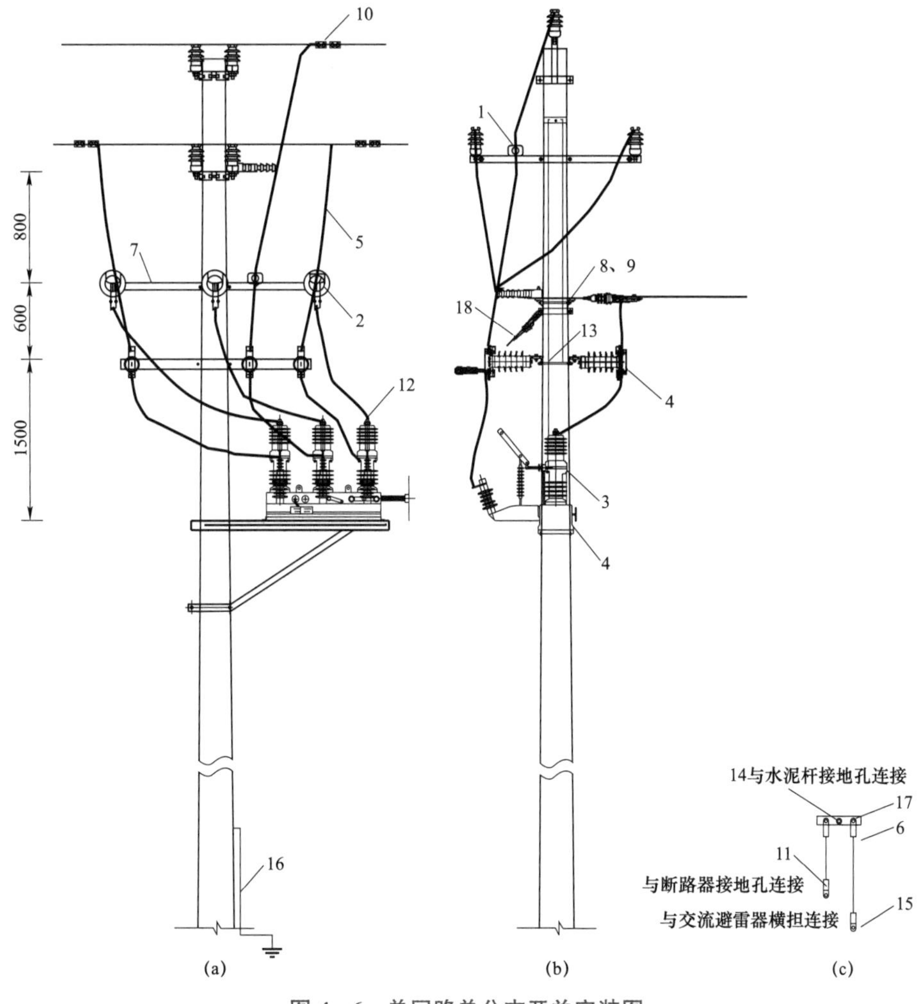

图 4－6　单回路单分支开关安装图

(a) 垂直线路方向安装图；(b) 顺线路方向安装图；(c) 接地装置安装图

三、项目工作流程及要点

1. 准备工作

（1）工作负责人接受工作任务，进行现场勘察、确定施工方案、编写施工标准作业卡。现场勘察应查看检修（施工）作业需要停电的范围、保留的带电部位、装设接地线的位置、邻近线路、交叉跨越、多电源、自备电源、地下管线设施和作业现场的条件、环境及其他影响作业的危险点，并提出针对性的安全措施和注意事项。工作负责人根据现场勘察情况编写作业指导书。

（2）核对开关设备型号，外观检查良好，所有部件及备件应齐全，无锈蚀或机械损伤。开关设备绝缘部件不应变形、受潮、破损。电气试验合格及防误装置检验合格。

（3）横担支架镀锌完好，无锈蚀、扭曲等现象，螺栓配套齐全。

（4）核对避雷器技术性能、参数符合设计要求。避雷器安装前应检查额定电压与线路电压是否匹配，有无试验合格证。瓷件（复合套管）表面有无裂纹破损和闪络痕迹。胶合及密封情况是否良好、干净。不同方向轻轻摇动，避雷器内部应无响声。金属部分无锈蚀。

（5）核对设计图纸、杆塔明细表、材料表正确无误。

（6）准备合格的施工机具。

（7）工作负责人按照工作任务、人员的技术能力安排施工人员。

2. 办理许可手续

工作负责人得到工作许可人许可，查看、核对现场安全措施与工作票或作业票是否相符合（若不完备应补充安全措施），查看、核对无误后办理许可手续。

3. 工作负责人召集全体人员进行班前会

（1）宣读工作票或作业票，交代工作任务、工作地段、停电范围、带电部分、危险点、预防措施、人员分工和现场文明施工、注意事项等。

（2）检查全体作业人员是否戴好安全帽，人员应规范着装（穿长袖棉质衣服、穿软底绝缘鞋、戴手套）。

（3）检查登高工器具和个人工器具。

（4）检查施工机具和材料。

（5）施工人员分别在工作票或施工作业票上签字。

4. 作业过程

（1）根据工作票、作业票布置现场安全措施。验电，装设接地线，设立围栏、路牌。

（2）根据开关设备质量及地形情况，确定吊装方式（现场勘察时确定），采用起重机或者滑车组吊装。

（3）根据分工，开始工作。

1）地面配合人员工作：将开关设备关搬运至指定位置，搬运过程中不允许倒置、翻滚，不允许抬、拉瓷套管。

2）起吊前：检查瓷件（复合套管）外观应良好、干净，若为 SF_6 断路器，还应检测 SF_6 压力值或真空度应符合产品要求；进行分、合闸试验操作时机构灵活，经分、合闸操作 3 次以上，指示正常。

3）选取与开关设备质量相符的绳套，并牢靠地连接在开关设备的起重挂点，使起吊时能保持水平，严禁超载起吊；开关设备稍一离地应暂停起吊并检查各吊点，确认正常后方可正式起吊。

4）在带电线路附近吊装时，起重机必须接地良好，与带电体的最小安全距离应符合《国家电网公司电力安全工作规程》的规定。

5）上杆作业人员：检查线路设备的双重名称、杆号无误，杆根、拉线、杆身等符合要求，并对登高工器具进行冲击试验，合格后才可登杆。

6）登杆作业：登杆至合适的位置，用卷尺量好安装位置并做好标记；按照图纸尺寸分别安装避雷器支架，开关设备支架；螺栓的穿向应统一，连接牢固、可靠，达到相关规范要求的扭矩；拧紧后，外露丝扣不应小于 2 扣，不得长于 20mm。顺线路方向，双面结构由内向外，单面结构由送电侧穿入或按统一方向；横线路方向，两侧由内向外，中间由左向右（面向受电侧）或按统一方向；垂直线路方向，由下向上。支架安装后，开关设备对地面的垂直距离不宜小于 4.5m。

7）过电压保护器（避雷器）安装：经常开路运行而又带电的各种柱上开关设备，应在两侧都装设防雷装置；安装应垂直，排列整齐，高低一致。引线应短而直，连接应紧密，引线相间距离应不小于 300mm，对地距离应不小于 200mm，采用绝缘线时，其截面积应符合以下规定：① 引上线若为铜线不小于 16mm^2，若为铝线不小于 25mm^2；② 引下线应可靠接地，引下线若为铜线不小于 25mm^2，若为铝线不小于 35mm^2。接地线接触应良好，与开关设备外壳接地线连接，接地电阻值不大于 10Ω。带电部分与相邻导线或金属架的距离不应小于 350mm。相间距离不小于 350mm。

8）开关设备吊装至杆上：将开关设备吊装至开关设备支架并固定，开关设备操作面朝道路侧，柱上开关设备水平倾斜不大于托架长度的 1%。

9）连接引线：引流线必须选用相应规格的导线，其截面积应符合线路载流量的要求；主线引线时禁止在主绝缘线引搭，应在线尾部分搭接，特殊情况除外；开关设备的引流线，与架空线一般采用并沟线夹或异型线夹连接，数量不应少于 2 个，连接面应平整、光洁；导线及线夹槽内应清除氧化膜，并涂电力复合脂；引线应连接紧密，同时应有一定的弧度，并保持三相弧度一致，松紧适中，不应使开关设备接线端子受力；10kV 相间距离不应小于 300mm，与杆塔及构架的距离不应小于 200mm；接线端子与引线的连接应采用线夹，如有铜铝连接时应有过渡措施；连接处，螺栓大小应匹配并且要求配套“两平一弹”（两个平垫圈、一个弹簧垫圈）。

10）开关设备外壳接地：应可靠接地，与避雷器接地线连接，引下线若为铜线不小于 25mm^2，若为铝线不小于 35mm^2；共用引下线沿电杆紧贴引下并每隔 1～1.5m 绑扎固定接至接地端，接地电阻值不大于 10Ω。

11）开关设备调整保护方式投退：将开关设备保护投退方式调整至设计要求。

12）安装绝缘罩：对隔离开关、接线柱和避雷器裸露导电部位，应安装绝缘罩。

13）杆上清扫：清扫绝缘子、瓷件（复合套管），检查杆上工器具、材料有无遗漏。

14）开关设备拉合试验：根据产品说明书要求对开关设备进行正确的拉合操作；操作时应设监护人，认真核对分、合指示与实际分、合位置是否对应；应试操作 3 次以上，操作后使断路器和隔离开关处于分闸位置；开关设备及其操动机构的联动应正常；开关设备进行拉合操作时，机构应灵活、可靠、接触紧密。

5. 质量验收

（1）开关设备的产品说明书、出厂试验报告、合格证件、交接试验报告齐全。

（2）开关设备及附属设备固定牢靠，外表清洁、完整，无损伤。

（3）电气连接应可靠且接触良好，接地符合设计要求。

（4）电气设备及引线对地、相间距离满足相关规范。

（5）开关设备及其操动机构的联动应正常；开关设备进行拉合操作时，机构应灵活、可靠、接触紧密，分、合闸指示位置正确、可靠。

（6）绝缘部件、瓷件应完整无损。

（7）设备命名牌和警告标志正确、完备。

6. 工作结束

（1）将现场的接地线、围栏、警示牌等安全措施拆除，恢复至许可前状态。

（2）清点人员、工器具和施工机具。

（3）清理施工现场，做到“工完、料尽、场地清”。

（4）向工作许可人汇报工作终结，办理工作终结手续。

7. 注意事项

（1）连接开关设备引线前，应合上隔离开关，以防止在紧固引线时隔离开关导电杆转动。

（2）开关设备引线连接应采用双孔设备线夹，防止在外力作用下连接点松动。

四、作业指导书

10kV 柱上断路器、柱上负荷开关安装实训作业指导书格式见附件。

模块小结

本模块主要掌握 10kV 架空线路柱上设备中的柱上断路器、柱上负荷开关的安装前需要做的准备工作、安全措施和设备检查，安装时的安装工艺要点，安装后的质量验收标准。按照安装流程和要点来进行施工，从而保证线路设备安全运行。

思考与练习

1. 柱上开关设备安装前有哪些检查项目？

2. 开关设备外壳接地的具体要求是什么？

3. 柱上开关设备安装完成后质量验收有哪些关键点？

扫码看答案

附件　10kV 柱上断路器、柱上负荷开关安装实训作业指导书

扫码下载

1　适用范围

本作业项目适用于 10kV 柱上断路器、柱上负荷开关安装项目的技能实训工作。

2　规范性引用文件

（1）《电气装置安装工程　高压电器施工及验收规范》（GB 50147—2010）。

（2）《国家电网公司电力安全工作规程（配电部分）（试行）》。

（3）《20kV 配电设计技术规定》（DL 5449—2012）。

（4）《电气装置安装工程　电气设备交接试验标准》（GB 50150—2006）。

（5）《电气装置安装工程质量检验及评定规程　第 10 部分：66kV 及以下架空电力线路施工质量检验》（DL/T 5161.10—2018）。

（6）《电气装置安装工程 66kV 及以下架空电力线路施工及验收规范》（GB 50173—2014）。

（7）10kV 柱上断路器、柱上负荷开关安装使用说明书（厂家说明书）。

3　工作前准备

3.1　现场勘察基本要求

序号	内容	标准	备注
1	工作负责人接受工作任务，进行现场勘察	现场勘察应查看检修（施工）作业需要停电的范围、保留的带电部位、装设接地线的位置、邻近线路、交叉跨越、多电源、自备电源和作业现场的条件、环境及其他影响作业的危险点，并提出针对性的安全措施和注意事项。工作负责人根据现场勘察情况编写作业指导书	明确作业现场状况
2	编写施工方案、作业指导书	工作负责人根据现场勘察情况编写施工方案、作业指导书	
3	检查开关设备	核对开关设备型号，外观检查良好，所有部件及备件应齐全，无锈蚀或机械损伤。开关设备绝缘部件不应变形、受潮、破损。电气试验合格及防误装置检验合格	明确设备状况
4	检查横担支架	横担支架镀锌完好，无锈蚀、扭曲等现象，螺栓配套齐全	明确设备状况
5	核对图纸	核对设计图纸、杆塔明细表、材料表正确无误	
6	准备施工机具	准备合格的施工机具：汽车起重机 1 辆，脚扣 2 副，传递绳 2 根，安全带 2 套，10kV 验电器 2 支，10kV 接地线 2 副（安装分支开关需要 3 副），绝缘手套 2 副，围栏 1 套，公路警示牌 4 块，手锤 2 把，1t 卸扣 2 只，2m 左右 ϕ8～13 钢丝套 1 根，卷尺 1 把，凡士林 1 瓶，钢丝刷 1 把等工具	
7	人员准备	工作负责人按照工作任务、人员的技术素质准备施工人员	确定安全员、若干班成员

3.2 现场作业人员基本要求

序号	内容	备注
1	作业人员应经《国家电网公司电力安全工作规程（配电部分）（试行）》考试合格	
2	作业人员应具备必要的电气知识，熟悉作业规范	
3	作业人员应身体状况良好，情绪稳定，精神集中	
4	作业人员个人工具和劳保防护用品应合格、齐备	
5	特种人员持证上岗	

3.3 危险点分析及安全控制措施

序号	危险点分析	安全控制措施
1	误登杆	作业人员在登杆前应核对停电线路的双重名称和杆号，与工作票一致后方可工作
2	倒杆	攀登杆塔作业前，应检查根部、基础和拉线是否牢固。新立杆塔在基础未完全牢固或做好临时拉线前，禁止攀登。遇有冲刷、起土、上拔的杆塔，应先培土加固，打好临时拉线或支好架杆后，再行登杆
3	高空摔跌	登杆塔前，应检查登高工具、安全带等是否完整、牢靠，并做好冲击试验。禁止利用绳索、拉线上下杆塔或顺杆下滑。在杆塔上工作时，作业人员必须正确使用安全带、后备保护绳，安全带应系在牢固的构件上，高空作业时不得失去双重保护，转位时不得失去一重保护
4	高空坠落物体打击	作业现场设置围栏、警示牌。作业现场人员必须戴好安全帽，严禁在作业点正下方逗留。要用绳索传递工具、材料，严禁抛掷
5	登高作业可能会发生高空坠落或设备损坏	工作中如需使用登高工具，应做好防止设备损坏和人员高空摔跌的安全措施
6	起重机起吊	开关设备在起吊过程中，吊臂和吊物下严禁有人逗留、穿越。起重机司机应严格听从起重机指挥人员的指挥，与杆上人员协调配合

4 作业程序

4.1 办理许可手续

序号	内容	要点	备注
1	办理许可手续	工作负责人得到工作许可人许可，查看、核对现场安全措施与工作票、作业票是否相符合（若不完备应补充安全措施），查看、核对无误后办理许可手续	

4.2 班前会

序号	内容	要点	备注
1	宣读工作票、作业票	交代工作任务、工作地段、停电范围、带电部分、危险点、预防措施、人员分工和现场文明施工、注意事项等	
2	检查全体作业人员劳动防护用品	检查全体作业人员是否戴好安全帽，人员应规范着装（穿长袖棉质衣服、穿软底绝缘鞋、戴手套）	
3	检查登高工器具和个人工器具	对脚扣、登高板、安全带、传递绳和个人工器具等进行检查，应外观良好、无破损，在检验合格有效期内	

续表

序号	内容	要点	备注
4	检查施工机具和材料	检查施工机具和材料，核对型号，所有部件及备件应齐全，无锈蚀或机械损伤，外观良好、无破损，在检验合格有效期内	
5	施工人员分别在工作票或施工作业票上签字	施工人员对工作任务、工作地段、停电范围、带电部分、危险点、预防措施、人员分工和现场文明施工、注意事项等分别均已知晓，在工作票或施工作业票上签字	

4.3　施工过程和要点

序号	内容	要点	备注
1	根据工作票、作业票布置现场安全措施	验电，装设接地线，设立围栏、路牌	
2	确定吊装方式	根据开关设备质量及地形情况，确定吊装方式（现场勘察时确定），采用起重机或者滑车组吊装	
3	地面配合人员	将开关设备搬运至指定位置，搬运过程中不允许倒置、翻滚，不允许抬、杠（拉）瓷套管	
4	起吊前检查	检查瓷件（复合套管）外观应良好、干净，SF_6 压力值或真空度应符合产品要求，进行分、合闸试验操作时机构灵活，经分、合闸操作 3 次以上，指示正常	
5	起吊准备和检查	选取与开关设备质量相符的绳套，并牢靠地连接在开关设备的起重挂点，使起吊时能保持水平，严禁超载起吊；开关设备稍一离地应暂停起吊并检查各吊点，确认正常后方可正式起吊	
6	在带电线路附近吊装时安全注意事项	在带电线路附近吊装时，起重机必须接地良好，与带电体的最小安全距离应符合《国家电网公司电力安全工作规程》的规定	
7	上杆作业人员	检查线路设备的双重名称、杆号无误，杆根、拉线、杆身等符合要求，并对登高工器具进行冲击试验，合格后才可登杆	
8	杆上作业	登杆至合适的位置，用卷尺量好安装位置并做好标记；按照图纸尺寸分别安装避雷器支架，开关设备支架；螺栓的穿向应统一，连接牢固、可靠，达到相关规范要求的扭矩；拧紧后，外露丝扣不应小于 2 扣，不得长于 20mm。顺线路方向，双面结构由内向外，单面结构由送电侧穿入或按统一方向；横线路方向，两侧由内向外，中间由左向右（面向受电侧）或按统一方向；垂直方向，由下向上。支架安装后，开关设备对地面的垂直距离不宜小 4.5m	
9	过电压保护器（避雷器）安装	经常开路运行而又带电的各种柱上开关设备，应在两侧都装设防雷装置；安装应垂直，排列整齐，高低一致。引线应短而直，连接应紧密，引线相间距离应不小于 300mm，对地距离应不小于 200mm，采用绝缘线时，其截面积应符合以下规定：引上线若为铜线不小于 16mm^2，若为铝线不小于 25mm^2。引下线应可靠接地，引下线若为铜线不小于 25mm^2，若为铝线不小于 35mm^2。接地线接触应良好，与开关设备外壳接地线连接，接地电阻值不大于 10Ω。带电部分与相邻导线或金属架的距离不应小于 350mm。相间距离不小于 350mm	
10	开关设备吊装至杆上安装	将开关设备吊装至开关设备支架并固定，开关设备操作面朝道路侧，柱上开关设备水平倾斜不大于托架长度的 1%	

续表

序号	内容	要点	备注
11	引线连接	引流线必须选用相应规格的导线，其截面积应符合线路载流量的要求；主线引线时禁止在主绝缘线引搭，应在线尾部分搭接，特殊情况除外；开关设备的引流线，与架空线一般采用并沟线夹或异型线夹连接，数量不应少于2个，连接面应平整、光洁；导线及线夹槽内应清除氧化膜，并涂电力复合脂；引线应连接紧密，同时应有一定的弧度，并保持三相弧度一致，松紧适中，不应使开关设备接线端子受力；10kV相间距离不应小于300mm，与杆塔及构架的距离不应小于200mm；接线端子与引线的连接应采用线夹，如有铜铝连接时应有过渡措施；连接处，螺栓大小应匹配并且要求配套“两平一弹”	
12	开关设备外壳接地	开关设备外壳应可靠接地，与避雷器接地连接，引下线若为铜线不小于25mm²，若为铝线不小于35mm²；共用引下线沿电杆紧贴引下并每隔1～1.5m绑扎固定接至接地端，接地电阻值不大于10Ω	
13	开关设备调整保护方式投退	将开关设备保护投退方式调整至设计要求	
14	安装绝缘罩	对隔离开关、接线柱和避雷器裸露导电部位，应安装绝缘罩	
15	杆上清扫	清扫绝缘子、瓷件（复合套管），检查杆上工器具、材料有无遗漏	
16	开关设备拉合试验	根据产品说明书要求对开关设备进行正确的拉合操作；操作时应设监护人，认真核对分、合指示与实际分、合位置是否对应；应试操作3次以上，操作后使开关设备和隔离开关处于分闸位置；开关设备及其操动机构的联动应正常；开关设备进行拉合操作时，机构应灵活、可靠、接触紧密	

5　质量验收和工作结束

5.1　质量验收要点

序号	内容	要点	备注
1	质量验收	（1）开关设备的产品说明书、出厂试验报告、合格证件、交接试验报告齐全。 （2）开关设备及附属设备固定牢靠，外表清洁完整，无损伤。 （3）电气连接应可靠且接触良好，接地符合设计要求。 （4）电气设备及引线对地、相间距离满足相关规范。 （5）开关设备及其操动机构的联动应正常；开关设备进行拉合操作时，机构应灵活、可靠、接触紧密，分、合闸指示位置正确、可靠。 （6）绝缘部件、瓷件应完整无损。 （7）设备命名牌和警告标志正确、完备	

5.2　工作结束要点

序号	内容	要点	备注
1	工作结束	（1）将现场的接地线、围栏、警示牌等安全措施拆除，恢复至许可前状态。 （2）清点人员、工器具和施工机具。 （3）清理施工现场，做到“工完、料尽、场地清”。 （4）向工作许可人汇报工作终结，办理工作终结手续	

6　项目评价

项目完成后，根据学员任务完成情况，做好综合点评，并填写项目综合点评记录。

序号	项目	培训师对项目评价	
		存在问题	改进建议
1	安全措施		
2	作业流程		
3	作业方法		
4	工具使用		
5	工作质量		
6	文明操作		

模块4　配电自动化终端设备安装调试

模块说明

本模块介绍配电自动化终端设备安装调试的相关内容，通过安装工艺规范和设备调试两方面的学习，掌握配电自动化终端施工工艺标准和调试的步骤要求，以及危险点预控和相关的注意事项。

配电自动化终端是安装在配电网的各类远方监测、控制单元的总称，完成数据采集、控制、通信等功能。配电自动化终端包括站所终端（DTU）、馈线终端（FTU）、配电变压器终端（TTU）、故障指示器（带远传功能）等。

一、馈线终端安装调试

（一）馈线终端安装

1. 施工前的准备

（1）现场勘察内容及要求。施工单位在施工前需对相关杆塔进行勘察，了解周围环境并拍照，测试无线信号强度。需勘察的内容及要求如下：

1） 馈线终端、电压互感器的安装位置。

2） 预估馈线终端控制电缆、电压互感器二次电缆的长度。

3） 确定馈线终端所采用的通信方式，如架空线路有光纤或载波通信接口，可选用光纤或载波通信，并确定通信通道建设路径以及所需的材料等；如采用无线通信，需检测并记录杆塔附近不同运营商无线信号强弱，确认终端安装位置的无线信号强度是否满足运行要求。

4） 确定所需的二次电缆、施工辅材的型号和数量。

（2）设备及材料准备：结合现场勘察结果，确认施工图纸中的主要设备和材料是否能满足工程所需，并保证施工前所有设备、材料及工器具准备到位。

（3）施工风险识别及防范措施。

1） 风险识别：

a. 误登带电杆塔、误碰带电线路。

b. 施工地点离邻近10kV带电线路安全距离不足。

c. 安全措施未落实到位，导致线路倒供电，引起人身伤亡，如电压互感器二次线接入试验电源、工作线路两端未完全接地等。

d. 误接线导致电压互感器二次侧短路、馈线终端工作电源短路、操作电源短路、电池正负极短路、开关电动机反接、电流互感器二次侧开路。

e. 接线虚短或虚断。

f. 未佩戴安全帽和手套、未穿工作服和绝缘鞋导致肢体刮伤、撞伤、压伤；未系好安全带导致人身坠落。

g. 未按要求施工导致的设备及人身伤害。

2）防范措施：

a. 严格执行“停电、验电、挂接地线”的安全工作措施，设置好安全围栏，防止误登带电杆塔。

b. 做好安全技术交底，执行监护制度，确保与带电线路保持一定安全距离。

c. 严格执行“两票”（工作票、操作票）制度，落实安全技术措施，杜绝倒供电现象。

d. 严格按照施工图纸、设备电气原理图接线，确保接线正确。

e. 确保控制电缆线芯与接线端子接触良好，必要时用万用表检验相关回路是否短接或断开。

f. 正确佩戴安全帽和手套，正确穿着工作服和绝缘鞋；登杆塔时，遵循“高挂低用”原则，佩戴并系好安全带。

g. 严格按照其他操作要求施工。

2. 施工标准

（1）安装前检查：

1）核对出厂清单，检查馈线终端及附属装置数量、图纸资料、册出厂试验报告、合格证、技术说明书。

2）检查馈线终端是否在显著位置蚀刻不锈钢铭牌，铭牌内容是否包含馈线终端名称、型号、产品编号、制造日期及制造厂家名称、装置电源、操作电源、额定电压等。

3）要求馈线终端箱体密封良好，箱体有足够的支撑强度，关闭自如。箱体无明显的凹凸痕、划伤裂缝、毛刺、锈蚀等，喷涂层无破损、不应脱落。

4）箱体内的设备、元器件安装应牢靠、整齐、层次分明，各种模块插件与主板总线接触良好、插拔方便，熔丝和功能连接片等安装牢固、接触良好。

5）箱体内的设备电源相互独立，装置电源、控制电源、通信电源应由独立的低压断路器控制，采用专用直流、交流低压断路器。

6）馈线终端内部二次接线与施工图纸相符；端子排、接线牢固可靠，无积尘、受潮及放电痕迹；电源回路、电流回路、控制回路二次电缆无划伤、裂缝等，能承受一定的弯度；二次接线套管的粗细、长短应一致且字迹清晰，套管采用打印，不同截面积的电缆芯，不允许接入同一端子，同一端子接线不宜超过两根，接线应排列整齐，避免交叉，固定牢靠；航空插头能与开关本体、馈线终端完好连接。

7）馈线终端内部控制面板易打开，内部控制面板的按钮之间的距离应满足技术条件书要求，应将不同功能的按钮及低压断路器安排在不同的部位，相关控制按钮需有防误碰或误操作的措施，并有明显的标识。

8）馈线终端内部接地检查。终端外壳有独立的不锈钢接地端子（不可涂漆），并与内侧可靠连接，连接线的线径不应小于 6mm。

（2）馈线终端本体安装要求：

1）安装高度。箱体的安装高度应符合设计要求，安装应离地 3m 以上、5m 以下，且与一次设备的距离大于 1m。箱体的安装位置需结合安装处杆、塔型号及开关的安装位置确定。

注意：馈线终端的安装位置太低容易受破坏，安装位置太高不利于维护，3～5m 是比较合适的高度。10kV 带电设备的安全距离是 0.7m，考虑到冗余度，要求馈线终端离一次设备的距离大于 1m。

2）固定方式。箱体宜采用挂装式安装，并保证在杆、塔上有两个及以上固定点，安装横平竖直、固定牢固。

3）接地方式。馈线终端应有专用的接地体，要求接地线和接地体紧密连接，接地线不小于 $25mm^2$。

4）对于同杆塔双回路，要求馈线终端安装在对应线路、开关的同一侧。

（3）馈线终端二次电缆接线。

1）选型要求：

a. 根据施工图纸要求，选择符合要求的二次电缆。

b. 馈线终端控制电缆的电流互感器二次回路应采用截面积不小于 $2.5mm^2$ 的线芯，电压、控制回路应采用截面积不小于 $1.5mm^2$ 的线芯，控制电缆应满足阻燃要求。

c. 馈线终端外壳接地线应使用截面积不小于 $6mm^2$ 的多股接地线；馈线终端箱体接地线应使用截面积不小于 $25mm^2$ 的单股接地线。

2）接线及敷设要求：

a. 馈线终端电源、电压遥测回路接自电压互感器电源侧、负荷侧的二次接线盒；电流回路、控制回路接自开关本体，所有二次电缆外部接线完整、无破损，与开关、电压互感器连接位置正确、牢固，接线整齐、美观，做好防水措施。

b. 电流互感器二次回路严禁开路；电压互感器二次回路严禁短路。

c. 连接开关和馈线终端的控制电缆应沿着横担、杆塔敷设，并牢固固定，冗余的二次线缆应在馈线终端处顺线盘留在箱体下方，并固定牢靠。

d. 馈线终端及二次电缆能防水、防小动物破坏，终端箱防水胶条完好。

e. 在馈线终端接地端子、杆塔接地端两处连接好接地线，确保馈线终端本体接地良好、可靠。

f. 馈线终端外置通信天线应统一朝上。

3. 馈线终端验收记录卡

配电自动化馈线终端验收记录卡见表 4－5。

表 4－5　　配电自动化馈线终端验收记录卡

1. 安装位置			
所属辖区		线路名称	
杆号		开关名称	
杆号核对	杆号与标签一致【】 不一致【】	杆塔类型	水泥杆【】 铁塔【】
2. 设备信息			
设备厂家		设备型号	
设备编号		IP 地址	
SIM 卡号		配置电压互感器情况	双侧 TV【】 单侧 TV【】

续表

3. 安装工艺			
验收项目	合格	验收项目	合格
设备外观	是【】　否【】	航插接线	是【】　否【】
设备安装位置	是【】　否【】	接地线	是【】　否【】
通信箱安装位置	是【】　否【】	电压互感器接线	是【】　否【】
标签	是【】　否【】		
4. 传动试验			
验收项目	合格	验收项目	合格
远方/就地切换	是【】　否【】	遥控合闸	是【】　否【】
5. 功能投退复核			
验收项目	投退情况	验收项目	投退情况
过电流Ⅰ段保护动作	告警【】跳闸【】退出【】	过电流Ⅱ段保护动作	告警【】跳闸【】退出【】
零序Ⅰ段保护动作	告警【】跳闸【】退出【】	小电流接地告警	告警【】退出【】
重合闸动作	投入【】退出【】	过电流后加速	投入【】退出【】
过电压保护动作	告警【】跳闸【】退出【】	高频保护动作	告警【】跳闸【】退出【】
低频保护动作	告警【】跳闸【】退出【】	远方定值召测功能	投入【】退出【】
故障录波与召测功能	投入【】退出【】	电能量采集与收发功能	投入【】退出【】
故障事件报文上传和存储功能		投入【】退出【】	
6. 验收结论			
工作票编号		施工队伍	
现场验收人		主站验收人	
验收日期			
验收结论			

（二）馈线终端调试

1. 调试前准备

（1）资料准备：检查配电自动化馈线终端（FTU）功能记录表、配电主站“三遥”联调记录单是否准备完毕。

（2）工器具检查：检查三相继电保护仪、低压电源插座、万用表、钳形电流表、绝缘电阻表、二次线缆、线夹等工器具是否齐全、合格。

（3）外观检查：

1）检查馈线终端、控制电缆是否已经按照施工图纸要求和相关标准安装。

2）检查标示牌和标签纸是否正确悬挂和张贴。

（4）回路检查：

1）检查遥测、遥信、遥控的二次接线是否符合施工图纸和技术标准要求。

2）检查操作电源接线是否正确，杜绝短路或反接。

3）检查电流互感器二次回路是否开路、电压互感器二次回路是否短路。

（5）调试前必备条件。

1）馈线终端具备通信条件：明确通信方式，如采用光纤或载波通信，确保通信链路可靠；如采用无线通信，确保已申请 SIM 卡，确定馈线终端的 IP 地址和 ID 号。

2）配电主站图模正确：检查配电主站网络接线图是否与现场架空线接线情况一致，线路开关描述是否与现场柱上开关情况一致；若不一致，修正主站侧相应的图形、模型信息。

3）配备调试电源：施工现场应配备安全可靠的独立试验电源。

4）确定馈线终端保护定值：运行单位已出具馈线终端保护定值单。

（6）调试风险识别及防范措施。

1）风险识别：

a. 使用发电机、继电保护校验仪、大电流发生器等仪器时，未将其外壳接地。

b. 使用继电保护校验仪、大电流发生器输出电流时，人体误碰电流回路导线裸露部分。

c. 遥测调试时，因电流互感器二次回路接线触点未拧紧，线芯被触碰松脱，导致电流互感器二次回路开路。

d. 因操作失误或主站图模错误，导致误遥控带电开关。

e. 电动操作时，因馈线终端输出功率不足或电动机启动功率过大，电动机无法转动到位，操作回路未及时切断，导致电动机线圈因通过大电流而受损。

2）防范措施：

a. 试验前，将发电机、继电保护校验仪、大电流发生器等相关仪器外壳接地，确保接触良好。

b. 使用继电保护校验仪、大电流发生器输出电流时，人体与电流输出回路保持一定的安全距离，严禁直接触碰。

c. 调试遥测功能之前，检查电流互感器二次回路是否有松脱现象；如有，将螺钉拧紧，确保接线牢靠。

d. 调试遥控功能之前，确保主站图模正确；执行唱票制度，选择并遥控对应的开关。

e. 遥控时，如发现开关柜电动机无法转动到位，应迅速切断操作回路。

2. 调试标准

（1）馈线终端上线调试：

1）合上馈线终端电源控制开关，检查终端状态指示灯是否正常。

2）用串口线或网线连接馈线终端和笔记本计算机，通过计算机上的调试软件，设置 IP、ID 号。

3）在配电主站建立馈线终端相应的信息库，确保 IP、ID 与现场馈线终端保持一致。

4）查看馈线终端在配电自动化系统是否在线，未上线需调试上线。

5）查看馈线终端时钟是否与配电自动化系统主站时钟同步，未同步需在主站侧发送对时命令，完成对时操作。

（2）“三遥”联调。

1）遥测调试：

a. 核对开关的电流互感器变比、精度是否与施工图纸一致。

b. 核对电压互感器的变比、精度是否与施工图纸一致。

c. 在一次侧对开关电流互感器进行升流，测试电流互感器安装是否正常，变比、二次接线是否正确，查看现场输入电流值是否与配电主站电流值在一定的误差之内（误差绝对值在0.5%内为合格）。

d. 在一次侧对电压互感器进行升压，测试电压互感器安装是否正常，变比、二次接线是否正确，查看现场输入电压是否与主站电压在一定的误差之内。

2）遥信调试：

a. 对开关进行分、合闸操作，开关分、合闸及开关储能信号应能及时上传到配电主站。

b. 状态量变位后，主站能收到终端产生的事件顺序记录。

c. 通过插拔控制电缆等方法，测试装置总告警信号是否可以上传到主站。

d. 切断装置交流电源，测试交流失压信号是否可以上传到主站。

3） 遥控调试：

a. 遥控调试之前，检查主站图模与现场是否完全一致。

b. 馈线终端具备“三遥”功能情况下，终端“远方/就地”旋钮位于“就地”位置，在终端本体进行分、合闸操作，开关应正确执行跳闸/合闸，此时若主站发分/合控制命令，开关不应动作。

c. 馈线终端具备“三遥”功能情况下，终端“远方/就地”旋钮位于“远方”位置，在主站进行分、合闸操作，开关应正确执行跳闸/合闸，若此时在终端本体进行分、合闸，开关不应动作。

d. 测试终端的远方/就地的闭锁逻辑能否满足要求，逻辑关系见表4－6。

表4－6　　测试远方/就地闭锁逻辑关系

馈线终端	主站系统远方遥控	终端遥控	手动操作开关
远方	√	×	√
就地	×	√	√

4）蓄电池功能测试：切除终端交流电源，查看蓄电池是否可以保证装置正常运行，交、直流切换不影响终端正常运行，蓄电池能够正常遥控分、合开关3次（分、合为1次）。测试“电池欠压”“电池活化”等功能，核对“电池告警”功能。

5）馈线终端保护功能调试：断路器、重合器、电压型负荷开关、电流型负荷开关、用户分界开关等不同类型开关，对应的保护逻辑不同。一般按照如下步骤开展调试：

a. 终端通电，状态指示灯正常，各开关按钮位置与标示一致。

b. 根据定值单设置馈线终端定值，并进行核对。

c. 使用三相继电保护校验仪，对终端各保护功能（如速断、过电流、零序、重合闸、重合闸闭锁、失压分闸、有压合闸、闭锁分合闸等功能）进行测试（包括保护的投入、退出及闭锁试验），查看相关指示灯是否正确，配电主站是否能收到过电流、接地告警信号。

d. 对与断路器匹配的馈线终端，应测试保护、重合闸连接片投退的逻辑能否满足要求。

3. 馈线终端调试作业卡

配电自动化馈线终端调试作业卡见表4–7。

表4–7　　配电自动化馈线终端调试作业卡

1. 设备基本信息

项目	内容	项目	内容
所属辖区		所属馈线	
开关名称/杆号		终端型号	
终端厂家		软件版本	
开关厂家		开关型号	
终端出厂编号		开关出厂编号	
SIM卡号		IP地址	
设备类型	成套设备【】普通FTU【】	电压互感器类型	双TV【】　单TV【】
加密方式	硬加密【】软加密【】	蓄电池电量	V
电压互感器变比		电流互感器变比	
零序电压互感器变比		零序电流互感器变比	

2. “三遥”基本功能调试

2.1　对时功能测试（满足填“√”）

项目	结果
终端授时功能	

2.2　遥测精度调试

遥测项	现场模拟值	设备显示值	主站显示值	备注	遥测项	现场模拟值	设备显示值	主站显示值	备注
线电压 U_{ab}	$20\%U_n$				线电压 U_{cb}	$20\%U_n$			
	$100\%U_n$					$100\%U_n$			
零序电压 U_0	$20\%U_0$				A相电流 I_a	$20\%I_n$			
	$100\%U_0$					$100\%I_n$			
B相电流 I_b	$20\%I_n$				C相电流 I_c	$20\%I_n$			
	$100\%I_n$					$100\%I_n$			
零序电流 I_0	$20\%I_0$				有功功率 P	$20\%P$			
	$100\%I_0$					$100\%P$			
无功功率 Q	$20\%Q$				功率因数 $\cos\varphi$	0°			
	$100\%Q$					45°			
频率 f	45Hz					90°			
	50Hz				电池/电容电压	100%DC			
	55Hz								

2.3　遥控操作检验（满足填“√”）

试验内容		现场状态	主站状态	备注	试验内容		现场状态	主站状态	备注
开关合闸	远方			应可靠动作	开关合闸	远方			应可靠动作
	就地			应可靠不动作		就地			应可靠不动作

续表

2.4　遥信正确性检验（满足填“√”）

试验内容		现场状态	主站状态	备注	试验内容		现场状态	主站状态	备注
开关合位	动作				开关分位	动作			
	复归					复归			
开关未储能	动作				远方就地	动作			
	复归					复归			
交流失电	动作				低气压闭锁	动作			
	复归					复归			
遥信传输时延									

3. 远方定值下载与召测功能调试（满足填“√”）

试验内容	正确	试验内容	正确
主站召测定值		主站远程下装定值	
定值下装完，断开装置电源，确保定值保持不变			

4. 继电保护定值（*m*）校验（满足填“√”）

试验内容	项目	动作值	动作时间	复归
重合闸 定值 =______时间 ______		/	/	/
过电流Ⅰ段保护动作 定值 =______	$1.05m$ =______			
	$0.95m$ =______			
	重合闸动作			
过电流Ⅱ段保护动作 定值 =______	$1.05m$ =______			
	$0.95m$ =______			
	重合闸动作			
零序Ⅰ段保护动作 定值 =______	$1.05m$ =______			
	$0.95m$ =______			
	重合闸动作			
过电压保护动作 定值 =______	$1.05m$ =______			
	$0.95m$ =______			
	重合闸动作			
高频保护动作 定值 =______	$1.05m$ =______			
	$0.95m$ =______			
	重合闸动作			
低频保护动作 定值 =______	$1.05m$ =______			
	$0.95m$ =______			
	重合闸动作			

续表

5. 继电保护逻辑检查（满足填“√”）

检查项目	检查结果	检查项目	检查结果
过负荷告警		重合闸检同期	
小电流接地告警		过电流后加速	
重合闸检无压			

6. 故障录波与召测功能调试（满足填“√”）

试验内容	是否满足	试验内容	是否满足
设备生成录波文件		主站召测录波文件	

7. 电能量采集与收发功能调试

项目	现场模拟值	主站值	项目	现场模拟值	主站值
正向有功电能			正向无功电能		
反向有功电能			反向有功电能		

8. 故障事件报文上传和存储功能调试（满足填“√”）

试验内容	是否满足	试验内容	是否满足
故障事件生成		主站召测故障事件	

9. 试验仪器仪表清单

设备名称	型号	精度等级	合格证有效期	备注

10. 调试结论

调试结论					
现场调试人员		主站调试人员		调试时间	

注　电压电流的基本误差小于0.5%；有功功率、无功功率、功率因数的基本误差小于1%；遥控检验应连续操作3次成功才算合格；无线通信要求遥信状态量传输时间小于60s；未开展该项调试填“/”。

二、站所终端安装调试

（一）站所终端安装

1. 施工前的准备

（1）现场勘察内容及要求：施工单位应在施工前对相关站房进行现场勘察，并对站房内终端的安装、低压取电方式、通信及二次电缆敷设等施工内容进行评估，填写勘察记录，并拍摄现场图片存档，如发现现场施工条件不满足施工图纸要求的，应及时提出设计变更申请。另外，在正式施工前，施工单位应申请站所终端相关参数，包括终端ID、终端IP、服务器地址及网关等，以满足站所终端调试验收需要。需勘察的内容及要求如下。

1）勘察站房内环境与原有设备情况，核实施工图纸是否与现场一致，确认是否可以按图施工。

2）勘察站房内是否有低压电源，核实施工图纸中的终端低压电源取电方式是否合理。

3）勘察终端的通信条件，如若施工图纸要求采用光纤或载波通信的，核实站房内是否已配备光纤交换机或载波机，或图纸是否有相应的通信建设方案；如若施工图纸要求采用无线通信方式，需检测并记录站房内、外的无线信号强度值，确认终端安装位置的无线信号强度是否满足运行要求（建议站房门关闭的情况下终端安装位置 2G 信号大于 −90dBm，4G 信号大于 −110dB）。

4）勘察施工图纸中二次电缆敷设路径设计是否合理，并确定施工所需的二次电缆及施工辅材的型号、数量。

5）勘察待接入站所终端开关柜情况，如开关柜具备遥信、遥控功能，必须检查以下内容：开关柜是否具备独立的二次小箱，是否配备完整的二次图纸；电动操动机构操作电源电压是否与终端提供的操作电压、施工图纸一致；开关柜的遥信节点是否满足施工图纸要求等。

（2）设备及材料准备：结合现场勘察结果，确认施工图纸中的主要设备和材料是否能满足工程所需，并保证施工前所有设备、材料及工器具准备到位。

（3）施工风险识别及防范措施。

1）风险识别：

a. 误入带电间隔。

b. 施工地点离 10kV 带电线路安全距离不足。

c. 安全措施未落实到位，例如无防倒供电措施、试验电源未安装剩余电流动作保护器等。

d. 误触碰遥控分、合闸按钮造成站房内一次设备误动作。

e. 误接线导致的终端电源、操作电源或电压互感器、站用变压器二次侧短路，或电流互感器二次侧开路等。

f. 接线虚短或虚断。

g. 未佩戴安全帽和手套、未穿工作服和绝缘鞋导致肢体刮伤、撞伤、压伤。

h. 未按要求施工导致的设备及人身伤害。

2）防范措施：

a. 设备好安全围栏，防止误入带电间隔。

b. 认真执行安全“四步法”（站班会、安全作业票、风险分析和施工作业指导书），严格执行现场监护，确保施工人员与带电设备保持安全距离，对于站房空间狭小、设备间距不符合安全距离或有裸露带电设备等情况，应申请停电配合。

c. 落实工作票规定的安全技术措施，杜绝倒供电现象。

d. 施工前，退出站所终端带电回路对应的分、合闸连接片，并将运行中开关柜的“远方/闭锁/就地”旋钮打至“闭锁”位置；施工后恢复原状。

e. 严格按照施工图纸、设备电气原理图接线，确保接线无误。

f. 认真执行机具管理“八步骤”[建立机具设备及相关设施清单、做好设备维护保养台账、“三证”（特种设备使用登记证、特种设备作业人员证、特种设备安装改造维修许可证）合法合规、编制机具设备操作手册、执行维保作业指导书、执行重点作业前的专项检查、记录维护保养项目和周期、满足政府规定的年检要求]，确保工器具在有效范围内，并符合安全要求。

g. 确保控制电缆线芯与接线端子接触良好，必要时用万用表检验相关回路是否短接或断开。

h. 正确佩戴处在有效期范围内的安全帽和绝缘手套，正确穿着工作服和绝缘鞋。

2. 施工标准

（1）安装前检查。

1）检查站所终端出厂前测试报告和出厂合格证。

2）检查站所终端在显著位置应设置有不锈钢铭牌，内容应包含站所终端名称、型号、装置电源、操作电源、额定电压、额定电流、产品编号、制造日期及制造厂家名称等。

3）检查站所终端箱体密封性、支撑强度和外观。站所终端前后门应开闭自如，箱体无腐蚀和锈蚀的痕迹，无明显的凹凸痕、划伤、裂缝、毛刺等，喷涂层无破损且光洁度符合相关标准，颜色应保持一致。

4）箱体内的设备、主材、元器件安装应牢靠、整齐、层次分明，终端背板布线应规范，设备的各模块插件与背板总线接触良好、插拔方便。

5）箱体内的设备电源应相互独立，装置电源、通信电源、后备电源应由独立的低压断路器控制，应采用专用的直流、交流低压断路器。

6）检查终端备用电池外观是否完好，标称容量是否符合技术条件书要求。技术建议如下：若备用电池为24V，则电池容量大于17Ah；若备用电池为48V，则电池容量大于7Ah。

7）控制面板上的显示部件亮度适中、清晰度高，各接口标识清晰。

8）检查站所终端操作电压（DC24V或DC48V）与开关柜操动机构是否匹配。

（2）站所终端本体安装要求。

1）站所终端箱体应安装在干净、明亮的环境下，便于拆装、维护，且安装位置不应影响一次设备的正常运行与维护。

2）参照施工图纸确定站所终端的安装位置，壁挂式站所终端挂装在墙壁上，安装高度要求底部离地面大于600mm且小于800mm。机柜式站所终端坐立安装，并确保柜体处于水平位置，柜体底部可通过控制电缆。

立柜式和壁挂式站所终端安装分别如图4－7和图4－8所示。

3）电缆槽架应采用镀锌槽架，并可靠固定。

（3）低压电源接入。

1）如站房附近有公用变压器，则站所终端低压电源从公用变压器低压侧接取，在变压器低压总开关电源侧增加1个专用的小开关并引线至站所终端处，作为站所终端工作电源。如站房附近有2台或以上公用变压器，则分别从2台公用变压器接取2路低压电源给站所终端供电，互为备用。

2）如站房附近无公用变压器可接取低压电，且没有足够的空间可以安装站用变压器，可考虑安装电压互感器柜。由于电压互感器容量一般不大，建议电压互感器柜低压侧只供电给站所终端。

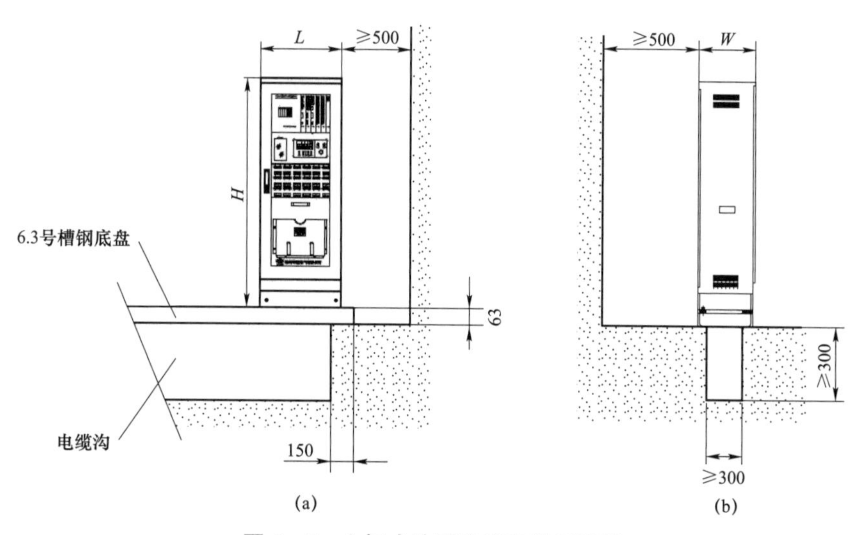

图 4-7　立柜式站所终端安装示意图

（a）正视图；（b）侧视图

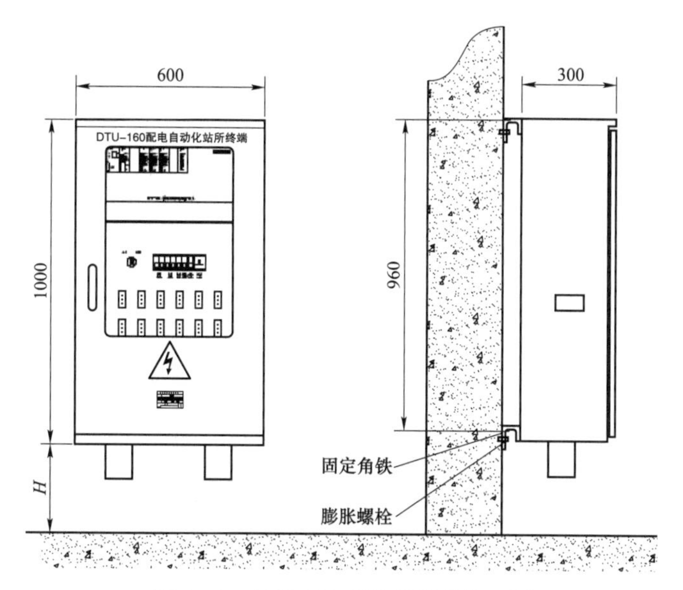

图 4-8　壁挂式站所终端安装示意图

3）用于提供工作电源的低压线截面积不得小于 2.5mm^2，且应沿着专用 PVC 线槽敷设。线槽末端连接处应用阻燃塑料波纹管保护。

（4）开关柜二次端子箱接线。按照厂家提供的开关柜二次接线图，在开关柜二次小箱进行该回路遥测、遥信、遥控及操作电源接线。

（5）站所终端内部二次接线。站所终端内部二次接线应排列整齐、规范、美观，避免交叉，固定牢靠。控制电缆线芯在端子排处应留有一定的弯度，并在测温、遥信和遥控回路上正确挂上回路标示牌。

对于采用光纤通信方式的终端，应用扎带捆好光缆，正确贴上标签，并保持走线美观；对于采用无线通信方式且安装有增益天线的，应沿着墙壁固定，并将天线伸出固定在站房外。

（6）二次电缆接线与敷设。施工人员应根据施工图纸要求选用符合要求的二次电缆，一般要求如下：电压互感器二次回路、遥信回路和遥控回路应采用单芯导线截面积不小于 1.5mm² 的阻燃铠装屏蔽层电缆，电流互感器二次回路应采用单芯导线截面积不小于 2.5mm² 的阻燃铠装屏蔽层电缆。二次电缆不能采用多股软线电缆。

对于二次电缆敷设，当开关柜内部空间足够时，二次电缆可从开关柜二次小箱沿着开关柜内侧自上而下穿过机构室、电缆室经电缆沟接至站所终端；但一、二次电缆不可同孔穿出，应保留足够的安全距离。

如果电缆室空间太小，二次电缆不宜从开关柜电缆室、机构室穿过，在不影响开关柜并柜的情况下，宜采用槽架敷设方式，即所有开关柜二次电缆统一从开关柜二次小室背面或侧面引出，沿着电缆槽架接至站所终端。

对于沿着电缆沟敷设的二次电缆，敷设应满足相关要求：在电缆沟用支架将二次电缆固定在电缆沟壁，电缆平直敷设，不能交叉；在电缆沟内敷设电缆，使用冲击钻和铁锤安装支架时，禁止将冲击钻和铁锤触碰高压电缆，严禁脚踩高压电缆。

施工人员应对站所终端箱体及开关柜的所有孔洞采用防鼠泥封堵，防止小动物进入。

（7）接地要求：站所终端箱体、开关柜均应可靠接地，不可间接接地，接地线采用截面积不小于 25mm² 黄绿多股软线；二次电缆屏蔽层接地线应使用截面积不小于 4mm² 黄绿多股软线，接地线两端在站所终端箱体、开关柜二次小箱处同时接地。

（8）标识要求。

1）二次电缆线芯接线套管及电缆标示牌：应分别在站所终端侧和开关柜侧二次电缆线芯安装接线套管和悬挂电缆标示牌。二次接线套管标识应包含相应的信号名称，套管的粗细、长短应一致且字迹清晰；电缆标示牌应包含电缆编号、起点、终点以及电缆型号，并在电缆标示牌的背面粘贴标注回路名称的标签纸。接线套管及电缆标示牌分别如图 4－9 和图 4－10 所示。

图 4－9　接线套管

图 4－10　电缆标示牌

应在站所终端和开关柜二次小箱内按要求悬挂二次电缆牌，正确标明遥测、遥信、遥控二次回路的起始连接关系。

2）回路标识：应在站所终端操作面板每回路的电动分合闸操作按钮下方，采用标签纸对所接入的开关回路进行标识（双重名称）。操作面板标签如图 4－11 所示。

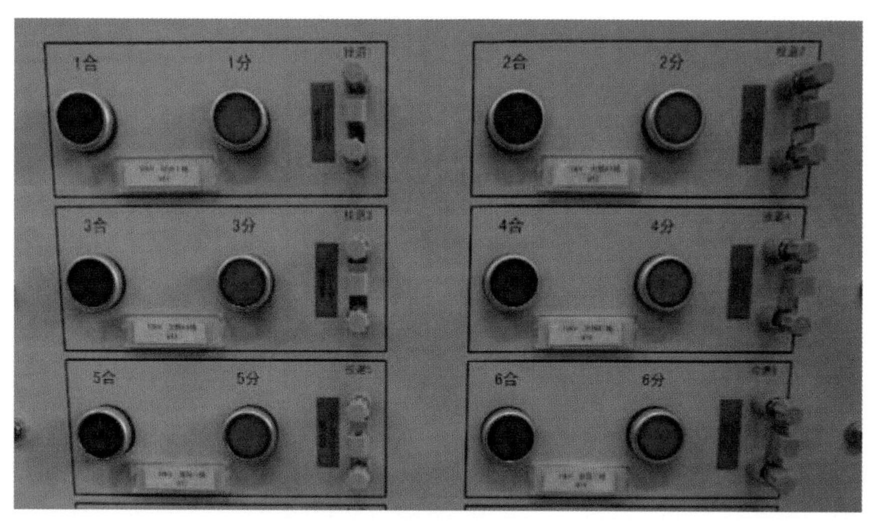

图 4－11　操作面板标签

3. 站所终端验收记录卡

配电自动化站所终端验收记录卡见表 4－8。

表 4－8　　配电自动化站所终端验收记录卡

1. 安装位置			
所属辖区		线路名称	
站所名称			
2. 设备信息			
设备厂家		设备型号	
设备编号		IP 地址	
SIM 卡号（可选）		备用电源	
3. 安装工艺			
验收项目	合格	验收项目	合格
设备外观	是【】　否【】	设备安装位置	是【】　否【】
通信箱安装位置	是【】　否【】	控制电缆接线	是【】　否【】
电压回路接线	是【】　否【】	电流回路接线	是【】　否【】
电源回路接线	是【】　否【】	通信网络接线	是【】　否【】
接地线	是【】　否【】	标签	是【】　否【】
沟道封堵	是【】　否【】		
4. 传动试验			
验收项目	合格	验收项目	合格
远方/就地切换	是【】　否【】	1 回路遥控合闸	是【】　否【】
		2 回路遥控合闸	是【】　否【】
		…	…
		N 回路遥控合闸	是【】　否【】

续表

5. 功能投退复核	
验收项目	投退情况
1 回路过电流告警	告警【】退出【】
2 回路过电流告警	告警【】退出【】
…	…
N 回路过电流告警	告警【】退出【】
6. 闭锁功能检验	
验收项目	合格
就地闭锁遥控	是【】　　否【】

7. 验收结论			
工作票编号		施工队伍	
现场验收人		主站验收人	
验收日期			
验收结论			

(二）站所终端调试

1. 调试前准备

（1）资料准备。在正式开始站所终端调试之前，应准备如下资料：

1）开关柜二次部分接线原理图、端子排图。

2）配电自动化终端二次接线原理图、端子排图。

3）现场施工图纸。

4）配电自动化站所终端（DTU）“三遥”联调信息表。

5）配电主站“三遥”联调记录单。

6）作业指导书或其他现场作业文件资料。

（2）工器具检查。在正式开始站所终端调试前，应准备如下仪器设备或工器具：

1）继电保护校验仪（附带二次接线、线夹）。

2）大电流发生器。

3）低压电源插线板/线盘。

4）万用表。

5）钳形电流表。

6）绝缘电阻表。

7）照明设备。

8）发电机（必要时）。

（3）外观检查：

1）检查站所终端、电流互感器、控制电缆、通信线、电源线是否已经按照施工图纸要求和相关标准安装。

2）检查标示牌和标签纸是否正确悬挂和张贴。

（4）回路检查：

1）检查遥测、遥信、遥控的二次接线是否符合施工图纸和技术标准要求。

2）检查操作电源正负接线是否正确接入，杜绝短路或反接。

3）检查电流互感器二次回路是否开路、电压互感器二次回路是否短路。

（5）调试前必备条件。

1）主站与终端间通信正常：确保已申请站所终端通信卡和 ID 等参数，并在终端及配电主站正确配置，使得终端与配电主站能进行正常的数据通信。

2）主站系统图模正确：确保在配电主站已完成终端建模，主站侧相应的图形、模型信息与现场一致。

（6）调试风险识别及防范措施。

1）风险识别：

a. 使用发电机、继电保护校验仪、大电流发生器等仪器时，未将其外壳接地。

b. 使用继电保护校验仪、大电流发生器输出电流时，人体误碰电流回路导线裸露部分。

c. 调试遥测时，因电流互感器二次回路接线触点未拧紧，线芯被触碰松脱，导致电流互感器二次回路开路。

d. 因操作失误或主站图模错误，导致误遥控带电开关。

e. 调试开关柜电动操动机构时，因站所终端输出功率不足或电动机启动功率过大，导致电动机无法转动到位，操作回路未及时切断，电动机线圈因通过大电流而受损。

2）防范措施：

a. 试验前，将发电机、继电保护校验仪、大电流发生器等相关仪器外壳接地，并确保接触良好。

b. 使用继电保护校验仪、大电流发生器输出电流时，人体与电流输出回路保持一定的安全距离，严禁直接触碰。

c. 调试遥测功能之前，先检查电流互感器二次回路是否有松脱现象；如有，将螺钉拧紧，确保接线牢靠。

d. 调试遥控功能之前，确保主站图模正确；选择并遥控正确的开关。

e. 遥控时，如发现开关柜电动机无法转动到位，应迅速切断操作回路。

2. 调试标准

（1）终端参数配置。

1）合上站所终端工作电源控制开关，检查终端状态指示灯运转是否正常。

2）站所终端通信参数或系统参数设置。调试人员用串口线或网线连接站所终端和笔记本计算机，并将相应参数，包括终端 ID、IP 地址、网关、主（备）服务器地址、网关地址等，利用专用调试软件上装于终端主控板或 CPU 单元。外置通信模块应提前设置终端厂家对应的端口号等参数。调试前，应确保通信模块上线正常、数据交互无误。通信参数配置如图 4－12 所示。

3）对时操作：实现站所终端与主站侧时间同步。

4）点表配置：使用调试软件的点表编辑功能，完成遥测、遥信和遥控点表的配置。点表配置如图 4－13 所示。

串口参数 网络参数 系统参数 遥测配置 遥信配置 遥控配置 模拟量接入配置 校准参数配置 模拟量置数

序号	名称	数值	字节
0	网口数目	2	2
1	网口1-IP地址	172.16.3.112	4
2	网口1-网关	172.16.3.1	4
3	网口1-掩码	255.255.0.0	4
4	网口1-端口号	2404	2
5	网口1-MAC地址	0-17-172-16-3-112	6
6	网口2-IP地址	192.168.17.202	4
7	网口2-网关	192.168.17.1	4
8	网口2-掩码	255.255.255.0	4
9	网口2-端口号	2404	2
10	网口2-MAC地址	0-17-192-168-17-202	6

图 4－12 通信参数配置

图 4－13 点表配置

5）告警参数设置：根据回路情况特别是变压器容量，正确设定各回路过电流告警、电流越限（过负荷）报警、零序过电流告警等定值。告警参数配置如图 4－14 所示。

采样序号	模式	属性	相别	线路	整定值	整定时间
0	欠压告警	N	A	1	50.0000	1000.0000
1	欠压告警	N	B	1	50.0000	1000.0000
2	欠压告警	N	C	1	50.0000	1000.0000
3	欠压告警	N	A	2	50.0000	1000.0000
4	欠压告警	N	B	2	50.0000	1000.0000
5	欠压告警	N	C	2	50.0000	1000.0000
6	过流I段线路总信号	N	N	1	0.0000	0.0000
7	过流II段线路总信...	N	N	1	0.0000	0.0000
8	事故总	N	N	1	0.0000	120.0000
9	过流I段线路总信号	N	N	2	0.0000	0.0000
10	过流II段线路总信...	N	N	2	0.0000	0.0000
11	事故总	N	N	2	0.0000	120.0000
12	过流I段线路总信号	N	N	3	0.0000	0.0000

图 4－14 告警参数配置

（2）备用电池检查。

1）初步功能检查：检查蓄电池的类型、外观及铭牌参数是否与设备技术规范一致（例如，检查电池外观是否鼓包、容量是否满足技术规范要求等）；切除终端交流电源，检查蓄电池是否可以保证站所终端装置正常运行，交、直流切换不影响终端正常运行。

2）电池活化测试：重新合上交流电源开关，按下电池活化按钮，检查电池活化功能是否正常。

3）电池性能测试：借助专用的测试仪器，例如电池容量特性测试仪，测量电池容量、浮充电压、内阻等性能参数，并将测试结果与电池铭牌参数比较，检查是否在合格范围内。

（3）遥测调试。遥测调试内容包括：相序回路遥测调试和零序回路遥测调试，即分别在开关柜的相电流互感器、零序电流互感器的一次侧分别施加试验规定的电流值，核对仪器、终端以及配电主站侧显示的遥测值是否在允许误差范围内。

（4）遥信调试。

1）软遥信调试。软遥信调试一般包括各开关回路的过电流告警、电流越限报警和零序过电流告警，具体调试方法如下：以过电流告警为例，一般采用二次升流来试验，即在某开关间隔的二次相序电流回路从零开始逐步增加至略小于过电流告警定值的电流值，检查该间隔对应的过电流告警灯是否点亮，若点亮，则检查设置是否正确；如未点亮，则继续增加至略大于过电流告警定值，检查该间隔对应的过电流告警灯是否点亮，如若是，则判断该开关间隔“过电流告警”遥信点正常，否则不正常。其他软遥信调试方法与此类同。

2）硬遥信调试。硬遥信调试内容一般包括终端公用的“终端禁止调度远控”“电池欠压或失电”“交流失电”“电池活化”“DTU 自检硬件异常”“DTU 自检软件异常”前六点遥信和各开关间隔的“开关合位”“开关分位”“低气压告警”“地刀合位”“开关柜远方”等遥信点。一般调试步骤如下。

a. 终端禁止调度遥控。将终端面板上的“远方/就地”手柄打到“就地”位置，主站后台同步显示该终端“终端禁止调度远控”遥信状态位为合位；将终端面板上的“远方/就地”手柄打到“远方”位置，主站后台同步显示该终端“终端禁止调度远控”遥信状态位为分位，则“终端禁止调度远控”遥信点正常，否则不正常。

b. 电池欠压或失电。调试前确认终端交流电源和备用电池均处于正常接入状态，拔掉备用电池接线插头，模拟失电状态，当采用铅酸电池时，可通过减少电池组容量（电池组为串联，可减掉部分电池）来模拟欠压状态，主站后台同步显示该终端“电池欠压或失电”遥信状态位为合位；插回该按线插头，主站后台同步显示该终端“电池欠压或失电”遥信状态位为分位，则“电池欠压或失电”遥信点正常，否则不正常。

c. 交流失电。调试前确认终端交流电源和备用电池均处正常接入状态，拉开终端面板上的交流输入低压断路器，主站后台同步显示该终端“交流失电”遥信状态位为合位，且终端自动切换到电池供电状态继续运行；合上该低压断路器，主站后台同步显示该终端“交流失电”遥信状态位为分位，则“交流失电”遥信点正常，否则不正常。

d. 电池活化。调试前确认终端交流电源和备用电池均处于正常接入状态，按下终端面板或电源管理模块上的电池活化按钮，主站后台同步显示该终端“电池活化”遥信状态位为合位，且终端面板或电源管理模块上的“电池活化”指示灯亮；再次按下该活化按钮，主站后台同步显示该终端“电池活化”遥信状态位为分位，且终端面板或电源管理模块上的“电池活化”指示灯熄灭，则“电池活化”遥信点正常，否则不正常。

e. 站所终端自检软硬件异常。调试人员拔下终端的某一块插件板（终端必须支持热拔插功能，否则只能通过软件置位模拟），主站同步显示该终端“DTU 自检硬件异常”遥信状态位为合位；插回该插件板，主站同步显示该终端“DTU 自检硬件异常”遥信状态位为分位，则“DTU 自检硬件异常”遥信点正常，否则不正常。当站所终端自检软件异常时，一般通过软件置位模拟。

f. 开关合位。通过手动或电动操作方式，将开关间隔的主开关（负荷开关柜对应负荷开关，断路器柜对应断路器）置于合闸位置，主站同步显示该间隔“开关合位”遥信状态位为合位，且终端面板该间隔“开关合位”指示灯亮；将开关同隔的主开关置于分闸位置，主站同步显示该间隔“开关合位”逼信状态位为分位，且终端面板该间隔“开关合位”指示灯熄灭，则该间隔“开关合位”遥信点正常，否则不正常。

g. 开关分位。通过手动或电动操作方式，将开关间隔的主开关（负荷开关柜对应负荷开关，断路器柜对应断路器）置于分闸位置，主站同步显示该间隔“开关分位”遥信状态位为合位，且终端面板该间隔“开关分位”指示灯亮；将开关间隔的主开关置于合闸位置，主站同步显示该间隔“开关分位”遥信状态位为分位，且终端面板该间隔“开关分位”指示灯熄灭，则该间隔“开关分位”遥信点正常，否则不正常。

h. 低气压告警。调试人员在二次小箱处短接遥信电源与低气压告警辅助触点，主站同步显示该间隔“低气压告警”遥信状态位为合位，且终端面板该间隔“低气压告警”指示灯亮；松开短接线，主站后台同步显示该间隔“低气压告警”遥信状态位为分位，且终端面板该间隔“低气压告警”指示灯熄灭，则该间隔“低气压告警”遥信点正常，否则不正常。

i. 接地开关合位。通过手动操作，将开关间隔的接地开关置于合闸位置，主站同步显示该间隔“地刀合位”遥信状态位为合位，且终端面板该间隔“地刀合位”指示灯亮；将开关间隔的接地开关置于分闸位置，主站同步显示该间隔“地刀合位”遥信状态位为分位，且终端面板该间隔“地刀合位”指示灯熄灭，则该间隔“地刀合位”遥信点正常，否则不正常。

j. 开关柜远方。通过手动操作，将开关间隔的“远方/就地”手柄置于“远方”位置，主站后台同步显示该间隔“开关柜远方”遥信状态位为合位，且终端面板该间隔“开关柜远方”指示灯亮；将开关间隔的“远方/就地”手柄置于“就地”位置，主站后台同步显示该间隔“开关柜远方”遥信状态位为分位，且终端面板该间隔“开关柜远方”指示灯熄灭，则该间隔“开关柜远方”遥信点正常，否则不正常。

依次对所有开关间隔进行硬遥信调试，直到调试完毕为止。

（5）遥控调试：如 DTU 和开关柜都具备“三遥”功能，应开展遥控调试。

1） 分、合闸及闭锁逻辑调试：测试配电主站遥控操作、站所终端面板遥控操作、开关柜就地操作时，开关柜是否能正确分、合闸，并核实对应的信号指示灯指示是否正常。同时应测试终端的远方/就地、开关柜远方/就地的闭锁逻辑能否满足要求（见表 4－9）。

表 4－9　测试远方/就地闭锁逻辑关系

配电自动化终端	开关柜	主站系统远方遥控操作	配电终端箱遥控操作	开关柜操作
远方	远方	√	×	×
	就地	×	×	√
就地	远方	×	√	×
	就地	×	×	√

另外，测试终端遥控分、合闸连接片的闭锁逻辑功能是否满足要求。在远方/就地逻辑满足要求的情况下，按表 4 －10 进行测试。

表 4－10　测试分、合闸连接片闭锁逻辑关系

遥控分、合闸连接片状态	配电主站远方遥控操作	DTU 遥控操作	开关柜操作
投入	√	√	√
退出	×	×	×

2）“五防”联锁功能测试：测试电操机构的“五防”联锁功能，即在接地开关合闸情况下，开关柜应闭锁电动操作功能。测试“五防”联锁逻辑关系见表 4－11 所示。

表 4－11　测试“五防”联锁逻辑关系

接地开关状态	接地开关合闸	接地开关分闸
开关电动操作功能	×	√

（6）站所终端输出能力测试：测试在仅有蓄电池或交流电源输入时，终端是否能输出足够功率，控制开关柜分、合闸 3 次。

3. 站所终端调试作业卡

配电自动化站所终端调试作业卡见表 4－12。

表 4－12　配电自动化站所终端调试作业卡

1. 设备基本信息			
所属辖区		所属馈线	
站所名称		终端型号	
终端厂家		软件版本	
SIM 卡号		IP 地址	
电压互感器类型	电磁式【】　电子式【】	电流互感器类型	电磁式【】电子式【】
加密方式	硬加密【】　软加密【】	蓄电池电量	V
2.“三遥”基本功能调试			
2.1　对时功能测试（满足填“√”）			
终端授时功能			

续表

2.2 遥测精度调试（以互感器变比为准）

	Ⅰ段电压互感器变比				Ⅱ段电压互感器变比				
	Ⅰ段零序电压互感器变比				Ⅱ段零序电压互感器变比				
1路	电流互感器变比		零序电流互感器变比		2路	电流互感器变比		零序电流互感器变比	

…

2.2.1 电压及频率

间隔	遥测项	现场模拟值	设备显示值	主站显示值	遥测项	现场模拟值	设备显示值	主站显示值	备注
DTU	A相电压 U_a	20%U_n			B相电压 U_b	20%U_n			
		100%U_n				100%U_n			
	C相电压 U_c	20%U_n			零序电压 U_0	20%U_n			
		100%U_n				100%U_n			
	频率 f	50Hz							

2.2.2 电流及功率

间隔	遥测项	现场模拟值	设备显示值	主站显示值	遥测项	现场模拟值	设备显示值	主站显示值	备注
1路	A相电流 I_a	20%I_n			B相电流 I_b	20%I_n			
		100%I_n				100%I_n			
	C相电流 I_c	20%I_n			零序电流 I_0	20%I_0			
		100%I_n				100%I_0			
	有功功率 P	20%P			无功功率 Q	20%Q			
		100%P				100%Q			
	功率因数 $\cos\varphi$	0°			备用				
		45°							
		90°							

…

2.3 遥控操作检验：远方位置时遥控分、合闸应执行成功，就地位置时遥控分、合闸应执行不成功（满足填“√”，不满足填“×”并做记录）

间隔	试验内容		现场状态	主站状态	试验内容		现场状态	主站状态	备注
站所终端	蓄电池遥控活化				/		/	/	
1路	遥控合闸	远方			遥控分闸	远方			应可靠动作
		就地				就地			应可靠不动作

…

续表

2.4　遥信正确性检验（满足填“√”，不满足填“×”并做记录）							
间隔	试验内容	现场状态	主站状态	试验内容	现场状态	主站状态	备注
站所终端	终端远方/就地			交流失电			
1 路	开关就地位置			接地开关位置			
	开关合位			开关分位			
	手车工作位置			操动机构未储能			
	过电流告警			故障指示器动作			
…							

3. 试验仪器仪表清单				
设备名称	型号	精度等级	合格证有效期	备注

4. 调试结论					
调试结论					
现场调试人员		主站调试人员		调试时间	

注　电压电流的基本误差小于 0.5%；有功功率、无功功率、功率因数的基本误差小于 1%；遥控检验应连续操作 3 次成功才算合格；无线通信要求遥信状态量传输时间小于 60s；未开展该项调试填“/”。

模块小结

本模块主要掌握馈线终端和站所终端的安装和调试，安装应严格按照工艺要求和质量验收标准，调试时严格按照终端参数配置并做好测试工作。

思考与练习

扫码看答案

1. 馈线终端本体安装要求有哪些?
2. 试述馈线终端测试远方/就地逻辑闭锁的逻辑关系。
3. 站所终端本体安装要求有哪些?

第5章

配电网施工验收

模块1 架空配电线路验收

模块说明

本模块包含架空配电线路及其附属设施的工艺规范和施工要点。通过学习，了解掌握架空配电线路及其附属设施施工工艺标准，能判别现场施工工艺是否符合设备运行要求。

架空配电线路主要指架空明线，架设在地面之上，是用绝缘子将配电导线固定在直立于地面的杆塔上以传输电能的配电线路。架空配电线路架设及维修比较方便，成本较低，但容易受到气象和环境（如大风、雷击、污秽、冰雪、鸟害等）的影响而引起故障，同时整个配电走廊占用土地面积较多，易对周边环境造成电磁干扰。

架空配电线路的主要部件有：杆塔基础、杆塔、导线、拉线等。

一、杆塔基础验收

（一）混凝土杆基坑

1. 工艺规范

（1）基坑施工前的定位应符合设计要求。

（2）电杆基坑深度应符合设计规定。电杆埋设深度在设计未作规定时，按表5-1所列数值。

表5-1　水泥杆杆长与埋深对照表　（m）

杆长	10	12	15	18
埋深	1.7	1.9	2.3	2.8

（3）基坑底使用底盘时，坑底表面应保持水平，底盘安装尺寸误差应符合设计要求。底盘的圆槽面应与电杆中心线垂直，找正后应填土夯实至底盘表面。底盘安装允许偏差，

应使电杆组立后满足电杆允许偏差规定。

（4）基坑回填土时，土块应打碎，基坑每回填 300mm 应夯实一次。回填土后的电杆基坑宜设置防沉土层。

2. 施工要点

（1）直线杆：顺线路方向位移不应超过设计档距的 3%，横线路方向位移不应超过 50mm。

（2）转角杆、分支杆的横线路、顺线路方向的位移均不应超过 50mm。

（3）电杆基坑深度的允许偏差应为+100mm 和−50mm。

（4）双杆两底盘中心的根开误差不应超过 30mm。两杆坑深度高差不应超过 20mm。

（5）遇有土质松软、流沙、地下水位较高等情况时，应采取加固杆基措施（如加卡盘、人字拉线或浇筑混凝土基础等）。

（6）采用扒杆立杆，电杆坑留有滑坡时，滑坡长度不应小于坑深。滑坡回填土时应夯实，并留有防沉土台。

（7）回填土层上部面积不宜小于坑口面积。培土高度应超出地面 300mm。沥青路面或砌有水泥花砖的路面不留防沉土台。

（二）卡盘基础

1. 工艺规范

（1）安装位置、方向、深度应符合设计要求。

（2）安装前应将其下部分的土壤分层回填夯实。

（3）与电杆连接部分应紧密。

2. 施工要点

（1）深度允许偏差为±50mm。

（2）当设计无要求时，其上平面距地表面不应小于 500mm。

（三）钢杆基础

1. 工艺规范

（1）钢杆基坑施工前的定位应符合设计要求。

（2）钢杆基础浇筑应采用现浇基础或灌注桩基础，在沿海滩涂和软土地区，可采用高强度预应力混凝土液压管桩基础。

（3）基础中心与线路中心线重合，深度及坑底宽度符合设计数值。

（4）按规定取样做试块，基础表面平整，无蜂窝、麻面。

（5）基础浇注完成后应及时养护，当基础强度达到规定要求时才可立杆塔、架线。基础强度一般用回弹仪在现场进行测量，也可用撞痕实验来测量其强度。基础拆模时，混凝土的强度应不低于 2.5MPa。对于所浇混凝土强度比较正确的检验是：对浇灌时取出的三块试样，在同等条件下进行抗压强度试验。计算公式如下：$R=KP/F$（式中：R 为抗压强度，MPa；P 为试块破坏荷载，kg；F 为受压面积，cm^2；K 为换算系数，0.9～1.1）。计算出三块试样的平均值，作为混凝土抗压强度。如果三块试样中最大值与最小值误差大于 20，则按两个最大值的平均值来计算。

2. 施工要点

（1）现浇基础几何尺寸准确，棱角顺直，回填土分层夯实并留有防沉层。

（2）灌注桩基础宜使用商品混凝土、桩基检测报告内容详尽。

（3）浇筑混凝土应采用机械搅拌，机械振捣，混凝土振捣宜采用插入式振捣器。

（4）浇筑后，应在12h内开始浇水养护。对普通硅酸盐和矿渣硅酸盐水泥拌制的混凝土浇水养护，不得少于7天。有添加剂的混凝土养护不得少于14天。

（5）日平均温度低于5℃时，不得浇水养护。

（6）混凝土不宜在严寒季节进行施工。若必须进行，应采取相应措施，如加入早强剂、减小水灰比、加强振捣、妥善遮盖和各种保温养护等。

二、杆塔验收

（一）电杆组立

1. 工艺规范

电杆立好后应正直，沿线电杆在一条直线上，位置偏差符合设计或相关规范要求。电杆回填、埋深符合要求。

2. 施工要点

（1）直线杆的横向位移不大于50mm。

（2）直线杆杆梢的位移不大于杆梢直径的1/2。

（3）转角杆的横向位移不大于50mm。

（4）转角杆组立后，杆根向内角的偏移不大于 50mm，不能向外角偏移。杆梢应向外角方向倾斜，但不得超过一个杆梢直径，不允许向内角方向倾斜。

（5）终端杆立好后，应向拉线侧预偏，其预偏值不应大于杆梢直径，紧线后不应向受力侧倾斜。

（6）回填土每升高300mm夯实一次，防沉土台高出地面300mm。

（二）横担安装

1. 工艺规范

（1）横担安装应平正，安装偏差应符合《66kV 及以下架空电力线路设计规范》（GB 50061—2010）、《架空绝缘配电线路设计技术规程》（DL/T 601—1996）或设计要求。

（2）架空线路所采用的铁横担、铁附件均应热镀锌。检修时，若发现有严重锈蚀、变形应予更换。

（3）同杆架设线路横担间的最小垂直距离应满足表5-2要求。

表5-2　架设方式与杆型对照表　（mm）

架设方式	直线杆	分支或转角杆
10kV与10kV	800（500）	450/600（500）
10kV与0.4kV	1200（1000）	1000（1000）
0.4kV与0.4kV	600（300）	300（300）

注　括号内为同杆架设的绝缘线路适用数据。

2. 施工要点

（1）横担端部上下歪斜不大于 20mm，左右扭斜不大于 20mm。双杆横担与电杆连接处的高差不大于连接距离的 5‰，左右扭斜不大于横担长度的 1%。

（2）瓷横担绝缘子直立安装时，顶端顺线路歪斜不大于 10mm；水平安装时，顶端宜向上翘 5°～15°，顶端顺线路歪斜不大于 20mm。

（3）当安装于转角杆时，顶端竖直安装的瓷横担支架应安装在转角的内角侧（瓷横担应装在支架的外角侧）。

（4）对原有单侧双横担加强方式进行检修，直线杆横担应装于受电侧，90° 转角杆及终端杆应装在拉线侧，转角杆应装在合力位置方向。新安装横担应为水平加强横担方式。

三、导线验收

（一）导线的固定

1. 工艺规范

导线的固定应牢固、可靠。绑线绑扎应符合“前三后四双十字”的工艺标准，绝缘子底部要加装弹簧垫。

2. 施工要点

（1）直线转角杆：对瓷质绝缘子，导线应固定在转角外侧的槽内；对瓷横担绝缘子导线应固定在第一裙内。

（2）直线跨越杆：导线应双固定，导线本体不应在固定处出现角度。

（3）裸铝导线在绝缘子或线夹上固定应缠绕铝包带，缠绕长度应超出接触部分 30mm。铝包带的缠绕方向应与外层线股的绞制方向一致。

（4）绝缘导线在绝缘子或线夹上固定应缠绕粘布带，缠绕长度应超过接触部分 30mm，缠绕绑线应采用不小于 2.5mm^2 的单股塑铜线，严禁使用裸导线绑扎绝缘导线。

（二）导线连接

1. 工艺规范

（1）铝绞线及钢芯铝绞线在档距内承力连接一般采用钳压接续管或采用预绞式接续条。

（2）10kV 绝缘线及低压绝缘线在档距内承力连接一般采用液压对接接续管。

（3）对于绝缘导线，接头处应做好防水密封处理。

2. 施工要点

（1）10kV 架空电力线路当采用跨径线夹连接引流线时，线夹数量不应少于 2 个，并使用专用工具安装，楔型线夹应与导线截面匹配。

（2）连接面应平整、光洁，导线及并沟线夹槽内应清除氧化膜，涂电力复合脂。

（3）铜绞线与铝绞线的接头，宜采用铜铝过渡线夹、铜铝过渡线，或采用铜线搪锡插接。

（4）不同金属导线的连接应有可靠的过渡金具。

（5）同金属导线，当采用绑扎连接时，绑扎长度应符合表 5－3 的规定。

表 5－3　　绑扎长度值

导线截面（mm^2）	绑扎长度（mm）
35 及以下	≥150
50	≥200
70	≥250

（6）绑扎连接应接触紧密、均匀、无硬弯，引流线应呈均匀弧度。

（7）当不同截面导线连接时，其绑扎长度应以小截面导线为准。

（8）绑扎用的绑线，应选用与导线同金属的单股线，其直径不应小于 2.0mm。

（三）净空距离

1. 工艺规范

导线架设后，导线对地及交叉跨越距离，应符合《66kV 及以下架空电力线路设计规范》（GB 50061—2010）、《架空绝缘配电线路施工及验收规程》（DL/T 602—1996）及设计要求。

2. 施工要点

（1）3～10kV 线路每相引流线，引下线与邻相的引流线，引下线或导线之间，安装后的净空距离应不小于 300mm；3kV 以下电力线路应不小于 150mm。

（2）架空线路的导线与拉线，电杆或构架之间安装后的净空距离，3～10kV 时应不小于 200mm；3kV 以下时应不小于 100mm。

（3）中压绝缘线路每相过引线、引下线与邻相的过引线、引下线及低压绝缘线之间的净空距离不应小于 200mm；中压绝缘线与拉线、电杆或构架间的净空距离不应小于 200mm。

（4）低压绝缘线每相过引线、引下线与邻相的过引线、引下线之间的净空距离不应小于 100mm；低压绝缘线与拉线、电杆或构架间的净空距离不应小于 50mm。

四、拉线验收

（一）拉线基础

1. 工艺规范

（1）拉线坑应挖马道，回填土应有防沉土台。应使拉线棒与拉线成一条直线。

（2）拉线盘装设，拉线棒应沿 45° 马道方向埋设，拉线棒受力后不应弯曲。承力拉线与线路方向的中心线对应，拉线棒不得弯曲。

（3）拉线棒外露地面长度一般为 500～700mm。

2. 施工要点

（1）拉线与电杆的夹角不宜小于 45°，当受地形限制时，不应小于 30°。

（2）终端杆的拉线及耐张杆承力拉线应与线路方向对正，分角拉线应与线路分角线方向对正，防风拉线应与线路方向垂直。

（3）拉线穿过公路时，对路面中心的距离不应小于 6m，且对路面的最小距离不应小于 4.5m。

（二）拉线制作

1. 工艺规范

（1）当拉线连接金具采用楔型线夹、UT 型线夹或钢卡时：

1）钢绞线的尾线应在线夹舌板的凸肚侧，尾线留取长度应为300～500mm。

2）钢绞线在舌板回转部分应留有缝隙，并不应有松股。

3）钢绞线的尾线在距线头50mm处绑扎，绑扎长度应为50～80mm。

4）钢绞线端头弯回后应用镀锌铁线绑扎紧。

5）严重腐蚀地区拉线棒应进行防腐处理。

楔型线夹拉线金具如图5－1所示。

图5－1　楔型线夹拉线金具

（2）当采用预绞式拉线时：

1）拉线连接金具一般采用螺旋式预绞式耐张线夹。

2）预绞丝表面应光洁，无裂纹、折叠和结疤等缺陷。

3）确认线夹与拉线直径和种类相匹配。

4）线夹与钢绞线旋向一致，采用标准右旋方式。

2. 施工要点

（1）当拉线连接金具采用楔型线夹、UT型线夹或钢卡时：

1）拉线一般采用多股镀锌钢绞线，其规格为GJ－35～100。

2）钢绞线剪断前应用细铁丝绑扎好。

3）拉线时应明确主、副线方向。

4）同组拉线使用两个线夹时，线夹尾线端的方向应统一。

5）拉线上把和拉线抱箍连接处采用延长环或平行挂板连接。

6）防腐处理防护部位：自地下500mm至地上200mm处。防护措施：涂沥青，缠麻袋片两层，再刷防腐油。

（2）当拉线采用预绞式拉线时：

1）拉线一般采用多股镀锌钢绞线，其规格为GJ－35～100。

2）钢绞线剪断前应绑扎好。

3）拉线上把和拉线抱箍连接处采用延长环或平行挂板连接。

4）防腐处理防护部位：自地下500mm至地上200mm处。防护措施：涂沥青，缠麻袋片两层，再刷防腐油。

（三）拉线安装

1. 工艺规范

（1）当拉线连接金具采用楔型线夹、UT型线夹或钢卡时：

1）拉线应采用专用的拉线抱箍。

2）拉线抱箍一般装设在相对应的横担下方，距横担中心线100mm处。

3）拉线的收紧应采用紧线器进行。

4）根据需要加装拉线绝缘子。

5）拉线底把应采用热镀锌拉线棒，安全系数不小于 3，最小直径不应小于 16mm。

6）拉线宜加装警示标识。

7）拉线地锚必须安装在地面或现浇混凝土构件（梁、柱）上，安装在墙上的必须做防锈处理。

8）同一方向多层拉线的拉锚应不共点，保证有两个或两个以上拉锚。

9）拉线地锚应埋设端正，不得有偏斜，地锚的拉线盘与拉线垂直。

（2）当采用预绞式拉线时：

1）拉线应采用专用拉线抱箍。

2）拉线抱箍一般装设在相对应的横担下方、距横担中心线 100mm 处。

3）拉线的收紧应采用紧线器进行。

4）拉线应根据需要加装拉线绝缘子。

5）城区或人口聚集地区拉线宜加装警示标识，标识高度不低于 2000mm。

2. 施工要点

（1）当拉线连接金具采用楔型线夹、UT 型线夹或钢卡时：

1）楔型线夹的螺栓与延长环连接好后，R 型销针的开口在 30°～60°。

2）线夹舌板与拉线接触应紧密，受力后无滑动现象，线夹的凸肚应在尾线侧，安装时不应损伤线股。

3）有坠线的拉线柱埋深为柱长的 1/6，坠线上端固定点距柱顶距离应为 250mm。

4）当拉线装设绝缘子时，断拉线情况下绝缘子距地面不应小于 2500mm。

5）UT 型线夹应有不小于 1/2 螺杆丝扣长度可供调紧。调整后，UT 型线夹的双螺母应并紧。

6）若为拉线检修更换拉线（整体或部件），在拆除旧拉线（或部件）前应采取加装临时拉线措施，防止线路失去拉线保护导致线路跑偏、倒杆等。

（2）当采用预绞式拉线时：

1）应用铰链将拉线拉紧至合适位置，在拉线上从锚杆向上约 20mm 处，用细铁丝绑扎，剪去多余拉线。

2）拉线应放在离拉线耐张线夹绞环最近的铰接标识处，拉线耐张线夹与锚杆心形环的槽对齐。

3）有坠线的拉线柱埋深为柱长的 1/6，坠线上端固定点距柱顶距离应为 250mm。

4）安装后，拉线绝缘子应与上把拉线抱箍保持 3000mm 距离。

5）拉线安装完成后，应在地面以上部分安装拉线警示保护管。

6）UT 型线夹应有不小于 1/2 螺杆丝扣长度可供调紧。

7）预绞丝拉线线夹不得重复使用。

模块小结

通过本模块学习，应深刻理解配电网线路施工工艺流程及标准，重点学习杆塔、拉线基础等隐蔽工程过程验收规范知识，熟悉配电网线路施工安装的各项基本要求，掌握验收关键环节和关键数据。

思考与练习

扫码看答案

1. 架空配电线路设施验收分哪几个部分？
2. 电杆拉线分几种安装方式？
3. 试述钢杆基础养护施工要点。

模块 2　电缆线路验收

模块说明

本模块包含额定电压为 10kV 及以下的电力电缆线路及其附属设施和构筑物验收的一般要求。通过学习，了解配电电缆线路及其附属设施施工工艺规范和施工要点，判别现场施工工艺是否符合运行要求。

电缆线路是指由电力电缆构成的电力线路。10kV 及以下电缆线路主要敷设在地下，基本上不占用地面空间，同一地下电缆通道，可以容纳多回电缆线路。电缆线路供电可靠性较高，对人身比较安全，自然因素（如风雨、雷电、盐雾、污秽等）和周围环境对电缆影响很小。

电缆线路主要包含 10kV 电缆线路、低压电缆线路、二次电缆线路、电缆防火封堵等。

一、10kV 电缆线路验收

（一）电缆基础

1. 电缆沟、井

（1）工艺规范：

1）按照设计图纸进行现场施工，电缆沟或工作井内通道净宽不宜小于有关规范及标准要求。

2）开挖应严格按挖沟断面分级开挖，沟体开挖应连续开挖。挖土完成后，应对基层土进行平整夯实处理。

3）浇捣混凝土垫层时，首先绑扎钢筋，然后浇捣混凝土。

4）电缆沟、井砌筑前应复测，确定方向后按设计要求进行砌筑。

5）压顶梁浇筑时，组装模板时应托架牢固、模板平直、支撑合理、稳固及拆卸方便。

6）抹灰前检查预埋件安装位置是否正确，与墙体连接是否牢固。

7）铺设盖板时，应调整构件位置，使其缝宽均匀。

8）电缆检查井、工作井口处宜采取防坠落保护措施。井盖应具有防盗、防滑、防位移、防坠落等功能。

（2）施工要点：

1）电缆沟、井开挖时，联系有关管线单位交底，密切注意地下管线、构筑物分布情况。

2）如出现沟底持力层达不到设计要求，采取换土处理或更改设计路径、地点等其他措施。

3）拆模养护时，非承重构件的混凝土强度达到 1.2MPa 且构件不缺棱掉角，方可拆除模板。

4）混凝土外露表面不应脱水，普通混凝土养护时间不少于 7 天。

5）抹灰工程施工的环境温度不宜低于 5℃，在低于 5℃的气温下施工时，应有保证质量的有效措施。

6）土方回填时宜采用人工回填，采用石灰粉或粗砂分层夯实，每层厚度不应大于 300mm。

7）电缆沟应有不小于 0.5%的纵向排水坡度，在最低处加装集水坑。

2. 预制式电缆沟槽

（1）工艺规范：

1）确保混凝土预制沟槽及盖板的强度和工艺尺寸满足设计要求。

2）沟槽的施工范围、敷设深度及走向符合设计要求。

3）预制沟槽下的混凝土垫层应满足设计要求，并满足养护期要求。

4）沟槽之间空隙使用水泥砂浆填补。沟槽之间接口处高差不得超过 10mm。沟槽之间接缝严密，直线段间隙不得超过 20mm。

5）地质条件允许情况下，采用 1∶1 放坡；若无法放坡时，需采用钢板桩支护。

（2）施工要点：

1）复核沟槽中心线走向、折向控制点位置及宽度控制线。

2）基坑底部施工面宽度，为在垫层断面设计宽度的基础上两边各加 500mm，深度应满足设计标高。

3）沟槽边沿 1500mm 范围内严禁堆土或堆放设备、材料等，1500mm 以外的堆载高度不应大于 1000mm。

4）垫层下的地基应保持稳定、平整、施工时宜保持干燥，严禁浸水。垫层混凝土应密实，上表面平整。

5）沟槽吊装时，周围如有带电线路，应设专人监护保持安全距离。施工情况较为复杂或困难时，编制施工方案报总工批准。

3. 电缆排管

（1）工艺规范：

1）土方开挖完成后，按现场土质的坚实情况进行必要的沟底夯实处理及沟底整平。

2）浇筑的混凝土板基础应平直，浇灌过程中用平板振动器振捣；如需分段浇捣，应采取预留接头钢筋、毛面、刷浆等措施。浇筑完成后要做好养护。

3）在底层应先砌砖，根据设计要求用砖包底层电缆管，再砌第二层，以此类推，逐层施工。

4）管道敷设时应保证管道直顺，管道的接缝处应设管枕，接口应无错位。在管接口处采用混凝土现浇，提升接口强度。

5）敷设后，多余的电缆管应切除，并将切口打磨平滑。

（2）施工要点：

1）管沟填碎石、石粉或粗砂垫层应控制好高度，并压实填平。

2）在浇捣排管外包混凝土之前，应将工作井留孔的混凝土接触面凿毛（糙），并用水泥浆冲洗。在排管与工作井接口处应设置变形缝。

3）管应保持平直，管与管之间应有 20mm 的间距。管孔数宜按发展预留适当备用。管路纵向连接处的弯曲度应符合牵引电缆时不致损伤的要求。

4）施工中应防止水泥、砂石进入管内。管应排列整齐，并有不小于 0.1%的排水坡度。施工完毕，应用管盖封堵两端。

4. 非开挖电缆管道

（1）工艺规范：

1）按照设计图纸提前做好勘测工作，应查明地形、地貌、地面建筑对工程的不利条件，查清水域覆盖面积和深度，查实有无影响检测的干扰源，并做好标记。施工前，应提前与市政有关部门进行沟通，确认开挖处有无其他管线。地下管线探测后，尚应通过地面标志物、检查井、闸门井、仪表井、人孔、手孔等进行复核。

2）应选取正确合理的入钻点和出钻点。

3）导向孔施工应按设计的钻孔轨迹进行导向施工，并做好导向孔施工的记录。导向孔轨迹的弯曲半径应满足电缆弯曲半径及施工机械的钻进条件。

4）铺设管线穿越公路、铁路、河流、地面建筑物时，最小覆土深度应符合有关专业规范要求。

（2）施工要点：

1）入钻点宜设在行人车辆稀少且具有足够空间摆放设备处，出钻点则宜设置在能够摆放管材、方便拖管的另一端。

2）出、入土角应根据设备机具的性能、出、入土点与被穿越障碍的距离、管线埋设深度等选择。出、入土角宜为 8°～15°，并满足电缆进入工作井时的弯曲半径。

3）钻进和回拖只允许钻杆顺时针旋转，以免钻杆松脱。钻杆分离过程中，钻杆必须逆时针旋转，以免损坏螺纹。

4）回拖铺管结束后，必须在回扩孔内压密注浆，固化泥浆的配制及充填应满足有关工艺的要求。

5）管材间的连接应采用热熔对接。热熔对接时，管材两端面刨平，用加热板加热，使塑管端面熔化，完成管道连接。

（二）电缆支架

1. 工艺规范

（1）电缆支架的规格、尺寸、跨距、各层间距离及距顶板、沟底的最小净距应遵循设计及相关规范要求。安装支架的电缆沟土建项目应验收合格。

（2）金属电缆支架须进行防腐处理。位于湿热、盐雾以及有化学腐蚀地区时，应根据设计做特殊的防腐处理。

（3）电缆支架安装前应进行放样定位。电缆支架应安装牢固、横平竖直。托架支吊架的固定方式应按设计要求进行。

图 5-2 电缆支架

（4）电缆支架应牢固安装在电缆沟墙壁上。

（5）金属电缆支架全长按设计要求进行接地焊接，应保证接地良好，接地电阻不大于 4Ω。所有支架应焊接牢靠，焊接处防腐符合相关规范要求。

电缆支架如图 5-2 所示。

2. 施工要点

（1）支架材料应平直，无明显扭曲。下料误差应在 5mm 范围内，切口应无卷边、毛刺。

（2）焊口应饱满，无虚焊现象。支架同一挡在同一水平面内，高低偏差不大于 5mm。支架应焊接牢固，无显著变形。

（3）各支架的同层横挡应在同一水平面上，其高低偏差不应大于 5mm。托架支吊架沿桥架走向左右的偏差不应大于 10mm。

（4）电缆支架横梁末端 50mm 处应斜向上倾角 10°。

（三）配电电缆设备标识

1. 电缆标识

（1）工艺规范：电缆标识宜采用绑扎标示牌的方式。

（2）施工要点：

1）标示牌规格为 80mm×150mm。

2）标示牌应在其长边两端打孔，采用塑料扎带、捆绳等非导磁金属材料牢固固定。

3）标示牌内容应至少包含起点、终点、型号、长度、施工单位、投运日期等内容。

2. 三芯电缆终端和中间接头标示牌

（1）工艺规范：电缆终端需采用绑扎或粘贴标示牌的方式。电缆终端和中间接头标示牌如图 5-3 所示。

（2）施工要点：

1）电杆引线电缆终端标示牌应绑扎（粘贴）在电缆保护管顶端。

2）箱体内电缆终端标示牌绑扎在电缆终端处。

3）标签应使用绝缘、阻燃、防水型材质。

3. 直埋电缆线路标桩

（1）工艺规范：

1）直埋电缆标桩一般为普通钢筋混凝土预制构件，文字及图像标识预制为凹槽形式，并涂红漆。

2）直线部分埋设的标桩间距为 20m，电缆直线段为直角箭头标桩，弯点为转角箭头标桩。

3）对于绿化带内直埋电缆线路，直线、接头、转角应埋设标桩。

（2）施工要点：

1）电缆标桩尺寸参数应满足要求，见表 5-4。

电缆终端标识牌

线路名称	______	产品型号	______
施工单位	______	运维单位	______
生产厂家	______	投运时间	______

(a)

电缆中间接头标识牌

线路名称	______	产品型号	______
施工单位	______	运维单位	______
生产厂家	______	投运时间	______

(b)

图 5－3　电缆终端和中间接头标示牌样式

（a）电缆终端标示牌；（b）电缆中间接头标示牌

表 5－4　　电 缆 标 桩 尺 寸 参 数

参数	尺寸
L_1	80mm
H_1	150mm
H_2	250mm
L	100mm
α	45°

2）电缆标桩上应标明电力电缆字样、联系方式和明确的电缆走向指示，并朝向运行维护人员巡视侧。

4. 电缆平面标识贴

（1）工艺规范：直埋电缆在人行道、车行道等其他不能设置高出地面的标识时，可采用平面标识贴或埋入与地面齐平的混凝土制品标识块。

（2）施工要点：

1）平面标识贴应牢固粘贴在地面上，采用树脂反光材料等不易磨损、不易腐蚀的材质，背面为网格地胶。

2）平面标识贴规格为 120mm × 80mm，形状、大小可根据地面状况适当调整。

3）平面标识贴上应有电缆线路方向指示。

（四）10kV 电缆施工检修

1. 施工前现场检查

（1）工艺规范：

1）根据施工设计图纸选择电缆路径，沿路径勘察，查明电缆线路路径上邻近地下管线，制订详细的施工方案。

2）施工前对各盘电缆进行验收，检查电缆有无机械损伤，封端是否良好。当对电缆的外观和密封状态有怀疑时，应进行潮湿判断。

3）电缆敷设前，对电缆井使用抽风机进行充分排气。排气后对气体进行检测并清理杂物，检查疏通电缆管道，检查电缆管内有无积水或杂物堵塞，检查管孔入口处是否平滑，井内转角等是否满足电缆弯曲半径的规范要求等并做好记录。

4）施工前应进行绝缘预校验和护层绝缘试验。

5）电缆敷设前应测量现场温度，应确保施工时的环境温度不低于 0℃；当温度低于 0℃时，应采取措施。

6）在室外制作电缆终端与接头时，其空气相对湿度宜为 70%及以下；当湿度大时，可提高环境温度或加热电缆。制作塑料绝缘电力电缆终端与接头时，应防止尘埃、杂物落入绝缘内。严禁在雾或雨中施工。

7）电力电缆不能与通信电缆、自来水管、燃气管、热力管等线路混沟敷设。

（2）施工要点：

1）确定电缆盘、电缆盖板、敷设机具、挖掘机械等主要材料的摆放位置，设置临时施工围栏。

2）电缆盘不得平卧放置。应核实电缆是否满足接入电气设备的长度。

3）确定沟边线的基线，放好开挖线，做好现场防护围挡板，做好各方面安全措施。

4）检查施工内容相对应的材料验证是否符合设计要求，收集出厂合格证或检验报告，检查施工工具是否齐备，检验、核对接头材料以及配件是否齐全和完整。

5）夜间施工应在电缆沟两侧装红色警示灯，破路施工应在被挖掘的道路口设警示灯。

6）对电缆槽盒、电缆沟盖板等预制件必须仔细检查，对有露筋、蜂窝、麻面、裂缝、破损等现象的预制件一律清除，严禁使用，并更换合格的预制件。

7）对已完成的电缆槽盒或电缆沟的长度进行核实，对电缆沟使用抽风机进行排气，清理杂物，检查转角等是否满足电缆弯曲半径的规范要求及电缆本身的要求。若是多段电缆，要确定电缆中间接头的安装位置。

8）对已完成的电缆沟沟底进行平整。检查电缆与其他管道、道路、建筑是否满足最小允许净距要求。

9）对电缆沟内成品支架做好保护措施，防止损坏支架，防止铁件支架伤人、伤电缆或卡阻电缆的牵引。

2. 电缆敷设

（1）工艺规范：

1）电缆及附件的规格、型号及技术参数等应符合设计要求。

2）机械牵引时，应满足《电气装置安装工程　电缆线路施工及验收标准》（GB 50168—

2018）的要求。牵引端应采用专用的拉线网套或牵引头，牵引强度不得大于相关规范要求，应在牵引端设置防捻器，中间应使用电缆放线滑车。

3）电缆在任何敷设方式及其全部路径条件的上下左右改变部位，最小弯曲半径均应满足《电力电缆及通道运维规程》（Q/GDW 1512—2014）或设计要求。

4）制作电缆终端前，应将用于牵引部分的电缆切除。电缆终端和接头处应留有一定的备用长度，电缆中间接头应放置在电缆井或检查井内。若并列敷设多条电缆，其中间接头位置应错开，其净距不应小于500mm。

5）电缆敷设后，电缆终端应悬空放置，将端头立即做好防潮密封，以免水分侵入电缆内部，并应及时制作电缆终端和接头。同时，应及时清除杂物、盖好盖板，还要将盖板缝隙密封。施工完后，电缆进入电缆沟、隧道、竖井、建筑物、盘（柜）以及穿入管道处出入口应保证封闭，管口进行密封并做防水处理。

6）单芯电缆以单根穿管时，不得采用未分隔磁路的钢管。

（2）施工要点：

1）在装卸电缆的过程中，应设专人负责统一指挥，指挥人员发出的指挥信号必须清晰、准确。采用起重机装卸电缆盘时，起吊钢丝绳应套在盘轴的两端，不应直接穿在盘孔中起吊。人工短距离滚动电缆盘前，应检查线盘是否牢固，电缆两端应固定，滚动方向须与线盘上箭头的方向一致。

2）电缆的端部应有可靠的防潮措施。

3）交联聚乙烯绝缘电力电缆敷设时的最小弯曲半径，无铠装的单芯电缆为电缆外径的20倍，多芯电缆为电缆外径的15倍；有铠装的单芯电缆为电缆外径的15倍，多芯电缆为电缆外径的12倍。

4）机械敷设时，铜芯电缆允许牵引强度，牵引头部时为70N/mm^2，铝芯电缆为40N/mm^2。采用钢丝网套牵引铅护套电缆时为10N/mm^2，牵引铝护套电缆为40N/mm^2，牵引塑料护套电力电缆为7N/mm^2。

5）电缆盘就位后，安装放线架需稳固，确保钢轴平衡。电缆盘距地高度在50～100mm为宜，并应有可靠的制动措施。敷设电缆时，电缆应从盘的上端引出，不应使电缆在支架上及地面摩擦拖拉。电缆进入电缆管路前，可在其表面涂上与其护层不起化学作用的润滑物，减小牵引时的摩擦阻力。

6）直线部分应每隔2500～3000mm设置一个直线滑车。在转角或受力的地方应增加滑车组（“L”状的转弯滑车），设置间距要小，以控制电缆弯曲半径和侧压力，并设专人监视。电缆不得有铠装压扁、电缆绞拧、护层折裂等机械损伤，需要时可以适当增加输送机。

7）敷设电缆时，转角处需安排专人观察，载荷适当，统一信号、统一指挥。在电缆盘两侧须有协助推盘及负责刹盘滚动的人员。拉引电缆的速度要均匀，机械敷设电缆的速度不宜超过15m/min；在较复杂路径上敷设时，其速度应适当放慢。

8）电缆进出建筑物、电缆井及电缆终端、电缆中间接头、拐弯处、工作井内电缆进出管口处，应挂标示牌。沿支架桥架敷设的电缆，在其首端、末端、分支处应挂标示牌。电缆沟敷设，应沿线每距离20m挂标示牌。电缆标示牌上应注明电缆编号、规格、型号、电压等级及起止位置等信息。标示牌的规格和内容应统一，且能防腐。

3. 10kV 电缆固定

（1）工艺规范：

1）固定点应设在应力锥下和三芯电缆的电缆终端下部等部位。

2）电缆终端搭接和固定必要时加装过渡排，搭接面应符合相关规范要求。

3）各相终端固定处应加装符合相关规范要求的衬垫。

4）电缆固定后应悬挂电缆标示牌，标示牌的尺寸、规格应统一。

5）固定在电缆隧道、电缆沟的转弯处，电缆桥架的两端若用挠性固定方式时，应选用移动式电缆夹具。所有夹具松紧程度应基本一致，两边螺钉应交替紧固，不能过紧或过松。

6）电缆及其附件、安装用的钢制紧固件，除地脚螺栓外应用热镀锌制品。

（2）施工要点：

1）电缆终端搭接后不得使搭接处设备端子和电缆受力。

2）铠装层和屏蔽均应采取两端接地的方式。当电缆穿过零序电流互感器，零序电流互感器安装在电缆护套接地引线端上方时，接地线直接接地；零序电流互感器安装在电缆护套接地引线端下方时，接地线必须回穿零序电流互感器一次，回穿的接地线必须采取绝缘措施。

3）直埋电缆进出建筑物、电缆井及电缆终端、电缆中间接头处应挂标示牌。

4）沿支架桥架敷设电缆，在其首端、末端、分支处应挂标示牌。

5）单芯电缆或多芯电缆分相后各相电缆的刚性固定，宜采用铝合金等不构成磁性闭合回路的夹具。

6）垂直敷设或超过 45° 倾斜敷设的电缆，在每个支架、桥架上每隔 150～200mm 处应加以固定。

7）架空线路电缆各支持点间的距离应符合设计规定。当设计无规定时，中低压电缆水平敷设间距为 800mm，垂直敷设间距为 1500mm；全塑型电缆水平敷设间距为 400mm，垂直敷设间距为 1000mm。

二、低压电缆验收

（一）施工前现场检查

1. 工艺规范

（1）根据施工设计图纸选择的电缆路径，沿路径勘察，查明电缆线路路径上邻近地下管线，制订详细的施工方案。

（2）施工前对各盘电缆进行验收，检查电缆有无机械损伤，封端是否良好。

（3）敷设电缆前，应进行通管，检查电缆管内有无积水、杂物堵塞。

（4）敷设电缆前，选用 1000V 绝缘电阻表测量绝缘电阻。额定电压 0.6/1kV 的电缆线路，应用 2500V 绝缘电阻表测量导体对地绝缘电阻代替耐压试验，试验时间 1min。

（5）制作电缆终端时，应检查电缆外观是否完好、电缆附件是否配套、工器具是否齐备、电缆是否受潮；用绝缘电阻表检查电缆的主绝缘和内护套绝缘，绝缘应符合有关规定。

（6）敷设电缆前应测量现场温度，应确保施工时的环境温度不低于 0℃；当温度低于 0℃时，应采取相关措施。

2. 施工要点

（1）确定电缆盘、电缆盖板、敷设机具、挖掘机械等主要材料的摆放位置，设置临时施工围栏。

（2）电缆盘不得平卧放置。应核实电缆是否满足接入电气设备的长度。

（3）确定沟边线的基线，放好开挖线，做好现场防护围挡板，做好各方面安全措施。

（4）检查施工内容相对应的材料验证是否符合设计要求，收集出厂合格证或检验报告，检查施工工具是否齐备，检验、核对接头材料以及配件是否齐全和完整。

（5）夜间施工应在电缆沟两侧装红色警示灯，破路施工应在被挖掘的道路口设警示灯。

（6）对电缆槽盒、电缆沟盖板等预制件必须仔细检查，对有露筋、蜂窝、麻面、裂缝、破损等现象的预制件一律清除，严禁使用，并更换合格的预制件。

（7）对已完成的电缆槽盒或电缆沟的长度进行核实，对电缆沟使用抽风机进行排气，清理杂物，检查转角等是否满足电缆弯曲半径的规范要求及电缆本身的要求。若是多段电缆，要确定电缆中间接头的安装位置。

（8）对已完成的电缆沟沟底进行平整。检查电缆与其他管道、道路、建筑是否满足最小允许净距要求。

（9）对电缆沟内成品支架做好保护措施，防止损坏支架，防止铁件支架伤人、伤电缆或卡阻电缆的牵引。

（二）低压电缆敷设

1. 工艺规范

（1）敷设电缆时，应注意电缆弯曲半径符合电力电缆线路运行规程的要求，电缆在沟内敷设应有适量裕度。

（2）电缆敷设时应排列整齐，不宜交叉，应加以固定并及时装设标示牌。

（3）户外电缆就位时，穿入管中电缆的数量应符合设计要求。

（4）电缆各支持点间的距离应符合设计规定，当设计无规定值时，不应大于相关规程及标准中所要求的数值。

（5）电缆敷设后，应按《电力设备预防性试验规程》（DL/T 596—1996）的要求进行绝缘测量。1kV以下电缆，用1000V绝缘电阻表测量线间及对地的绝缘电阻；测量完毕后，应将线芯分别对地放电。

（6）电缆在终端与接头附近宜留有备用长度。

（7）并列明敷的电缆，其接头位置宜相互错开。电缆明敷时的接头应用托板托置固定。

（8）沟体开挖时，应密切注意地下管线、构筑物分布情况。

（9）土方开挖完成后，按现场土质情况进行沟底夯实及整平，并按设计要求做垫层处理。

（10）回填土不能有含腐蚀性物质，不能有木块、碎布等有机物，以防诱发白蚁。回填软土或砂子中不应有石块或其他硬质杂物。

2. 施工要点

（1）敷设电缆时，电缆应从盘的上端引出，不应使电缆在支架上及地面摩擦拖拉。

（2）电缆在室内埋地敷设时应穿管，管内径不应小于电缆外径的1.5倍。

（3）电缆水平悬挂在钢索上时，电力电缆固定点间的间距不超过750m，控制电缆固定点间的间距不超过 600mm。

（4）相同电压的电缆并列明敷时，电缆间的净距不应小于 35mm，但在线槽内敷设时除外。

（5）1kV 以下电力及控制电缆与 1kV 及以上电力电缆一般分开敷设；当并列明敷时，其净距不应小于 150mm。

（6）电缆沟内适当位置放置直线滑车，在转角或受力的地方应增加滑车组，控制电缆弯曲半径和侧压力，并有专人监视。电缆不得有电缆绞拧、护层折裂等机械损伤，需要时可以适当增加输送机。

（7）电缆敷设完后，在电缆沟支架排列时按设计要求排列，金属支架应加塑料衬垫。设计无要求时，应遵循电缆从下到上、从内到外的顺序排列原则。

（8）回填土前，应清理积水，进行一次隐蔽工程检验；检验合格后，应及时回填土，并进行分层夯实。电缆回填土后，应做好电缆记录，并应在电缆拐弯、接头、交叉、进出建筑物等处明显位置按要求设置电缆标示牌或标桩。

（9）敷设完毕后，应及时清除杂物、盖好盖板；必要时，还要将盖板缝隙密封。应对施工完的隧道、电缆沟、竖井、管口进行密封。

（三）低压电缆固定

1. 工艺规范

（1）各相终端固定处应加装符合相关规范要求的衬垫。

（2）户外引入设备接线箱的电缆应有保护和固定措施，采用与电缆相同规格的固定夹具，并绑捆好牵引绳。

（3）电缆固定后应悬挂电缆标示牌，标示牌的尺寸、规格应统一。

（4）电缆固定可采用经防腐处理的扁钢制夹具、尼龙扎带或镀塑金属钢带。铝合金桥架在钢制吊架上固定时，应有防电化腐蚀的措施。金属夹具与电缆之间宜加垫保护层。

2. 施工要点

（1）电缆终端搭接后不得使搭接处设备端子和电缆受力。

（2）铠装层应采取两端接地的方式。

（3）电缆进出建筑物、电缆井及电缆终端、电缆中间接头处应挂标示牌。

（4）沿支架桥架敷设电缆，在其首端、末端、分支处应挂标示牌。

（5）分相后的分相铅套电缆的固定夹具不应构成闭合磁路。

三、二次电缆验收

（一）二次电缆就位

1. 工艺规范

（1）材料规格、型号符合设计要求。

（2）电缆外观完好无损，铠装无锈蚀、无机械损伤，无明显皱折和扭曲现象。橡套及塑料电缆外皮及绝缘层无老化及裂纹。

（3）电缆布置宽度应适应线芯固定及与端子排的连接。

（4）二次电缆应分层、逐根穿入。

（5）保护用、通信电缆与电力电缆不应同层敷设。电流、电压等交流电缆应与控制电缆分开，不得混用同一根电缆。

2. 施工要点

（1）直径相近的电缆应尽可能布置在同一层。

（2）电缆绑扎应牢固，在接线后不应使端子排受机械应力。

（3）电缆绑扎应采用扎带，绑扎的高度、方向一致。

（4）考虑电缆的穿入顺序，应尽可能使用电缆在支架（层架）的引入部位。设备引入部位的二次电缆应避免交叉现象发生。

（二）二次电缆终端制作

1. 工艺规范

（1）制作电缆终端时，缠绕应密实牢固。

（2）某一区域的电缆终端制作，高度、样式应统一。

（3）电缆终端制作过程中，严禁损伤电缆线芯。

（4）所有室外电缆的电缆终端，如气体继电器、电流互感器、电压互感器等应尽量将电缆终端封装处放在接线盒内或管内部，不能外露，以利于防雨、防油和防冻。

2. 施工要点

（1）单层布置的电缆终端高度应一致。多层布置的电缆终端高度宜一致，或从里往外逐层降低，降低高度应统一。

（2）使用热缩管时，应采用长度统一的热缩管收缩而成。电缆的直径应在热缩管的热缩范围之内。

（3）电缆终端制作完毕后，要求顶部平整密实。

（4）电缆开钎或熔接地线时，防止线芯损伤。

（三）线芯整理、布置

1. 工艺规范

（1）在电缆终端制作结束后，接线前应进行线芯的整理工作。

（2）网格式接线方式适用于全部单股硬线的形式，电缆线芯扎带绑扎应间距一致、适中。

（3）整体绑扎接线方式适用于以单股硬线为主、底部电缆进线宽阔形式，线束的绑扎应间距一致、横平竖直，在分线束引出位置和线束的拐弯处应有绑扎措施。

（4）槽板接线方式适用于以多股软线为主形式，在线芯接线位置的同一高度将线芯引出线槽、接入端子。

（5）线芯标识应用线号机打印，不能手写，并应清晰完整。

（6）线芯接线端应制作缓冲环。

（7）备用芯应留有足够的余量，预留长度应统一，并有所在电缆标识。

2. 施工要点

（1）将每根电缆的线芯单独分开，将每根线芯拉直。

（2）每根电缆的线芯宜单独成束绑扎。

（3）电缆线芯的扎带间距应一致，间距要求为 150～200mm。

（4）每一根线芯接入端子前应有完整的标识，正面写电缆编号及回路编号，侧面写所在位置端子号。同一接线端子上最多不能超过两根线。

（5）对于集中式的保护屏（柜），应有单元（间隔）编号。

（6）备用线芯可以单独垂直布置，也可以同时弯曲布置。

（7）备用线芯顶端应有所在电缆标识。

（四）二次电缆固定

1. 工艺规范

（1）在电缆终端制作和线芯整理完成后，应按照电缆的接线顺序再次进行固定，然后挂设标示牌。

（2）电缆标示牌应采用专用的打印机打印、塑封。电缆标示牌的型号和打印样式应统一。

2. 施工要点

（1）二次电缆固定要求高低一致、间距一致、尺寸一致，保证标示牌挂设整齐、牢固。

（2）电缆标示牌排版合理、标识齐全、字迹清晰，包括电缆编号、规格、本地位置、对侧位置。

（五）接地线的整理布置

1. 工艺规范

（1）应将一侧的接地线用扎带扎好后从电缆后侧成束引出，并对接线端子的根部进行绝缘处理。

（2）应使用接线端子压接接地线，严禁将地线缠绕在接地铜排上。

（3）中性线与保护地线应分别敷设。

2. 施工要点

（1）单个接线端子压接接地线的数量不大于 4 根。

（2）用 4mm^2 多股二次软线焊接在电缆铜屏蔽层上，并引出接到保护专用接地铜排上。

四、电缆防火封堵验收

（一）电缆沟防火墙

1. 工艺规范

（1）户外电缆沟内的隔断应采用防火墙。电缆通过电缆沟进入保护室、开关室等建筑物时，应采用防火墙进行隔断。

（2）防火墙两侧应采用 10mm 以上厚度的防火隔板封隔，中间应采用无机堵料、防火包或耐火砖堆砌，其厚度一般不小于 250mm。

（3）防火墙应采用热镀锌角钢做支架进行固定。

（4）防火墙内预留的电缆通道应进行临时封堵，其他所有缝隙均应采用有机堵料封堵。

（5）防火墙顶部应加盖防火隔板，底部应留有两个排水孔洞。

2. 施工要点

（1）对于阻燃电缆，在电缆沟内应每隔 80～100m 设置一个隔断；对于非阻燃电缆，宜每隔 60m 设置一个隔断，一般设置在临近电缆沟交叉处。

（2）防火墙内的电缆周围应采用厚度不小于 20mm 的有机堵料进行包裹。

（3）防火墙两侧的电缆周围利用有机堵料进行密实的分隔包裹，其两侧厚度大于防火墙表层20mm。

（4）防火墙上部的电缆盖上应涂刷明显标记。

（二）竖井封堵

1. 工艺规范

（1）电缆竖井处的防火封堵应采用角钢或槽钢托架进行加固，再用防火隔板托底封堵。

（2）托架和防火隔板的选用、托架的密度应确保整体有足够的强度，应能作为人行通道。

（3）底面的孔隙口及电缆周围应采用有机堵料进行密实封堵，电缆周围的有机堵料厚度不小于20mm。

（4）防火隔板上应浇筑无机堵料，无机堵料浇筑后，在其顶部应使用有机堵料将每根电缆分隔包裹。

2. 施工要点

（1）有机堵料封堵应严密、牢固，无漏光、漏风裂缝和脱漏现象，表面应光洁、平整。

（2）无机堵料封堵表面应光洁，无粉化、硬化、开裂等缺陷。

（三）盘柜封堵

1. 工艺规范

（1）在孔洞、盘柜底部铺设厚度为10mm的防火板，在孔隙口及电缆周围采用有机堵料进行密实封堵，电缆周围的有机堵料厚度不小于20mm。

（2）用防火包填充或无机堵料浇筑，塞满孔洞。

（3）在预留孔洞的上部应采用钢板或防火板进行加固，以确保作为人行通道的安全性。如果预留的孔洞过大，应采用槽钢或角钢进行加固，将孔洞缩小后方可加装防火板。

2. 施工要点

（1）防火包采用交叉堆砌方式，且应密实、牢固、不透光，外观应整齐。

（2）有机堵料封堵应严密、牢固，无漏光、漏风裂缝和脱漏现象，表面应光洁、平整。

（3）在孔洞底部防火板与电缆的缝隙处做线脚。防火板不能封隔到的盘柜底部空隙处，以有机堵料严密堵实。

（四）电缆保护管封堵

1. 工艺规范

电缆管口应采用有机堵料严密封堵。

2. 施工要点

管径小于50mm的，堵料嵌入的深度不小于50mm，露出管口厚度不小于10mm。随管径的增加，堵料嵌入管道的深度和露出的管口的厚度也相应增加，管口的堵料要做成圆弧形。

（五）端子箱、二次接线盒封堵

1. 工艺规范

（1）端子箱、二次接线盒进线孔洞口应采用防火包进行封堵，不宜小于250mm，电缆周围应采用有机堵料进行包裹，厚度不得小于20mm。

（2）端子箱底部以10mm厚防火隔板进行封隔，隔板安装应平整、牢固。

2. 施工要点

（1）有机堵料封堵应严密、牢固，无漏光、漏风裂缝和脱漏现象，表面应光洁、平整。

（2）在缺口、缝隙处使用有机封堵密实地嵌于孔隙中，并做线脚，线脚厚度不小于10mm。电缆周围的有机堵料的宽度不小于40mm，呈几何图形，面层应平整。

（六）防火包带或涂料

1. 工艺规范

（1）施工前应清除电缆表面的灰尘和油污，注意不能损伤电缆护套。

（2）防火包带或涂料的安装位置一般在防火墙两端和电缆接头两侧的 2～3m 长区段。

（3）防火包带应采用单根电缆绕包的方式，多根小截面的控制电缆可采取多根绕包的方式，两段的缝隙用有机堵料封堵严密。

（4）用于耐火防护的材料产品，应按等效工程使用条件的燃烧试验满足耐火极限不低于 1h 的要求，且耐火温度不宜低于 1000℃。

2. 施工要点

（1）水平敷设的电缆应沿电缆走向进行均匀涂刷，垂直敷设的电缆宜自上而下涂刷。

（2）电缆防火涂料的涂刷一般为 3 遍（可根据设计相应增加），涂层厚度为干燥凝固后1mm 以上。

（3）电缆密集和束缚时，应逐根涂刷，不得漏刷。防火涂料应表面光洁、厚度均匀。

（4）防火包带采取半搭盖方式绕包，包带要求紧密地覆盖在电缆上。

（七）工作井防水封堵

1. 工艺规范

（1）排管在工作井处的管口应封堵，防止雨水（或其他水源）经电缆进出线孔洞或缝隙灌入工作井。

（2）采用三层防水封堵措施进行封堵，即采用刚性无机防水堵漏材料封堵第一层。注入柔性专用防水膨胀胶封堵第二层，随即使用无机防水堵漏材料封堵第三层。使用防水胶做弹性密封，涂刷保护层。封堵厚度至少保证 300mm。

（3）管孔 300～500mm 深处，以施工辅助材料作填充物。

2. 施工要点

对于孔洞中的电缆要轻抬轻放，电缆底部应垫放木块等垫衬物品，将电缆摆放于孔洞中间位置，再实施封堵施工。

模块小结

通过本模块学习，应深刻理解 10kV 及以下的电力电缆线路及其附属设施和构筑物施工工艺流程及标准，重点学习 10kV 电力电缆、附属设施和构筑物等隐蔽工程验收规范知识，熟悉配电网电力电缆线路施工的各项基本要求，完成掌握电缆线路完工验收的目的。

思考与练习

1. 试述 10kV 电缆敷设的施工要点。
2. 盘柜封堵的防火要求有哪些?
3. 低压电缆敷设中的施工要点有哪些?

模块 3　配电设施验收

模块说明

本模块介绍配电设施验收的相关内容，通过对工艺规范和施工要点两方面的学习，了解配电设施施工工艺标准和过程质量要求，能判别配电设施是否符合运行要求，掌握配电设施验收规范。

配电设施是电力系统重要的组成部分，其验收的结果，直接影响电力系统的健康运行。

配电设施包括配电变压器、低压封闭母线、环网单元、电缆分支箱、开关柜、屏柜（端子箱）和柱上设备等。

一、配电变压器验收

（一）室内变压器

1. 施工前现场检查

（1）工艺规范：

1）变压器应符合《电力变压器运行规程》（DL/T 572—2010）及设计要求，附件、备件应齐全。

2）本体及附件外观检查无损伤及变形，油漆完好。

3）油箱封闭良好，无漏油、渗油现象，油标处油面正常。

4）800kVA 及以上油浸式变压器宜配置瓦斯保护。气体继电器合格证齐全，无渗漏，方向标示清晰准确。

5）带有防护罩的干式变压器，防护罩与变压器的距离应符合相关标准的规定。

6）土建标高、尺寸、结构及预埋件焊接强度均符合设计要求。

（2）施工要点：

1）墙面、屋顶粉刷完毕，屋顶无漏水，门窗及玻璃安装完好。

2）安装干式变压器时，室内相对湿度宜保持在 70%以下。

3）房屋的防火、防水级别不低于 2 级。

4）必须保证电气设备与接地体连接接触良好，不得有脱节现象，接地电阻不得大于 4Ω。

2. 变压器现场搬运及安装

（1）工艺规范：

1）变压器现场搬运应由专业起重人员作业，电气安装人员配合。

2）干式变压器在运输途中，应采取防潮措施。

3）变压器吊装时，索具应检查合格，吊装绳应挂在油箱的吊钩上，上盘的吊环仅作吊心用，不得用此吊环吊装整台变压器。

4）干式变压器安装位置尺寸应符合设计要求。

5）变压器的安装应采取防振、降噪措施。

（2）施工要点：

1）变压器搬运时，应注意保护瓷套管，使其不受损伤。

2）变压器在搬运或装卸前，应核对高低压侧方向。

3）当利用机械牵引变压器时，牵引着力点应在设备重心以下，运输角度不得超过15°。

4）变压器就位时，应注意其方位和距墙尺寸应与图纸相符，允许误差为±25mm。图纸无标注时，纵向按轨道定位，横向距离不得小于800mm，距门不得小于1000mm。

5）装有气体继电器的变压器，应使其顶盖沿气体继电器气流方向有1%～1.5%的升高坡度。

6）变压器宽面推进时，低压侧应向外；窄面推进时，储油柜侧一般应向外。

7）油浸式变压器的安装应考虑能在带电的情况下，便于检查储油柜中的油位、上层油温、气体继电器等。

3. 附件安装

（1）工艺规范：

1）防潮吸湿器安装前，应检查硅胶是否失效。

2）干式变压器非电量传感器应按说明书位置安装，外部显示屏应安装在便于观测的变压器护网栏上。

3）气体继电器应水平安装，观察窗应装在便于检查的一侧，箭头方向应指向储油柜，与连通管的连接应密封良好。截油阀应位于储油柜和气体继电器之间。

4）防潮吸湿器安装时，应将吸湿器盖子上的橡皮垫去掉，并在下方隔离器具中装适量变压器油。

5）温度计应直接安装在变压器上盖的预留孔内，并在孔内加适量变压器油。

6）干式变压器的电阻温度计，一次元件应预埋在变压器内，二次仪表宜安装在值班室或操作台上。油浸式变压器宜加装伸缩节。

（2）施工要点：

1）安装气体继电器的事故喷油管时，应注意事故排油时不致危及其他电气设备。喷油管口应换为割划有十字线的玻璃。

2）干式变压器的电阻温度计导线应加以适当的附加电阻校验调试后方可使用。

3）干式变压器软管不得有压扁或死弯，弯曲半径不得小于50mm，剩余部分应盘圈并固定在温度计附近。

4. 绝缘护罩安装

（1）工艺规范：

1）室内配电变压器可安装绝缘护罩。

2）应具有良好的性能，绝缘强度不小于20kV/mm，耐老化。

3）扣接结构应便于检修。

（2）施工要点：

1）安装时，扣件应正确到位，相色与变压器相位一致。

2）绝缘护罩允许拆装重复使用。

5. 分接开关的检查调试

（1）工艺规范：分接开关各部件安装应符合设计要求。

（2）施工要点：

1）分接开关的各分接点与绕组的连线应紧固、正确，且接触紧密良好。转动盘应动作灵活，密封良好。

2）若变压器检修进行了分接开关调整，应对调整分接开关后的变压器重新试验，测量直流电阻合格后，记录分接开关变换情况后方可投入运行。

6. 变压器连线

（1）工艺规范：

1）变压器的一、二次连线、地线、控制管线均应符合相应规定。

2）工作中性线宜用绝缘导线。

3）油浸式变压器附件的控制导线，应采用具有耐油性能的绝缘导线。靠近箱壁的导线，应采用金属软管保护，并排列整齐，接线盒应密封良好。

4）裸露带电部分宜进行绝缘处理。

（2）施工要点：

1）变压器一、二次引线的施工，不应使变压器的套管直接承受应力。

2）变压器中性点的接地回路中，靠近变压器处，宜做一个可拆卸的连接点。

（二）箱式变压器

1. 施工前现场检查

（1）工艺规范：

1）变压器应符合设计要求，附件、备件应齐全。

2）查验合格证和出厂试验记录。核对变压器铭牌技术数据，本体及附件外观检查无损伤及变形，绝缘件无缺损、裂纹，充油部分不渗漏，充气式高压设备气压指示正常，涂层完整。

3）土建标高、尺寸、结构及预埋件焊接强度均符合设计要求。

（2）施工要点：

1）基础两侧可埋设防小动物的通风窗，宽×高尺寸为300mm×150mm。

2）砖、钢筋、水泥、掺和料应符合设计要求，有出厂合格证书。

3）预埋铁件焊口应饱满，无虚焊现象，防腐处理符合设计要求。

2. 箱式变压器安装

（1）工艺规范：

1）箱式变压器应水平安放在事先做好的基础上，然后将产品底座与基础之间的缝隙用水泥砂浆抹封，以免雨水进入电缆室。通过高、低压室的底封板接入高、低压电缆。

2）电缆与穿管之间的缝隙应密封防水。

3）箱式变压器底座槽钢上的两个主接地端子、变压器中性点及外壳、避雷器下桩头等均应分别直接接地。

4）箱式变压器基础应设通风孔。

5）箱式变压器交接试验应合格。

6）高低压开关等与变压器组合在同一个密闭油箱内的箱式变电站，试验按产品提供的技术文件要求执行。

（2）施工要点：

1）应采用专用吊具底部起吊。

2）所有接地应共用一组接地装置，在基础四角打接地桩，然后连成一体，其接地电阻应小于 4Ω，从接地网引至箱式变压器的接地引线应不少于 2 条。

3）高压电气设备部分按《电气装置安装工程　电气设备交接试验标准》（GB 50150—2006）的规定交接试验合格。

4）低压成套配电柜相间和相对地间的绝缘电阻值应大于 0.5MΩ。交流工频耐压试验电压应为 1kV，当绝缘电阻值大于 10MΩ 时，可采用 2500V 绝缘电阻表替代；试验持续时间间隔 1min，无击穿闪络现象。

3. 主接线图及操作说明

（1）工艺规范：尺寸为 210mm×297mm，宜使用铝合金或铜牌铆接安装并激光刻痕打印。

（2）施工要点：

1）主接线图安装位置为左侧第一个门的背侧，底部高度为 3/4 柜门高，居中安装。

2）操作说明可安装在主接线图侧面或下方。

（三）柱上变压器

1. 施工前现场检查

（1）工艺规范：

1）变压器应符合设计要求，附件、备件应齐全。

2）本体及附件外观检查无损伤及变形，油漆完好。

3）油箱封闭良好，无漏油、渗油现象，油标处油面正常。

（2）施工要点：

1）双杆式变压器台架宜采用槽钢，槽钢厚度应大于 14mm，并经热镀锌处理。

2）台架离地面高度符合设计要求，安装牢固，水平倾斜不应大于台架根开的 1%。

3）压力释放阀应打开。

2. 柱上变压器安装

（1）工艺规范：

1）柱上变压器安装要符合国家电网有限公司相关典型设计的要求。

2）柱上变压器各相关设备符合成套化设备要求。

3）高压引线弧度成型、绑扎剥皮、连接等关键环节的制作，宜采用台架式变压器引接线制作一体化平台。

柱上变压器安装如图 5－4 所示。

图 5－4　柱上变压器安装

（2）施工要点：

1）台架各层横担安装符合安全距离。

2）高压引线宜提前制作，安装时连接要牢固、受力要均匀，顺直无碎弯，有一定的弧度，并保持三相弧度一致，且防止接线端子受力。

3）变压器使用背铁角钢固定在托担上，距离地面 3.4m。变压器高压出线柱头与熔断器在同一侧。

4）低压综合配电箱采取悬挂式安装（吊装），利用双头螺栓（可采用防盗螺栓）和背铁角钢固定在变压器托担上，最下沿离地面不小于 1.9m，外接接地线与接地极连接牢固。

5）引线横担、跌落式熔断器横担、避雷器横担使用单横担。

6）跌落式熔断器、避雷器、变压器接线柱应加装与相序同色的绝缘护罩。

7）验电接地环安装在跌落式熔断器与避雷器之间的高压线上。挂接地线时，跌落式熔断器下端接线点不应受力。

8）低压电缆出线可采用侧面出线，不穿护管。

9）台架接地网为闭合环形，长度和宽度不小于 5000mm，坑深不应小于 800mm，坑宽 400mm。回填后，沟面应设有防沉土台，其高度宜为 100～300mm。

3. 柱上变压器的补油及油样的抽取

（1）工艺规范：

1）当变压器油位指示低于规定值时，应对变压器进行补油处理。

2）为鉴别变压器油质是否良好，应进行取样试验分析。

3）注油、取油样应在晴好无风的天气情况下进行。

4）注油前应进行混油试验。

5）运行中的变压器停运后补油，应静置一定时间；待变压器油冷却后，开启储油柜螺钉，防止溢油。

（2）施工要点：

1）变压器注油时，空气相对湿度应小于 75%，并符合相关要求，按原变压器绝缘油牌号添加。

2）变压器注油时，应使用清洁的专用工具进行。

3）打开储油柜上部的螺钉，插入加油漏斗，将试验合格的变压器油缓缓倒入储油柜内。按当时的温度，应使油面在油标的合适高度处。绝不能将储油柜充满，以免温度升高时油外溢。

4）用专用油样瓶从变压器取油样阀中取出油样，进行耐压试验及介质损耗试验。

4. 柱上变压器导电杆及瓷套破损处理

（1）工艺规范：

1）变压器导电杆与引线连接应接触牢固，无松动，无放电痕迹。

2）变压器套管应清洁、无渗油、无破损。

（2）施工要点：

1）当变压器导电杆与引线接触不良时，可引起接触面氧化或引起接触表面电腐蚀。可用 100 目以上砂纸对接触表面进行打磨，处理后继续运行。

2）套管应清洁、无裂纹，裙边无破损，如有破损应立即更换。

3）套管密封胶垫有轻微渗油时，可通过紧固套管固定螺钉等方法进行处理，并采取措施防止螺杆转动。

5. 柱上变压器本体防腐、防锈处理

（1）工艺规范：变压器外壳应无脱漆、锈蚀，变压器无渗油，外观整洁。

（2）施工要点：

1）变压器进行防腐、防锈处理必须在停电情况下进行。

2）变压器脱漆、锈蚀，应进行表面清扫，完成后进行表面沙皮打磨。

3）补漆时，应将油位计、压力释放阀、调压开关、高低压套管等附件做好防护措施，防止油漆覆盖。

4）最后进行喷漆，一般需要喷3次。

6. 成套化高压引线制作

（1）工艺规范：使用台架式变压器引接线制作一体化平台进行导线弧度成型、绑扎剥皮、连接等关键环节的制作，减少制作时间，提升台区工艺质量和建设效率。

（2）施工要点。

1）导线截取：采用120～240mm^{2}10kV单芯绝缘导线，分别截取3m变压器引线一根、0.35m避雷器引线一根。

2）变压器引线的制作：在变压器引线700mm处做标记，由2～3人手扶导线（注意导线的自然弯两端向上），利用曲线器在做标记处对导线进行弧度制作，利用定型曲线器对变压器引线进行定型；将绝缘子固定在绝缘子支架上，然后将定型后的变压器引线按照自然弯的方向固定在绝缘子及绝缘线支架上；对固定在绝缘子上的变压器引线进行绑扎，将跌落式熔断器端变压器引线固定在绝缘线支架上，切削绝缘层后，压接铜铝接线端子，安装相应相色的热缩管；利用绝缘线支架上的标尺确定接地验电环的安装位置，切削导线绝缘层，安装接地验电环；对变压器端导线绝缘层进行切削，压接铜铝接线端子，安装相应相色的热缩管。

3）避雷器引线的制作：将避雷器引线固定在绝缘线支架上，避雷器固定在避雷器支架上，对避雷器引线两端绝缘层进行切削；在避雷器引线端压接铜铝接线端子，安装相应相色的热缩管。

二、低压封闭母线验收

（一）支架制作和安装

1. 工艺规范

（1）根据施工现场结构类型，支架应采用角钢或槽钢制作。优先采用一字形、L形、U形、T形等四种形式。

（2）膨胀螺栓固定支架不少于两条。一个吊架应用两根吊杆，固定牢固。

（3）母线支架的安装尺寸应符合设计要求。

（4）支架及支架预埋件焊接处做防腐处理。

（5）支架应接地良好，一段母线不少于两处接地。

2. 施工要点

（1）支架的加工制作按选好的型号、测量好的尺寸断料制作，断料严禁气焊切割。

（2）支架上钻孔应使用台钻或手电钻，不得用气焊割孔。

（3）封闭插接母线的拐弯处以及与箱（盘）连接处应加支架。

（4）安装时，应采取防止噪声的有效措施。

（二）低压封闭母线安装

1. 工艺规范

（1）封闭母线应按设计和产品技术文件规定进行组装。组装前，应对每段封闭母线进行绝缘电阻的测定，测量结果应符合设计要求。

（2）母线槽沿墙水平安装，安装高度应符合设计要求，母线应可靠固定在支架上。两个母线槽之间采用软连接。

（3）满足《电气装置安装工程质量检验及评定规程》（DL/T 5161）系列标准及《低压母线槽选用、安装及验收规程》（CECS 170—2004）相关要求。

2. 施工要点

（1）水平敷设距地高度不应小于2.2m。

（2）母线槽的端头应装封闭罩，并可靠接地。

（3）母线与设备连接宜采用软连接。母线紧固螺栓应配套供应标准件，用力矩扳手紧固。

（4）母线槽采用悬挂吊装，吊杆直径应与母线槽质量相适应，螺母应能调节。

三、环网单元验收

（一）施工前现场检查

1. 工艺规范

（1）包装及密封良好。

（2）开箱检查，环网单元型号、规格符合设计图纸要求。

（3）产品的技术文件齐全。

（4）外观应无机械损伤、变形和局部脱落，设备标识、附件、备件齐全。

（5）气室气压应在允许范围内（气压检测装置显示正常）。

（6）基础预埋件及预留孔洞应符合设计要求，预埋件应牢固。设备安装用的紧固件，应采用防腐处理，宜采用标准件。

（7）满足《低压成套开关设备和控制设备》（GB 7251）系列标准相关要求。

2. 施工要点

（1）活动部件动作灵活、可靠，传动装置动作正确，现场试操作3次。

（2）室内基础槽钢水平误差小于1mm/m，全长水平误差小于5mm。柜体槽钢不直度误差小于1mm/m，全长不直度误差小于5mm，位置误差及不平行度小于5mm。

（3）部分寒冷地区的室外环网单元电缆井深度应大于1500mm，保证开挖至冻土层以下。

（4）当环网柜安装在潮气较重、易起凝露的地区时，环网柜宜具备防凝露、通风等装置，并且环网柜基础应加装通风口。

（5）环网柜安装有关的构筑物的建筑工程质量，应符合国家现行的建筑工程施工及验收规范中的有关规定。当设备或设计有特殊要求时，还应满足其要求。

（二）环网单元安装

1. 工艺规范

（1）应采用专用吊具底部起吊。

（2）柜体应满足垂直度小于 1.5mm/m，相邻两柜顶部水平误差小于 2mm，成列柜顶部小于 5mm。相邻两柜边盘面误差小于 1mm，成列柜面小于 5mm，柜间接缝小于 1.5mm。

（3）平行排列的柜体安装应以联络母线桥两侧柜体为准，保证两面柜就位正确，其左右偏差小于 2mm，其他柜依次安装。

（4）压接电缆接线端子时，接线端子平面方向应与母线套管铜平面平行，确保接触良好。

（5）条件允许情况下，电缆各相线芯应尽量垂直对称。

（6）门内侧应标出主回路的一次接线图，注明操作程序和注意事项，各类指示标识显示正常。

（7）门开启角度应大于 90°，并设定位装置，门应有密封措施。

（8）已安装的故障指示器应安装紧固，防止滑动而造成脱落。

（9）环网柜各项调试内容应符合要求，仪器显示应正常。

（10）若为环网单元检修，在拆除原环网单元进出线电缆终端时应采取措施保护电缆终端，防止电缆终端受潮进水；做好相色标志，防止相序接线错误，送电后应采取一次或二次核相。

（11）环网单元应具有标识、警告牌。

2. 施工要点

（1）环网单元与基础应固定可靠，采用螺栓连接。

（2）安装户外环网柜时，其垂直度、水平偏差允许偏差应符合规定。

（3）环网单元箱及箱内配电设备均应采用扁钢（5mm×50mm）与接地装置相连，连接点应明显可见，不少于 2 处，对称分布。接地装置由水平接地体与垂直接地体组成，其接地电阻应符合设计要求（不应大于 4Ω）。

（4）进入环网单元的三芯电缆用电缆卡箍固定在高压套管的正下方，至少有 2 处固定点，避免产生应力。

（5）电缆从基础下进入环网单元时应有足够的弯曲半径，能够垂直进入。

（6）电缆与环网柜高压套管通过螺栓连接，必须按照厂家说明的规定扭矩紧固螺栓。

（7）安装完成后，应对环网单元进行绝缘试验、工频耐压试验、主回路电阻测量、操动机构检查和测试、二次回路绝缘电阻测量、防误闭锁装置检查及接地电阻测量，试验结果应符合相关标准。

（8）施工完毕后，应做好环网单元的封堵工作，防止小动物进入，防止电缆沟的潮气侵入。

四、10kV 电缆分支箱验收

（一）施工前现场检查

1. 工艺规范

（1）电缆分支箱的规格、型号符合设计图纸要求和相关规定。

（2）外观应无机械损伤、变形和脱落，附件齐全。

（3）电缆分支箱基础应根据设计图纸并结合设备厂家提供的安装图纸进行施工。基础应高于室外地坪，周围排水通畅，基础预埋件及预留孔洞应符合设计要求。

2. 施工要点

（1）支架的加工制作按选好的型号、测量好的尺寸断料制作，断料严禁气焊切割。

（2）支架上钻孔应使用台钻或手电钻，不得用气焊割孔。

（3）安装时应采取防止噪声的有效措施。

（二）10kV 电缆分支箱安装

1. 工艺规范

（1）电缆分支箱与基础应固定可靠。

（2）进入电缆分支箱的三芯电缆用电缆卡箍固定在高压套管的正下方。

（3）电缆从基础下进入电缆分支箱时应有足够的弯曲半径，能够垂直进入。

（4）电缆进出口应进行防火、防小动物封堵。

（5）电缆终端部件符合设计要求，电缆终端与母排连接可靠，搭接面清洁、平整、无氧化层，涂有电力复合脂，符合相关规范要求。

（6）已安装的故障指示器应安装紧固，防止滑动而造成脱落。

（7）电缆相色标识应正确、清晰。

（8）安装完成后应对箱内机械部件和电气部件进行调试，并进行绝缘试验、工频耐压试验、主回路电阻测量及接地电阻测量。

（9）电缆分支箱应具有标识、警告牌。

2. 施工要点

（1）箱体调校平稳后，采用地脚螺栓固定，螺母应齐全并拧紧牢固。

（2）压接电缆接线端子时，接线端子平面方向应与母线套管铜平面平行。

（3）电缆各相线芯应垂直对称，离套管垂直距离应不小于 750mm。

（4）对箱内机械部件调试时，要保证柜门开闭灵活、操动机构动作可靠、机械防护装置动作可靠。

（5）箱体外壳及支架应与接地网可靠连接，接地装置电阻应符合设计要求。

（6）若为分支箱检修，在拆除原分支箱进出线电缆终端时应采取措施保护电缆终端，防止电缆终端受潮进水及灰尘进入；做好相色标志，防止相序接线错误，送电后应采取一次或二次核相。

五、开关柜验收

（一）施工前现场检查

1. 工艺规范

（1）开关柜安装前的检查：

1）开关柜外观完好，漆面完整，无划痕、脱落。

2）框架无变形，装于盘、柜上的电器元件无损坏。

3）开关柜的电器元件型号符合设计图纸的要求。

4）按照装箱单核对开关柜备品备件应齐全。

（2）开关柜外观无机械损伤、变形和油漆脱落，柜面平整，附件齐全；门销开闭灵活，装置完好；柜前后命名标识齐全、清晰；气室气压在允许范围内（气压检测装置显示正常）；柜门标注的模拟接线图与开关柜内实际接线一致。

（3）基础预埋件及预留孔洞符合设计要求，基础槽钢允许偏差：不直度小于 1mm/m，全长小于 5mm；水平度小于 1mm/m，全长小于 5mm；位置误差及不平行度小于 5mm。

（4）基础型钢顶部宜高出抹平地面 10mm。基础型钢应有明显的可靠接地。

（5）满足《电气装置安装工程　盘、柜及二次回路接线施工及验收规范》（GB 50171—2012）相关要求。

2. 施工要点

（1）配电室（开关站）内基础平行预埋槽钢平行间距误差、单根槽钢平直度及平行槽钢体平整度误差复测，核对槽钢预埋长度与设计图纸是否相符，复查槽钢与接地网应可靠连接。

（2）检查外观面漆应无明显剐蹭痕迹，无锈蚀，外壳无变形，柜面电流、电压表计、保护装置、操作按钮、门把手完好；内部电气元件固定无松动，配线整齐美观。

（3）开关柜手车推拉灵活、轻便，无卡涩、碰撞，手车上的导电触头与静触头应对中、无卡涩、接触良好。活动部件动作灵活、可靠，传动装置动作正确，现场试操作 3 次无异常。

（二）开关柜安装

1. 工艺规范

（1）柜体垂直度误差小于 1.5mm/m，相邻两柜顶部水平度误差小于 2mm，成列柜顶部水平误差小于 5mm。相邻两柜盘面误差小于 1mm，成列柜面盘面误差小于 5mm，柜间接缝误差小于 2mm。

（2）柜体底座与基础槽钢采用螺栓连接，应连接牢固、接地良好。可开启柜门用不小于 4m 黄绿相间的多股软铜导线可靠接地。备用电流互感器二次绕组短接后接地。封闭母线桥金属外壳连接处应不少于两处跨接接地。

（3）开关柜“五防”装置齐全，机械及电气联锁装置动作灵活可靠，开关柜状态显示仪与设备实际位置一致。

（4）开关柜柜内二次接线可靠，绝缘良好。二次导线的固定应牢固、可靠，不应采用按压粘贴的固定方式。柜内配线电流回路应采用电压不低于 500V 的铜芯绝缘导线，其截面积不应小于 2.5mm^2。其他回路导线截面积不应小于 1.5mm^2。

（5）柜内母线平置时，贯穿螺栓应由下往上穿，螺母应在上方；其余情况下，螺母应置于维护侧，连接螺栓长度宜露出螺母 2～3 扣。

（6）检查开关柜内加热除湿装置功能是否正常，应能够可靠启动，开柜体底部及预留柜位置应及时封堵。

（7）按照交接试验标准进行机械特性测试、绝缘试验、工频耐压试验、继电保护装置整定试验、主回路电阻测量及接地电阻测量、断路器远方遥控试验以及遥信、遥测等试验。

（8）母线穿墙处用非导磁材料隔开，避免产生涡流。

（9）高、低压柜可开启门与框架应采用软连接。

2. 施工要点

（1）依据设计图纸核对每面开关柜在室内的安装位置。平行排列的柜体安装应以联络母线桥两侧柜体为准，保证两面柜就位正确，其左右偏差小于 2mm，其他柜依次安装。

（2）相邻开关柜以每列已组立好的第一面柜为齐，使用厂家专配并柜螺栓连接，调整好柜间缝隙后紧固底部连接螺栓和相邻柜连接螺栓。

（3）手车推拉应轻便、不摆动，手车轨道灵活、无卡阻，手动操动机构动作灵活、可靠。框架和底座接地良好，接地排配置规范，应有两处明显的与接地网可靠连接点。柜内应分别设置接地母线和等电位屏蔽母线。柜体及一次元件的接地线应引至接地网。

（4）安装柜内母线时，应检查柜内支持式或悬挂式绝缘子安装方向是否正确，动、静触头应位置正确、接触紧密，插入深度符合要求。

（5）封闭母线隐蔽前应进行验收，接触面符合《电气装置安装工程　母线装置施工及验收规范》（GB 50149—2010）的要求并进行签证。

（6）核对电缆型号，必须符合设计要求。电缆剥除时不得损伤电缆线芯。电缆号牌、线芯和所配导线的端部的回路编号应正确，字迹清晰且不易褪色。线芯接线应准确、连接可靠，绝缘符合要求，柜内导线不应有接头，导线与电气元件间连接牢固、可靠。宜先进行二次配线，后进行接线。每个接线端子每侧接线宜为 1 根，不得超过 2 根。每一根线芯接入端子前应有完整的标识，正面写电缆编号及回路编号，侧面写所在位置端子号。线芯标识应用线号机打印，不能手写，并应清晰、完整。

（7）按照开关柜底部尺寸切割防火板。在封堵开关柜底部时，封堵应严实、可靠，不应有明显的裂缝和可见的孔隙，孔洞较大者应加防火板后再进行封堵。

（三）开关柜检修

1. 工艺规范

（1）根据设备状态评价结果，拟订设备检修策略，确定检修内容。

（2）开关柜无变形损坏、二次回路接线良好、各项指示正确、转动部位润滑均匀，螺栓紧固，带电回路接触紧密、无烧伤，表面清洁、无裂纹。

（3）按照《配电网设备状态检修试验规程》（Q/GDW 643—2011）的要求开展绝缘电阻、主回路电阻、交流耐压、断路器机械特性测试等高压试验。

（4）按照相关规程完成继电保护及自动装置校验及断路器传动试验，完成断路器远方遥控试验以及遥信、遥测等试验。

（5）开关柜应采用非同源、非同样原理的两套电气指示装置。

2. 施工要点

（1）检修前，断开断路器控制、储能及信号电源，释放断路器操动机构操作能源。

（2）检查开关柜断路器、隔离开关等设备外观有无变形损坏，检查断路器上、下接线端子、软连接和导电夹是否接触紧密、无烧伤，绝缘子及绝缘极柱（灭弧室）表面应清洁、无裂纹，必要时对断路器进行回路电阻测量及耐压试验。

（3）检查开关柜二次接线端子，应接触良好，无松动、无烧痕。检查操动机构操作计数器、位置指示器动作是否正确。检查加热装置是否完好。

（4）检查各部位螺钉是否紧固、开口销固定是否牢固。各传动零部件应无变形损坏，轴承转动灵活，对各转动部分涂抹润滑油并紧固各部位螺钉。

（5）检查断路器机构可动部分，应动作灵活，合闸弹簧，应符合要求，储能电动机运行可靠。就地手动使断路器分、合闸 1 次，检查“储能”“合闸”“分闸”指示应正确，再进行就地、远方的电动操作试验。辅助开关、储能回路微动开关应动作准确、接触可靠。

（6）断路器机构灵活，扣合量符合要求，完整无损伤。触头行程及超行程符合产品要求。分、合闸速度符合产品技术要求，分、合闸时间符合产品技术要求。触头分、合闸不同期符合产品技术要求，触头合闸弹跳时间不大于 2ms。分闸：65%～120%额定电压可靠动作，小于 30%额定电压应不动作。合闸：80%～110%额定电压可靠动作，永磁操动机构除外。

六、屏柜（端子箱）验收

（一）施工前现场检查

（1）屏柜（端子箱）规格、型号符合设计图纸要求和相关规定。

（2）外观应无机械损伤、变形和脱落，附件齐全。

（3）基础预埋件及预留孔洞应符合设计要求。

（二）屏柜（端子箱）安装

1. 工艺规范

（1）屏柜（端子箱）与基础应固定可靠。

（2）柜体应可靠接地。

（3）屏柜（端子箱）内各空气开关、熔断器位置正确，所有内部接线、电器元件紧固。

（4）二次接线可靠，绝缘良好，接触良好、可靠。

2. 施工要点

（1）柜内带电部分对地距离大于 8mm。

（2）二次连接应将电缆分层逐根穿入二次设备，在进入二次设备时应在最底部的支架上进行绑扎。

（3）宜先进行二次配线，后进行接线。每个接线端子每侧接线宜为 1 根，不得超过 2 根。每一根线芯接入端子前应有完整的标识，正面写电缆编号及回路编号，侧面写所在位置端子号。线芯标识应用线号机打印，不能手写，并应清晰、完整。

七、柱上设备验收

（一）柱上开关设备

1. 施工前现场检查

（1）工艺规范：

1）设备技术性能、参数应符合设计要求。

2）各项电气试验及防误装置检验合格。

（2）施工要点：

1）开关设备箱体无漆层脱落、锈蚀、损伤、渗漏现象，瓷件（复合套管）外观应良好、干净，绝缘瓷套管应无裂纹、缺釉、斑点、气泡等缺陷，气压指示正常。

2）进行分、合闸试验操作时机构灵活，经分、合闸操作3次以上，指示正常。

3）10kV测量绝缘电阻不低于1000MΩ（良好天气下）。

2. 柱上开关设备安装

（1）工艺规范：

1）支架安装符合相关规定。

2）柱上开关设备安装在支架上应固定可靠。

3）接线端子与引线的连接应采用线夹，如有铜铝连接时应有过渡措施。

4）断路器或负荷开关外壳应可靠接地，接地电阻值不大于10Ω。

5）SF_6压力值或真空度应符合产品要求。

6）带保护开关设备应注意安装方向，电压互感器应装在电源侧。

（2）施工要点：

1）柱上开关设备水平倾斜不大于托架长度的1%。

2）引线连接紧密，引线相间距离不小于300mm，对杆塔及构件距离不小于200mm。

3）同杆上装设两台及以上断路器或负荷开关时，每台应有各自标识。

4）操动机构应灵活，分、合闸动作正确可靠，指示清晰。

5）若为柱上开关设备检修，在拆除原开关设备引线后，应采取有效措施固定引线（针对带电作业法），防止解开后的引线反弹或相间放电、短路。

（二）柱上隔离开关

1. 施工前现场检查

（1）工艺规范：

1）设备技术性能、参数应符合设计要求。

2）各项电气试验合格。

（2）施工要点：

1）瓷件（复合套管）外观应良好、干净，无裂纹、缺釉、斑点、气泡等缺陷。

2）动触头与静触头接触应紧密，进行分、合闸试验操作时机构灵活，经分、合闸操作3次以上，指示正常。

3）动、静触头宜涂抹导电膏，极寒地区应考虑温度影响。

4）底座、铁脚、铁帽应镀锌良好，无锌层脱落现象。

5）安装柱上隔离开关前应测量绝缘电阻，不应小于300MΩ（良好天气下）。

2. 柱上隔离开关安装

（1）工艺规范：

1）支架安装符合相关规定。

2）柱上隔离开关安装在支架上应固定可靠。

3）接线端子与引线的连接应采用线夹，如有铜铝连接时应有过渡措施。

（2）施工要点：

1）引线连接紧密，引线相间距离不小于300mm，对杆塔及构件距离不小于200mm。

2）操动机构应灵活，分、合闸动作正确可靠。

3）静触头安装在电源侧，动触头安装在负荷侧。

4）若为柱上隔离开关检修，在拆除原开关引线后，应采取有效措施固定引线（针对带电业法），防止解开后的引线反弹或相间放电、短路。

（三）跌落式熔断器

1. 施工前现场检查

（1）工艺规范：跌落式熔断器、熔丝的技术性能、参数符合设计要求。

（2）施工要点：

1）瓷件（复合套管）外观应良好、干净，无裂纹、缺釉、斑点、气泡等缺陷。

2）上、下触头应对正、转动灵活，进行分、合闸试验操作时机构灵活，经分、合闸操作 3 次以上，指示正常。

3）铁件镀锌应完好，无锌层脱落现象。

4）熔管不应有吸潮膨胀或弯曲变形情况。

2. 跌落式熔断器安装

（1）工艺规范：

1）支架安装符合《10kV 及以下架空配电线路设计技术规程》（DL/T 5220—2005）相关规定。

2）跌落式熔断器安装在支架上应固定可靠。

3）接线端子与引线的连接应采用线夹，如有铜铝连接时应有过渡措施。

4）容量在 100kVA 及以下者，熔丝按变压器额定电流的 2～3 倍选择；容量在 100kVA 以上者，熔丝按变压器额定电流的 1.5～2 倍选择。

（2）施工要点：

1）引线连接紧密，引线相间距离不小于 300mm，对杆塔及构件距离不小于 200mm。

2）操作应灵活、可靠，接触紧密。合熔丝管时，上触头应有一定的压缩行程。

3）跌落式熔断器水平相间距离应不小于 500mm，对地距离不小于 5m。

4）熔丝轴线与地面的垂线夹角为 15°～30°。

5）若为跌落式熔断器检修，在拆除原熔断器引线后，应采取有效措施固定引线（针对带电作业法），防止解开后的引线反弹或相间放电、短路。

（四）避雷器

1. 施工前现场检查

（1）工艺规范：

1）避雷器技术性能、参数符合设计要求。

2）柱上开关设备的防雷装置应采用避雷器。

3）经常开路运行而又带电的各种柱上开关，应在两侧都装设防雷装置，其接地线应与柱上开关的金属外壳连接共同接地，接地电阻应不大于 10Ω。

4）对 10kV 避雷器用 2500V 绝缘电阻表测量，绝缘电阻应不低于 1000MΩ，合格后方可安装。

（2）施工要点：

1）避雷器安装前应检查额定电压与线路电压是否匹配，有无试验合格证。

2）检查瓷件（复合套管）表面有无裂纹破损和闪络痕迹，胶合及密封情况是否良好，干净。

3）不同方向轻轻摇动，避雷器内部应无响声。

4）金属部分无锈蚀。

对于户外交流高压可卸式避雷器：

1）安装使用前检查避雷器元件与跌落式机构之间的松紧度，以保证接触良好并投卸灵活。

2）调整方法。转动避雷器上铜触头（带拉环），使其分闸拉力在6kg以内，并保持铜触头拉环侧正朝外，然后稍紧下螺母，使拉环不易转动。

2. 避雷器安装

（1）工艺规范：

1）避雷器安装在支架上应固定可靠，螺栓应紧固。

2）接线端子与引线的连接应可靠。

3）避雷器安装应垂直，排列整齐，高低一致。

4）避雷器引下线应可靠接地。

5）接地线连接应良好。

（2）施工要点。

1）避雷器的带电部分与相邻导线或金属架的距离不应小于350mm。

2）杆上避雷器排列整齐、高低一致。相间距离：1～10kV时，不小于350mm；1kV以下时，不小于150mm。

3）引线应短而直，连接应紧密，必须使用绝缘线，引线相间距离应不小于300mm，对地距离应不小于200mm。采用绝缘线时，其截面积应符合以下规定。

a. 引上线：铜线不小于16mm^2，铝线不小于25mm^2。

b. 引下线：铜线不小于25mm^2，铝线不小于35mm^2。

4）避雷器的引线与导线连接要牢固、紧密，接头长度不应小于100mm。

5）避雷器必须垂直安装，倾斜角不应大于15°，倾斜度小于2%。

6）避雷器上、下引线不应过紧或过松，与电气部分连接，不应使避雷器产生外加应力。

7）若为避雷器检修，在拆除原避雷器上引线后，应采取有效措施固定引线（针对带电作业法），防止解开后的引线反弹或相间放电、短路。

8）瓷套与固定抱箍之间需加垫层。

9）引下线接地要可靠，接地电阻值不大于10Ω。

对于户外交流高压可卸式避雷器：

1）安装时，应使避雷器与铅垂线呈15°～30°夹角，对地距离不少于200mm，各相间距离不少于350mm。

2）跌落式机构上接线端接高压线，下接线端必须可靠接地，切勿接反。

3）避雷器投入运行前和投入运行后的注意事项与配电型避雷器相同。

4）当避雷器需要检修或更换时，可在不断电的情况下，借助绝缘拉闸操纵杆对准避雷器单元上的拉钩进行方便的操作，如同更换跌落式熔断器熔管。

模块小结

通过本模块学习，应深刻理解各种配电设施的验收标准和相关内容，熟悉各种配电设施的验收流程，完成掌握配电设施完工验收的目的。

思考与练习

扫码看答案

1. 变压器附件安装工艺规范和施工要点有哪些?
2. 试述柱上变压器施工前的验收标准和相关内容。
3. 柱上开关设备安装时的施工要点有哪些?

配电网不停电作业

模块1 配电网不停电作业基础

模块说明

本模块包含配电网不停电作业的概述、特点与要求、工器具。通过学习，了解中外带电作业的历史、中美配电网不停电作业的差异，掌握配电网不停电作业开展的技术及防护要求，认识常用配电网不停电作业工器具。

一、带电作业概述

1. 国内带电作业发展历史

1954年，鞍山电业局在3.3kV架空线路上使用木质操作杆进行了带电作业，开创了中国带电作业的先河。根据中国带电作业史料记载：中国的带电作业创始日确定为1954年5月12日。中国的带电作业开始于配电线路。初始的工具采用类似桦木的木棒来制作，尽管较为笨重粗糙，但却成功地进行了配电线路的地电位带电作业。

1958年，在220kV线路上首次进行了等电位带电检修线夹的工作，从此带电作业开始在全国广泛开展。

1959年前后，鞍山电业局又在3.3～220kV户外输配电装置上，研究出一套不停电检修变电设备的工具和作业方法。至此，中国带电作业技术已发展成为适用于3.3～220kV电压等级，包括输电、配电和变电三方面的综合性检修技术。

1973年，水利电力部在北京召开全国带电作业现场表演会，会上19个省市30个单位表演了49个项目，技术组提交的《带电作业安全技术专题讨论稿》为统一制订全国性带电作业安全工作规程奠定了技术基础。

2000年前后，随着经济社会的发展，配电网带电作业蓬勃发展，作业项目逐渐增多，项目复杂程度也越来越大，配电网带电作业含义也更加广泛。

2003年，上海市电力公司开始研究并实施10kV配电线路完全不停电作业法（也称“综合不停电作业法”）。

2010 年，国家电网公司颁布企业标准《10kV 架空配电线路带电作业管理规范》（Q/GDW 520—2010），在项目分类、作业规范、人员工器具及车辆配置方面给出了详细的规范。

2012 年，国家电网公司首次提出配电网检修作业“能带不停”的原则，重新定义了电网检修工作，“带电作业”内涵拓展至“不停电作业”。

2016 年，国家电网公司修订并颁布实施新版《10kV 配网不停电作业规范》（Q/GDW 10520—2016），拓展不停电作业适用范围到整个配电网，标准中首次明确定义了“配网不停电作业”术语。

配网不停电作业不断向着智能化方向进行探索，应用场景也不断增多。目前主流的不停电作业智能化装备主要有带电作业机器人和架空裸导线绝缘涂覆机器人等装备，带电作业机器人主要有双臂智能式、单臂智能式以及液压主从式等技术路线。

2. 国外带电作业的发展

美国是世界上最早开展带电作业的国家。第一套木质带电作业工具始于 1913 年美国的俄亥俄州。1923 年，美国开始采用地电位方法使用木质工具在 34kV 配电线路上进行带电作业。20 世纪 50 年代，美国 Chance 公司研制出了玻璃纤维增强型合成树脂管。1960 年，美国首先进行试验研究并实现了等电位作业，但等电位作业方法在长达十几年的时间里一直处于试验研究阶段。直到 1978 年，等电位作业的方法才在美国全国范围内推广开。

日本开展带电作业始于 20 世纪 40 年代初期，主要引进美国的带电作业技术。1962 年，日本开始在 220kV 输电线路上开展带电作业，到 1972 年，已经能在 500kV 超高压输电线路上自由进行带电作业。日本在配电线路上开展的带电作业最具特色，他们开发的配电带电作业工具种类繁多、规格齐全，尤其是防护用品和遮蔽用具，适用于各个配电电压等级。

苏联于 20 世纪 50 年代初期开展带电作业的实验研究。苏联的带电作业一直稳步发展，当苏联建设了 1150kV 特高压输电线路后，将带电作业逐渐推广到 330、500、750kV 超高压输电线路和 1150kV 特高压输电线路上。

3. 中美配电网不停电作业的差异

美国电网主要由东部电网、西部电网和得克萨斯州电网构成，共有 3200 多个规模不同的电力公司，配电网电压等级构成较为复杂，主要有 2.6、13.2、4.16、2.4kV 等。不同地区采用不同的配电电压等级，甚至同一地区也可能存在多种配电电压等级，未做过大规模整合改造。配电网为中性点直接接地系统，全线架设架空地线，基本采用单相变压器。

美国一个电力公司可能管辖多条不同电压等级配电线路，并且作业人员并不专业负责某一电压等级，不区分带电或停电检修工种（线路工证书不分停电/带电和高低压）。

中国电网主要由国家电网有限公司、中国南方电网有限责任公司等运营，各省电力公司为所属电网公司全资子公司，配电网电压等级构成较为清晰，主要由 220kV/110kV 降压至 10kV 城市配电网，少数地区有 35kV/20kV 线路和 6kV 线路。配电网为中性点不接地或经消弧线圈接地，中压配电网无中性线且统一采用三相变压器。国家电网有限公司范围内使用统一的典型设计，规范各类管理和技术标准。国家电网有限公司配网不停电作业操作人员从具备配电专业初级及以上技能水平人员中择优录用，并持证上岗，人员资质申请、复核和专项作业培训按照分级分类方式由国家电网有限公司级和省公司级配网不停电作业实训基地分别负责。

4. 带电作业方法分类

（1）按人体所处的电位分类。按人体所处的电位不同，带电作业可分为地电位、中间电位和等电位作业。人体所处电位如图6－1所示。

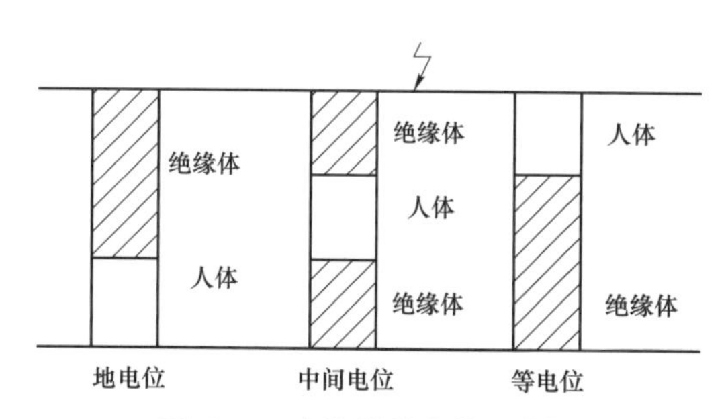

图6－1　人体所处电位示意图

1）地电位作业是指作业人员处于地电位，使用绝缘工具间接接触带电设备的作业方法。

2）中间电位作业是指人体所处电位高于地电位、低于导线电位，用绝缘工具间接接触带电设备的作业方法。

3）等电位作业是指人体与带电体处于同一电位的作业方法。

（2）按照采用的绝缘工具分类。按照采用的绝缘工具不同，带电作业分为绝缘杆作业法和绝缘手套作业法。

1）绝缘杆作业法：是指作业人员与带电体保持规定的安全距离，戴绝缘手套，通过绝缘工具进行作业的方式。现场作业时，应保持绝缘工具的最小有效长度，作业前应严格检查所用绝缘工具的电气绝缘强度和机械强度。绝缘杆作业法既可在登杆作业中采用，也可在斗臂车的工作斗或其他绝缘平台上采用。绝缘杆作业法中，绝缘杆为相地之间主绝缘，绝缘防护用具为辅助绝缘。绝缘杆作业法示例如图6－2所示。

图6－2　绝缘杆作业法示例

2）绝缘手套作业法：是指作业人员使用绝缘承载工具（绝缘斗臂车、绝缘梯、绝缘平台等）与大地保持规定的安全距离，穿戴绝缘防护用具，与周围物体保持绝缘隔离，通过绝缘手套对带电体直接进行作业的方式。采用绝缘手套作业法时，无论作业人员与接地体和相邻带电体的空气间隙是否满足规定的安全距离，作业前均需对人体可能触及范围内的带电体和接地体进行绝缘遮蔽。在作业范围窄小、电气设备布置密集处，为保证作业人员对相邻带电体或接地体的有效隔离，在适当位置还应装设绝缘隔板等限制作业人员的活动范围。在配电线路带电作业中，严禁作业人员穿戴屏蔽服装和导电手套，采用等电位方式进行作业。绝缘手套作业法不是等电位作业法。绝缘手套作业法中，绝缘承载工具为相地主绝缘，空气间隙为相间主绝缘，绝缘遮蔽用具、绝缘防护用具为辅助绝缘。绝缘手套作业法示例如图 6－3 所示。

图 6－3　绝缘手套作业法示例

二、配电网不停电作业的特点与要求

1. 配电网不停电作业的特点

（1）配电网不停电作业是科学和安全的。虽然是在高空和强电场条件下进行的作业，但因为其使用的是特殊的绝缘工具，有严格的规程制度、严密的组织分工、可靠的试验数据，因此操作也是安全可靠的。

（2）配电网不停电作业效率高。它减少了停电时间，并因其使用特殊材料制作的工具，轻便灵活、安全可靠、使用方便，作业人员又较少，检修的效率也较高。

（3）配电网不停电作业环境特殊。配电网不停电作业和停电作业有很大的区别，要求配电网不停电作业人员必须经过专业培训，且在工作中要胆大心细，未采取有效的安全措施前应确保必要的安全距离。

（4）配电网不停电作业是团队作业。它要求所有人员密切配合，共同完成作业，作业环境复杂时要求有专人监护，监护人不得兼任其他工作。

（5）配电网不停电作业不受停电时间的限制。它可在认为方便的时候进行工作，既可保证检修的计划性，又可保证检修质量。

（6）配电网不停电作业在一定范围内受环境和气候的限制。如遇雷电（听见雷声、看见闪电）、雹、雨、雪、雾等恶劣天气条件，禁止进行配电网不停电作业；当风力大于 5 级或环境相对湿度大于 80%，不宜进行配电网不停电作业（使用防潮工具除外）。因此，它与停电作业相比有一定的局限性。

（7）开展配电网不停电作业具有极大的经济效益。配电网不停电作业能及时消除配电设备的缺陷，对保证电网安全运行有积极的作用；广泛开展配电网不停电作业能减少对用户的停电，提高供电的可靠性，对完成更多的售电量是一个积极的因素；可使系统调度方便灵活，减少备用设备和容量，减少停电的操作和系统联系，有利于减少事故的发生。

2. 配电网不停电作业开展的技术要求

要做到作业时不仅保证人身没有触电受伤的危险，而且也能保证作业人员没有任何不舒服的感觉，就必须满足下面三项基本技术要求：

（1）流经人体的电流不超过人体的感知水平 1mA（1000μA）。

（2）人体体表局部场强不超过人体的感知水平 240kV/m（2.4kV/cm）。

（3）保持规定的安全距离（根据不同电压等级）。

3. 配电网不停电作业的防护要求

在作业中，电对人体的危害作用主要有两种：① 人体的不同部位同时接触有电位差的带电体而产生的电流危害；② 人体在带电体附近工作时，尽管人体没有接触带电体，但人体仍然会由于空间电场的静电感应而产生的风吹、针刺等不舒适之感。配电线路由于其导线布置紧凑、空气间距小、空间电场强度相对低的缘故，作业时应着重防护电流的危害。

三、配电网不停电作业工器具

1. 配电网不停电作业工器具常用材料

制作不停电作业工器具的绝缘材料又称电介质，它与导电材料相反，在一定电压作用下，只有极微小的泄漏电流通过，可以认为是不导电的。绝缘材料的好坏，直接关系到作业人员的人身安全，因此制作不停电作业工器具的绝缘材料必须电气性能优良、机械强度高、质量轻、吸水性低、耐老化，且易于加工。我国目前制作工器具使用的绝缘材料大致有下列几种：

（1）绝缘板材：包括硬板和软板。其种类有层压制品，如环氧酚醛玻璃布板和工程塑料中的聚氯乙烯板、聚乙烯板等。

（2）绝缘管材：包括硬管和软管。种类有环氧酚醛玻璃布管、带和丝的卷制品。

（3）绝缘薄膜：如聚丙烯、聚乙烯、聚氯乙烯、聚酯等塑料薄膜。

（4）橡胶：天然橡胶、人造橡胶、硅橡胶等。

（5）绝缘绳：天然蚕丝、人工化纤丝编织，如尼龙绳、锦纶绳和蚕丝绳（蚕丝分生与熟），其中包括绞制、编织圆形绳及带状编织绳。

（6）绝缘油、绝缘漆、绝缘粘合剂等。

从属性上分，绝缘材料又可分为绝缘层压制品、新型绝缘材料、塑料、绝缘粘合剂和涂料、绝缘绳索等。

2. 配电网不停电作业工器具的分类

（1）绝缘防护用具。绝缘防护用具是由绝缘材料制成，在带电作业时对人体进行安全防护的用具，包括绝缘服、绝缘裤、绝缘手套、绝缘鞋（靴）、绝缘安全帽、绝缘袖套、绝缘披肩等。常用绝缘防护用具如图6－4所示。

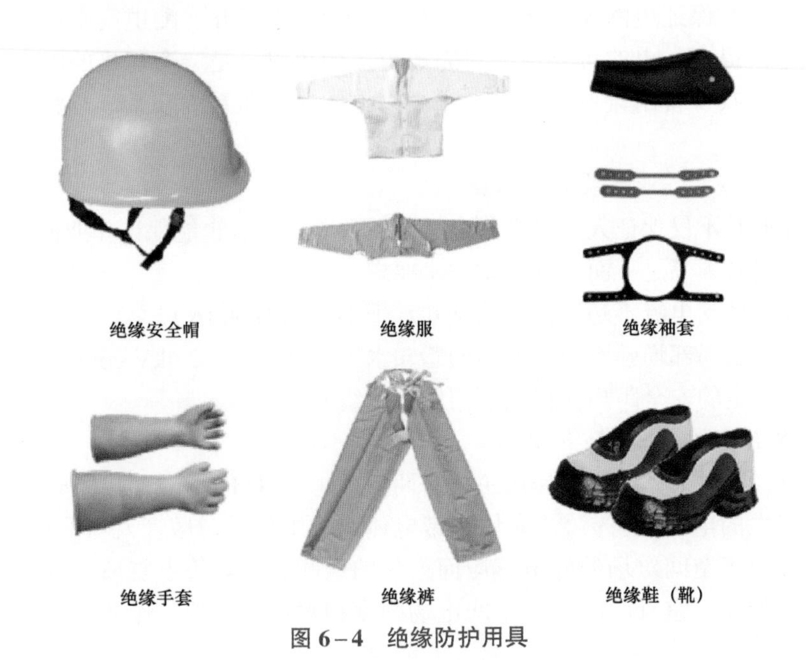

图6－4　绝缘防护用具

（2）绝缘遮蔽用具。绝缘遮蔽用具是由绝缘材料制成，用来遮蔽或隔离带电体和邻近的接地部件的硬质或软质用具。常用绝缘遮蔽用具如图6－5所示。

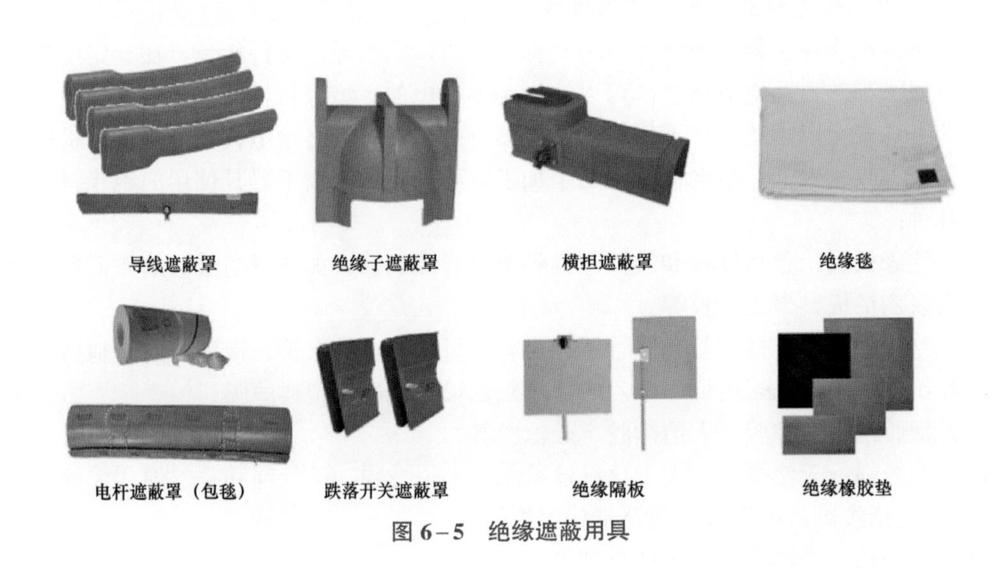

图6－5　绝缘遮蔽用具

（3）绝缘操作工具。绝缘操作工具是用绝缘材料制成的操作工具，包括以绝缘管、棒、板为主绝缘材料，端部装配金属工具的硬质绝缘工具和以绝缘绳为主绝缘材料制成的软质绝缘工具。成套绝缘操作杆如图 6-6 所示。

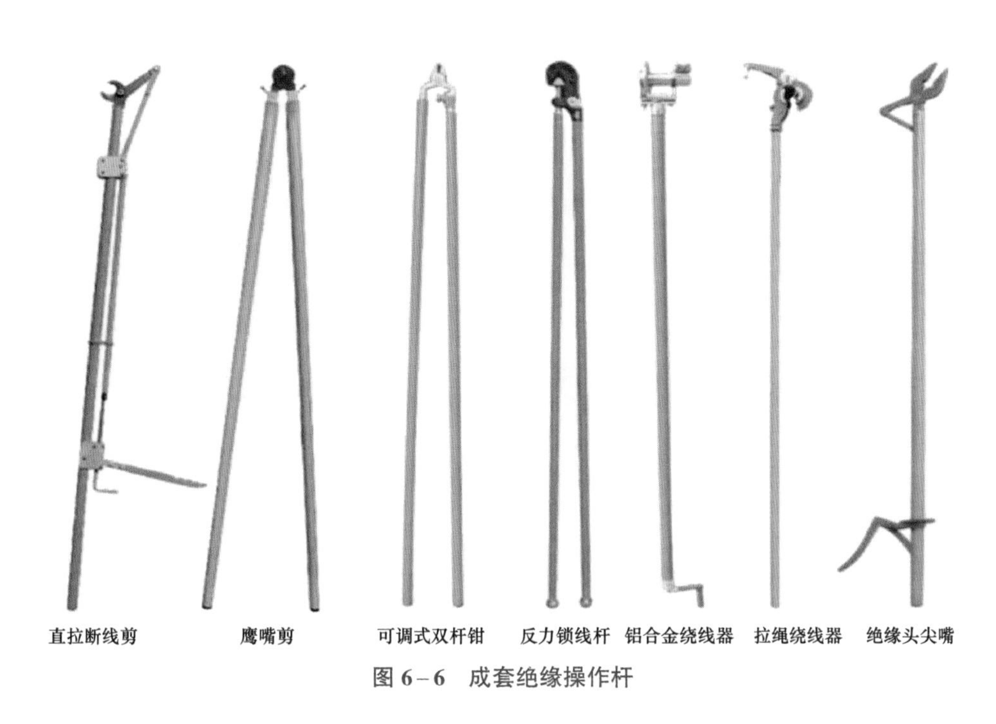

图 6-6　成套绝缘操作杆

（4）绝缘承载工具。承载作业人员进入带电作业位置的固定式或移动式绝缘承载工具，包括绝缘斗臂车、绝缘梯、绝缘平台等。绝缘平台如图 6-7 所示，绝缘梯如图 6-8 所示。

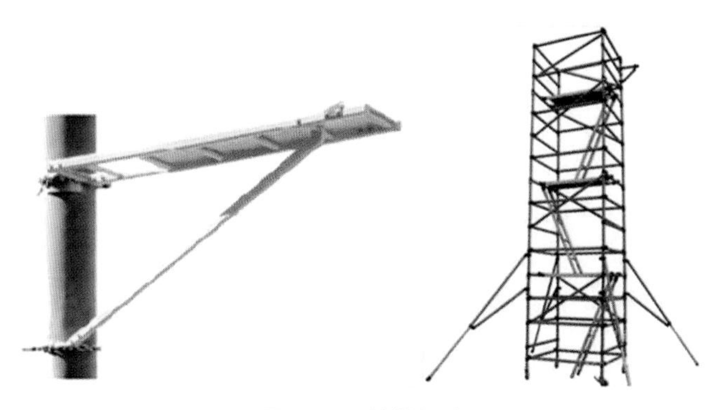

图 6-7　绝缘平台

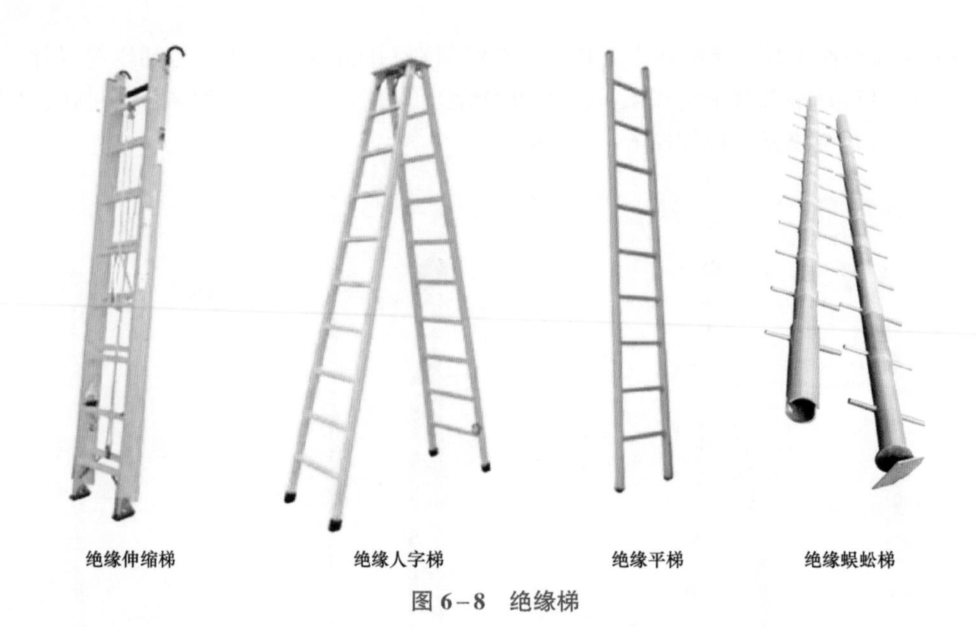

图 6-8 绝缘梯

模块小结

通过本模块学习，了解带电作业的发展历史，熟悉配电网不停电作业的特点，掌握技术和安全防护要求及配电网不停电作业工器具。

思考与练习

1. 配电网不停电作业的防护重点是什么？
2. 配电网不停电作业开展的基本技术要求是什么？
3. 配电网不停电作业工器具主要分哪几类？

模块 2 中压发电车多机组网不停电转供负荷

模块说明

本模块包含中压发电车多机组网不停电转供负荷的作业流程及内容、项目工作要点及作业指导书。通过学习，掌握中压发电车多机组网不停电转供负荷的作业方法及注意事项，提升配电网不停电作业人员在实际工作中的标准化作业能力，进一步减少大范围停电，发挥发电作业装备在提升优质服务水平、优化营商环境等方面的作用，逐步推进配电网停电检修向不停电作业方向转型升级。

"微网"发电作业指综合利用 10kV 中压发电车、0.4kV 低压发电车、移动箱变车等装备组成具备运行监测、保护控制功能的微型电网系统，通过临时接入配电线路和设备为用户提供可靠电力供应的不停电作业方式。“微网”发电如图 6－9 所示。

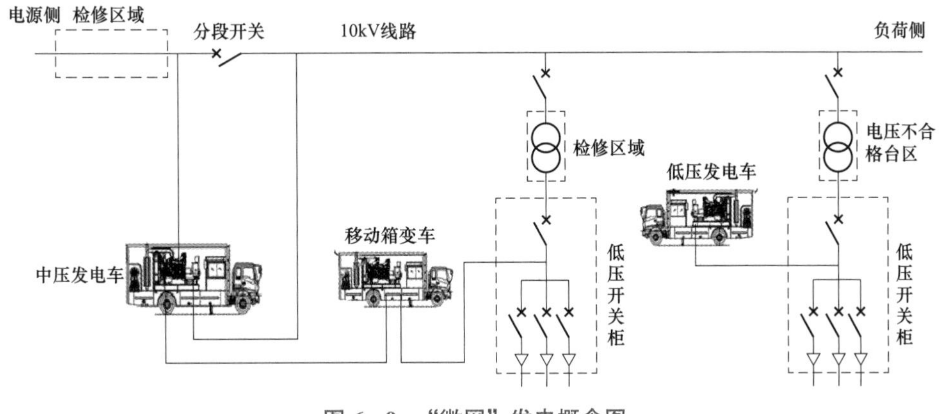

图 6－9 “微网”发电概念图

以下以 10kV××线不停电转供负荷作业项目为例，介绍中压发电车多机组网不停电转供负荷的作业流程及内容、项目工作要点及作业指导书。示例中发电车仅为一种典型车型，各单位实际操作时应根据自己所使用的发电车的说明书进行操作，不同车型的操作方式存在差异。

一、作业流程及内容

1. 作业流程

中压发电车并机带电接入作业流程如图 6－10 所示。

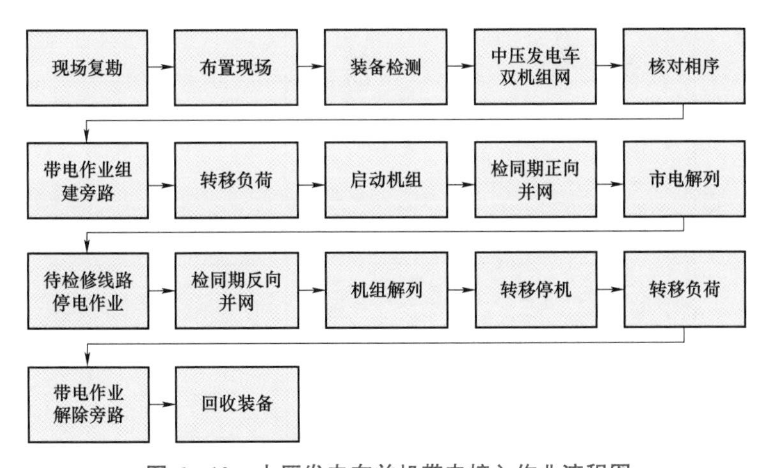

图 6－10 中压发电车并机带电接入作业流程图

2. 工作内容示例

10kV××线 003 号杆前段计划检修，分段开关后段负荷无法通过联络线路转供，停电区域最大负荷超过单台中压发电车额定功率，按照典型“微网”发电作业场景要求，应用 2 台中压发电车并机带电接入方式进行发电作业。中压发电车并机带电接入电气接线如图 6－11 所示。

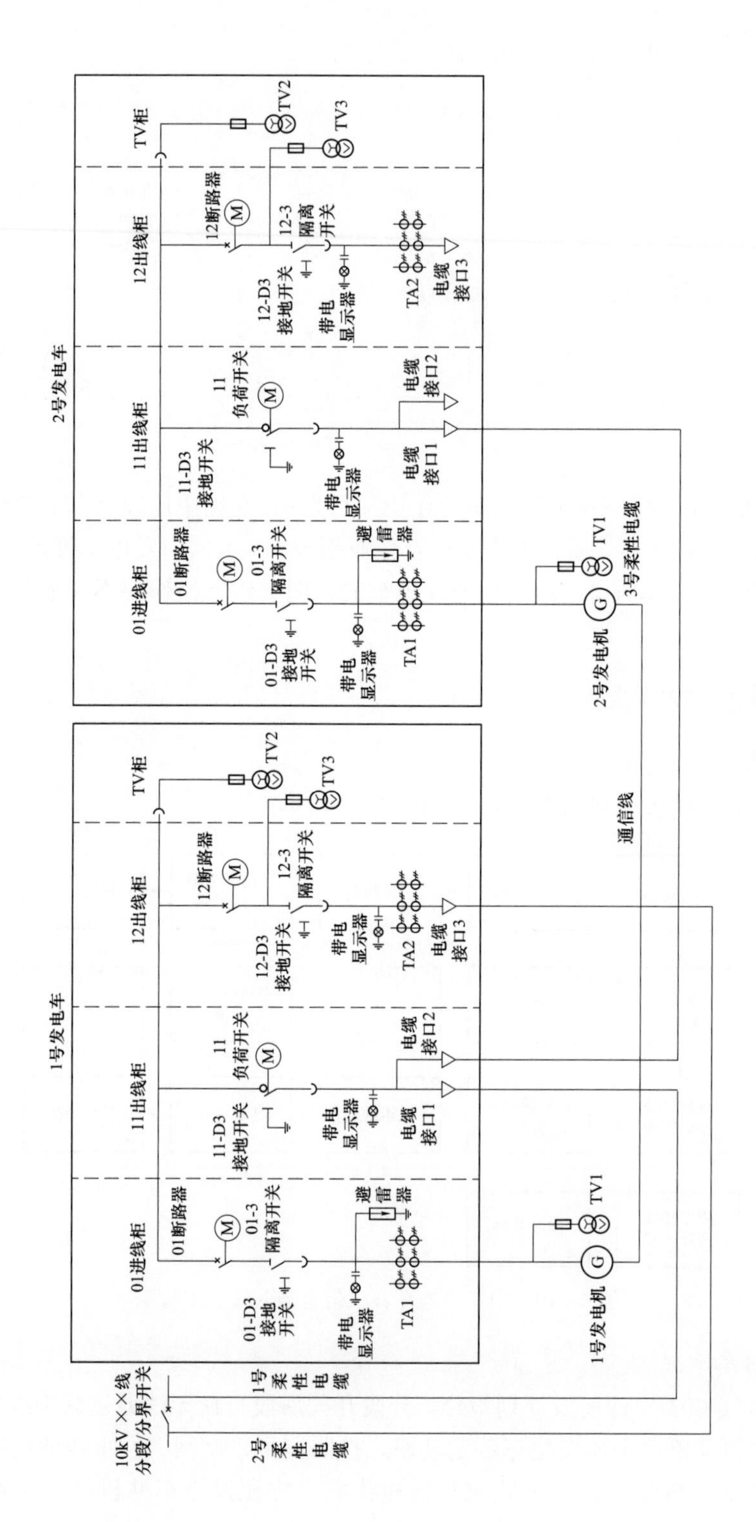

图 6－11　中压发电车并机带电接入电气接线示意图

二、项目工作要点

1. 重合闸

本项目需停用重合闸。

2. 关键点

（1）10kV 线路负荷小于发电车额定功率（1000kW/台），燃油充足并制订临时补油方案（2000L/台）。

（2）检查发电车车辆支腿和接地，检查确认机油、燃油、冷却液充足，检查确认开关柜保护已投入、开关在分位。

（3）根据多机并机发电作业典型场景，连接中压发电车旁路电缆和通信线，确保两台中压发电车同步控制。

（4）检测并核对 10kV 线路相序，确定 A、B、C 三相相序。

（5）转移负荷。依次合上 1 号发电车 12－3 隔离开关、12 断路器、11 负荷开关，使用钳型电流表测量旁路电缆，确定通流。拉开 10kV 线路侧柱上分段开关，控制器由“远方”转“本地”，将线路负荷转至旁路电缆并检测电流是否正常。

（6）检同期正向并网。依次合上 1 号发电车 01－3 隔离开关、01 断路器和 2 号发电车 11 负荷开关、01－3 隔离开关、01 断路器，两台发电车自动检测与 10kV 线路同期（相序、电压、相位）后并网运行。

三、作业指导书

中压发电车多机组网不停电转供负荷实训作业指导书格式见附件。

模块小结

通过本模块学习，掌握中压发电车多机组网不停电转供负荷的作业方法及注意事项，学会中压发电车并网操作。

思考与练习

扫码看答案

1. 配电网不停电作业中“微网”发电作业指的是什么？
2. 简述中压发电车并机带电接入工作流程。
3. 中压发电车并机带电接入工作要点有哪些？

附件　中压发电车多机组网不停电转供负荷实训作业指导书

1　适用范围

本指导书适用于 10kV 架空线路中压发电车多机组网不停电转供负荷工作，规定了该项工作现场标准化作业的工作步骤和技术要求。

2　规范性引用文件

（1）《配电线路带电作业技术导则》（GB/T 18857—2019）。

（2）《10kV 配电网不停电作业规范》（Q/GDW 10520—2016）。

（3）《国家电网公司电力安全工作规程（配电部分）（试行）》。

3　人员组合

本项目需要工作人员 10 人。

3.1　作业人员基本要求

序号	责任人	资质	人数
1	工作负责人	应具有一定的配电带电作业实际工作经验，熟悉设备状况，具有一定组织能力和事故处理能力，并按《国家电网公司电力安全工作规程》要求取得工作负责人资格	1 人
2	专责监护人	应具有一定的配电带电作业实际工作经验，熟悉设备状况，通过 10kV 配电线路带电作业专项培训，考试合格并持证上岗	1 人
3	斗内电工	应通过 10kV 配电线路带电作业专项培训，考试合格并持证上岗	4 人
4	地面电工	需经省电力公司级基地进行带电作业专项理论培训，考试合格并持证上岗	2 人
5	操作人员	需经省电力公司级基地进行中压发电车操作培训，考试合格并持证上岗	2 人

3.2　作业人员分工

序号	姓名	分工	签名
1		工作负责人	
2		专责监护人	
3		1 号斗内电工	
4		2 号斗内电工	
5		3 号斗内电工	
6		4 号斗内电工	
7		1 号地面电工	
8		2 号地面电工	
9		倒闸操作监护人	
10		倒闸操作人	

4　工器具

领用带电作业工器具应核对电压等级和试验周期，并检查外观完好无损。

工器具在运输过程中，应存放在专用工具袋、工具箱或工具车内，以防受潮和损伤。

运输旁路负荷开关时，应将操作手柄置于合闸位置，禁止将旁路负荷开关倒置。

4.1　装备

序号	名称	型号/规格	单位	数量	备注
1	绝缘斗臂车	10kV	辆	2	
2	中压发电车	1000kW	辆	2	

4.2　个人防护用具

序号	名称	型号/规格	单位	数量	备注
1	安全帽	电绝缘	顶	4	
2	绝缘安全帽	10kV	顶	4	
3	绝缘服或绝缘披肩	10kV	套	4	
4	绝缘手套	10kV	副	4	
5	防护手套	皮革	副	4	
6	内衬手套	棉线	副	4	
7	护目镜		副	4	防弧光及飞溅
8	安全带	全方位式	套	4	绝缘型

4.3　绝缘遮蔽用具

序号	名称	型号/规格	单位	数量	备注
1	导线遮蔽罩	10kV	根	12	
2	横担遮蔽罩	10kV	个	2	
3	绝缘毯	10kV	块	25	
4	绝缘毯夹	10kV	个	50	

4.4　绝缘工具

序号	名称	型号/规格	单位	数量	备注
1	绝缘传递绳	10kV	根	2	
2	旁路电缆防坠绳	10kV	根	6	
3	绝缘操作杆	10kV	根	2	
4	绝缘放电杆	10kV	根	1	
5	绝缘横担	10kV	套	2	

4.5 中压发电作业装备

序号	名称	型号/规格	单位	数量	备注
1	中压发电车通信线		套	1	

4.6 其他工具

序号	名称	型号/规格	单位	数量	备注
1	绝缘电阻检测仪	2500V 及以上	台	1	
2	验电器	10kV	支	1	
3	绝缘手套充气装置		台	1	
4	绝缘绳索检测仪		台	1	
5	钳型电流表		台	1	
6	风速检测仪		台	1	
7	温度检测仪		台	1	
8	湿度检测仪		台	1	
9	防潮苫布		块	2	
10	个人手工工具		套	1	
11	剥皮器		个	2	
12	对讲机		部	2	
13	清洁布		块	2	
14	传递绳		根	10	
15	安全围栏		组	1	
16	“从此进出”标示牌		块	1	
17	“在此工作”标示牌		块	1	

4.7 耗材

序号	名称	型号/规格	单位	数量	备注
1	绝缘硅脂		管	若干	
2	清洁纸		盒	若干	
3	柴油	0 号	L	若干	依使用地区

5 作业程序

5.1 开工准备

序号	作业内容	步骤及要求
1	现场复勘	工作负责人核对工作线路双重称号、杆号

续表

序号	作业内容	步骤及要求
1	现场复勘	工作负责人检查地形环境是否符合作业要求： （1）平整坚实。 （2）地面坡度不大于 5°
		工作负责人检查线路装置是否具备带电作业条件： （1）作业电杆埋深、杆身质量。 （2）检查作业条件，如存在危险考虑采取措施，无法控制不应进行该项工作。 （3）检查作业点两侧电杆导线安装情况、有无烧伤断股。 （4）确认线路负荷大小满足旁路设备要求
		工作负责人检查气象条件： （1）带电作业应在良好天气下进行，风力大于 5 级或环境相对湿度大于 80%时，不宜带电作业。若遇雷电、雪、雹、雨、雾等不良天气，禁止带电作业。带电作业过程中若遇天气突然变化，有可能危及人身及设备安全时，应立即停止工作，撤离人员，恢复设备正常状况，或采取临时安全措施。 （2）10kV 线路负荷小于发电车额定功率（1000kW/台），燃油充足并制订临时补油方案（2000L/台）
		工作负责人检查工作票所列安全措施，在工作票上补充安全措施
2	执行工作许可制度	工作负责人按工作票内容与值班调控人员（运维人员）联系，确认线路重合闸装置已退出
		工作负责人在工作票上签字
3	召开班前会	工作负责人宣读工作票
		工作负责人检查工作班组成员精神状态，交代工作任务进行分工，交代工作中的安全措施和技术措施
		工作负责人检查班组各成员对工作任务分工、安全措施和技术措施是否明确
		班组各成员在工作票、风险控制卡和作业指导书上签名确认
4	停放绝缘斗臂车和中压发电车	将绝缘斗臂车停放到适当位置。作业人员应对停放位置进行检查，现场应检查的停放绝缘斗臂车位置的要素： （1）停放的位置应便于绝缘斗臂车绝缘斗到达作业位置，避开附近电力线和障碍物，并能保证作业时绝缘斗臂车绝缘臂的有效绝缘长度。 （2）停放位置坡度不大于 5°
		支放绝缘斗臂车支腿，作业人员应对支腿情况进行检查，然后向工作负责人汇报检查项目及结果，检查标准为： （1）不应支放在沟道盖板上。 （2）软土地面应使用垫块或枕木，垫板重叠不超过 2 块。 （3）支撑应到位。车辆前后、左右呈水平。H 形支腿的车型，水平支腿应全部伸出
		使用不小于 16mm^2 的软铜线将绝缘斗臂车可靠接地
5	布置工作现场	工作负责人组织班组成员设置工作现场的安全围栏、安全警示标志： （1）安全围栏的范围应考虑作业中高空坠落和高空落物的影响以及道路交通，必要时联系交通管理部门。 （2）围栏的出入口应设置合理，并悬挂“从此进出”标示牌
		将绝缘工器具放在防潮苫布上： （1）防潮苫布应清洁、干燥。 （2）工器具应按定置管理要求分类摆放。 （3）绝缘工器具不能与金属工具、材料混放
6	检查绝缘工器具	逐件对绝缘工器具进行外观检查： （1）检查人员应戴清洁、干燥的手套。 （2）绝缘工具表面不应有磨损、变形损坏，操作应灵活。 （3）个人安全防护用具和遮蔽用具应无针孔、砂眼、裂纹。 （4）检查全方位绝缘安全带外观，并做冲击试验

续表

序号	作业内容	步骤及要求
6	检查绝缘工器具	使用绝缘电阻检测仪分段检测绝缘工具的表面绝缘电阻值： （1）测量电极应符合相关规程要求（极宽 2cm、极间距 2cm）。 （2）正确使用（自检、测量）绝缘电阻检测仪（应采用点测的方法，不应使电极在绝缘工具表面滑动，避免刮伤绝缘工具表面）。 （3）绝缘电阻值不得低于 700MΩ
		绝缘工器具检查完毕，向工作负责人汇报检查结果
7	检查中压发电车	检查发电车车辆支腿和接地，检查确认机油、燃油、冷却液充足，检查确认开关柜保护已投入、开关设备在分位
		旁路设备检查完毕，向工作负责人汇报检查结果
8	检查绝缘斗臂车	检查绝缘斗臂车表面状况：绝缘斗、绝缘臂应清洁、无裂纹损伤
		试操作绝缘斗臂车： （1）试操作应空斗进行。 （2）试操作应充分，有回转、升降、伸缩的过程。确认液压、机械、电气系统正常可靠、制动装置可靠
		绝缘斗臂车检查和试操作完毕，向工作负责人汇报检查结果
9	斗内电工进入绝缘斗臂车绝缘斗	1～4 号斗内电工穿戴好全套的个人安全防护用具： （1）个人安全防护用具包括安全帽、绝缘服或绝缘披肩、绝缘手套（带防护手套）、护目镜等。 （2）工作负责人应检查斗内电工个人防护用具的穿戴是否正确
		地面电工配合将工器具放入绝缘斗： （1）工器具应分类放置于工具袋中。 （2）工器具的金属部分不准超出绝缘斗。 （3）工具和人员质量不得超过绝缘斗额定荷载
		1～4 号斗内电工分别进入两辆斗臂车绝缘斗，挂好全方位绝缘安全带保险钩

5.2 操作步骤

序号	作业内容	步骤及要求
1	进入带电作业区域	斗内电工经工作负责人许可后，分别操作绝缘斗臂车，进入带电作业区域，绝缘斗移动应平稳匀速，在进入带电作业区域时： （1）应无大幅晃动现象。 （2）绝缘斗下降、上升的速度不应超过 0.5m/s。 （3）绝缘斗边沿的最大线速度不应超过 0.5m/s
2	验电	2 号斗内电工将绝缘斗调整至带电导线横担下侧适当位置，1 号电工使用验电器对导线、绝缘子、横担进行验电，确认无漏电现象
3	检测电流	1 号电工用钳型电流表测量三相导线电流，确认每相负荷电流不超过 200A
4	中压发电车双机组网	根据多机并机发电作业典型场景，连接中压发电车旁路电缆和通信线，确保两台中压发电车同步控制
5	核对相序	检测并核对 10kV 线路相序，确定 A、B、C 三相相序
6	带电作业组建旁路	（1）带电作业挂接旁路电缆，1 号发电车接口 3（2 号电缆）接电源侧，接口 1（1 号电缆）接负荷侧，1、2 号电缆黄、绿、红依次接线路 A、B、C。 （2）旁路电缆引流线夹处应做好可靠绝缘遮蔽
7	转移负荷	（1）倒闸操作，依次合上 1 号发电车 12－3 隔离开关、12 断路器、11 负荷开关，使用钳型电流表测量旁路电缆，确定通流。 （2）拉开 10kV 线路侧柱上分段开关，控制器由“远方”转“本地”，将线路负荷转至旁路电缆并检测电流是否正常

续表

序号	作业内容	步骤及要求
8	启动机组	（1）启动1、2号发电车，检查输出电压10.5kV、输出频率50Hz正常。 （2）检测10kV线路电流并设定发电作业基数负载
9	检同期正向并网	依次合上1号发电车01－3隔离开关、01断路器和2号发电车11负荷开关、01－3隔离开关、01断路器，两台发电车自动检测与10kV线路同期（相序、电压、相位）后并网运行
10	市电解列	倒闸操作，依次拉开1号发电车12断路器、12－3隔离开关，检查确认输出电压、频率正常，检验电源侧2号电缆电流，确认发电车电源侧与架空线路断开
11	待检修线路停电作业	检测发电作业电流不超载，检查发电车燃油充足或补油
12	检同期反向并网	重新核对相序正确后，倒闸操作，依次合上1号发电车12－3隔离开关、12断路器，两台发电车自动检测与10kV线路同期（相序、电压、相位）后并网运行
13	机组解列	设定基数负载降低机组输出功率，倒闸操作，依次断开1号发电车01断路器、01－3隔离开关和2号发电车01断路器、01－3隔离开关
14	机组停机	1、2号发电车机组停机，确认机组输出电压、频率为零
15	转移负荷	（1）合上10kV××线线路侧柱上分段开关，控制器由“本地”转“远方”，线路负荷由架空线路与发电车旁路系统同时接带，检验柱上开关通流。 （2）倒闸操作，依次断开1号发电车12断路器、12－3隔离开关和1、2号发电车11负荷开关，恢复原线路运行方式
16	带电作业解除旁路	带电作业解除架空线挂接的1、2号柔性电缆
17	回收装备	通过中压发电车接地开关接地放电，回收装备并整理现场
18	工作验收	斗内电工撤出带电作业区域时： （1）应无大幅晃动现象。 （2）绝缘斗下降、上升的速度不应超过0.5m/s。 （3）绝缘斗边沿的最大线速度不应超过0.5m/s
		斗内电工检查施工质量： （1）杆上无遗漏物。 （2）装置无缺陷，符合运行条件。 （3）向工作负责人汇报施工质量
19	撤离杆塔	下降绝缘斗返回地面、收回绝缘臂时应注意绝缘斗臂车周围杆塔、线路等情况

6 工作结束

序号	作业内容	步骤及要求
1	清理现场	将绝缘斗臂车各部件复位。需注意： （1）收回绝缘斗臂车接地线。 （2）绝缘斗臂车支腿收回
		工作负责人组织班组成员整理工具、材料。将工器具清洁后放入专用的箱（袋）中。清理现场，做到“工完、料尽、场地清”
2	召开收工会	工作负责人组织召开现场收工会，进行工作总结和点评工作： （1）正确点评本项工作的施工质量。 （2）点评班组成员在作业中的安全措施的落实情况。 （3）点评班组成员对规程的执行情况
3	办理工作终结手续	工作负责人按工作票内容与值班调控人员（运维人员）联系，工作结束，恢复线路重合闸，终结工作票

7 项目评价

项目完成后，根据学员任务完成情况，做好综合点评，并填写项目综合点评记录。

序号	项目	培训师对项目评价	
		存在问题	改进建议
1	安全措施		
2	作业流程		
3	作业方法		
4	工具使用		
5	工作质量		
6	文明操作		

模块3　0.4kV配电柜不停电加装台区智能融合终端

模块说明

本模块主要讲解0.4kV配电柜不停电加装台区智能融合终端项目的作业流程及内容、项目工作要点及作业指导书。通过学习，掌握0.4kV配电柜不停电加装台区智能融合终端项目的作业方法及注意事项，提升配电网不停电作业人员在实际工作中的标准化作业能力。

随着用户对供电可靠性要求的不断提高，配电网不停电作业技术取得了长足的发展，0.4kV配电网不停电作业逐渐具备条件。现阶段因配电柜（房）空间小、设备密集、负载电流大等原因，电力检修需切断电源，造成电力供应间断。0.4kV低压不停电作业方法，旨在解决现有技术中不停电更换0.4kV开关柜断路器、紧固断路器出线端子及开关柜等消缺作业，从而有效缓解配电网检修给用户带来的不利影响，提高用户供电可靠性，保障系统安全、稳定运行。

一、作业流程及内容

1. 作业流程

0.4kV配电柜不停电加装台区智能融合终端作业流程如图6－12所示。

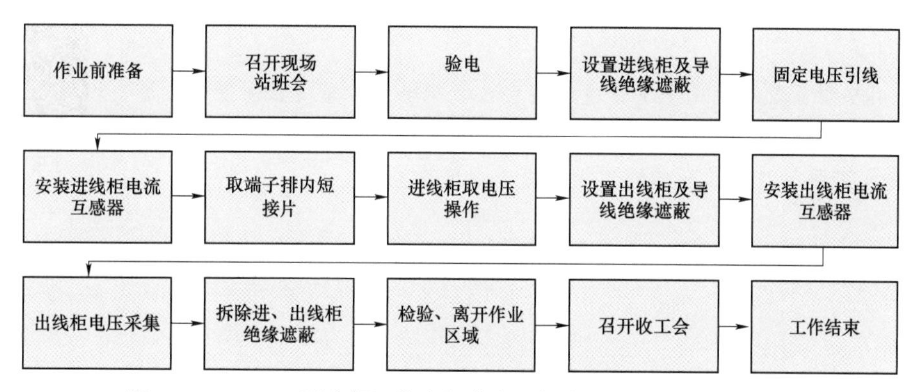

图6－12　0.4kV配电柜不停电加装台区智能融合终端作业流程图

2. 工作内容示例

0.4kV××线配电柜满足低压自动化升级，需加装台区智能融合终端。

二、项目工作要点

（1）带电作业过程中，作业人员应始终穿戴齐全防护用具。保持人体与邻相带电体及接地体的安全距离。

（2）应对作业范围内的带电体和接地体等所有设备进行遮蔽。

（3）作业中邻近不同电位导线或金具时，应采取绝缘隔离措施防止相间短路和单相接地。

（4）对不规则带电部件和接地部件采用绝缘毯进行绝缘隔离，并可靠固定。

（5）在带电作业过程中如设备突然停电，作业人员应视设备仍然带电。作业过程中绝缘工具金属部分应与接地体保持足够的安全距离。

（6）加装电流互感器、电压互感器时，要保持带电体与人体、邻相及接地体的安全距离。

（7）工作完毕，检查接入回路是否正确，相关信号采集是否对应。

三、作业指导书

0.4kV 配电柜不停电加装台区智能融合终端实训作业指导书格式见附件。

模块小结

通过本模块学习，熟练掌握 0.4kV 配电柜不停电加装台区智能融合终端项目的作业方法、作业流程、关键步骤及注意事项，达到提升配电网不停电作业人员在实际工作中的标准化作业能力的目标。

思考与练习

1. 0.4kV 低压配电柜（房）带电加装台区智能融合终端项目的危险点有哪些？

2. 0.4kV 低压配电柜（房）带电加装台区智能融合终端项目需要的主要工器具有哪些？

3. 防电弧服与防电弧面屏的防护等级应如何选择？

扫码看答案

附件 0.4kV配电柜不停电加装台区智能融合终端实训作业指导书

1 适用范围

本作业指导书适用于0.4kV低压配电柜（房）带电加装台区智能融合终端（采样电压、电流及改造无功补偿装置）的技能实训工作，规定了该项工作现场标准化作业的工作步骤和技术要求。

扫码下载

2 规范性引用文件

（1）《国家电网公司电力安全工作规程（配电部分）（试行）》。

（2）《配电网运维规程》（Q/GDW 1519—2014）。

（3）《10kV配电网不停电作业规范》（Q/GDW 10520—2016）。

（4）《带电作业工具设备术语》（GB/T 14286—2008）。

（5）《配电线路带电作业技术导则》（GB/T 18857—2019）。

3 作业前准备

3.1 现场勘察基本要求

序号	内容	标准	备注
1	现场勘察	（1）工作负责人应提前组织有关人员进行现场勘察，根据勘察结果作出能否进行不停电作业的判断，并确定作业方法及应采取的安全技术措施。 （2）现场勘察包括下列内容：检修工作的任务、待检修低压配电柜（房）低压开关型号、相间的安全距离、需要使用的安全工器具以及存在的作业危险点等。 （3）确认无倒送电	
2	了解现场气象条件	了解现场气象条件，判断是否符合《国家电网公司电力安全工作规程》对带电作业的要求	
3	组织现场作业人员学习作业指导书	掌握整个操作程序，理解工作任务及操作中的危险点及控制措施	
4	工作票	办理低压工作票	

3.2 现场作业人员基本要求

序号	内容	备注
1	作业人员应身体健康，无妨碍作业的生理和心理障碍	
2	作业人员应具备丰富的低压配电运维检修工作经验，《国家电网公司电力安全工作规程》考试合格	
3	作业人员应掌握紧急救护法，特别要掌握触电急救方法	
4	作业人员应具备低压带电作业能力	

3.3 工器具配备

序号	工器具名称		型号/规格	单位	数量	备注
1	安全防护用具	绝缘手套	0.4kV	副	2	
		绝缘鞋（靴）		双	3	
		双控背带式安全带		副	2	根据现场实际需要配置
		安全帽		顶	3	
		个人电弧防护用品		套	1	防电弧服、防电弧面屏用于室外作业，防电弧能力不小于 $6.8cal/cm^2$；用于配电柜等封闭空间作业，防电弧能力不小于 $25.6cal/cm^2$
2	绝缘遮蔽用具	绝缘隔板	0.4kV		若干	
		绝缘护套	0.4kV		若干	进出线端子用
3	绝缘工具	绝缘垫	0.4kV		若干	
		绝缘登高工具				根据现场实际需要配置
		个人绝缘手工工具		套	1	
		绝缘套筒扳手		套	1	
		绝缘棘轮扳手		把	1	
4	辅助工具	防潮垫或毡布		块	2	
		围栏、安全警示带（牌）			若干	根据现场实际需要配置
		绝缘绳				根据现场实际需要配置
5	仪器仪表	万用表		块	1	
		温湿度计		块	1	根据现场实际需要配置
		验电器	0.4kV	支	1	
6	材料	电气胶带		卷	1	
		台区智能融合终端		台	1	
		二次连接线、终端支架				根据现场实际需要配置
		专用二次电缆	ZR －KVVP22 －10×2.5	套	1	
7	其他	笔记本计算机	含测试软件、编译软件	台	1	通过内网认证

3.4 危险点分析

序号	内容
1	带电作业专责监护人违章兼做其他工作或监护不到位，使作业人员失去监护

续表

序号	内容
2	绝缘工具使用前未进行外观检查，因设备损伤或有缺陷未及时发现造成人身、设备事故
3	带电作业人员穿戴防护用具不规范，造成触电、电弧伤害
4	作业人员未按规定进行绝缘遮蔽或遮蔽不严密，造成触电伤害
5	加装电流互感器时，引线脱落造成接地或相间短路事故
6	带负荷断、接低压端子引线，发生电弧伤害
7	低压开关在拆除时未做分相标志，导致接线错误
8	仪表与带电设备未保持安全距离，造成工作人员触电伤害

3.5　安全注意事项

序号	内容
1	专责监护人应履行监护职责，不得兼做其他工作，要选择便于监护的位置，监护的范围不得超过一个作业点
2	作业现场及工具摆放位置周围应设置安全围栏、警示标志，防止行人及其他车辆进入作业现场
3	带电作业过程中，作业人员应始终穿戴齐全防护用具，保持人体与邻相带电体及接地体的安全距离
4	应对作业范围内的带电体和接地体等所有设备进行遮蔽
5	作业中邻近不同电位导线或金具时，应采取绝缘隔离措施防止相间短路和单相接地
6	对不规则带电部件和接地部件采用绝缘毯进行绝缘隔离，并可靠固定
7	在带电作业过程中如设备突然停电，作业人员应视设备仍然带电。作业过程中，绝缘工具金属部分应与接地体保持足够的安全距离
8	加装电流互感器、电压互感器时，要保持带电体与人体、邻相及接地体的安全距离
9	工作完毕，检查接入回路是否正确、相关信号采集是否对应

3.6　人员组织要求

序号	人员分工	人数	工作内容
1	工作负责人（兼监护人）	1人	全面负责现场作业，履行监护人职责
2	作业电工	1人	负责设置绝缘隔离措施、台区智能融合终端的安装等工作
3	辅助电工	1人	协助完成工作任务

4　作业程序

4.1　现场复勘的内容

序号	内容	备注
1	确认低压配电柜（房）设备及周围环境满足作业条件	
2	确认现场气象条件满足作业要求	

4.2 作业内容及标准

序号	作业步骤	作业内容	标准	备注
1	开工	（1）工作负责人与设备运维管理单位联系，申请工作许可。 （2）工作负责人组织召开开工会，发布开始工作的命令	（1）工作负责人与设备运维管理单位履行许可手续。 （2）工作负责人应分别向作业人员宣读工作票，布置工作任务，明确人员分工、作业程序、现场安全措施，进行危险点告知，并履行确认手续。 （3）工作负责人发布开始工作的命令	
2	检查	（1）在作业现场设置安全围栏和警示标志。 （2）作业人员检查周围环境。 （3）检查绝缘工具、防护用具数量是否满足工作需要。 （4）绝缘工具外观检测合格。 （5）准备地市供电公司提供统一分配的设备 IP 地址、ID 地址、检测参数等数据。 （6）检查主要备品备件及材料工具，对相关图纸、技术资料、说明书进行清点检查。 （7）核对、确认施工的配电室名称及配电盘位置	（1）安全围栏和警示标志满足相关规定要求。 （2）周围环境满足作业条件。 （3）绝缘工具、防护用具性能完好，并在试验周期内。绝缘手套做充气试验，确认无漏气现象。 （4）检查工器具是否有机械性损伤。 （5）合上新低压开关，用万用表检测其导通、绝缘状况。断开新低压开关，检测其开路情况	
3	加装台区智能融合终端（进线侧取电压，馈线侧取电流）	（1）根据现场条件，设置安全防护栏，加装安全标识，采用特制遮蔽板（布）对带电部位进行绝缘遮挡、隔离。 （2）控制电缆经出线柜穿线孔由终端表至低压进线柜，裸露部分加装穿线管。 （3）从进线断路器电压端子中采样电压：电压端子一端先采用控制电缆接入智能终端。 （4）采样电流从进线柜馈线端提取：电流端子一端先串入电流表再接入智能终端，电流端子另一端先接入开口式电流互感器，然后将电流互感器分别安装于 A、B、C 三相母线（电缆）侧。 （5）断路器辅助信号取样：首先将控制电缆一端接入智能终端，然后将另一端接入进线断路器辅助端子，以便合闸信号适时上传（如果需要）。 （6）低压出线柜更换 2 只数显表，加装 A、C 两相共 4 只开口式电流互感器，二次线引出至数显表，采用 RS485 线从数显表将信号接入智能终端。 （7）无功补偿柜改造：将无功补偿柜隔离开关断开，首先拆除原柜电容器、电容控制器及连接导线，然后安装智能电容器、控制器及制作连接导线，最后将信号经信号线连接至智能终端。 （8）在台区表箱进线端安装末端终端，其电压信号分别从非金属表箱进线端提取 L、N 两相电源，在进线电缆侧安装 3 只开口式电流互感器，信号引至末端终端	（1）应对待更换低压开关两侧验电，确认负荷侧无电，验电时须戴绝缘手套。 （2）按照由近及远、由带电体到接地体的顺序设置绝缘隔离措施。 （3）拆除接线端子时，应先出线、后进线，先相线、后零线（中性线）。 （4）进出线拆除后，立即用黄、绿、红、黑四色胶带做好标记。 （5）作业时应穿全套的安全防护用具（防电弧服等）。 （6）安装位置利于检修、观察，固定应牢固可靠。 （7）敷设二次电缆时，应注意与带电部位的安全距离。 （8）接入电流信号时，应先从终端接入开始，工作完毕后再接从电流互感器处接入信号。 （9）接入辅助信号时，应先从终端接入开始，工作完毕后再接从辅助端子处接入信号。 （10）对出线端带电部位进行绝缘遮挡，然后安装开口式互感器，二次线应采用扎带固定，确保其牢固、可靠。 （11）工作时应确认电容开关断开，并在旋转开关处悬挂“禁止合闸”标识；其次，需对原电容器进行放电。 （12）接入电压、电流信号时，应先从终端接入开始。 （13）工作完毕后再接从断路器及电流互感器处接入信号	
4	施工质量检查	工作负责人检查作业质量	全面检查作业质量，确认有无遗漏的工具、材料等	
5	完工	工作负责人检查工作现场，整理工器具，召开收工会，工作总结	工作负责人全面检查工作完成情况	

4.3　竣工内容要求

序号	内容
1	工作负责人全面检查工作完成情况无误后，组织清理现场及工具
2	通知工作票签发人，工作结束
3	终结工作票

5　项目评价

项目完成后，根据学员任务完成情况，做好综合点评，并填写项目综合点评记录。

序号	项目	培训师对项目评价	
		存在问题	改进建议
1	安全措施		
2	作业流程		
3	作业方法		
4	工具使用		
5	工作质量		
6	文明操作		

模块 4　带负荷直线杆改耐张杆并加装负荷开关

模块说明

本模块主要讲解绝缘手套作业法采用绝缘斗臂车带负荷直线杆改耐张杆并加装负荷开关项目的作业流程及内容、项目工作要点及作业指导书。通过学习，掌握带负荷直线杆改耐张杆并加装负荷开关项目的作业方法及注意事项，提升配电网不停电作业人员在实际工作中的标准化作业能力。

带负荷直线杆改耐张杆并加装负荷开关是第四类复杂绝缘手套作业法项目，根据导线提升方式主要有车用绝缘横担法和杆顶绝缘横担法；根据电流分流方式，主要分为绝缘引流线法和旁路作业法。目前，最主流的作业方式为采用车用绝缘横担、绝缘引流线的作业方法进行。随着带电作业技术不断进步，该项目作业流程也在不断优化，如先接负荷开关引线，合上负荷开关确认分流正常后再开断的作业方式，此作业方式优点是无需使用绝缘引流线及旁路开关等，作业步骤少，劳动强度低，但是存在连接开关引线后作业空间狭小，需绝缘遮蔽范围较大等缺点。作业人员应根据现场勘察情况，合理选择不同作业方法，以满足实际需要。

一、作业流程及内容

1. 作业流程

带负荷直线杆改耐张杆并加装负荷开关作业流程如图 6－13 所示。

图 6－13　带负荷直线杆改耐张杆并加装负荷开关作业流程图

2. 工作内容示例

某 10kV 架空线路较长，缺少分段开关，难以满足配电网三级保护配置要求，经运维人员核实需在××杆处加装柱上负荷开关。现场勘察发现该 10kV 架空线路××杆为直线杆，现场环境满足带电作业要求，需进行带负荷直线杆改耐张杆并加装负荷开关作业。

二、项目工作要点

1. 重合闸

本项目需停用线路重合闸。

2. 关键点

（1）新装柱上负荷开关带有取能用电压互感器时，电源侧应串接带有明显断开点的设备，防止带负荷接引。

（2）新装柱上负荷开关应闭锁其自动跳闸的回路，开关操作后应闭锁其操动机构，防止误操作。

（3）连接开关引线以及紧线、开断导线应同相同步进行。

（4）在开断导线前，应有防导线脱落的后备保护措施。

（5）作业人员在绝缘斗内传递工具时，应确认两人同时脱离带电设备。绝缘斗内双人工作时，禁止两人同时接触不同电位体。作业时严禁人体同时接触两个不同的电位。

（6）使用斗臂车起吊开关要注意吊臂角度，防止超载倾翻。

（7）在进行三相导线开断前，应检查绝缘引流线连接可靠，并应得到工作监护人的许可。

（8）断、接引流线时，要保持带电体与人体、相间及对地的安全距离。应注意相位，搭接连接点应接触可靠。

3. 安全距离及其他注意事项

（1）作业中，绝缘斗臂车绝缘臂的有效绝缘长度应不小于 1.0m，绝缘绳套和后备保护的有效绝缘长度应不小于 0.4m。

（2）绝缘斗臂车支腿支撑到位，车辆前后、左右呈水平。H 型支腿的车型，水平支腿应全部伸出。支腿不应支放在沟道盖板上，软土地面应使用垫块或枕木，垫块重叠不超过 2 块。

（3）进行绝缘检测时，应戴绝缘手套。应采用点测的方法，不应使电极在绝缘工具表面滑动，避免刮伤绝缘工具表面。

（4）绝缘斗臂车移动过程应无大幅晃动现象。绝缘斗上升、下降的速度不应超过 0.5m/s。绝缘斗边沿的最大线速度不应超过 0.5m/s。

（5）设置绝缘遮蔽时，动作应轻缓。绝缘遮蔽隔离措施应严密、牢固，绝缘遮蔽重叠不得小于 150mm。

三、作业指导书

带负荷直线杆改耐张杆并加装负荷开关实训作业指导书格式见附件。

模块小结

通过本模块学习，熟练掌握带负荷直线杆改耐张杆并加装负荷开关作业项目的作业方法、作业流程、关键步骤及注意事项，达到提升配电网不停电作业人员在实际工作中的标准化作业能力的目标。

思考与练习

扫码看答案

1. 分析作业过程中哪些环节需要使用钳型电流表检测电流。
2. 带负荷直线杆改耐张杆并加装负荷开关作业的关键点是什么？
3. 带负荷直线杆改耐张杆并加装负荷开关作业项目需要哪些工器具？

附件 带负荷直线杆改耐张杆并加装负荷开关实训作业指导书

1 适用范围

本指导书适用于 10kV 架空线路带电作业现场绝缘手套作业法采用绝缘斗臂车带负荷直线杆改耐张杆并加装负荷开关（利用绝缘引流线）的技能实训工作。

扫码下载

2 规范性引用文件

（1）《配电线路带电作业技术导则》（GB/T 18857—2019）。

（2）《10kV 配电网不停电作业规范》（Q/GDW 10520—2016）。

（3）《国家电网公司电力安全工作规程（配电部分）（试行）》。

3 人员组合

本项目需要工作人员 6 人。

3.1 作业人员要求

序号	责任人	资质	人数
1	工作负责人	应具有一定的配电带电作业实际工作经验，熟悉设备状况，具有一定组织能力和事故处理能力，并按《国家电网公司电力安全工作规程》要求取得工作负责人资格	1人
2	专责监护人	应具有一定的配电带电作业实际工作经验，熟悉设备状况，并按《国家电网公司电力安全工作规程》要求取得专责监护人资格	1人
3	斗内电工	应通过 10kV 配电线路带电作业专项培训，考试合格并持证上岗	2人
4	杆上电工	应通过 10kV 配电线路带电作业专项培训，考试合格并持证上岗	1人
5	地面电工	需经省电力公司级基地进行带电作业专项理论培训，考试合格并持证上岗	1人

3.2 作业人员分工

序号	姓名	分工	签名
1		工作负责人	
2		专责监护人	
3		1号斗内电工	
4		2号斗内电工	
5		杆上电工	
6		地面电工	

4 工器具配备

领用带电作业工器具应核对电压等级和试验周期，并检查外观完好无损。

工器具在运输过程中，应存放在专用工具袋、工具箱或工具车内，以防受潮和损伤。

4.1 装备

序号	名称	型号/规格	单位	数量	备注
1	绝缘斗臂车	10kV	辆	2	
2	脚扣	400mm	副	1	

4.2 个人防护用具

序号	名称	型号/规格	单位	数量	备注
1	安全帽	电绝缘	顶	3	
2	绝缘安全帽	10kV	顶	3	
3	绝缘服或绝缘披肩	10kV	套	3	
4	绝缘手套	10kV	副	3	
5	防护手套	皮革	副	3	
6	内衬手套	棉线	副	3	
7	护目镜		副	3	防弧光及飞溅
8	安全带	全方位式	副	3	绝缘型

4.3 绝缘遮蔽用具

序号	名称	型号/规格	单位	数量	备注
1	导线遮蔽罩	10kV	根	6	
2	横担遮蔽罩	10kV	个	4	
3	绝缘毯	10kV	块	25	
4	绝缘毯夹	10kV	个	50	
5	杆顶遮蔽罩	10kV	个	1	
6	导线端头遮蔽罩	10kV	个	6	
7	绝缘子遮蔽罩	10kV	个	3	

4.4 绝缘工具

序号	名称	型号/规格	单位	数量	备注
1	绝缘横担	10kV	套	1	
2	绝缘绳套	10kV	根	2	
3	绝缘紧线器	10kV	个	2	

续表

序号	名称	型号/规格	单位	数量	备注
4	绝缘后备保护绳	10kV	根	2	
5	绝缘传递绳	10kV	套	2	
6	绝缘操作杆	10kV	根	1	
7	绝缘引流线	10kV	根	3	

4.5　其他工具

序号	名称	型号/规格	单位	数量	备注
1	绝缘电阻检测仪	2500V 及以上	台	1	
2	验电器	10kV	支	1	
3	钳型电流表	10kV	块	1	
4	绝缘手套充气装置		台	1	
5	绝缘绳索检测仪		台	1	
6	卡线器		个	4	
7	风速检测仪		台	1	
8	温度检测仪		台	1	
9	湿度检测仪		台	1	
10	防潮苫布		块	1	
11	个人手工工具		套	1	
12	剥皮器		把	2	
13	对讲机		部	2	
14	清洁布		块	2	
15	安全围栏		组	1	
16	“从此进出”标示牌		块	1	
17	“在此工作”标示牌		块	1	

4.6　材料

序号	名称	型号/规格	单位	数量	备注
1	耐张绝缘子	XP －7	片	12	
2	耐张横担		副	1	同等规格
3	负荷开关	10kV	台	1	
4	二合抱箍		副	1	
5	耐张金具		套	6	同等规格

5 作业程序

5.1 开工准备

序号	作业内容	步骤及要求
1	现场复勘	工作负责人核对工作线路双重称号、杆号
		工作负责人检查地形环境是否符合作业要求： （1）平整坚实。 （2）地面坡度不大于5°
		工作负责人检查线路装置是否具备带电作业条件： （1）作业电杆埋深、杆身质量。 （2）检查绝缘子及横担外观，如裂纹严重有脱落危险，考虑采取措施，无法控制不应进行该项工作。 （3）检查作业点两侧电杆导线安装情况、有无烧伤断股
		工作负责人检查气象条件： 带电作业应在良好天气下进行，风力大于5级或环境相对湿度大于80%时，不宜带电作业。若遇雷电、雪、雹、雨、雾等不良天气，禁止带电作业。带电作业过程中若遇天气突然变化，有可能危及人身及设备安全时，应立即停止工作，撤离人员，恢复设备正常状况，或采取临时安全措施
		工作负责人检查工作票所列安全措施，在工作票上补充安全措施
2	执行工作许可制度	工作负责人按工作票内容与值班调控人员（运维人员）联系，确认线路重合闸装置已退出
		工作负责人在工作票上签字
3	召开班前会	工作负责人宣读工作票
		工作负责人检查工作班组成员精神状态，交代工作任务进行分工，交代工作中的安全措施和技术措施
		工作负责人检查班组各成员对工作任务分工、安全措施和技术措施是否明确
		班组各成员在工作票、风险控制卡和作业指导书上签名确认
4	停放绝缘斗臂车	将绝缘斗臂车停放到适当位置。作业人员应对停放位置进行检查，现场应检查的停放绝缘斗臂车位置的要素： （1）停放的位置应便于绝缘斗臂车绝缘斗到达作业位置，避开附近电力线和障碍物，并能保证作业时绝缘斗臂车绝缘臂的有效绝缘长度。 （2）停放位置坡度不大于5°
		支放绝缘斗臂车支腿，作业人员应对支腿情况进行检查，然后向工作负责人汇报检查项目及结果，检查标准为： （1）不应支放在沟道盖板上。 （2）软土地面应使用垫块或枕木，垫板重叠不超过2块。 （3）支撑应到位。车辆前后、左右呈水平。H型支腿的车型，水平支腿应全部伸出
		使用不小于16mm²的软铜线将绝缘斗臂车可靠接地
5	布置工作现场	工作负责人组织班组成员设置工作现场的安全围栏、安全警示标志： （1）安全围栏的范围应考虑作业中高空坠落和高空落物的影响以及道路交通，必要时联系交通管理部门。 （2）围栏的出入口应设置合理，并悬挂“从此进出”标示牌
		将绝缘工器具放在防潮苫布上： （1）防潮苫布应清洁、干燥。 （2）工器具应按定置管理要求分类摆放。 （3）绝缘工器具不能与金属工具、材料混放

续表

序号	作业内容	步骤及要求
6	检查绝缘及登高工器具	逐件对绝缘及登高工器具进行外观检查： （1）检查人员应戴清洁、干燥的手套。 （2）绝缘工具表面不应有磨损、变形损坏，操作应灵活。 （3）个人安全防护用具和遮蔽用具应无针孔、砂眼、裂纹。 （4）检查全方位绝缘安全带外观，并做冲击试验。 （5）检查登杆工具，应无开焊，胶皮完好、螺栓齐全紧固，并做冲击试验
		使用绝缘电阻检测仪分段检测绝缘工具的表面绝缘电阻值： （1）测量电极应符合相关规程要求（极宽2cm、极间距2cm）。 （2）正确使用（自检、测量）绝缘电阻检测仪（应采用点测的方法，不应使电极在绝缘工具表面滑动，避免刮伤绝缘工具表面）。 （3）绝缘电阻值不得低于700MΩ
		绝缘工器具检查完毕，向工作负责人汇报检查结果
7	检查绝缘斗臂车	检查绝缘斗臂车表面状况：绝缘斗、绝缘臂应清洁、无裂纹损伤
		试操作绝缘斗臂车： （1）试操作应空斗进行。 （2）试操作应充分，有回转、升降、伸缩的过程。确认液压、机械、电气系统正常可靠、制动装置可靠。 （3）试操作绝缘斗臂车小吊，确认吊臂、吊绳良好
		绝缘斗臂车检查和试操作完毕，向工作负责人汇报检查结果
8	检测绝缘子串及横担	检测绝缘子串： （1）清洁瓷件，并做表面检查，瓷件表面应光滑，无麻点、裂痕等。用绝缘电阻检测仪检测绝缘子绝缘电阻不应低于500MΩ。 （2）检测完毕，向工作负责人汇报检测结果
		检查横担： （1）对横担进行外观检查，镀锌均匀完整，无毛刺、锈蚀和变形。 （2）抱箍进行外观检查，镀锌均匀完整，无毛刺、锈蚀和变形。 （3）长孔必须加平垫圈，不得在螺栓上缠绕铁线代替垫圈。 （4）应采用双螺母
9	检查负荷开关	检查负荷开关： （1）清洁负荷开关，并做外观检查。 （2）试拉合负荷开关，无卡涩，机械指示准确。 （3）检测完毕，向工作负责人汇报检测结果
10	斗内电工进入绝缘斗臂车绝缘斗	1、2号斗内电工穿戴好全套的个人安全防护用具： （1）个人安全防护用具包括安全帽、绝缘服或绝缘披肩、绝缘手套（含防护手套）、护目镜等。 （2）工作负责人应检查斗内电工个人防护用具的穿戴是否正确
		地面电工配合将工器具放入绝缘斗： （1）工器具应分类放置于工具袋中。 （2）工器具的金属部分不准超出绝缘斗。 （3）工具和人员质量不得超过绝缘斗额定荷载
		1、2号斗内电工分别进入两辆斗臂车绝缘斗，挂好全方位绝缘安全带保险钩

5.2　操作步骤

序号	作业内容	步骤及要求
1	进入带电作业区域	经工作负责人许可后，斗内电工分别操作绝缘斗臂车进入带电作业区域，绝缘斗移动应平稳匀速，在进入带电作业区域时： （1）应无大幅晃动现象。 （2）绝缘斗下降、上升的速度不应超过0.5m/s。 （3）绝缘斗边沿的最大线速度不应超过0.5m/s

续表

序号	作业内容	步骤及要求
2	验电	1号斗内电工将绝缘斗调整至带电导线横担下侧适当位置，使用验电器对导线、绝缘子、横担进行验电，确认无漏电现象
3	设置内边相绝缘遮蔽隔离措施	经工作负责人许可后，斗内电工分别调整绝缘斗到达合适工作位置，按照“从近到远，从下到上，先带电体、后接地体”的遮蔽原则对作业范围内可能触及的带电体和接地体进行绝缘遮蔽隔离： （1）遮蔽的部位和顺序依次为导线、绝缘子以及作业点邻近的接地体。 （2）斗内电工在对带电体设置绝缘遮蔽隔离措施时，动作应轻缓，与横担等地电位构件间应保持足够的安全距离（不小于0.4m），与邻相导线之间应保持足够的安全距离（不小于0.6m）。 （3）绝缘遮蔽隔离措施应严密、牢固，绝缘遮蔽用具之间重叠不得小于150mm
4	设置外边相绝缘遮蔽隔离措施	经工作负责人的许可后，斗内电工分别调整绝缘斗到达外边相合适工作位置，按照与内边相相同的方法对作业范围内可能触及的带电体和接地体进行绝缘遮蔽隔离
5	设置中间相绝缘遮蔽隔离措施	经工作负责人的许可后，斗内分别电工调整绝缘斗到达中间相合适工作位置，按照与两边相相同的方法对作业范围内可能触及的带电体和接地体进行绝缘遮蔽隔离
6	抬升导线	（1）2号斗内电工操作斗臂车返回地面，在地面电工配合下安装绝缘横担。 （2）2号斗内电工操作绝缘斗臂车至导线下方，将两边相导线放入绝缘横担滑槽内并锁定。 （3）1号斗内电工逐相拆除两边相绝缘子的绑扎线。 （4）2号斗内电工操作绝缘斗臂车继续缓慢抬高绝缘横担、两边相导线，将中相导线放入绝缘横担滑槽内并锁定，由1号斗内电工拆除中相绝缘子绑扎线
7	更换横担	（1）2号斗内电工将绝缘横担缓慢抬高，抬升三相导线，抬升高度不小于0.4m。 （2）杆上电工登杆，配合1号斗内电工，将直线横担更换成耐张横担，安装抱箍，挂好悬式绝缘子串及耐张线夹
8	安装负荷开关	（1）1号斗内电工操作绝缘小吊使用绝缘吊绳将负荷开关提升至安装位置处。杆上电工进行负荷开关的安装，并确认开关在“分”的位置。杆上电工安装避雷器，并做好接地装置的连接，返回地面。 （2）1号斗内电工对新装耐张横担、耐张绝缘子串、耐张线夹和电杆设置绝缘遮蔽隔离措施。 （3）2号斗内电工缓慢下降绝缘横担，在1号斗内电工配合下将导线逐一放置在耐张横担上，并做好固定措施。2号斗内电工返回地面，拆除绝缘横担
		（1）使用斗臂车起吊柱上开关要注意吊臂角度，防止超载倾翻。 （2）确认柱上开关自动化装置退出运行
9	安装绝缘紧线器和后备绝缘保护绳	（1）两斗内电工调整作业位置，相互配合打开遮蔽，将绝缘紧线器分别挂接在耐张线夹安装环处，做好绝缘遮蔽。 （2）两斗内电工将绝缘紧线器另一端分别安装于电杆两侧导线上，加装后备保护绳，收紧导线后，收紧后备保护绳
10	安装绝缘引流线	斗内电工用钳型电流表测量架空线路负载电流，确认电流不超过绝缘引流线额定电流。斗内电工相互配合在中间相导线安装绝缘引流线，用钳型电流表检测电流，确认通流正常。绝缘引流线与导线连接应牢固可靠，绝缘引流线应在绝缘引流线支架上
11	开断导线	（1）两斗内电工相互配合，剪断中间相导线，分别将中间相两侧导线固定在两端的耐张线夹内，并恢复绝缘遮蔽。 （2）两斗内电工分别拆除绝缘紧线器及后备保护绳
12	换相作业	两斗内电工相互配合按同样的方法开断内边相和外边相导线
13	连接开关引线并合上负荷开关	（1）两斗内电工相互配合，分别在负荷开关两侧依次进行开关引线与导线的接续。接续完毕后，及时恢复绝缘遮蔽。 （2）三相引线搭接完毕，1号斗内电工合上负荷开关，确认开关在“合”的位置。 （3）1号斗内电工使用钳型电流表测量三相引线通流是否正常

续表

序号	作业内容	步骤及要求
13	连接开关引线并合上负荷开关	引线安装要求： （1）引线安装牢固。 （2）长度适当，不得受力。 （3）引线间距离满足运行要求
14	拆除绝缘引流线	拆除绝缘引流线，恢复绝缘遮蔽，拆除绝缘引流线支架
15	拆除中间相绝缘遮蔽隔离措施	经工作负责人的许可后，斗内电工分别调整绝缘斗到达中间相合适工作位置，按照“从远到近，从上到下，先接地体、后带电体”的原则拆除绝缘遮蔽隔离措施： （1）拆除的顺序依次为作业点邻近的接地体、耐张绝缘子串、引线、耐张线夹、导线。 （2）斗内电工在拆除带电体上的绝缘遮蔽隔离措施时，动作应轻缓，与横担等地电位构件间应保持足够的安全距离，与邻相导线之间应保持足够的安全距离
16	拆除外边相绝缘遮蔽隔离措施	经工作负责人的许可后，斗内电工分别调整绝缘斗到达外边相合适工作位置，按照与中间相相同的方法拆除绝缘遮蔽隔离
17	拆除内边相绝缘遮蔽隔离措施	经工作负责人的许可后，斗内电工分别调整绝缘斗到达内边相合适工作位置，按照与中间相相同的方法拆除绝缘遮蔽隔离
18	工作验收	斗内电工撤出带电作业区域时： （1）应无大幅晃动现象。 （2）绝缘斗下降、上升的速度不应超过0.5m/s。 （3）绝缘斗边沿的最大线速度不应超过0.5m/s
		斗内电工检查施工质量： （1）杆上无遗漏物。 （2）装置无缺陷，符合运行条件。 （3）向工作负责人汇报施工质量
19	撤离杆塔	下降绝缘斗返回地面、收回绝缘臂时，应注意绝缘斗臂车周围杆塔、线路等情况

6　工作结束

序号	作业内容	步骤及要求
1	清理现场	将绝缘斗臂车各部件复位。需注意： （1）收回绝缘斗臂车接地线。 （2）绝缘斗臂车支腿收回。 工作负责人组织班组成员整理工具、材料，将工器具清洁后放入专用的箱（袋）中，清理现场，做到“工完、料尽、场地清”
2	召开收工会	工作负责人组织召开现场收工会，进行工作总结和点评工作： （1）正确点评本项工作的施工质量。 （2）点评班组成员在作业中的安全措施的落实情况。 （3）点评班组成员对相关规程的执行情况
3	办理工作终结手续	工作负责人按工作票内容与值班调度员（运维人员）联系，工作结束，恢复线路重合闸，终结工作票

7　项目评价

项目完成后，根据学员任务完成情况，做好综合点评，并填写项目综合点评记录。

序号	项目	培训师对项目评价	
		存在问题	改进建议
1	安全措施		

续表

序号	项目	培训师对项目评价	
		存在问题	改进建议
2	作业流程		
3	作业方法		
4	工具使用		
5	工作质量		
6	文明操作		

模块5 带电更换耐张杆绝缘子串

模块说明

本模块主要讲解绝缘手套作业法采用绝缘斗臂车带电更换耐张杆绝缘子串项目的作业流程及内容、项目工作要点及作业指导书。通过学习，掌握带电更换耐张杆绝缘子串项目的作业方法及注意事项，提升配电网不停电作业人员在实际工作中的标准化作业能力。

带电更换耐张杆绝缘子串项目是第二类简单绝缘手套作业法项目内的典型项目，作为配电网不停电作业的一项关键工作，可以完成10kV故障耐张绝缘子的不停电更换，有效实现电力线路“零停电”、电力负荷“零损失”、电力客户“零感知”的供电可靠性要求，为提高供电可靠性、优化营商环境提供有力支撑。

一、作业流程及内容

1. 作业流程

带电更换耐张杆绝缘子串作业流程如图6－14所示。

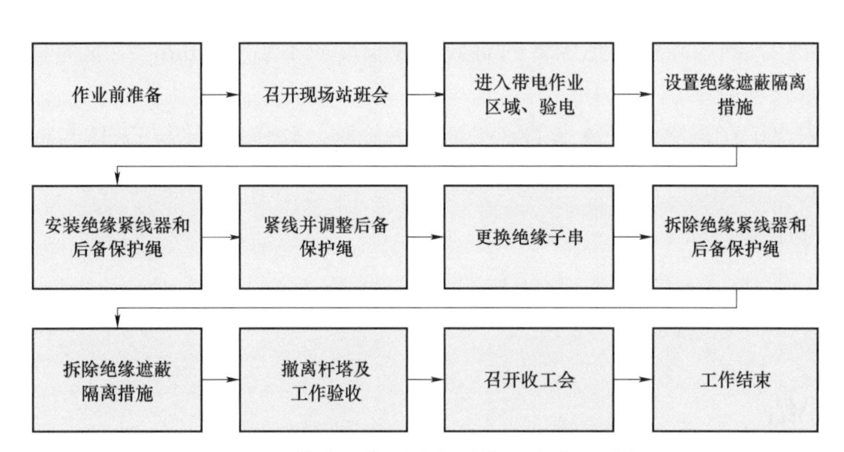

图6－14 带电更换耐张杆绝缘子串作业流程图

2. 工作内容示例

经运维人员巡视发现某10kV架空配电线路电杆负荷侧中相耐张绝缘子串存在裂纹，需紧急消缺。经现场勘察发现，现场符合带电作业条件，需进行带电更换耐张杆绝缘子串作业。

二、项目工作要点

1. 重合闸

本项目一般无需停用重合闸。

2. 关键点

（1）绝缘绳套不应系在绝缘遮蔽材料上，应在设置绝缘遮蔽隔离措施时预先安装。

（2）拔除、安装耐张线夹与耐张绝缘子连接的碗头挂板时，横担侧绝缘子及横担应有严密的绝缘遮蔽措施。在横担上拆除、挂接绝缘子串时，包括耐张线夹等导线侧带电导体应有严密的绝缘遮蔽措施。

（3）脱开和连接碗头挂板时，作业人员严禁接触不同电位体。

（4）验电发现横担有电，禁止继续实施本项作业。

（5）用绝缘紧线器收紧导线后，后备保护绳套应收紧固定。

3. 安全距离及其他注意事项

（1）绝缘斗臂车支腿支撑到位，车辆前后、左右呈水平。H 形支腿的车型，水平支腿应全部伸出。支腿不应支放在沟道盖板上，软土地面应使用垫块或枕木，垫块重叠不超过 2 块。

（2）进行绝缘检测时，应戴绝缘手套。应采用点测的方法，不应使电极在绝缘工具表面滑动，避免刮伤绝缘工具表面。

（3）绝缘斗臂车移动过程应无大幅晃动现象。绝缘斗上升、下降的速度不应超过 0.5m/s。绝缘斗边沿的最大线速度不应超过 0.5m/s。

（4）设置绝缘遮蔽时，动作应轻缓。绝缘遮蔽隔离措施应严密、牢固，绝缘遮蔽用具之间重叠不得小于 150mm。

（5）作业中，绝缘斗臂车绝缘臂的有效绝缘长度应不小于 1.0m，绝缘绳套和后备保护绳的有效绝缘长度应不小于 0.4m。

（6）斗内电工在拆除带电体上的绝缘遮蔽措施时，动作应轻缓，人体与横担等地电位构件、邻相导线之间应保持足够的安全距离。

三、作业指导书

带电更换耐张杆绝缘子串实训作业指导书格式见附件。

模块小结

通过本模块学习，应熟练掌握带电更换耐张杆绝缘子串作业项目的作业方法、作业流程、关键步骤及注意事项，达到提升配电网不停电作业人员在实际工作中的标准化作业能力的目标。

思考与练习

扫码看答案

1. 设置绝缘遮蔽措施时有哪些注意事项？
2. 带电更换耐张杆绝缘子串作业项目需要哪些工器具？
3. 简要介绍新绝缘子串的检测方法。

附件　带电更换耐张杆绝缘子串实训作业指导书

1　适用范围

本指导书适用于 10kV 架空线路绝缘手套作业法采用绝缘斗臂车带电更换耐张杆绝缘子串作业项目的技能实训工作。本作业指导书适用于单人单斗作业，根据现场工作实际，单斗双人作业应增加相应的绝缘工器具和个人防具用具。

扫码下载

2　规范性引用文件

（1）《配电线路带电作业技术导则》（GB/T 18857—2019）。

（2）《10kV 配电网不停电作业规范》（Q/GDW 10520—2016）。

（3）《国家电网公司电力安全工作规程（配电部分）（试行）》。

3　人员组合

本项目需要工作人员 4 人。

3.1　作业人员要求

序号	责任人	资质	人数
1	工作负责人	应具有一定的配电带电作业实际工作经验，熟悉设备状况，具有一定组织能力和事故处理能力，并按《国家电网公司电力安全工作规程》要求取得工作负责人资格	1人
2	斗内电工	应通过 10kV 配电线路带电作业专项培训，考试合格并持证上岗	2人
3	地面电工	需经省电力公司级基地进行带电作业专项理论培训，考试合格并持证上岗	1人

3.2　作业人员分工

序号	姓名	分工	签名
1		工作负责人	
2		1 号斗内电工	
3		2 号斗内电工	
4		地面电工	

4　工器具配备

领用带电作业工器具应核对电压等级和试验周期，并检查外观完好无损。

工器具在运输过程中，应存放在专用工具袋、工具箱或工具车内，以防受潮和损伤。

4.1　装备

序号	名称	型号/规格	单位	数量	备注
1	绝缘斗臂车	10kV	辆	1	

4.2 个人防护用具

序号	名称	型号/规格	单位	数量	备注
1	安全帽	电绝缘	顶	2	
2	绝缘安全帽	10kV	顶	2	
3	绝缘服或绝缘披肩	10kV	套	2	
4	绝缘手套	10kV	副	2	
5	防护手套	皮革	副	2	
6	内衬手套	棉线	副	2	
7	护目镜		副	2	防弧光及飞溅
8	安全带	全方位式	副	2	绝缘型

4.3 绝缘遮蔽用具

序号	名称	型号/规格	单位	数量	备注
1	导线遮蔽罩	10kV	根	6	
2	绝缘毯	10kV	块	10	
3	绝缘毯夹	10kV	个	20	
4	杆顶遮蔽罩	10kV	个	1	

4.4 绝缘工具

序号	名称	型号/规格	单位	数量	备注
1	绝缘绳套	10kV	根	1	
2	绝缘紧线器	10kV	个	1	
3	绝缘后备保护绳	10kV	根	1	
4	绝缘传递绳	10kV	套	1	

4.5 其他工具

序号	名称	型号/规格	单位	数量	备注
1	绝缘电阻检测仪	2500V 及以上	台	1	
2	验电器	10kV	支	1	
3	绝缘手套充气装置		台	1	
4	风速检测仪		台	1	
5	温度检测仪		台	1	

续表

序号	名称	型号/规格	单位	数量	备注
6	湿度检测仪		台	1	
7	卡线器		个	2	
8	防潮苫布		块	1	
9	个人手工工具		套	1	
10	对讲机		部	2	
11	清洁布		块	2	
12	安全围栏		组	1	
13	“从此进出”标示牌		块	1	
14	“在此工作”标示牌		块	1	

4.6 材料

序号	名称	型号/规格	单位	数量	备注
1	耐张绝缘子	XP －7	片	6	

5 作业程序

5.1 开工准备

序号	作业内容	步骤及要求
1	现场复勘	工作负责人核对工作线路双重称号、杆号
		工作负责人检查地形环境是否符合作业要求： （1）平整坚实。 （2）地面坡度不大于5°
		工作负责人检查线路装置是否具备带电作业条件： （1）作业点及两侧电杆埋深、杆身质量。 （2）检查作业点两侧电杆导线安装情况、有无烧伤断股。 （3）检查耐张绝缘子串外观，如裂纹严重有脱落危险，考虑采取措施，无法控制不应进行该项工作
		工作负责人检查气象条件： 带电作业应在良好天气下进行，风力大于5级或环境相对湿度大于80%时，不宜带电作业。若遇雷电、雪、雹、雨、雾等不良天气，禁止带电作业。带电作业过程中若遇天气突然变化，有可能危及人身及设备安全时，应立即停止工作，撤离人员，恢复设备正常状况，或采取临时安全措施
		工作负责人检查工作票所列安全措施，在工作票上补充安全措施
2	执行工作许可制度	工作负责人按工作票内容与值班调控人员（运维人员）联系，确认线路重合闸装置已退出
		工作负责人在工作票上签字
3	召开班前会	工作负责人宣读工作票
		工作负责人检查工作班组成员精神状态，交代工作任务进行分工，交代工作中的安全措施和技术措施

续表

<table>
<tr><th>序号</th><th>作业内容</th><th>步骤及要求</th></tr>
<tr><td rowspan="2">3</td><td rowspan="2">召开班前会</td><td>工作负责人检查班组各成员对工作任务分工、安全措施和技术措施是否明确</td></tr>
<tr><td>班组各成员在工作票、风险控制卡和作业指导书上签名确认</td></tr>
<tr><td rowspan="3">4</td><td rowspan="3">停放绝缘斗臂车</td><td>将绝缘斗臂车停放到适当位置。作业人员应对停放位置进行检查，现场应检查的停放绝缘斗臂车位置的要素：
（1）停放的位置应便于绝缘斗臂车绝缘斗到达作业位置，避开附近电力线和障碍物，并能保证作业时绝缘斗臂车绝缘臂的有效绝缘长度。
（2）停放位置坡度不大于5°</td></tr>
<tr><td>支放绝缘斗臂车支腿，作业人员应对支腿情况进行检查，然后向工作负责人汇报检查项目及结果，检查标准为：
（1）不应支放在沟道盖板上。
（2）软土地面应使用垫块或枕木，垫板重叠不超过2块。
（3）支撑应到位。车辆前后、左右呈水平。H形支腿的车型，水平支腿应全部伸出</td></tr>
<tr><td>使用不小于16mm^{2}的软铜线将绝缘斗臂车可靠接地</td></tr>
<tr><td rowspan="2">5</td><td rowspan="2">布置工作现场</td><td>工作负责人组织班组成员设置工作现场的安全围栏、安全警示标志：
（1）安全围栏的范围应考虑作业中高空坠落和高空落物的影响以及道路交通，必要时联系交通管理部门。
（2）围栏的出入口应设置合理，并悬挂“从此进出”标示牌</td></tr>
<tr><td>将绝缘工器具放在防潮苫布上：
（1）防潮苫布应清洁、干燥。
（2）工器具应按定置管理要求分类摆放。
（3）绝缘工器具不能与金属工具、材料混放</td></tr>
<tr><td rowspan="3">6</td><td rowspan="3">检查绝缘工器具</td><td>逐件对绝缘工器具进行外观检查：
（1）检查人员应戴清洁、干燥的手套。
（2）绝缘工具表面不应有磨损、变形损坏，操作应灵活。
（3）个人安全防护用具和遮蔽用具应无针孔、砂眼、裂纹。
（4）检查全方位绝缘安全带外观，并做冲击试验</td></tr>
<tr><td>使用绝缘电阻检测仪分段检测绝缘工具的表面绝缘电阻值：
（1）测量电极应符合相关规程要求（极宽2cm、极间距2cm）。
（2）正确使用（自检、测量）绝缘电阻检测仪（应采用点测的方法，不应使电极在绝缘工具表面滑动，避免刮伤绝缘工具表面）。
（3）绝缘电阻值不得低于700MΩ</td></tr>
<tr><td>绝缘工器具检查完毕，向工作负责人汇报检查结果</td></tr>
<tr><td rowspan="3">7</td><td rowspan="3">检查绝缘斗臂车</td><td>检查绝缘斗臂车表面状况：绝缘斗、绝缘臂应清洁、无裂纹损伤</td></tr>
<tr><td>试操作绝缘斗臂车：
（1）试操作应空斗进行。
（2）试操作应充分，有回转、升降、伸缩的过程。确认液压、机械、电气系统正常可靠、制动装置可靠</td></tr>
<tr><td>绝缘斗臂车检查和试操作完毕，向工作负责人汇报检查结果</td></tr>
<tr><td>8</td><td>检测（新）绝缘子串</td><td>检测绝缘子串：
（1）清洁瓷件，并做表面检查，瓷件表面应光滑，无麻点、裂痕等。用绝缘电阻检测仪检测绝缘子绝缘电阻不应低于500MΩ。
（2）检测完毕，向工作负责人汇报检测结果</td></tr>
<tr><td rowspan="3">9</td><td rowspan="3">斗内电工进入绝缘斗臂车绝缘斗</td><td>1、2号斗内电工穿戴好全套的个人安全防护用具：
（1）个人安全防护用具包括安全帽、绝缘服或绝缘披肩、绝缘手套（含防护手套）、护目镜等。
（2）工作负责人应检查斗内电工个人防护用具的穿戴是否正确</td></tr>
<tr><td>地面电工配合将工器具放入绝缘斗：
（1）工器具应分类放置于工具袋中。
（2）工器具的金属部分不准超出绝缘斗。
（3）工具和人员质量不得超过绝缘斗额定荷载</td></tr>
<tr><td>1、2号斗内电工进入绝缘斗，挂好全方位绝缘安全带保险钩</td></tr>
</table>

5.2　操作步骤

序号	作业内容	步骤及要求
1	进入带电作业区域	经工作负责人许可后，2 号斗内电工操作绝缘斗臂车，进入带电作业区域，绝缘斗移动应平稳匀速，在进入带电作业区域时： （1）应无大幅晃动现象。 （2）绝缘斗下降、上升的速度不应超过 0.5m/s。 （3）绝缘斗边沿的最大线速度不应超过 0.5m/s
2	验电	2 号斗内电工将绝缘斗调整至带电导线横担下侧适当位置，1 号电工使用验电器对导线、绝缘子、横担进行验电，确认无漏电现象
3	设置内边相绝缘遮蔽隔离措施	经工作负责人许可后，2 号斗内电工调整绝缘斗到达合适工作位置，1 号电工按照“从近到远，从下到上，先带电体、后接地体”的遮蔽原则对作业范围内可能触及的带电体和接地体进行绝缘遮蔽隔离： （1）遮蔽的部位和顺序依次为导线、耐张线夹、耐张绝缘子串以及作业点邻近的接地体。 （2）斗内电工在对带电体设置绝缘遮蔽隔离措施时，动作应轻缓，与横担等地电位构件间应保持足够的安全距离（不小于 0.4m），与邻相导线之间应保持足够的安全距离（不小于 0.6m）。 （3）绝缘遮蔽隔离措施应严密、牢固，绝缘遮蔽用具之间重叠不得小于 150mm
4	设置外边相绝缘遮蔽隔离措施	经工作负责人的许可后，2 号斗内电工调整绝缘斗到达外边相合适工作位置，1 号电工按照与内边相相同的方法对作业范围内可能触及的带电体和接地体进行绝缘遮蔽隔离
5	设置中间相绝缘遮蔽隔离措施	经工作负责人的许可后，2 号斗内电工调整绝缘斗到达中间相合适工作位置，1 号电工按照与两边相相同的方法对作业范围内可能触及的带电体和接地体进行绝缘遮蔽隔离
6	安装绝缘紧线器和后备绝缘保护绳	经工作负责人的许可后，2 号斗内电工将绝缘斗调整到内边相导线外侧适当位置，1 号电工将绝缘绳套安装在耐张横担上，安装绝缘紧线器，在紧线器外侧加装后备保护绳。后备保护绳套应安装在适当位置，并采取防止被利物割伤的措施
		安装绝缘紧线器线的流程如下： （1）最小范围打开耐张横担部位的绝缘遮蔽措施。 （2）将绝缘绳套安装在耐张横担上，安装绝缘紧线器及后备保护绳。 （3）恢复耐张横担的绝缘遮蔽。 （4）最小范围打开导线绝缘遮蔽。 （5）安装绝缘紧线器及卡线器，在紧线器外侧加装后备保护绳。 （6）恢复导线绝缘遮蔽
7	更换绝缘子串	（1）1 号斗内电工收紧导线至耐张绝缘子串松弛，并拉紧后备保护绳，且应固定牢固。 （2）1 号斗内电工将耐张线夹与耐张绝缘子串连接螺栓拔除，使两者脱离。恢复耐张线夹处的绝缘遮蔽措施。 （3）1 号斗内电工拆除旧耐张绝缘子串，安装新耐张绝缘子串，并进行绝缘遮蔽。 （4）1 号斗内电工将耐张线夹与耐张绝缘子串连接螺栓安装好，恢复绝缘遮蔽
8	拆除绝缘紧线器和后备绝缘保护绳	（1）1 号斗内电工松开后备保护绝缘绳并放松紧线器，使耐张绝缘子串受力后，打开导线处绝缘遮蔽，拆除卡线器、后备绝缘保护绳。 （2）打开耐张横担处绝缘遮蔽，拆除绝缘紧线器和绝缘绳套
		其余两相按照相同作业方法及步骤进行更换
9	拆除中间相绝缘遮蔽隔离措施	经工作负责人的许可后，2 号斗内电工调整绝缘斗到达中间相合适工作位置，1 号电工按照“从远到近，从上到下，先接地体、后带电体”的原则拆除绝缘遮蔽隔离措施： （1）拆除的顺序依次为作业点邻近的接地体、耐张绝缘子、耐张线夹、导线。 （2）斗内电工在拆除带电体上的绝缘遮蔽隔离措施时，动作应轻缓，与横担等地电位构件间应保持足够的安全距离，与邻相导线之间应保持足够的安全距离
10	拆除外边相绝缘遮蔽隔离措施	经工作负责人的许可后，2 号斗内电工调整绝缘斗到达外边相合适工作位置，1 号电工按照与中间相相同的方法拆除绝缘遮蔽隔离
11	拆除内边相绝缘遮蔽隔离措施	经工作负责人的许可后，2 号斗内电工调整绝缘斗到达内边相合适工作位置，1 号电工按照与中间相相同的方法拆除绝缘遮蔽隔离

续表

<table>
<tr><th>序号</th><th>作业内容</th><th>步骤及要求</th></tr>
<tr><td rowspan="2">12</td><td rowspan="2">工作验收</td><td>斗内电工撤出带电作业区域。撤出带电作业区域时：
（1）应无大幅晃动现象。
（2）绝缘斗下降、上升的速度不应超过 0.5m/s。
（3）绝缘斗边沿的最大线速度不应超过 0.5m/s</td></tr>
<tr><td>斗内电工检查施工质量：
（1）杆上无遗漏物。
（2）装置无缺陷，符合运行条件。
（3）向工作负责人汇报施工质量</td></tr>
<tr><td>13</td><td>撤离杆塔</td><td>下降绝缘斗返回地面、收回绝缘臂时，应注意绝缘斗臂车周围杆塔、线路等情况</td></tr>
</table>

6 工作结束

<table>
<tr><th>序号</th><th>作业内容</th><th>步骤及要求</th></tr>
<tr><td rowspan="2">1</td><td rowspan="2">清理现场</td><td>将绝缘斗臂车各部件复位。需注意：
（1）收回绝缘斗臂车接地线。
（2）绝缘斗臂车支腿收回</td></tr>
<tr><td>工作负责人组织班组成员整理工具、材料，将工器具清洁后放入专用的箱（袋）中，清理现场，做到“工完、料尽、场地清”</td></tr>
<tr><td>2</td><td>召开收工会</td><td>工作负责人组织召开现场收工会，进行工作总结和点评工作：
（1）正确点评本项工作的施工质量。
（2）点评班组成员在作业中的安全措施的落实情况。
（3）点评班组成员对相关规程的执行情况</td></tr>
<tr><td>3</td><td>办理工作终结手续</td><td>工作负责人按工作票内容与值班调控人员（运维人员）联系，工作结束，恢复线路重合闸，终结工作票</td></tr>
</table>

7 项目评价

项目完成后，根据学员任务完成情况，做好综合点评，并填写项目综合点评记录。

序号	项目	培训师对项目评价	
		存在问题	改进建议
1	安全措施		
2	作业流程		
3	作业方法		
4	工具使用		
5	工作质量		
6	文明操作		

模块6　杆上作业应急救援

模块说明

本模块包含杆上作业应急救援的救援原则和流程、救援装备、绝缘斗臂车操作、绝缘手套法作业救援技术、地电位作业救援技术。通过学习，可通过装备与技术的综合运用，实现现场突发状况下救援人员自身保护与受困人员的快速救援。

一、救援原则和流程

1. 救援原则

现场紧急处置救援的原则是安全、精准和高效。

（1）安全是一切救援技术应用的前提，只有救援过程中时刻关注危险源状况，才能确保施救人员安全，同时避免受困人员的二次伤害。

（2）精准是救援实施的基本要求，只有准确判断人员及现场状况，合理使用救援方法与工具，才能最大限度减轻受困人员所受伤害并完成救援。

（3）高效是救援成功的根本保证，时间就是生命！只有充分利用装备特点，直接切入救援环境，简化救援流程，才能实现快速施救的目标。

2. 救援流程

现场紧急救护要科学救援，切勿盲目施救。要确保自身和伤员安全，呼救与救护并重，先抢后救，先救命、后治伤，先止血，后包扎，再固定，先重后轻，先近后远，先急救、后转运。

具体到组织现场作业，救援流程主要包括以下五步，如图6－15所示。

图6－15　救援流程图

（1）应急救援方案部署。每次作业开工会即部署应急救援方案，明确突发状况时的人员分工。

（2）突发状况评估。发生突发情况后，首先判断人员状态和现场环境，确定救援方案，切忌盲目施救，避免二次事故发生。

（3）紧急求助。现场人员按照预案迅速上报突发状况，并拨打“120”寻求医疗救助。

（4）现场处置。迅速完成救援系统搭建、人员救援、院前急救等一系列措施。

（5）伤员移交。完成伤员移交，并且详细说明受困人员症状、紧急救护的方法及效果，为后期医疗救治提供准确信息。

二、救援装备

1. 现场自救、协救装备

现场自救装备见表 6-1，现场协救装备见表 6-2。

表 6-1　现场自救装备

序号	装备名称	介绍	图示
1	工作安全帽	绝缘安全帽，头部防护	
2	工作安全带	绝缘安全带，防坠落安全防护用品	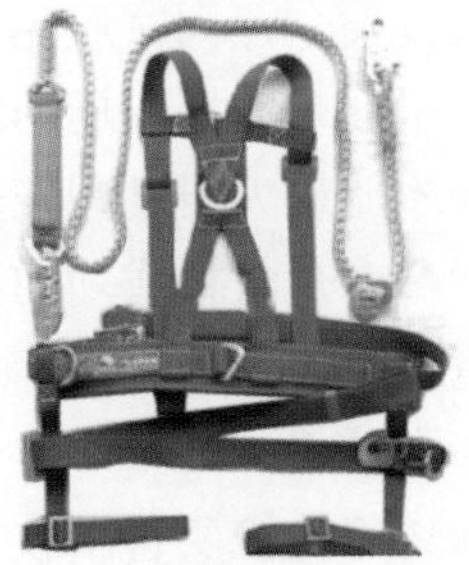
3	全身式安全带	国外高空作业所使用的安全带，用于防坠落、工作定位、悬挂等用途的舒适安全带	
4	防坠落个人保护及 K 锁	大开口 K 锁方便铁塔构件快速挂入，缓冲包可减少工作人员坠落时的冲坠对人体造成的伤害	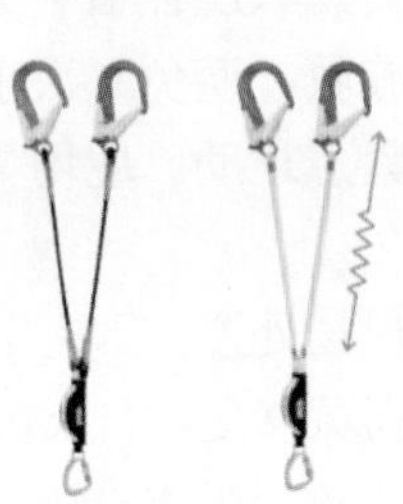

续表

序号	装备名称	介绍	图示
5	可调辅助脚踏带	用于被悬吊人员站立的辅助脚踏	
6	抛投包套装	用于自救时抛绳、牵引	
7	带缝合终端的安全短绳	使用抛投包将安全短绳牵引过导线，形成被困点与导线间的绳索通道	
8	抓结绳	通过两条抓结绳的配合使用达到人员上升返回导线的目的	
9	主锁	用于辅助脚踏带的连接	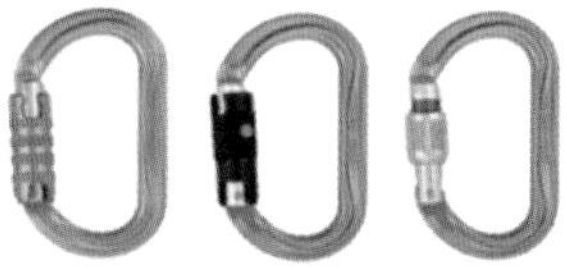

表 6-2　　现场协救装备

序号	装备名称	介绍	图示
1	带缝合终端的安全短绳	使用抛投包将安全短绳牵引过导线，形成被困点与导线间的绳索通道	

续表

序号	装备名称	介绍	图示
2	手式上升器	通常手式上升器与脚踏带配合使用，可辅助完成上升、身体重力转换等操作	
3	可调脚踏带		
4	下降保护器	具有自动制停、定位、保护、自锁功能，防恐慌功能及防错装倒齿可有效保护操作人员安全	
5	主锁	用于救援器械的连接	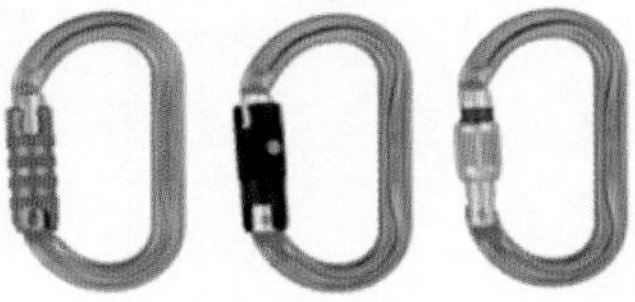
6	带 K 锁的绳梯	大开口 K 锁与绳梯连接后，可直接挂于导线，被困人员顺绳梯返回导线	

2. 常规救援装备

常规救援装备见表 6－3。

表 6－3　　常规救援装备

序号	装备名称	介绍	图示
1	救援头盔	救援用头部防护头盔	

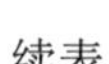

续表

序号	装备名称	介绍	图示
2	全身式安全带	救援用安全带，内置胸升	
3	手套	救援用防滑抗磨手套	
4	带 K 锁自我保护绳	带有大开口 K 锁的防坠落自我保护绳，配有 MGO OPEN 锁扣	
5	止坠器	救援时的后备保护器	
6	撕裂式缓冲包	配合止坠使用，止坠器制动时分段式撕裂吸收冲坠势能，避免二次伤害发生	
7	手式上升器	通常手式上升器与脚踏带配合使用，可辅助完成上升、身体重力转换等操作	

续表

序号	装备名称	介绍	图示
8	可调脚踏带	通常手式上升器与脚踏带配合使用，可辅助完成上升、身体重力转换等操作	
9	下降保护器	具有自动制停、定位、保护、自锁功能，防恐慌功能及防错装倒齿可有效保护操作人员安全。 人员自救、他救过程中上升或下降操作的核心保护装备	
10	主锁	用于救援器械的连接	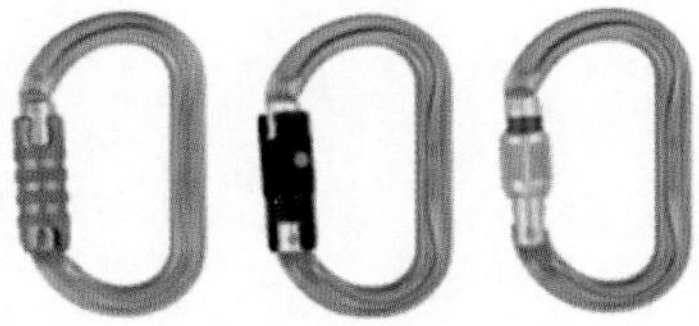
11	钢缆扁带	用于救援保护站搭建，防止铁塔构架对织物类扁带的切割摩擦而造成的安全隐患	
12	成型机缝扁带	用于救援保护站搭建，主要用于导线上保护站建设，打抓结后可防止保护站在导线上滑动	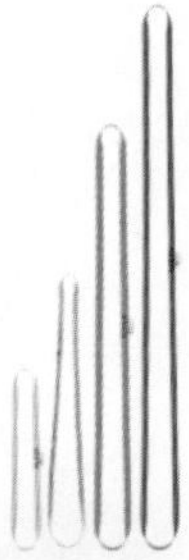
13	辅绳	救援辅助绳索	

续表

序号	装备名称	介绍	图示
14	头灯	用于夜间救援的照明	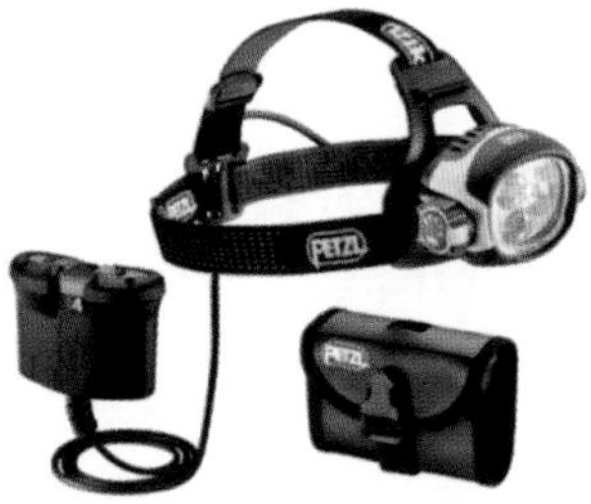
15	护目镜	连接救援头盔使用，防止风沙对眼镜的伤害	
16	钢锁	用于救援器械连接	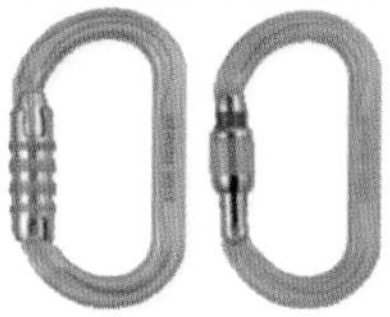
17	短链接	用于救援人员与被困人员间的连接	
18	带K锁安全绳	大开口K锁安全绳（配有MGO OPEN锁扣）直接挂于导线中，便于快速开展救援活动，省略保护站建立时间，加快救援效率	
19	成型提拉系统	用于救援人员拖拽被救人员，使其脱离被困状态	

续表

序号	装备名称	介绍	图示
20	5 孔分力板	多器械、多系统的连接	
21	抛投套装包	用于自救时抛绳、牵引	
22	绳索	救援用绳索	
23	护绳套	防止绳索通道被受力点磨损	

三、绝缘斗臂车（承载工具）作业救援场景及技术

（一）作业场景一：绝缘斗臂车作业，斗内人员受困

在作业过程中，斗内人员遭遇中暑休克或突发疾病，在高空失去意识或失去行动能力，这种情况出现时，应启动以下流程。

1. 前期判断

确认人员状态，并拨打“120”紧急求助。

2. 绝缘斗操控

地面人员检查确认绝缘斗臂车下方操作平台无异常并切换控制方案，随后将绝缘斗缓慢降落至地面安全位置。

3. 受困人员转移

绝缘斗降落地面的位置及处置方法分两种情况。

（1）绝缘斗具备翻转功能时，地面人员缓慢操控绝缘斗至平行于地面，随后地面人员将受困人员移出绝缘斗至安全位置。此时应注意，翻斗前应检查车载小吊臂销钉已固定牢固，翻转过程中，关注斗内人员状态，避免造成二次伤害。

（2）绝缘斗不具备翻转功能时，将绝缘斗降至地面尽量靠近杆身处，在杆身适当位置制作保护站（保护站就是固定救援装置的锚点，需要承力），将救援套装与受困人员连接。通过操控救援提升套装（4∶1 的省力系统），完成受困人员提升出斗与缓降地面。

4. 伤员移交

受困人员释放至地面后，迅速转移至安全位置，并开展院前急救。专业医护人员抵达后，进行移交。

（二）作业场景二：绝缘斗臂车作业，绝缘臂高空故障失灵

1. 前期判断

初步判断车辆故障是否因取力失败、发动机不工作或离合器烧毁等原因造成液压系统失去动力。这种情况，可以使用绝缘斗臂车上的电力应急泵驱动液压系统实现人员落地。如电力应急也发生故障，则应迅速联系厂家并且开展现场处置。

2. 环境检查

受困人员首先判断自身位置是否安全，是否有足够安全距离。

3. 逃生通道架设

受困人员通过传递绳，获得救援套装，挂入绝缘斗安全带连接点，完成逃生通道架设。随后，穿戴救援吊带，通过自动制停保护器完成与逃生通道的连接。

4. 重心转移

受困人员应再次检查（双腿分立，略比肩宽，形成稳定的三角形支撑姿态），确认连接无误后，通过绳梯翻出绝缘斗（计算好锚点与自动制停保护器之间的距离，尽可能地收紧余绳，避免下降时出现短距离冲坠，同时注意避免自动制停保护器与车辆发生磕碰），将身体重力转移至救援绳索，操作保护器缓慢匀速下降至地面。

5. 人员缓降

人员缓降时候应注意控制下降速度（快速下降和突然停止会产生冲击负荷，应避免快速下降，下降速度应小于 2m/s），防止发生意外事故。

6. 故障排查

人员脱困后，现场进行机械故障排查，可以通过打开绝缘斗臂车液缸应急排放孔、扭转转向螺栓的方式实现绝缘臂的应急收回。

四、地电位作业救援场景及技术

（一）作业场景一：登杆作业，人员触电受困

1. 前期判断

人员发生触电后，应立即联系调控中心停电，并拨打“120”紧急求助。

2. 现场处置

（1）登杆至救援位置。确认线路停电后，进行验电、装设接地线，救援人员携带救援

装备登杆，临近救援位置时，应对触电人员、导线等再次验电，确定已无电压。

（2）双向救援系统架设。救援人员在横担位置制作保护站。

（3）救援连接。将救援系统与受困人员安全带的背部挂点连接，将牵引绳与腰部挂点连接（牵引绳起到控制方向作用），完成双向救援系统搭设（如果受困人员安全带因触电损坏，则应用救援吊带替代安全带）。

（4）受力转移。杆上救援人员操控救援提升套装，将受困人员受力转移至救援系统，解除受困人员背部及腰部安全带。

（5）上方释放。救援人员缓慢打开保护器，并缓慢释放将受困人员缓降地面。向下释放时，地面人员应通过牵引绳对下降方向进行控制，防止撞击、触碰其他设备造成二次伤害；受困人员脱困后，转移至安全位置进行地面紧急救助。

（二）作业场景二：登杆作业，人员临近带电体受困

1. 前期判断

大声呼喊判断人员状态，如确认人员失去意识，迅速拨打“120”紧急求助。

2. 现场处置

（1）登杆至救援位置。杆上另一作业电工通过传递绳获得救援装备，登杆到达合适位置，此时应随时注意与带电体保持安全距离。

（2）向下疏散系统架设。使用绝缘操作杆或者其他方法，在横担上搭建保护站，完成救援系统架设。完成保护站搭建后，将救援绳索下放至地面，完成向下疏散救援系统架设。

（3）救援连接。登杆人员将向下疏散系统与受困人员安全带背部挂点连接，将牵引绳与腰部挂点连接。若安全带损坏，则应用救援吊带连接固定受困人员。

（4）受力转移。因为临近带电体，所以采用地面人员释放救援方案。地面人员收紧余绳将受困人员受力转移至救援系统后，登杆人员解除受困人员背部及腰部安全带。

（5）下行释放。地面人员两腿分立站定，缓慢打开保护器释放受困人员至地面。

（三）作业场景三：登杆作业，人员处于杆身位置受困

1. 前期判断

呼喊判断人员状态，如确认人员失去意识，迅速拨打“120”紧急求助。

2. 现场处置

（1）登杆至救援位置。杆上另一作业人员携救援装备到达受困人员上侧位置。

（2）双向救援系统架设。登杆人员在受困人员上方杆身合适位置搭建保护站，完成双向救援系统架设。

（3）救援连接。登杆人员将双向救援系统与受困人员安全带背部挂点连接，将牵引绳与受困人员腰部挂点连接。

（4）受力转移。登杆人员操控救援提升套装，将受困人员受力转移至救援系统上，解除受困人员背部及腰部挂点。

（5）人员释放。缓慢打开保护器释放受困人员至地面。

模块小结

通过本模块学习，应熟悉救援装备，根据不同场景，综合运用装备与技术，实现现场突发状况下救援人员自身保护与受困人员的快速救援。

思考与练习

扫码看答案

1. 现场紧急处置救援的原则是什么？
2. 现场紧急处置救援的流程是什么？
3. 绝缘斗臂车作业救援场景有哪些？

配电网施工企业安全标准化管理

模块1　电力施工企业安全管理

模块说明

本模块包含电力施工企业安全标准化管理具体要求。通过学习，了解电力施工企业安全管理具体内容和标准要求，规范电力施工企业安全管理工作，不断提升电力施工安全生产可控、能控、在控水平，促进企业安全管理工作标准化和规范化。

配电网工程施工作业点多、面广、作业环境复杂，安全风险管控难度大，因此有必要运用安全标准化的方法，对施工企业日常安全管理现状进行诊断分析，为安全生产薄弱环节制订对策措施、提供基本依据，并提出相应的控制措施，夯实企业安全生产管理基础，增强企业自身安全保障能力，达到事先控制、防范事故的目的。

一、安全目标

1. 目标与计划

（1）企业应制订年度安全目标，应按照下级目标不低于上级目标的管理原则，明确企业在人身、电网、设备、职业健康、环境保护以及交通、消防、信息安全等方面的各项指标。安全目标应科学、合理，体现分级控制的原则。

（2）企业应制订年度安全工作计划，应坚持“安全第一、预防为主、综合治理”的安全生产方针，以保证企业安全目标为原则并结合实际。应落实责任部门、完成期限和工作要求，并纳入企业绩效考核。

（3）企业年度安全目标和安全工作计划应经企业安全生产委员会（简称安委会）审定通过，并以文件形式下达。

2. 目标保证措施

（1）企业应制订安全目标保证措施，明确安全工作要求，措施应具有针对性和可操作性，并落实到部门、班组（项目部）、岗位。

（2）企业应制订生产职责考核要求，与所属部门、班组（项目部）、岗位应签订安全目标责任书，明确安全目标、保证措施及考核奖惩等内容。

（3）企业应根据内外部环境变化，结合上级要求对目标保证措施进行动态调整。

3. 目标实施考核

（1）企业每半年应对安全目标保证措施的实施情况进行监督检查，并保存有关记录。

（2）企业应对安全目标完成情况进行评价、考核，并形成记录。

二、机构与职责

1. 安委会

企业应成立安委会。安委会主任应由企业主要负责人担任，企业领导班子成员及各相关部门（单位）负责人为成员，安委会应明确职责，建立工作制度。企业应根据人员变动及时发文调整安委会或安全生产领导小组成员。

2. 安全职责

（1）应建立健全以主要负责人为本企业安全第一责任人，其他负责人对职责范围内的安全生产工作负责的安全生产责任制，建立安全责任清单，以文件形式明确各级、各部门、各岗位人员的安全职责。

（2）企业主要负责人对本企业安全工作负全面领导责任，并主管安全监督部门；应亲自批阅上级有关安全的重要文件并组织落实，及时协调和解决各部门在贯彻落实中出现的问题。

（3）企业各部门、各层级和生产各环节的相关工作岗位安全责任界面明确，安全职责落实到位。

（4）企业应强化安全绩效考核，建立安全责任分级考核制度，定期对各级部门、人员安全生产职责履行情况进行检查、考核。

（5）企业应适时对安全生产责任制的适宜性进行评审。安全生产责任制应随机构、人员变更及时修订完善。

3. 安全保证体系

（1）企业应建立健全由各级主要负责人组成的安全生产保证体系，明确安全职责，各级主要负责人应具备相应的任职资格和能力。

（2）项目部应建立健全由项目主要负责人、各部门（专业）负责人、班组长组成的安全生产保证体系，明确安全职责，各级人员应具备相应的任职资格和能力。

（3）企业安全生产保证体系各级负责人应按规定检查本单位（部门）安全工作情况，协调解决存在的安全生产问题，提出改进措施并闭环整改。

4. 安全监督体系

（1）企业应建立健全安全监督体系，按相关法规制度设置安全生产管理机构或配置专（兼）职安全生产管理人员，履行企业及工程建设项目的安全监督管理职责。

（2）企业应健全安全监督网络。专职安全监督人员配备人数应符合相关规定。分公司（项目部）应设专职安全员。班组应配备专（兼）职安全员。

（3）企业应明确安全监督管理机构职责和权限。安全监督管理机构要定期检查本单位安全生产工作情况，安全监督工作记录应完整。

三、安全教育培训

1. 教育培训管理

（1）企业应建立安全教育培训管理制度，明确安全教育培训主管部门及责任人，定期识别安全教育培训需求，制订、发布、实施安全教育培训计划，有相应的培训师资、场所、经费保证。

（2）企业及项目部应建立安全生产教育培训台账和档案，实施分级管理，及时如实记录安全生产教育和培训等情况，并对培训效果进行验证、评估和改进。

2. 管理人员教育培训

（1）企业的主要负责人、项目经理和专职安全生产管理人员应按照国家有关规定，按期参加教育培训，取得培训合格证书并及时复审。

（2）企业应每年至少组织一次各类管理人员（含自有人员及外包单位人员）、班组长的安全教育培训和考试，培训学时不得少于国家有关要求。

3. 作业人员教育培训

（1）企业每年应对作业人员（含自有人员及外包单位人员）进行安全法规、规章制度的教育和安全规程、生产技能、安全风险识别、应急处置知识等培训，经考试合格确认其能力符合岗位要求并通过安全准入。作业人员应学会紧急救护法，特别要学会触电急救，应熟知生产现场作业“十不干”（无票的不干，工作任务、危险点不清楚的不干，危险点控制措施未落实的不干，超出作业范围未经审批的不干，未在接地保护范围内的不干，现场安全措施布置不到位、安全工器具不合格的不干，杆塔根部、基础和拉线不牢固的不干，高处作业防坠落措施不完善的不干，有限空间内气体含量未经检测或检测不合格的不干，工作负责人/专责监护人不在现场的不干）、配电网工程安全管理“十八项禁令”、配电网工程防人身事故“三十条措施”，了解其具体释义。

（2）企业应每年对各类工作票（施工作业票）“两种人”（签发人、工作负责人）进行安全教育培训和考试，并经资格审定及安全准入，以文件形式公布。

（3）新入厂人员在上岗前必须按规定经过三级安全教育培训，经考试合格后方可上岗，培训时间不得少于相关规定要求。

（4）作业人员重新上岗、调整工作岗位及参与所承担电气工作的外单位或外来人员，应按工作性质，对其进行适应新操作方法、新岗位的安全培训，经考试合格后方可上岗作业，培训时间不少于相关规定要求。

（5）企业在施工中运用新技术、使用新装备、采用新材料、推行新工艺时，应对作业人员进行相应的、有针对性的安全教育和培训，经考核合格后方可上岗工作。

4. 特种人员教育培训

（1）特种作业人员、特种设备作业人员、特种设备管理人员应按国家有关规定接受专门的培训，经考核合格并取得有效资格证书后，方可上岗作业，并定期参加资格复查。企业应对特种人员造册登记。

（2）特种作业人员（包括高压电工、高处作业人员、起重吊装人员等）需经过专门安全技术培训，持相应的有效作业操作证或许可证，方可上岗作业。作业人员应熟知特种作业相关规范要求（如起重作业“十不吊”、高处作业“十不准”等）。

5. 其他人员教育培训

（1）企业应组织或监督相关方人员进行安全教育和考试。

（2）企业应对实习人员和参加施工的厂家、临时工等外来人员进行有关安全规程和应急知识教育，告知可能接触到的危害，并做好交底记录及相关监护工作。

6. 安全文化建设

（1）企业安全文化建设应纳入年度工作计划。安全文化建设应氛围浓厚，各项工作有计划、有落实、有检查、有考核。

（2）企业应设置安全文化宣传橱窗（栏）并定期更新，保存安全图像资料。

（3）企业应采取多种形式的安全文化教育活动，引导从业人员的安全意识和行为，形成全体员工共同遵守的安全价值观，实现自我约束的安全文化，保障安全施工水平持续提高。

四、安全例行工作

1. 安全例会

（1）企业应每年召开一次年度安全工作会议，总结本单位上年度安全情况，布置本年度安全重点工作任务。

（2）企业每季度召开一次安委会会议，会议应由安委会主任主持，总结分析本企业及各施工现场的安全生产情况，部署安全生产工作，协调解决安全生产问题，决定企业安全生产管理的重大措施，并形成会议纪要。

（3）企业应每月召开一次安全工作例会，由企业主要负责人主持，贯彻上级有关安全工作要求，总结分析本单位安全工作状况，研究解决安全工作中存在的问题，布置下一阶段安全工作，会议形成完整记录。

（4）企业应每月召开一次安全网络例会，由安监部门负责人主持，落实上级有关安全生产监督工作要求，分析安全生产动态，并研究布置下一阶段安全工作。

（5）班组每周或每个轮值应进行一次安全日活动，学习事故通报、规章制度或进行安全分析，并形成记录。企业各级领导、管理人员每月应至少参加一次班组安全日活动，并评价当日安全活动，审阅班组安全日活动记录。

2. 安全检查

（1）企业应根据管理要求或季节性施工特点，每季度至少开展一次安全检查，按照“方案制订、检查实施、问题整改、闭环管理”的流程开展安全检查，做到有组织、有计划、有整改闭环资料。

（2）根据工程项目实际情况，对施工机械管理、分包管理、临近带电体作业等开展专项检查活动。

（3）企业应结合实际明确各类安全检查工作的程序、重点、要求和方式，编制检查提纲或安全检查项目表，检查相关资料是否完整、详实。

（4）企业对各类安全检查中发现的安全隐患和职业健康问题，应制订整改计划并监督落实。因故不能立即整改的问题，应采取临时措施并进行确认，实行闭环管理。对上级部门安全检查下达的整改计划，应按期完成。

3. 反违章工作

（1）企业应建立预防违章和查处违章的工作机制，开展违章自查、互查和稽查。建立违章曝光制度，定期通报反违章情况，对违章现象进行点评、分析和处罚，对查出的违章做到原因分析清楚、责任落实到人、整改措施到位。

（2）企业应组建反违章监督检查专职或兼职队伍，配足反违章监督检查必备的设备（如录音、照相、摄像器材，望远镜等），保证交通工具使用。

（3）现场安全监督检查发现违章现象，应立即加以制止、纠正，说明违章判定依据，做好违章记录，必要时下达违章整改通知书。对严重违章或违章较多的现场进行约谈，落实“负面清单”和“黑名单”管理要求，三级及以上风险作业要求视频监控全覆盖。

4. 工作票管理

企业应分层次对工作票（施工作业票）进行统计、分析、评价和考核，班组每月一次，企业每季度一次。

五、安全风险管理

1. 风险管控

（1）企业应建立健全施工安全风险识别、评估及控制体系，明确风险管控职责、流程。应组织员工开展风险管理技能培训，监督、指导项目部做好风险识别、评估、定级、上报、审核、发布和风险管控的实施工作，做好风险管控实施检查工作。

（2）承揽的内、外部施工业务均应纳入作业计划，对作业计划实施刚性管理。认真做好现场勘察、风险等级评定，针对危险点制订管控措施，三级及以上风险作业应编制“三措”（施工组织措施、技术措施、安全措施）。从施工“三措”复核、施工机具和安全工器具准备、控制作业面人数、到岗到位、协调配合、监督检查、应急准备等方面制订风险预控措施，按措施施工并监督落实。

（3）建立三级及以上施工安全固有风险总台账，对三级及以上作业实施可视化管理和全过程安全监护，制订三级及以上风险作业现场到岗到位计划。实施履责反馈制度，按月统计到岗到位情况，领导干部和管理人员按照到岗到位标准履职尽责，对到岗到位情况进行考核。

（4）企业应制订风险管控措施，保证风险控制措施所需资源的配置和资金投入。应建立通报机制，对作业风险预警、管控工作执行情况定期进行分析、评价，及时发布通报。工程项目管理部门对三级及以上风险，以工程项目为单位建立包括风险等级、措施、实施情况等内容的闭环管理台账。

2. 隐患排查治理

（1）企业应建立隐患排查治理的管理制度，明确各级人员工作职责和工作流程与要求，做到全覆盖。

（2）企业应定期组织排查事故隐患，并制订实施方案。项目部（班组）应根据作业内容和现场实际，组织事故隐患排查，制订并实施防范措施。对排查出的隐患进行分析评估，登记建档。

（3）企业应按照隐患排查治理“全覆盖、勤排查、快治理”的原则，实施隐患“排查（发现）、评估、报告、治理（控制）、验收、销号”的闭环管理。

（4）应全面梳理、核查各级各类安全隐患，做到准确无误。对隐患排查治理工作应定期进行评估，建立隐患信息库，实现“一患一档”管理，保证隐患治理责任、措施、资金、期限、预案“五落实”。

3. 重大危险源辨识和监控

企业应建立健全重大危险源安全管理制度，按规定进行危险化学品重大危险源辨识。对确定的重大危险源，应及时登记建档、备案，定期检查、检测、评估，制订重大危险源安全管理技术措施，并有效实施。

六、安全工器具管理

企业应结合实际制订安全工器具管理制度，建立安全工器具管理工作流程，对采购、验收、检验、使用、保管、检查、报废等环节进行管控，做到工作流程清晰、环节管控有效。

1. 采购与验收

（1）按需求计划足量采购安全工器具，数量、种类符合资质要求，产品质量和性能符合国家强制性标准和安全技术规范要求，相关试验检测报告和技术资料齐全，有型式试验要求的产品应具备有效的型式试验报告。

（2）严格履行物资验收手续，对购入的安全工器具逐件检查或抽检并做好验收记录，抽检比例应根据安全工器具类别、使用经验、供应商信用等情况综合确定，检验合格后方可登记入库。

2. 试验与检验

（1）安全工器具应通过国家、行业标准规定的型式试验，以及出厂试验和预防性试验。进口产品的试验不低于国内同类产品标准。

（2）按规定的周期、试验标准进行预防性试验，试验机构应具备相应资质。经预防性试验合格后，应由检验机构在合格的安全工器具上（不妨碍绝缘性能、使用性能且醒目的部位）牢固粘贴“合格证”标签或可追溯的唯一标识，出具检测报告。定期做好安全工器具使用培训工作，按规定提供劳务分包安全工器具。

3. 使用与保管

（1）建立安全工器具管理台账，定期盘点清查，做到账、卡、物一致。明确专人负责管理、维护和保养，领用、归还应严格履行出入库登记手续，出入库记录齐全。

（2）安全工器具的保管及存放，必须满足国家和行业标准及产品说明书要求，宜根据产品要求存放于合适的温度、湿度及通风条件处，分类存放、标识清晰。

（3）劳务分包人员领取使用的安全工器具应纳入统一管理，企业现场管理人员监督劳务分包人员规范使用，施工结束后及时归还入库。

七、应急管理

1. 应急组织和预案体系

（1）企业应建立系统和完整的应急体系，明确突发事件应急领导机构和责任，并设专人负责。

（2）企业应建立专（兼）职应急救援队伍或与邻近专职救援队签订救援协议。

（3）企业应根据企业面临的风险状况，识别潜在的突发事件，编制发布突发事件总体应急预案及专项应急预案、现场处置方案，并将突发事件应急预案报主管部门备案。

（4）企业应急预案应定期评审，并根据评审结果或实际情况的变化进行修订和完善。应急预案每三年至少修订一次，修订结果应有详细记录。

2. 应急保障

（1）企业应落实应急救援经费、医疗、交通运输、物资、治安和后勤等保障措施，确保企业应急救援工作实施。

（2）企业应建立应急设施、装备等应急物资清单，对应急设施、装备等应急物资进行定期检查和维护，确保其完好可靠。

（3）企业每年至少应组织一次各部门（项目部）负责人和相关人员的应急管理能力、应急知识培训。每三年至少组织一次总体应急预案的培训和演练，每半年至少开展一次专项应急预案培训和演练，且三年内各专项应急预案至少培训和演练一次；每半年至少开展一次现场处置方案培训和演练，且三年内各现场处置方案至少培训演练一次。演练应及时评估，根据评估结果，修订、完善应急预案、处置方案，改进应急管理工作。

3. 应急响应与后期处置

（1）针对不同级别的响应，做好应急启动、应急指挥、应急处置和现场救援、应急资源调配等应急响应工作。

（2）应急响应结束后，应做好突发事件后果的影响消除、施工秩序恢复、善后理赔、对应急预案的评价和改进等后期处置工作，并对应急救援工作进行总结。

八、安全事故（事件）处理

1. 安全信息报送

（1）企业应建立安全生产事故和突发事件等安全信息管理制度，明确安全生产事故调查、分析、统计、上报的程序，按相关规定及时报送安全信息。

（2）发生安全事故后，企业应严格依据国家、行业和国家电网有限公司有关规定，及时、准确、完整报告事故情况，对事故不得迟报、漏报、谎报或者瞒报。

2. 事故调查处理

（1）企业应根据管理权限和上级授权组成或参与事故调查组，积极配合调查工作，按照“四不放过”原则（事故原因未查清不放过、责任人员未处理不放过、整改措施未落实不放过、有关人员未受到教育不放过），总结事故教训，落实整改措施。

（2）应按照相关规定做好事故资料的收集、整理、信息统计和存档工作，并按时向上级相关单位提交事故报告。

九、外包安全管理

1. 外包项目管理

（1）企业应通过招投标等方式依法合规承接国家电网有限公司系统内外的项目，严格执行国家电网有限公司或其他业主方项目承包、外包安全管理规定，严禁超承载力承接工程。

（2）外包项目确定承包单位后，发包单位应与承包单位依法签订承包合同及安全协议，安全协议作为承包合同的附件，随承包合同同步履行。

（3）企业应加强项目外包管理，认真执行分包流程，规范分包方式，明确分包内容，严格分包队伍市场准入及量化考核，严禁转包、违规分包、以包代管和挂靠。

（4）发包单位应履行分包商进场准入检查手续，核查分包商施工资质、人员配备、施工机具和队伍管理能力，确保分包商的施工能力满足工程需要，确保工程质量和施工安全。

2. 外包队伍管理

（1）企业应严格落实外包安全“双准入”制度要求，加强项目实施全过程管控，重点落实工程现场关键点安全管控措施。应安排自有人员（全民、集体、聘用职工）担任项目现场关键人员，严格要求分包队伍进场准入，并将分包队伍和人员纳入“四统一”管理（统一标准、统一要求、统一培训、统一考核）。

（2）劳务分包应由施工发包单位带领作业，发包单位应为作业人员提供机具设备、安全工器具及个人劳动防护用具。专业分包应由施工企业加强安全监督。

3. 现场安全管控

（1）劳务分包现场项目负责人、工作票签发人、工作负责人必须由本企业自有人员担任，负责项目的现场勘察、施工组织、作业实施、竣工验收等全过程管理，与外包作业人员“同进同出”，禁止“以包代管”。专业分包单位工作负责人可由分包单位当年通过“安全准入”、具备工作负责人资质的人员担任，名单应报本企业备案。

（2）企业应督促分包单位做好管理人员和作业人员持证上岗工作，施工管理人员必须取得相关资格证书，作业人员（包括劳务派遣、劳务分包等各类作业队伍）必须取得相关特种作业资格证书及特种设备操作证书。作业现场应确保全员持证上岗，建立“一人一卡”身份识别机制，进场作业必须佩戴安全准入信息卡。

（3）施工组织、安全、技术措施制订应符合工程实际，施工前应对分包人员进行交底。应落实工程现场关键点安全管控措施，严格标准化、规范化生产作业。每日开工前应认真召开工前会，告知作业场所和工作岗位存在的风险因素、防范措施以及现场应急处置方案，被交底人员应签字确认。施工方法、机械（机具）、环境等条件发生变化的应完善措施，重新报批，重新办理作业票，重新交底。

（4）认真执行《国家电网公司电力安全工作规程》和“十不干”要求，加强交叉跨越、近电作业、有限空间作业、深基坑开挖、高压试验电网施工、硐室掘进、深基坑开挖、高大模板支护、大件吊装、高压试验、酸洗镀锌等高风险作业现场管控，严格履行工作审批程序，杜绝无票、无监护作业。

（5）作业现场应全面使用安全生产风险管控平台，应用移动监控终端等信息化手段，实现三级及以上作业现场监督管控全覆盖。

模块小结

通过本模块学习，应深刻了解电力施工企业安全性评价标准中安全管理的具体要求，明确安全目标、机构与职责的确立，确保安全教育培训、安全例行工作、外包安全管理的规范开展，能够建立安全风险管理体系、应急管理及安全事故处理体系，会运用安全性评价的方法对施工企业日常安全管理现状进行分析和评价，为安全生产薄弱环节制订对策措施提供基本依据，促进企业安全管理工作标准化和规范化。

思考与练习

扫码看答案

1. 对于电力施工企业建立安全生产保证体系有哪些要求？
2. 电力施工企业通常应针对哪几类人员开展安全教育培训？
3. 电力施工企业通常应开展哪些安全例行工作？

模块2 作业现场安全管理

模块说明

本模块包含作业现场管控流程、架空线路工程施工安全管理要求、电缆线路施工安全管理要求及专项作业施工安全管理要求。通过学习，了解配电网现场作业的作业计划、作业准备、作业实施、监督考核管控规定，了解架空线路施工、电缆线路施工安全管理要求。

企业应根据有关规定和本单位实际，强化作业现场安全管理，主要包括作业计划、风险识别与定级、承载力分析、管控措施制订、风险公示告知、倒闸操作、安全措施布置、许可开工、安全交底（工前会）、安全措施落实、作业监护、到岗到位、工作终结和现场督查等。

一、作业现场管控流程

作业安全管控包括作业计划、作业准备、作业实施、监督考核四个管控环节。

（一）作业计划

作业计划是作业风险管控的源头，科学合理编制作业计划，规范统一发布作业计划，严格作业计划刚性执行，是建立良好生产作业秩序的基础。作业单位以作业计划为依据，提前安排充分的时间，做好作业前的充分准备。

作业计划包括计划编制、计划发布和计划管控。

1. 计划编制

加强生产、基建、营销等专业的统筹协调，科学合理编制作业计划，严控高风险作业。坚持“六优先”原则：人身风险隐患优先处理；重要变电站（换流站）隐患优先处理；重要输电线路隐患优先处理；严重设备缺陷优先处理；重要用户设备缺陷优先处理；新设备及重大生产改造工程优先安排。落实“九结合”原则：生产检修与基建、技改、用户工程相结合；线路检修与变电检修相结合；二次系统检修与一次系统检修相结合；辅助设备检修与主设备检修相结合；两个及以上单位维护的线路检修相结合；同一停电范围内有关设备检修相结合；低电压等级设备检修与高电压等级设备检修相结合；输变电设备检修与发电设备检修相结合；用户检修与电网检修相结合。除了突发事故抢修和紧急缺陷处理以外，各类生产作业均应纳入计划管控，严禁无计划作业。

2. 计划发布

周作业计划要纳入安全生产风险管控平台统一管控，作业计划包括作业内容、作业性质、电压等级、专业类别、工作票种类、作业单位、作业时间、作业地段、现场地址、作业人数、作业车辆、到岗到位人员、工作负责人及联系方式等内容。作业单位要提前按计划开展准备工作，各级领导、专业管理部门、安全监督人员根据相关信息，以“四不两直”（不发通知、不打招呼、不听汇报、不用陪同接待，直奔基层、直插现场）方式开展监督检查，抓好各类施工作业安全管控措施落实。

3. 计划管控

严格计划刚性执行，作业计划下达后要严格执行，不允许随意变更；特殊情况需要变更的，履行审批手续，经主管领导签字同意。作业计划按照“谁管理、谁负责”的原则实行分级管控，各级专业管理部门对本专业作业计划编制和执行开展监督检查，各级安监部门对计划管控工作进行全面监督，对无计划作业、随意变更作业计划等问题按管理违章实施考核。

（二）作业准备

作业计划发布后，作业单位以作业计划为依据，合理安排人力、物力，加强工作的提前谋划，超前开展现场勘察、风险评估、承载力分析工作，编制“三措”“两票”，开展风险公示和风险告知工作，召开班前会，做好人员、设备、工器具、材料等各项准备工作。

1. 现场勘察

开展现场勘察能够明确工作任务、熟悉工作环境、查找作业危险因素，提前预判作业过程中可能出现的问题，为风险评估、承载力分析、“三措”编制、“两票”填写等提供依据。

现场勘察的重点要求：

（1）严格执行现场勘察制度。坚持“应勘必勘”，严格按照相关规范要求开展现场勘察，杜绝对需开展现场勘察的项目不进行勘察。

（2）落实现场勘察组织责任。工作票签发人、工作负责人以及设备运行管理单位、项目主管部门相关人员按要求组织现场勘察工作，涉及大型复杂作业、承发包工程作业，项目主管部门、单位要按照“谁主管、谁负责，管业务必须管安全”的原则，履行安全管理责任，组织有关作业班组、设备运行管理单位共同开展现场勘察。

（3）提升现场勘察质量。现场勘察要查清作业设备、作业环境、作业条件等情况，全面查找作业中的危险因素，做到不遗漏任何危险点。全面、细致勘察需要停电的范围、保留的带电部位、作业现场条件、环境、需要落实的反事故措施及设备遗留缺陷。规范填写现场勘察记录，作为编制“三措”和填写签发工作票的依据。

2. 风险评估

依据现场勘察结果，作业单位要从“人机料法环”（人员、机器、物料、方法、环境）各个方面，全方位辨识作业安全风险，针对每项风险制订管控措施，杜绝由于管理不到位、辨识不全面、行为不规范等引发安全事故。

风险评估的重点要求：

（1）落实风险评估组织责任。强化专业管理履责，设备改进、革新、试验、科研项目的作业，作业单位领导或管理人员要组织开展风险评估。多专业、多单位共同参与的大型复杂作业，作业项目的主管部门、单位要组织开展现场评估。

（2）针对现场作业过程中可能出现的人的不安全行为、物的不安全状态和环境的不安全因素，分析可能造成触电伤害、高空坠落、物体打击、机械伤害、特殊环境作业、误操作等因素，准确查找作业过程中存在的每一处危险因素，做到不遗漏、不扩大，避免给现场作业留下安全隐患，并针对危险因素制订切实有效的控制措施。

3. 承载力分析

规范开展承载力分析工作，单位分析班组、班组分析人员，确保工作安排满足承载力，保证作业人力、物力充足。

承载力分析的重点要求：

（1）分层分级开展承载力分析。地市供电公司级、县供电公司级单位及二级机构、班组等三个层级要分别结合月度计划平衡会、周安全生产例会、周安全日活动开展承载力分析工作，充分发挥二级机构作用，保证承载力分析符合实际、贴近现场。

（2）动态综合开展承载力分析。综合“三种人”（工作票签发人、工作许可人、工作负责人）、到岗到位人员等关键人员管控能力，作业班人员数量、精神状态、风险辨识及防控能力，设备材料、备品备件、工器具、交通工具等保障能力，以及气象条件、现场环境等特殊因素，全面开展承载力分析。同时，还要充分考虑作业过程中的临时突发因素，保证作业各方力量配置合理。

（3）按照承载力随时调整作业安排。对承载力不足的单位、班组要采取相应措施，采取适当调整作业计划、调配作业人员、增加到岗到位人员力量等方式，保证作业能力充足。

4.“三措”编制

针对危险性、复杂性和困难程度较大的作业项目，作业单位组织编制“三措”，明确组织责任、计划安排、人员分工、施工进度、安全技术措施和工艺标准，逐级审批后实施，保证作业组织得力、任务明确、措施详尽，规范指导作业项目实施。

“三措”编制的重点要求：

（1）规范编制“三措”。对需编制“三措”的项目，作业单位要根据现场勘察结果和风险评估内容编制“三措”，明确任务类别、概况、时间、进度、需停电的范围、保留的带电部位及组织措施、技术措施和安全措施等内容。涉及多专业、多单位的大型复杂作业项目，应由项目管理部门组织相关人员编制“三措”。杜绝“三措”应编不编，造成组织混乱、措施缺失、盲目作业。需编制“三措”的项目如下：

1）首次开展的带电作业项目。

2）涉及多专业、多单位、多班组进行的大型复杂作业。

3）跨越铁路、高速公路、通航河流等施工作业。

4）试验和推广新技术、新工艺、新设备、新材料的作业项目。

5）作业单位或项目主管部门认为有必要编写“三措”的其他作业。

（2）“三措”实行分级审批。“三措”要自下而上逐级审批，其编写和分级审批职责见表7－1，经作业单位、监理单位、设备运维管理单位、相关专业管理部门、分管领导逐级审批，签字确认后方可执行。严禁执行未经审批的“三措”。

表7－1　“三措”编写和分级审批职责

单位	审批职责
作业单位	负责编制“三措”、经各单位技术专责、安全专责、分管领导审批
运维单位	负责审批作业过程中安全措施布置
监理单位	负责审批技术措施、安全措施、施工作业工艺标准及验收
调控单位	负责审批停电作业范围
设备管理部门	负责审批技术措施、施工作业工艺标准及验收
安全监察部门	负责审批组织措施、安全措施和应急处置措施
主管领导	由专业分管领导或总工程师审批，也可有受委托的副总工程师审批

5.“两票”填写

“两票”是作业安全管控的核心要素，是保证作业过程中人身安全和设备安全的重要手段。国家电网有限公司在《国家电网公司安全工作规定》［国家电网企管〔2014〕1117号］中明确指出：公司所属各单位应按规定严格执行“两票三制”（工作票、操作票和交接班制、巡回检查制、设备定期试验轮换制）。

严格“两票”管理，对于规范现场作业秩序，规范作业人员安全行为，有效落实“三种人”等关键人员安全职责，保证生产作业安全有着重要意义。

“两票”填写的重点要求：

（1）明确“两票”管理和执行要求，细化“两票”填写与执行标准，明确使用范围、内容、流程、术语等要求。

（2）强化“两票”的填写与签发。工作负责人或工作票签发人履行安全职责，检查确认工作票所列安全措施是否正确、完备，正确填写、签发工作票。发承包工程的工作票由作业单位和设备运维管理单位共同签发，在工作票上分别签名，各自承担相应的安全责任。操作票由倒闸操作人填写，经值班负责人审核，所（站）长（专工）批准后予以执行。

（3）抓好“两票”日常管理。作业班组、二级机构每月应对执行的“两票”进行整理、分析、评价和考核，促进“两票”的正确填写、签发和执行，持续提升“两票”管理水平。

6. 风险公示

地市（县）供电公司级单位、二级机构按照“谁管理、谁公示”的原则，以审定的作业计划、风险等级、管控措施为依据，每周日前对本层级（不含下层级）管理的下周所有作业风险进行全面公示。地市（县）供电公司级单位作业风险内容由安监部门汇总后在本单位网页公告栏内进行公示。各工区、项目部等二级机构均应在醒目位置张贴作业风险内容。

7. 风险告知

各单位、专业、班组应充分利用工作例会、班前会等，逐级组织交代工作任务、作业风险和管控措施，并通过移动作业应用软件从上至下将“四清楚”（作业任务清楚、危险点清楚、作业程序清楚、安全措施清楚）任务传达到岗到人。

8. 班前会

作业前召开班前会的主要目的是布置工作任务，交代安全措施和注意事项，检查安全工器具、劳动防护用品，使作业人员明确任务，掌握风险点及预控措施，保证全体班组成员以饱满的精神状态投入当天的工作。班前会由班组长组织，班组全体人员参加。

（三）作业实施

作业实施阶段重点抓好《国家电网公司电力安全工作规程》和“两票三制”规范执行。作业班组要严格执行倒闸操作、安全措施布置、许可开工、安全交底（站班会）、现场作业、作业监护、到岗到位、验收及工作终结、班后会等作业实施流程。

1. 倒闸操作

倒闸操作主要防范误分、合断路器，带负荷分、合隔离开关，带地线送电、带电挂（合）接地线（接地开关），误入带电间隔等误操作事故发生。操作人员和监护人应具备相应能力，经考试合格并审批公布。操作中应严格执行倒闸操作制度，不准擅自更改操作程序，不准随意解除闭锁装置。

2. 安全措施布置

变电专业工作许可人负责按工作票布置安全措施；采取电话许可方式的变电站第二种工作票安全措施可由工作人员自行布置，工作结束后汇报工作许可人。输配电专业，工作许可人所做的安全措施由其负责布置，工作班所做安全措施由工作负责人负责布置。涉及用户配合布置的安全措施，由工作班成员现场检查确认。

3. 许可开工

许可开工主要使工作负责人明确作业设备、带电部位、现场措施布置情况，全面掌握作业现场情况，防止工作负责人在安全交底环节交代不全。许可开工阶段由工作许可人、工作负责人共同参与，工作许可人要将现场实际情况交代清楚，与工作负责人共同检查安全措施布置情况，指明实际的隔离措施、带电设备的位置和注意事项，并在工作票上履行签字确认手续。电话许可时，双方要记录对方姓名，并复诵无误。

4. 安全交底（站班会）

作业实施前，工作负责人对工作班成员交代工作内容、人员分工、带电部位和现场安全措施，使工作班成员对现场作业环境、设备有直观的了解，明确任务和安全措施，提高安全注意力。工作人员首先要整理着装，正确佩戴个人防护用品，列队听取交底内容。工作负责人要全面、生动、准确地进行安全交底，并抽取作业人员提问，确保每名作业人员都已知晓，方可履行签字确认手续。

5. 现场作业

现场作业人员要严格落实安全责任，严格落实现场作业对人员的安全要求，严格执行各项安全措施。现场应使用合格的安全工器具和施工机具。作业人员应严格遵守安全规程，约束安全行为，杜绝违章作业。涉及多专业、多单位的大型复杂作业，专业管理部门应明确专人负责工作总体协调，保证各项作业的有效衔接，确保作业现场安全措施始终正确、完备，满足安全作业的条件。

6. 作业监护

作业监护能督促被监护人员遵守《国家电网公司电力安全工作规程》、落实措施，提醒作业人员注意安全，及时纠正被监护人员的不安全行为。专责监护人要佩戴明显标志，认真履行职责，起到监督提醒作用。专责监护人不得兼做其他工作，如需要离开工作现场，要严格执行相关规程规定，避免被监护人员失去监护。

7. 到岗到位

到岗到位人员主要是各级领导干部和生产管理人员，按照“管业务必须管安全”的原则，对作业现场开展检查、指导、督促，督导落实生产作业安全管控各项措施。各级单位要建立健全作业现场到岗到位制度，明确到岗到位人员的责任和工作要求。各级领导干部、生产管理人员要严格按照到岗到位标准要求，重点检查“两票”执行及现场安全措施落实情况、安全工器具、个人防护用品使用情况、大型机械安全措施落实情况、作业人员不安全行为、文明生产情况，禁止违章指挥，禁止参与作业。

8. 验收及工作终结

作业结束后，由作业单位和设备运维管理单位共同开展验收工作，参与验收人员要掌握现场危险点及预控措施，禁止擅自解锁和操作设备。已完工的设备均视为带电设备，任何人禁止在安全措施拆除后处理验收发现的缺陷和隐患。工作班清扫、整理现场后，方可办理工作终结手续。

9. 班后会

班后会要及时总结当日作业好的做法和存在的问题，提升作业安全管控能力。工作结束后，由班组长组织全体班组人员召开，重点对作业现场安全管控措施及“两票三制”执行情况进行总结评价，分析不足，表扬遵章守纪行为，批评忽视安全、违章作业等不良现象。

（四）监督考核

监督考核是强化生产作业安全管控管理的重要环节，通过监督考核的闭环管理，持续改进和提高生产作业安全管控工作水平。各单位应加强生产作业安全管控的检查和指导，重点是督促现场勘察、风险辨识、管控措施落实到位，确保作业计划、作业准备和现场管控全过程可控、在控。

监督考核主要包括安全监督和违章考核。

1. 安全监督

各级单位应加强现场安全监督检查，制订检查标准，明确检查内容，规范检查流程。

各级安监部门应会同专业管理部门，加强现场安全监督工作，对作业现场开展“四不两直”安全监督，及时发现和纠正人的不安全行为、物的不安全状态、环境的不安全因素，提高作业安全可靠性。各级领导应带头深入作业现场，开展安全监督工作，检查指导作业现场安全管控工作。

作业现场安全监督检查重点如下：

（1）作业现场“两票”“三措”、现场勘察记录等资料是否齐全、正确。

（2）现场作业内容是否和作业计划一致，工作票所列安全措施是否满足作业要求并与现场一致。

（3）现场作业人员与工作票所列人员是否相符，人员精神状态是否良好。

（4）工作许可人对工作负责人、工作负责人对工作班成员是否进行安全交底。

（5）现场使用的机具、安全工器具和劳动防护用品是否良好，是否按周期试验并正确使用安全防护措施。

（6）高处作业、临近带电作业等高风险作业是否指派专责监护人进行监护，专责监护人在工作前是否知晓危险点和安全注意事项。

（7）现场是否存在可能导致触电、物体打击、高空坠落、设备倾覆、电杆倒杆等的风险和违章行为。

（8）各级到岗到位人员是否按照要求履行职责。

2. 违章考核

开展作业现场违章稽查工作，从正、反两个方面激励考核，建立反违章常态机制。

（1）正向激励。各级单位应建立完善反违章工作机制，组织开展“无违章现场”“无违章员工”等创建活动，鼓励自查自纠，对及时发现纠正违章、避免安全事故的单位和个人给予表扬和物质奖励。

（2）反向考核。一旦发现违章现象应立即予以制止、纠正，做好违章记录，对违章单位和个人给予批评和考核，按照反违章工作要求，做好违章的闭环管理工作。

（五）非计划（临时）性作业安全管控

非计划（临时）性作业是指未纳入计划管理的作业，包括事故抢修和紧急缺陷处理等作业。非计划性作业具有突发性、紧急性，极易出现准备工作不充分、危险点辨识不清、安全交底不明确等问题，应加强非计划（临时）性作业安全管控工作。

1. 事故抢修作业管控

应急抢修工作必须以“安全、有序、规范、快速”为目标，严格执行《国家电网公司电力安全工作规程》，有针对性地落实组织措施、技术措施和安全措施，保证应急抢修工作中的人身安全和设备安全。

（1）组织措施。事故抢修作业，作业单位领导或管理人员应始终在现场指挥事故抢修工作，由经验丰富的人员担任抢修工作负责人。

（2）抢修原则。坚持“先确保和处置人身安全的设备，后处置一般设备”“先防止事故扩大、后进行故障处置”的原则组织事故抢修工作。

（3）工作票的使用。事故抢修作业应填用工作票或事故紧急抢修单，非连续进行的事故修复工作应使用工作票。

（4）现场勘察。抢修人员应按照现场勘察要求，勘察作业现场周边环境、需抢修设备、停电范围、风险点、设备资料（说明书、图纸等）等。勘察时，应视抢修设备为带电体。

（5）风险评估。根据现场勘察情况，对现场风险进行评估，针对评估结果快速制订预控措施，并在工作票或事故紧急抢修单中予以明确。

（6）事故抢修作业前应首先进行验电，布置必要的安全措施，履行许可手续后方可作业。抢修工作负责人合理安排人员、工器具等，落实好抢修工作预控措施。

（7）事故抢修作业人员至少两人，必须保证在安全的前提下进行，严禁冒险抢修作业。抢修过程中，现场应设专责监护人；应加强现场监督，增加到岗到位力量，及时纠正作业人员不安全行为。

（8）夜间事故抢修作业应保持足够照明。

2. 紧急缺陷处理作业管控

（1）紧急缺陷处理要履行生产作业组织程序，严禁缺陷发现人员擅自处理。

（2）加强组织领导工作。紧急缺陷处理应由作业单位生产领导负责组织协调，作业现场应有相关领导或管理人员指挥作业，监督作业安全。工作负责人由经验丰富的人员担任。

（3）紧急缺陷处理作业应执行工作票或事故应急抢修单，布置必要的安全措施，履行工作许可手续，做好安全交底后方可作业。作业不得少于两人，其中一人负责监护。

二、架空线路施工

（一）一般规定

（1）施工区域应设置施工友情提示牌、现场风险管控公示牌、应急联络牌等，配备急救箱（包）及消防器材。

（2）机械设备等应按定置区域堆（摆）放，材料堆放应铺垫隔离、标识清晰，主要机械设备应设置设备状态牌和操作规程牌。

（3）施工场地采用安全围栏进行围护、隔离。杆塔组立现场、张力场、牵引场等，应采用提示遮栏进行维护、隔离，实行封闭管理。

（4）遇有雷雨、暴雨、浓雾、沙尘暴、5 级及以上大风时，不得进行高处作业、水上作业、索道运输、露天吊装、杆塔组立和架线施工作业。冬季取暖混凝土暖棚养护等用火环境应采取监控措施，防止火灾或有害气体中毒。

（二）临近带电体作业

（1）临近带电体的作业应编制安全施工方案，经施工单位技术负责人批准后方可施工，并报设备运维单位备案。

（2）当与带电线路和设备的作业距离不能满足最小安全距离的要求时，必须向设备运维单位申请停电，否则严禁作业。

（3）作业时，施工人员、机械与带电线路和设备的距离必须大于最小安全距离，并采取防感应电的措施。设置专责监护人，专责监护人不得兼做其他工作。

（三）人力运输和装卸作业

（1）人力运输的道路应事先清除障碍物，做好防坠落、防边坡摔跌安全措施。雨雪后及泥泞路面抬运物件时，应有防滑措施。

（2）重大物件不得直接用肩扛运。多人抬运时应设专人指挥，步调一致，同起同落。

（3）运输用的工器具应牢固可靠，每次使用前应进行认真检查。

（四）排杆作业

（1）混凝土电杆在现场堆放时，高度不得超过 3 层，堆放的地面应平整坚硬，杆段下面应多点支垫，两侧应用木楔掩牢。

（2）滚动杆段时应统一行动，前方不得有人。严禁采用直接滚动方法卸车。

（3）用棍、杠撬拨杆段时，不得插入预埋孔转动杆身，应防止滑脱伤人。

（五）机动绞磨作业

（1）绞磨放置平稳，锚固可靠，受力前方不准有人。锚固绳应有防滑动措施。

（2）牵引绳应从卷筒下方卷入，排列整齐，并与卷筒垂直，在卷筒上不得少于 5 圈。钢绞线不准进入卷筒。导向滑车应对正卷筒中心。

（3）作业前应进行检查和试车，确认离合器、制动装置、保险棘轮、导向滑轮、索具等一切合格后方可使用。

（4）拉磨尾绳不应少于 2 人，应站在锚桩后面，且不准在绳圈内。绞磨受力时，不得用松尾绳的方法卸荷。

（5）拖拉机绞磨两轮胎应在同一水平面上，前后支架应受力平衡。绞磨卷筒应与牵引绳最近转向点保持 5m 以上距离。

（六）放、紧线施工

1. 人力及机械牵引放线作业

（1）放线工作由专人指挥，信号统一、通信畅通。严禁在无通信联络及视野不清的情况下放线。

（2）放线滑车使用前应检查外观。带有开门装置的放线滑车必须有关门保险。

（3）线盘架稳固可靠、转动灵活、制动可靠。线盘或线圈展放处，应设专人传递信号。放线人员不得站在线圈内操作。

（4）被跨越的低压线路或弱电线路需要开断时，应事先征得有关单位的同意。搭设跨越架时，跨越架搭设完成后应由监理验收后使用。

（5）领线人应由技工担任，并随时注意前后信号。拉线人员应走在同一直线上，相互间保持适当距离。

（6）架线时，除应在杆塔处设监护人外，对被跨越的房屋、路口、河塘、裸露岩石及跨越架和人畜较多处均应派专人监护。

（7）机械牵引放线导引绳或牵引绳的连接应使用专用连接工具，牵引绳与导线、避雷线（光缆）连接应使用专用连接网套。

（8）在交通道口采取无跨越架施工架线时，应采取防止车辆挂碰等相关安全措施及设置警示标志。

2. 压接作业

（1）切割导、地线时线头应扎牢，并防止线头回弹伤人。钢芯铝绞线在割断铝股时，严禁伤及钢芯。

（2）手动钳压器应有固定设施，操作时放置平稳，两侧扶线人应对准位置，手指不得伸入压模内。

（3）液压机所有部件应齐全、完好，油压表应经校核，且性能可靠。钳体与顶盖的接触口，有裂纹者严禁使用。严禁在未旋转到位的状态下压接。

（4）机动或电动液压油泵启动后先空载运行。压接钳活塞起落时，人体不得位于压接钳上方。注意压力指示，不得过荷载。

3. 紧线作业

（1）杆塔的部件应齐全，螺栓紧固。临时拉线应采取补强措施，临锚应设置完毕。各交叉跨越处的安全措施可靠。紧线档内的通信应畅通。

（2）牵引锚桩距紧线杆塔的水平距离应满足安全施工措施的规定。锚桩布置与受力方向一致，并埋设可靠。

（3）监护人员不得站在悬空导线、地线的垂直下方。不得跨越将离地面的导线或地线。

（4）导、地线应使用卡线器或其他专用工具，卡线器的规格必须与线材规格匹配，不得代用。

4. 附件安装作业

（1）相邻杆塔不得同时在同相位安装附件。作业点垂直下方不得有人。

（2）安全绳或速差自控器应拴在横担主材上。安装间隔棒时，安全带应挂在一根子导线上，后备保护绳应拴在整相导线上。

（3）在跨越电力线、铁路、公路、通航河流的线段杆塔上安装附件时，应采取防止导线或地线坠落的措施。

（4）附件安装作业区间两端应装设接地线；施工的线路上有高压感应电时，应在作业点两侧加装工作接地线。

（5）施工人员应在装设个人保安线后，方可进行附件安装。

（七）线路拆除作业

（1）拆除前，应对杆塔、金具及拉线进行检查（应无裂纹、露筋及腐烂等现象），做好防止倒杆的措施。

（2）撤线段内临时拉线、横担补强等措施完备。禁止采用突然剪断导、地线的做法松线。

（3）用抱杆拆除铁塔时，应先将待拆塔片受力，然后拆除塔片连接螺栓，再提升拆卸。

（4）严禁随意整体拉倒旧杆塔或在杆塔上有导、地线的情况下整体拆除。

（5）利用新杆塔拆除旧杆塔时，应对旧杆塔进行检查，必要时应采取补强措施。

（6）使用起重机拆除旧杆塔时，正确选择起重机位置和吊点，应有防止起重机下沉、倾倒的措施。

（八）不停电与停电跨越作业

1. 停电跨越作业

（1）施工单位应向运行单位提交书面停电申请和跨越施工方案，经运行单位审查同意后，按相关规定填用工作票，并履行工作许可手续。

（2）停、送电工作必须指定专人负责，严禁采用口头或约时停、送电。

2. 不停电跨越作业

（1）不停电跨越放线应编制专项跨越施工方案，设专人指挥，信号统一、通信畅通。

（2）跨越不停电电力线路，在架线施工前，施工单位应向运行单位书面申请该带电线路退出重合闸，待落实后方可进行不停电跨越施工。

（3）跨越不停电电力线路施工，应由运行单位签发工作票，并按相关规定履行手续。施工过程中应设安全监护人，运行单位应派员进行现场监护。

（4）跨越不停电线路架线施工应在良好天气下进行，遇雷电、雨、雪、霜、雾，相对湿度大于85%或五级以上大风时，应停止作业。如施工中遇到上述情况，则应将已展放好的网、绳加以安全保护。

（5）带电跨越时，跨越架或承力索封顶网应使用绝缘网和绝缘绳。临近带电体作业时，上下传递物件应使用绝缘绳索，作业全过程应设专人监护。

（6）跨越档相邻两侧杆搭上的放线滑车、牵张设备、机动绞磨等均应采取接地保护措施。

（7）跨越不停电线路时，施工人员严禁在跨越架内侧攀登、作业和从封顶架上通过。

（8）跨越电气化铁路和其他带电线路时，应满足最小安全距离要求，跨越点应设立专人看守。

（九）配电台区施工

1. 变压器安装

（1）起重设备、机具应满足施工安全要求。正确选择起重机位置和吊点，在电力线附近时，起重机必须接地良好。与带电体最小安全距离应符合相关规定。

（2）使用扒杆吊装变压器，扒杆顶、前后浪风桩应在一条直线上。扒杆高度、强度必须满足起吊要求，扒杆受力应均匀，抱杆下部应固定牢固；在松软土质处立杆时，应有防止抱杆沉陷的措施。

（3）变台杆基、杆根、拉线牢固良好。起吊时，应有缆风绳控制变压器，在变压器完全固定好后，方可撤吊。

2. 柱上设备安装

（1）上横担前，应检查横担腐蚀情况、连结是否牢固，检查时安全带（绳）应系在主杆或牢固的构件上。

（2）在人员密集或有人员通过的地段进行杆塔上作业时，作业点下方应按坠落半径设围栏或其他保护措施。

（3）杆塔上下无法避免垂直交叉作业时，应做好防落物伤人的措施。作业时要相互照应、密切配合。

三、电缆线路施工

（一）一般要求

（1）电缆敷设应在电缆隧（沟）道完成及验收合格后进行。

（2）在开挖电缆沟时，应取得业主提供的有关地下管线等的资料，按设计要求制订开挖方案并报监理和业主确认。非开挖的通道，应与地下各种管线及设施保持足够的安全距离。

（3）无盖板的电缆沟、沟槽、孔洞，以及放置在人行道或车道上的电缆盘，应设遮栏和相应的交通警示标志，夜间设警示灯。

（4）开启电缆井盖、电缆沟盖板及电缆隧道人孔盖时，应使用专用工具；开启后应设置标准路栏，并派人看守。施工人员撤离电缆井或隧道后，应立即将井盖盖好。在电缆井内工作时，禁止只打开一只井盖（单眼井除外）。电缆井、电缆沟及电缆隧道中有施工人员时，不得移动或拆除进出口的爬梯。

（5）隧道内应有充足的照明，并有防火、防水、通风措施；进入电缆井、电缆隧道前，应先通风排除浊气，并用仪器检测，合格后方可进入。

（6）采用非开挖技术施工前，应先探明地下各种管线及设施的相对位置。非开挖的通道，应与地下各种管线及设施保持足够的安全距离。

（二）电缆敷设

（1）敷设电缆前应检查所使用的工器具是否完好、齐备。作业应设专人指挥，并保持通信畅通。金属电缆支架全长均应有良好的接地，充油电缆施工现场应备有消防器材。

（2）电缆放线架应放置牢固、平稳，钢轴的强度和长度应与电缆盘质量和宽度相匹配。电缆盘应有可靠的制动措施。

（3）电缆通过孔洞、管道或楼板时，两侧应设专人监护。入口侧应防止电缆被卡或手被带入孔内，出口侧的人员不得在正面接引。

（4）用滑轮敷设电缆时，施工人员应站在滑轮前进方向，不得在滑轮滚动时用手搬动滑轮。用输送机敷设电缆时，所有敷设设备应固定牢固。施工人员应遵守有关操作规程，并站在安全位置，发生故障应停机处理。

（5）用机械牵引电缆时，牵引绳的安全系数不得小于 3，施工人员不得站在牵引钢丝绳内角侧。

（6）进入电缆井、电缆隧道前，应按有限空间作业的相关安全要求，落实防止人员有毒有害气体中毒、窒息的安全措施。

（7）在高处敷设电缆时，应有高处作业措施。不应攀登组合式电缆架、吊架和电缆。在梯式电缆架上作业时，应核实其强度。

（8）进入带电区域内敷设电缆时，应取得运行单位同意，办理工作票，设专人监护，不得踩踏运行电缆，孔洞应按照规范要求进行封堵。

（9）水底电缆施工，应制订专门的施工方案，并执行相应的安全措施。

（10）电缆穿入带电的盘柜前，电缆终端应做绝缘包扎处理。电缆穿入时，盘上应有专人接引，严防电缆触及带电部位及运行设备。运行屏内进行电缆施工时，应做好带电部分遮挡，核对完电缆线芯后应及时包扎好线芯金属部分，防止误碰带电部分，并及时清理现场。拆除电缆时，应在两终端进行核对、确认。接入前应检查和试验。

（11）改接电缆线路锯线前，应与电缆走向图、电缆命名牌核对相符，并使用仪器确认电缆无电压后，用接地的带绝缘柄的铁钎钉入电缆芯后，方可工作。扶绝缘柄的人应戴绝缘手套并站在绝缘垫上，并采取防灼伤措施。

（三）电缆终端作业

（1）制作电缆时应加强通风，施工人员宜配备防毒面罩。使用炉子时应采取防火措施。

（2）制作环氧树脂电缆终端和调配环氧树脂工作过程中，应在通风良好处进行，并应采取有效的防毒、防火措施。

（3）采用脚手架或施工平台安装电缆终端时，应落实高处作业和防感应电等相关安全措施，并在施工区域下方设置安全围栏或其他警示措施。

（4）动火作业点临近运行电缆时，应做好防护隔离措施。电缆终端附近应使用阻燃布隔离。使用携带型火炉或喷灯时，火焰与带电部分的距离应符合《国家电网公司电力安全工作规程》要求，并配备必要的消防器材。

四、专项作业施工

（一）高处作业与交叉作业

（1）遵照现行《高处作业分级》（GB/T 3608）的规定，凡在距坠落高度基准面 2m 及以上有可能坠落的高度进行的作业均称为高处作业。高处作业应设安全监护人。

（2）凡参加高处作业的人员，应每年进行一次体检，患有不宜从事高处作业病症的人员，不得参加高处作业。

（3）高处作业时，作业人员必须正确使用安全带，在攀登或转移作业位置时不得失去保护。

（4）高处作业时，宜使用全方位防冲击安全带，并应采用速差自控器等后备保护设施。安全带及后备防护设施应固定在构件上，不宜低挂高用。高处作业过程中，应随时检查扣结绑扎的牢靠情况。

（5）高处作业时，使用的安全带应符合现行《安全带》（GB 6095）的要求。安全带在使用前应检查是否在有效期内，是否有变形、破裂等情况，不得使用不合格的安全带。

（6）高处作业人员上、下杆塔应沿脚钉或爬梯攀登，不得使用绳索或拉线上、下杆塔，不得顺杆或单根构件下滑或上爬。

（7）在霜冻、雨雪后进行高处作业时，人员应采取防冻和防滑措施。

（8）施工中应避免立体交叉作业。无法铺开的立体交叉作业，应采取防高处落物、防坠落等防护措施。

（9）交叉作业时，上下层施工人员应相互配合，下层作业应设置安全监护人。上层物件未固定前，下层应暂停作业。

（10）两个以上单位在同一区域内进行交叉施工作业时，如可能危及对方安全的，应签订安全管理协议。应制订交叉作业的安全注意事项及安全技术措施，并指定专人进行检查与协调。

（二）脚手架与跨越架作业

（1）企业应制订脚手架与跨越架搭拆、使用安全管理制度，并严格实施。

（2）脚手架材料（脚手杆、脚手板及扣件等）的选材和脚手架、跨越架搭拆应符合有关规范要求。

（3）脚手架、跨越架搭设单位应具备相应的施工资质，搭设作业人员应具备专业架子工特种作业资格，持证上岗。

（4）脚手架、跨越架搭拆前，应编制施工作业指导书或专项施工方案，经审批后，对作业人员进行安全技术交底、签字确认后方可施工。

（5）超过一定规模的危险性较大的大型、特殊形式的脚手架和跨越架的搭拆方案，应经计算、论证、审批。搭拆过程中应实施监督。

（6）跨越架搭设与铁路、公路、通信线的最小安全距离应符合相关规程规定。搭设和拆除跨越架时应设安全监护人。

（7）搭设的脚手架、跨越架应经验收合格，挂牌使用。

（8）施工脚手架不得附加设计以外的荷载和用途。

（9）跨越架的组立应牢固、可靠，所处位置应准确。强风、暴雨过后，应对跨越设施进行检查，确认合格后方可使用。

（三）起重作业

1. 一般规定

（1）作业前，应编制起重吊装方案或作业指导书，应按相关规定办理施工作业票。

（2）指挥人员和操作人员应持证上岗，严格按操作规程作业，信号传递畅通。

（3）起吊前，应检查起重机械及其安全装置，起重作业机械及工器具须性能良好、功能正常，设备安全满足要求。

（4）起重作业区域必须设置警戒线。起重吊装作业必须安排专人进行监护。

2. 吊装作业

（1）汽车起重机作业前，应将支腿支在坚实的地面上。起重作业场地应平整，并避开沟、坑洞或松软土质。

（2）起吊物件应绑牢，吊钩悬挂点应与吊件重心在同一垂线上，不得偏拉斜吊。落钩时应防止吊件局部着地引起吊重钢丝绳偏斜。吊件未固定好不得松钩。

（3）吊挂钢丝绳间的夹角不大于120°。起吊件离地面约0.1m时应暂停，检查各部分无异常后，方可继续起吊。

（4）起吊工作完毕后，应先将臂杆放在支架上，后收起支腿。吊钩应使用专用钢丝绳挂牢或固定于规定位置。

（5）在临近带电体处吊装时，起重臂及吊件的任何部位与带电体的最小安全距离应符合相关规定，并设专人监护。车身应使用不小于16mm^{2}软铜线可靠接地。

（四）焊接作业

1. 一般规定

（1）企业应明确焊接作业人员、焊接设备的管理职责。作业者应具备必要的焊接作业安全知识，掌握触电急救方法。

（2）焊接作业人员须持有效特种作业操作证上岗，按相关规定正确佩戴个人防护用品，严格按操作规程作业。

（3）在禁火区进行焊接、气割或明火作业前，应按要求履行动火作业审批、许可手续。

（4）焊接作业现场应符合安全要求，工作场地通风良好。施焊现场的5m范围内，禁止放置或储存可燃物、易爆物。明火作业区域应设置警告标志，并备有数量足够的消防器材。

（5）登高焊接、切割，应根据作业高度和环境条件定出危险区的范围，落实相关安全措施。严禁携带电焊导线或气焊软管登高或从高处跨越。

（6）焊接作业结束后，作业人员必须清理场地、消除焊件余热、切断电源，仔细检查工作场所周围及防护设施，确认无起火危险后方可离开。

2. 气焊作业

（1）使用气瓶前，应对钢印标记、颜色标记及安全状况进行检查；检验超周期或检验不合格的气瓶不得使用。

（2）各类气瓶均应安装减压器后使用，减压器应按相关规定做检验，在检验周期内使用。乙炔气瓶应配置防回火装置，连接气路的气密性应良好。

（3）乙炔气瓶、液化石油气瓶应保持直立，并应有防止倾倒的措施。氧气瓶和乙炔气瓶、液化石油气瓶间的距离不得小于5m。

（4）气瓶不得靠近热源和电气设备，气瓶与明火的距离不得小于10m，不得与易燃物、易爆物混放。氧气瓶和瓶阀严禁沾染油脂。

（5）气瓶内的气体不得用尽，氧气瓶使用余压不小于0.2MPa，其他气瓶应留有不小于0.1MPa的剩余压力。用后的气瓶应关紧其阀门并标注“空瓶”字样。

（6）运输和装卸气瓶时，必须配戴好气瓶瓶帽（有防护罩的气瓶除外）和防振圈。严禁碰撞、敲打、抛掷、滚动气瓶。

（7）作业现场的气瓶，同一地点放置数量不应超过5瓶。气瓶应存放在通风良好的场所，夏季应防止日光暴晒。

（8）焊炬、割炬应保持完好、气密性正常，调节应灵活。焊炬、割炬点火时应使用摩擦打火机或固定的点火器。

（9）橡胶软管应保持完好，其工作压力、机械性能、颜色应符合《气体焊接设备 焊接、切割和类似作业用橡胶软管》（GB/T 2550—2016）的规定；软管连接固定应符合《气焊设备 焊接、切割和相关工艺设备用软管接头》（GB/T 5107—2008）的规定。

3. 电焊作业

（1）作业前，应检查确认焊接设备、工具、电源以及接地安全可靠，个人防护用具完备。

（2）进行焊接或切割工作时，操作人员应按现行《个体防护装备选用规范》（GB/T 11651）和《焊接与切割安全》（GB 9448）的规定，穿戴焊接防护服、防护鞋、焊接手套、护目镜等符合专业防护要求的个体防护装备。

（3）焊接与切割的工作场所应有良好的照明，并采取措施排除有害气体、粉尘和烟雾等。在人员密集的场所进行焊接工作时，宜设挡光屏。

（4）进行焊接或切割工作时，应有防止触电、爆炸和防止金属飞溅引起火灾的措施，并应防止灼伤。

（5）进行焊接或切割工作，应经常检查并注意工作地点周围的安全状态；有危及安全的情况时，应采取防护措施。禁止在易燃、易爆物品存储区附近、承压管道容器以及其他危险场所进行电焊工作。

（6）高处作业应有监护人，焊接电源开关设在监护人近旁。应在焊渣可能散落的下方区域做好隔离防护措施。不得随身携带电焊导线或气焊软管登高或从高处跨越。电焊导线、软管应在切断电源或气源后用绳索提吊。

（7）在金属容器或地沟等狭小的有限空间内进行焊接作业，首先应进行空气采样化验，施焊中要强行机械通风并设专人监护。

（8）电焊机应放在通风、干燥处，露天放置应有防雨设施。

4. 氩弧焊作业

（1）焊工应戴防护眼镜、静电口罩或专用面罩（头盔），以防臭氧、氮氧化合物及金属烟尘吸入人体；宜穿戴防紫外线工作服。

（2）工作场地应通风良好。工作中，应开动通风设备，通风装置失效时应停止工作。多焊机施工地点应增大通风量。

（3）储存或运输钨极时，应将钨极放在铅盒内；作业中随时使用的零星钨极应放在专用的盒内。打磨钨极应使用专用砂轮机和强制抽风装置。打磨钨极处的地面应经常进行湿式清扫。

（4）工件应接地良好，焊枪电缆和地线要采取高频辐射屏蔽措施。操作时，应尽量减少高频电作用时间。

（五）机械作业

（1）机械作业安全操作规程完善，现场各种机械设备旁均悬挂醒目、规范的安全操作规程。移动机械设备随机挂（贴）安全操作规程。

（2）作业人员熟悉机械设备的性能，并严格按安全操作规程进行操作。检修保养时，应悬挂明显的警示标识。

（3）电气机械设备的危险部位及安装场所，应设置有明显的安全警示标志。

（4）每台机械设备应有铭牌，使用安全色。易发生危险的部位，应设有安全标志。露天使用时应有防雨措施。

（5）各种机械设备安装的位置和空间应能满足日常操作、维护的条件。设置的管、线布置合理，符合人机工程安全操作要求。

（6）操作旋转设备严禁戴手套。使用金属外壳电气工具应戴绝缘手套。使用研磨、切削设备应戴防护眼镜。

（7）使用钻床等切削设备时，应配备清除切屑专用工具和润滑皂化油，禁止用手直接清除铁屑。临近安全通道应设置防护挡板，防止切削飞散。

（8）电气机械设备的电源接线应正确、规范。保护接地应规范可靠。局部照明应为安全电压。

（六）有限空间作业

（1）企业应根据从业范围组织相关人员对有限空间作业进行辨识，制订工作程序和安全控制措施并实施。

（2）企业应为有限空间作业配备相应的检测和报警仪器，并配备必要的安全设备设施和个体防护用品。

（3）项目部应根据工程进展情况，辨识有限空间，制订安全控制措施，公示危害因素，明示警示标志，无关人员禁止入内。

（4）有限空间作业应办理安全施工作业票，并应严格履行审批手续，执行专人监护制度。

（5）有限空间作业前，必须先检查其内部是否存有可燃有毒有害或有可能引起窒息的气体，符合安全要求方可进入。

（6）有限空间内作业时，应设置满足施工人员安全需要的通风换气、防止火灾、塌方和人员逃生等设备设施及措施。

（7）在潮湿地面等场所使用的移动式照明灯具，其安装高度距地面 2.4m 及以下时，额定电压不应超过 12V。

（8）禁止在井内、隧道内以及封闭的场所使用燃油发电机等设备。在地上井口附近使用燃油发电机等设备时，应放置在下风侧，与井口保持一定距离。

模块小结

通过本模块学习，应深刻了解施工安全方案管理、施工组织、施工现场、安全工器具与特种劳动防护用具、基础工程施工、线路工程施工、电缆线路施工、专项作业施工等方面内容，运用安全性评价的方法对施工现场安全管理内容进行分析和评价，促进企业安全管理工作标准化和规范化。

思考与练习

扫码看答案

1. 作业准备过程中对风险公示有哪些要求？
2. 试述架空线路工程施工作业现场安全管理的一般规定。
3. 试述电缆线路施工作业现场安全管理的一般要求。

模块 3　电力施工企业专项应急预案及现场应急处置方案

模块说明

本模块包含火灾、爆炸事故专项应急预案及现场应急处置方案，触电事故专项应急预案及现场应急处置方案，机械设备突发事件专项应急预案及现场应急处置方案。通过学习具体案例，了解配电网施工企业在专项应急预案及现场应急处置方案编写中的具体要求，能编写其他相关的专项应急预案及现场应急处置方案。

为了应对电网系统重、特大事故发生，并能在事故和紧急事件发生后迅速有效地控制和处理，缩小事故对人和财产的影响，将紧急事件局部化，保证配电网施工企业安全稳定发展，选定火灾、爆炸事故，触电事故，机械设备突发事件共三种类型编写典型案例。

一、火灾、爆炸事故专项应急预案

（一）总则

1. 编制目的

为正确、有效和快速地处理火灾、爆炸事故，最大限度地减少火灾、爆炸事故造成的影响和损失，保障电网的安全运行，维护社会稳定、人民生命生活安定和电力生产的正常秩序，特制订本预案。

2. 编制依据

本预案依据以下法律法规、标准制度及相关预案，结合××公司（本预案中简称公司）实际制订：《中华人民共和国安全生产法》《中华人民共和国突发事件应对法》《中华人民共和国电力法》《中华人民共和国消防法》《火灾统计管理规定》《生产安全事故报告和调查处理条例》《××省消防条例》《国家电网有限公司应急预案管理办法》《国家电网有限公司应急管理工作规定》《国家电网有限公司重要场所消防安全应急预案》《××省电力公司安全生产突发事件总体应急预案》《××市供电公司突发事件总体应急预案》。

3. 适用范围

本预案适用于公司生产经营场所火灾、爆炸事故的应急处置工作。

4. 基本原则

（1）统一指挥、分级管理。建立各级应急组织、应急指挥体系，组织开展事故预防、事故处理、事故抢险、应急救援、维护稳定、恢复生产等各项应急救援处置工作。

（2）自救为主、反应迅速。明确各有关部门和单位的职责和权限。牵头部门和其他有关部门要主动协作、密切配合、形成合力。要充分依靠和发挥专业消防队、志愿消防队在处置火灾事故中的突击队作用，辅之以外部一切可利用资源，做到自救为主、反应迅速。

（3）救人优先、保护财产。灭火救援应当贯彻救人第一的原则，在实施灭火救援的同时，当火场有人员受到火势威胁时，应当首先抢救人员，迅速组织人员疏散，尽力减少火灾损失。

（二）组织机构及职责

1. 应急指挥机构的组成

公司成立火灾、爆炸事故应急领导小组（指挥部）。

组长：公司党政负责人；

副组长：安全总监、分管副总；

成员：公司各部门主要负责人。

在公司启动火灾、爆炸事故应急响应的情况下，由公司应急领导小组组织开展应急处置。应急领导小组下设应急办公室（设在安全监察部），负责具体牵头组织协调应急处置工作。

2. 应急指挥机构的职责

负责火灾、爆炸事故应急工作的日常管理。组织制订火灾、爆炸事故专项应急预案，并定期组织评估和修改。在公司应急领导小组的指挥下，会同应急办公室组织协调公司火灾、爆炸事故应急处置工作。负责组织或参与实施事故调查。负责与上级单位及政府有关部门的联系。协助新闻发布。

（1）应急指挥部职责：

1）发生事故时，由应急指挥部发出救援命令和信号。

2）指挥救援队伍实施救援行动，保证灾情发生后，当班人员可以自我保护，迅速准确到位，熟练操作，及时制止灾情的蔓延扩大。

3）根据火灾、爆炸等级向上级主管部门汇报事故情况，必要时向有关部门发出救援请求。

4）组织事故调查，总结应急救援工作经验教训，组织并迅速恢复生产工作。

（2）应急办公室职责：

1）根据应急工作需要，按照“谁管理、谁负责”的原则，负责建立和完善本单位火灾、爆炸事故应急机制，指挥现场应急处置工作。

2）监督、检查现场火灾、爆炸事故应急管理工作情况、各类应急预案的准备和执行情况等。组织制订、修订现场火灾、爆炸事故应急预案及相关规章制度。督促开展应急培训工作。负责贯彻应急领导小组下达的应急指令。负责指挥现场火灾、爆炸事故应急处置工作。负责其他应急处置协调工作。

3）及时了解和掌握相关情况，研究提出应急处置建议。及时协调解决应急过程中出现的问题。组织参加事故调查、配合搜集证据等后期处置工作，协助新闻发布。

（三）事件类型和危害程度分析

1. 事件类型

公司可能发生的火灾、爆炸事故主要包括以下类型。

（1）办公场所火灾、爆炸事故：指由于各种因素导致的公司办公区域发生的火灾、爆炸事故。

（2）物资仓库火灾、爆炸事故：指公司物资仓库区、器具保管区等部位发生的火灾、爆炸事故。

（3）作业现场火灾、爆炸事故：指生产制造现场及工程施工作业现场发生的火灾、爆炸事故。

2. 事件分级

根据火灾、爆炸事故造成人员伤害的严重程度、财产损失等因素，依据《国家电网有限公司安全事故调查规程》和国家电网有限公司总体应急预案，将火灾、爆炸事故分为特别重大、重大、较大、一般火灾、爆炸事故。

（1）特别重大火灾、爆炸事故：是指造成 30 人以上死亡，或者 100 人以上重伤，或者 1 亿元以上直接财产损失的火灾事故。

（2）重大火灾、爆炸事故：是指造成 10 人以上 30 人以下死亡，或者 50 人以上 100 人以下重伤，或者 5000 万元以上 1 亿元以下直接财产损失的火灾事故。

（3）较大火灾、爆炸事故：是指造成3人以上10人以下死亡，或者10人以上50人以下重伤，或者1000万元以上5000万元以下直接财产损失的火灾事故。

（4）一般火灾、爆炸事故：是指造成3人以下死亡，或者10人以下重伤，或者1000万元以下直接财产损失的火灾事故。

注：本分级定义中所称的“以上”包括本数，所称的“以下”不包括本数。

（四）应急响应分级

根据国家电网有限公司总体应急预案规定，对应火灾、爆炸事故性质，将事故应急响应等级分为Ⅰ级、Ⅱ级、Ⅲ级、Ⅳ级四级。参照公安部《火灾统计管理规定》等有关规定，对火灾、爆炸事故应急响应级别界定如下。

（1）Ⅰ级（红色）：对应于特别重大火灾、爆炸事故，或涉及2个以上单位的重大火灾、爆炸事故。

（2）Ⅱ级（橙色）：对应于重大火灾、爆炸事故，或涉及2个以上单位的较大火灾、爆炸事故。

（3）Ⅲ级（黄色）：对应于较大火灾、爆炸事故。

（4）Ⅳ级（蓝色）：对应于一般火灾、爆炸事故。

（五）预防与预警

1. 风险监测

（1）公司要贯彻《中华人民共和国安全生产法》《中华人民共和国消防法》和上级有关规定，加强消防宣传，建立消防责任制，落实各项消防措施，重点强化易燃易爆等危险品管理，定期对办公室、通信机房、档案室、施工项目部等关键部位进行检查，制订并实施现场应急措施，发现异常及时汇报处理。

（2）根据有关规定，在各部位配备合格的消防器材，安装消防栓，定期维护和更换，并保持消防通道的畅通，为及时扑灭火灾事故提供保障。

（3）加强消防培训和演练，确保所有员工正确掌握消防器材的使用方法和火灾自救方法，熟悉逃生路径。

（4）增强各级领导和员工处置火灾、爆炸事故的敏感性和忧患意识，超前防范次生、衍生事故，防止事故升级或影响扩大。

（5）在预警和应急状态下，由安全监察部组织专业部门人员值班。在Ⅳ级（蓝色）、Ⅲ级（黄色）预警状态下，由相关部门人员值班（工作日在岗值班，晚间及休息日电话值班）。在Ⅱ级（橙色）预警状态下，由相关部门人员在岗值班。在Ⅰ级（红色）预警和应急状态下，由相关部门负责人在岗带班。

（6）在预警和应急状态下，由安全监察部组织工程部、项目部等专业部门人员成立督导组，实施现场督察指导。在Ⅳ级（蓝色）、Ⅲ级（黄色）预警状态下，由公司相关部门值班人员实施远程督导。在Ⅱ级（橙色）预警状态下，组织公司相关部门人员1～3人赶赴现场督导。在Ⅰ级（红色）预警状态下，公司应急领导小组成员迅速到位，开展分析研判，部署应急措施，并由相关部门负责人带队赶赴现场督导。

2. 预警发布与预警行动

（1）在办公场所、物资仓库及各作业现场等关键部位发现一般火情时，现场发现人员应立即上报应急办公室，通知“119”消防指挥中心。应急办公室进行预警发布，相关部门做好预警接收工作。

（2）预警信息的内容包括：突发事件名称、预警级别、预警区域或场所、预警期起始时间、影响估计及应对措施、发布单位和时间等。

（3）应急办公室进行预警发布后，接警部门应立即采取行动：

1）及时收集、报告有关信息，做好事件发生、发展情况的监测和事态跟踪工作。

2）组织相关部门和人员随时对事件信息进行分析评估，预测影响范围和严重程度以及可能发生火灾、爆炸事故的级别。

3）采取必要措施，加强对重要客户的供电保障工作。

4）做好成立应急指挥机构和各专业工作组的准备工作。

5）根据职责分工，协调组织应急队伍、应急物资、应急电源、交通运输等处置准备工作。

6）应急领导小组成员迅速到位，及时了解和掌握相关事件信息，研究部署处置工作。

7）应急队伍和相关人员进入待命状态。

8）调集所需应急物资和设备。

3. 预警结束

在原发布机关作出撤销预警的决定后，应急办公室立即宣布解除预警，并终止已经采取的有关措施。

（六）应急响应

1. 响应原则

突发事件发生后，火灾、爆炸事故的应急响应坚持分级负责、快速反应的原则。

2. 响应程序

（1）事故发生现场机构负责人立即上报，启动应急办公室。由一名应急领导小组负责人带队，赶赴事故发生现场指导、协调应急处理。及时了解和掌握事故发展情况、现场应急情况、政府、上级和社会公众、新闻媒体动态等情况。

（2）公司应急办公室、应急领导小组与事故发生现场负责人应保持联系，及时了解事故处置进展情况，指导事故发生现场应急处理，做好记录，并随时调集相关应急力量增援。

（3）根据事故应急处置需要，由应急办公室负责人决定是否组织人员赴现场指导开展应急处置。

3. 应急处置

（1）先期处置。

1）在事故发生初期，公司的应急组织、指挥体系尚未启动就位时，火灾、爆炸部位所在机构的负责人立即组织人员进行扑救、报警，对受伤人员进行急救，并根据火势发展情况及时组织人员疏散。

2）公安消防机构到达后，服从公安消防机构指挥。

3）办公场所、物资仓库及各作业现场等关键部位应及时启动现场处置方案，尽力解除或减轻事故造成的危害。

4）采取措施妥善保存现场重要痕迹、物证，尽可能收集证据。

（2）应急处置。

1）Ⅳ级事件响应。

a. 事故发生现场机构负责人立即上报，启动应急办公室。由一名应急领导小组负责人带队，赶赴事故发生现场指导、协调应急处理，及时了解和掌握事故发展情况、现场应急情况、政府、上级和社会公众、新闻媒体动态等情况。

b. 公司应急办公室、应急领导小组与事故发生现场负责人应保持联系，及时了解事故处置进展情况，指导事故发生现场应急处理，做好记录，并随时调集相关应急力量增援。

c. 根据事故应急处置需要，由应急办公室负责人决定是否组织人员赴现场指导开展应急处置。

d. 事件升级：根据事故发展态势，由应急办公室报请应急领导小组决定是否启动Ⅲ级事件响应程序。

2）Ⅲ级事件响应。

a. 成立应急指挥部：由应急领导小组会议决定将应急领导小组转变为应急指挥部，并确定总指挥、副总指挥；如决定暂不启动应急指挥部，则由应急办公室暂时负责协调、指挥应急工作。事故发生现场各相关应急工作组整体划入公司各对应应急工作组，接受统一指挥。

b. 应急工作组主要工作内容：保持与事故发生单位的联系，及时掌握事故发展情况、事故发生单位应急情况、地方政府及社会公众反映情况，随时接受应急指挥部布置的应急任务；组织事故调查组赶赴现场，配合公安消防机构开展事故调查；根据应急指挥部的指示，按照有关规定向上级单位或政府有关部门汇报。

如事件进一步恶化，由应急办公室报请应急领导小组决定是否启动Ⅱ级（Ⅰ级）事件响应程序。

3）Ⅱ级（Ⅰ级）事件响应：应急办公室负责人确认事件等级符合Ⅱ级（Ⅰ级），立即向应急领导小组报告，建议召开应急领导小组会议启动Ⅱ级（Ⅰ级）事件响应程序，同时向应急办公室下达应急准备指令；应急办公室负责通知相关部门，并做好记录；相关部门有关人员接到通知后，按照规定的时间要求回到本职岗位接受应急指令。

a. 成立应急指挥部：公司应急领导小组转变为应急指挥部，组长和副组长转变为总指挥和副总指挥，应急领导小组其他成员转变为指挥部成员，应急办公室负责传达应急指令。

b. 应急指挥部派出一名副总指挥带队，带领相关应急工作组赶赴现场直接指挥、协调应急处理。事故发生现场各相关应急工作组整体划入公司各对应应急工作组，接受统一指挥。

c. 应急工作组主要工作内容：快速建立现场应急处置组织体系和通信联系清单；及时掌握现场火场遗留物资情况、人员疏散情况、已采取的应急处理情况、地方政府及社会公众反映情况，及时向应急指挥部汇报；协助应急指挥部及时协调解决应急过程中出现的问题；配合公安消防机构事故调查组开展事故调查；根据应急指挥部的指示，按照有关规定向上级单位或政府有关部门汇报。根据应急需要，随时接受应急指挥部布置的应急任务。

d. 应急指挥部及时将突发事件相关情况报告上级公司相关部门，按照上级公司对突发事件的处置指示，立即采取相应的应急措施，相关部门按照处置原则和部门职责开展应急处置工作。

必要时及时汇报市供电公司，请求应急队伍和抢险物资支援，并做好应急队伍和抢险物资调集的配合和保障工作。

必要时及时汇报省电力公司，请求派出工作组和专家组赶赴现场，指导协调现场应急处置工作。

4. 应急结束

（1）应急响应状态的解除条件：

1）火灾已经扑灭，并消除了复燃的可能；受损设备已经更换或进入正常的检修阶段。

2）特别重大、重大、较大火灾事故由地方政府或上级公司应急指挥机构统一指挥处理的，已接到有关指挥机构发布的解除应急响应状态的指令。

（2）应急响应状态的解除：

1）Ⅳ级、Ⅲ级事故由公司应急办公室负责人确认响应状态解除条件，经公司应急领导小组组长或总指挥批准，宣布解除应急响应状态。

2）Ⅱ级、Ⅰ级事故由省电力公司应急小组确认响应状态解除条件，经市供电公司应急领导小组组长或总指挥批准，宣布解除应急响应状态。

（七）信息报告与发布

公司24h应急电话：××××××。

（1）报告：事故发生现场机构负责人负责第一时间报告。

（2）接报：公司应急办公室负责接报，通过综合分析判断事故等级，并立即向应急领导小组报告；同时按照应急领导小组的指示，向上级公司有关部门或地方政府有关部门报告。

（3）发布：应急事件造成一定社会影响的，应急办公室负责及时向公司应急领导小组汇报事件情况、应急措施开展情况和事件控制情况等信息，由公司应急领导小组统一负责事件信息对社会的发布，使公众对事件情况有客观的认识和了解。应急办公室无对外发布事件相关信息的权利。

（八）后期处置

1. 事故调查

火灾、爆炸事故应急处置结束后，上级公司根据需要成立善后处置小组，负责协助地方政府相关部门开展事故调查、肇事责任追究工作。

火灾、爆炸事故发生单位和部门应当保护现场，接受事故调查，如实提供事故的情况，未经同意不得擅自清理现场。

2. 保险理赔

善后处置小组应及时统计生产经营区域设备设施损失情况，会同财务部门核实、汇总受损情况，向保险公司理赔。

办公室应掌握人员伤亡情况，联系实施有关人身意外伤害的保险理赔工作。财务资产部收集财产损失情况，联系实施有关财产损失的索赔工作，按保险合同落实财产保险理赔。

3. 恢复生产

应急响应行动结束后，善后处置小组应对恢复重建工作进行计划和部署，制订详细可行的工作计划，快速、有效地消除事故造成的不利影响，尽快恢复正常生产秩序。

应急结束后，应将各类消防设施和力量恢复到应急前的状态。

4. 总结改进

事故应急结束后，事故单位应逐级填报火灾、爆炸事故报告和报表，并举一反三查找隐患，落实整改措施。

应急办公室应根据应急工作中的经验教训，不断修订、完善相关预案。

（九）应急保障

1. 应急队伍

（1）火灾、爆炸应急队伍主要包括班组生产一线广大职工及志愿消防员和外部救援力量，如公安消防、医院救护等。

（2）各部门要制订火灾现场处置方案，并明确各专职、志愿消防队员名单；要在生产一线职工中组建志愿消防队。事故发生时，在场的施工人员是先期处置队伍。现场指挥部启动以后，指挥后续处置队伍（应急专业队伍）开展应急处理和救援。必要时组织好应急队伍的轮换或留有预备队。

（3）平时要掌握现场周围地区外部救援力量，应急救援中随时联系，请求场外增援队伍。

2. 应急物资与装备

（1）火灾、爆炸事故中主要的应急装备主要有消防设备（车）、器材、工程抢修车辆、起重设备、各类抢险抢修专用工具、流动发电车、应急照明设备、安全工器具、空气呼吸器、防毒面具、防护服、救护设备（车）等。

（2）生产现场可能不具备的一些特殊应急装备，如消防车、救护车、大型起重设备、专用设备和工具、防护服等，应明确应急需要时，向外部（本单位其他生产部门和场所、友邻单位、周边消防队和急救中心、上级公司等）借用获取的方式。

（3）各单位应在现场处置方案中，掌握现场可调用的应急装备资源，建立信息数据库，明确现场应急装备的类型、数量、性能和存放位置。要建立相应的维护、保养和应急调用等制度。

（4）在火灾、爆炸突发事件进入Ⅱ级及以上预警时，物资部门负责梳理、检查全公司物资储备情况，并通知协议厂家做好应急供货准备。

3. 通信与信息

公司各单位应以常规通信资源为主，保证应急指挥和现场抢险救援的通信畅通、信息传输及时无误。

在火灾、爆炸突发事件进入Ⅱ级及以上预警或启动应急响应时，应急值班室的办公电话、传真等应确保完好，进入应急响应后每日检查 1 次。根据需要，协调移动、联通、电信公司提供通信保障。

4. 经费

处置突发事件产生的生产设备、场所恢复费用，参照相关规定执行。

5. 其他

（1）交通运输保障：在火灾、爆炸突发事件进入Ⅱ级及以上预警时，办公室负责通知车辆服务处准备好应急车辆，充足油料，具备涉水、越野等性能，驾驶员现场值班；在公司启动应急响应后，根据需要，办公室、安全监察部向地方政府（应急办公室）、公安局等有关部门汇报，为应急队伍、特殊车辆等协调解决交通运输过程中的问题，根据需要争取“绿色通道”。

（2）医疗救护保障：在火灾、爆炸突发事件进入Ⅱ级及以上预警时，应急办公室判断可能应急处置过程中可能引发人身伤害等情况，安排医护人员值班，做好应急准备。如果造成人身伤病或公共卫生疫情，应每日询问了解情况，及时请求邻近单位医护人员支援。

（十）培训和演练

1. 培训

（1）公司应认真组织员工对火灾、爆炸事故应急预案的学习和培训，加强对相关人员的技术培训和演练，并通过技术交流和研讨等多种方式，提高应急救援能力和水平。

（2）各部门要将本单位预案和现场处置方案纳入班组日常安全学习教育内容，并对相关人员组织开展必要的培训，增强应急处置能力。

2. 演练

生产经营场所应当每年组织一次灭火和应急疏散演练，演练结束后应及时修订、完善相关预案。

二、火灾、爆炸事故现场应急处置方案

（一）作业人员应对配电网设备突发火灾事故现场处置方案

1. 工作场所

××公司××作业现场（含电缆、配电变压器等设备现场）。

2. 事故特征

配电变压器设备喷油、冒烟；电缆、开关柜、管廊、箱式变电站等冒烟、燃烧。

3. 岗位应急职责

（1）工作负责人：

1）逐级汇报火情，必要时报火警。

2）组织落实先期应急措施，消除或减轻事故风险。

3）隔离事件区域，防止次生、衍生事故。

4）保障人员、设备安全。

（2）作业人员：

1）服从指挥，协同应急处置。

2）保障自身安全。

4. 现场应急处置

（1）接到火情信息后，设备运检人员立即赶赴现场。

（2）了解火灾情况后，立即向上级汇报。

（3）查明火情，切断设备上级电源。判断着火电缆所属系统和走向，调整运行方式，并切断着火电缆的电源。

（4）对初起火灾，工作负责人可组织自行扑救：启用灭火装置，使用消防砂、灭火器等灭火，并视情况及时拨打“119”“120”报警；电缆着火部位两侧设置阻火带，延缓和阻止火势发展。

（5）火势无法控制时，现场负责人组织人员撤至安全区域，防止爆炸伤人。电缆间、电缆隧道火势无法控制时，应在急救援人员撤出后关闭防火门，以使火焰窒息。

（6）隔离事发现场，在交通要道和主要路口设置警示标志，并设专人看守。禁止任何无关人员擅自进入隔离区域。

（7）配合专业消防人员灭火。

5. 注意事项

（1）报警时应详细准确提供单位名称、地址、起火设备、燃烧介质、火势情况、火灾现场人员受困情况、本人姓名及联系电话等信息，并派人在指定路口接应。

（2）扑救时，扑救人员应根据火情和现场情况，佩戴防毒面具或正压式呼吸器，并站在上风侧灭火。

（3）在现场处置过程中要辨别设备名称和位置，严防次生事故的发生。

（4）人员撤离时要选择正确的逃生路线，听从指挥，使用湿毛巾（棉织物）护住口鼻，低首俯身，贴近地面。

（5）扑灭火灾时，应用干粉式灭火器、二氧化碳灭火器等灭火。变压器等注油设备着火时，应当使用泡沫灭火器或干燥的砂子等灭火。电缆着火优先使用干粉式灭火器；若火灾无法扑灭，在电缆间、隧道用水灭火时，应确保排水系统正常。

（6）专业消防人员进入现场救火时，需向消防人员交代清楚带电部位、危险点及安全注意事项。进入电缆间、隧道等密闭场所火场的应急救援人员必须两人一组，佩戴正压式呼吸器；进入时间不宜过长，并充分预留出撤回时间所需要的呼吸器的供气量。

（7）室内扑救火灾时，严禁开启室内排风装置，以防火情蔓延。

（二）作业人员应对设备爆炸人员伤害事故现场处置方案

1. 工作场所

××公司××作业现场（含变压器、开关柜、断路器、充气柜、电压互感器、电流互感器、接地变压器、配电变压器、环网柜、电缆终端、柱上开关、电容器等设备现场）。

2. 事故特征

设备突然爆炸，产生高压电弧、高温烟火、有毒气体、爆炸碎片、高温油气等，造成作业人员伤害。

3. 岗位应急职责

（1）工作负责人：

1）保障自身安全，组织落实先期应急措施，消除或减轻事故风险。

2）迅速救助伤员，撤离工作人员。

3）隔离事故区域，防止次生、衍生事故。

4）逐级汇报。

（2）作业人员：

1）保障自身安全。

2）服从指挥，协同应急处置。

3）保护现场。

4. 现场应急处置

（1）工作负责人（监护人）立即下令停止作业，撤离所有工作人员至安全区域，并清点人数。

（2）工作人员疏散时要有序撤离，若没有防毒面具，可用湿毛巾、湿衣服捂住口鼻，防止发生人员踩踏事件。

（3）撤离过程中，在确保自身安全的情况下，现场工作人员可先行开展互救，迅速将现场被困人员转移至安全区域。

1）因吸入有毒气体昏迷的伤员应转移到通风良好处休息，并保持气道通畅，有条件时给予氧气吸入。呼吸心跳停止者，按心肺复苏法抢救，并联系医院救治。

2）有创伤的急救应遵循“先抢救、后固定、再搬运”的原则，防止伤情加重或伤口污染。

3）电弧灼伤、火烧伤或高温油、气烫伤的，应保持伤口清洁。

（4）立即采取措施，切断相关设备电源（汇报调度，远程切断相关设备电源，隔离故障）。

（5）救出所有伤员后，在确保自身安全的情况下，可开展灭火工作，以防火势蔓延。

（6）根据现场情况和人员伤害情况拨打“120”“119”求救电话。如果出事地点离医院较近、受伤人员情况允许，应立即送往医院，在之前必须做好伤员的保护措施。

（7）必要时，隔离事发现场，在交通要道和主要路口设置警示标志，并设专人看守。禁止任何无关人员擅自进入隔离区域。

（8）逐级汇报事故发生、发展和应对、处置情况。

5. 注意事项

（1）信息报告内容应包括伤员的伤害类型、伤害程度、伤害人数、发生伤害的时间、地点及现场处置情况。拨打“119”“120”等求救电话后，应派人在指定路口接应。

（2）带电设备爆炸后，使用干粉灭火器、沙土等对可能带电设备灭火。

（3）在抢救伤员前，应先检查爆炸设备区域是否有接地短路、是否有触电危险；进入爆炸设备区应穿绝缘鞋，严防现场有接地短路造成跨步电压伤人情况的发生。

（4）人员进入爆炸现场需使用正压式呼吸器的，必须正确穿戴，严防人员被呼吸器窒息。

（5）主变压器爆炸发生高温油气泄漏的，应注意在排油池周围放置警示围栏和标示牌，防止其他人员烫伤。

（6）开关室等封闭场所发生爆炸后，需等烟雾散尽后再进入。

（7）身上着火的，严禁迎风奔跑，应就地打滚灭火。

（8）未经医务人员同意，灼伤部位不宜敷搽任何东西和药物。

（9）在事发现场内应设置警戒区域，禁止无关人员进入，保护好现场，配合安监部门调查。

三、触电事故专项应急预案

（一）总则

1. 编制目的

为正确、高效、快速地处置触电事故，最大限度地避免或减少因触电事故造成的人员伤害，降低损失和社会影响，保证××公司（本预案中简称公司）正常的生产经营秩序，维护社会稳定和人民生命财产安全，特编制本预案。

2. 编制依据

依据《中华人民共和国突发事件应对法》《中华人民共和国安全生产法》《生产安全事故报告和调查处理条例》《生产安全事故应急条例》《电力安全生产监督管理办法》等相关法律法规及《国家电网有限公司突发事件总体应急预案》《国家电网有限公司安全事故调查规程》《国家电网有限公司人身伤亡事件应急预案》等，制订本预案。

3. 适用范围

本预案适用于公司应对配电网施工、检修、产业制造等工作中出现的触电事故，以及生产经营场所发生的触电事件。公司因自然灾害造成的及参加社会突发事件应急救援行动出现的触电事故，参照本预案执行。

4. 基本原则

（1）统一指挥、分级负责：在公司突发事件应急领导小组统一领导下，通过建立系统化、分层次的应急组织、指挥体系，组织开展突发事件各项应急处理工作；组织开展事件响应、处置、恢复以及善后等各项应急工作。

（2）快速反应、果断处置：突出以人为本，增强责任心和政治敏感性，确保发现、报告、响应、控制等环节紧密衔接；应急办公室成员协同应对，信息畅通，快速反应，措施有效；最大限度地减少事故造成的次生事故。

（3）预防为主、常态管理：坚持“安全第一、预防为主、综合治理”的方针，突出突发事件预防和控制措施，有效防止触电伤亡事故发生；依靠公司、地方政府和公安机关，加强所在地区电力设施保护宣传工作和行政执法力度，提高公众保护电力设施的意识，维护电力设施安全；组织开展有针对性的培训，提高触电事件应急处理能力，以及城市、乡镇和公众应对触电事故的能力。

（二）组织机构及职责

1. 应急指挥机构的组成

公司成立触电事故应急领导小组（指挥部）。

组长：公司党政负责人；

副组长：安全总监、分管副总；

成员：公司各部门主要负责人。

在公司启动触电事故应急响应的情况下，由公司应急领导小组组织开展应急处置。应急领导小组下设应急办公室（设在安全监察部），负责具体牵头组织协调应急处置工作。

2. 应急指挥机构的职责

负责触电事故应急工作的日常管理。组织制订触电事故专项应急预案，并定期组织评估和修改。在公司应急领导小组的指挥下，会同应急办公室组织协调公司触电事故应急处置工作。负责组织或参与实施事故调查。负责与上级单位及政府有关部门的联系。协助新闻发布。

（1）应急指挥部职责：

1）发生事故时，由应急指挥部发出救援命令和信号。

2）指挥救援队伍实施救援行动，保证触电事故发生后，当班人员可以自我保护，迅速准确到位，熟练操作，及时制止触电事件的蔓延扩大。

3）根据触电事故等级向上级主管部门汇报事故情况，必要时向有关部门发出救援请求。

4）组织事故调查，总结应急救援工作经验教训，组织并迅速恢复生产工作。

（2）应急办公室职责：

1）根据应急工作需要，按照“谁管理、谁负责”的原则，负责建立和完善本单位触电事故应急机制，指挥现场触电事故应急处置工作。

2）监督、检查现场触电事故应急管理工作情况、各类应急预案的准备和执行情况等。组织制订、修订现场触电事故应急预案及相关规章制度。督促开展应急培训工作。负责贯彻应急领导小组下达的应急指令。负责指挥现场触电事故应急处置工作。负责其他应急处置协调工作。

3）及时了解和掌握相关情况，研究提出应急处置建议。及时协调解决应急过程中出现的问题。组织参加事故调查、配合搜集证据等后期处置工作，协助新闻发布。

（三）事件分级

根据《国家电网有限公司安全事故调查规程》，按照人身伤亡事故造成人员伤害的严重程度、影响范围等因素，将人身伤亡事故分为1～8级事故（件），公司预案将1～5级纳入应急响应范畴，分别为特别重大、重大、较大、一般、五级共5个等级。

1. 特别重大人身事故

发生下列情况之一，为公司特别重大人身事故：

（1）造成公司系统30人以上死亡，或者100人以上重伤者。

（2）公司应急领导小组视人身伤亡事件严重程度、应急处置能力和社会影响等综合因素，研究确定为特别重大人身事故者。

2. 重大人身事故

发生下列情况之一，为公司重大人身事故：

（1）造成公司系统10人以上30人以下死亡，或者50人以上100人以下重伤者。

（2）公司应急领导小组视人身伤害事件严重程度、应急处置能力和社会影响等综合因素，研究确定为重大人身事故者。

3. 较大人身事故

发生下列情况之一，为公司较大人身事故：

（1）造成公司系统3人以上10人以下死亡，或者10人以上50人以下重伤者。

（2）公司应急领导小组视人身伤害事件严重程度、应急处置能力和社会影响等综合因素，研究确定为较大人身事故者。

4. 一般人身事故

发生下列情况之一，为公司一般人身事故：

（1）造成公司系统3人以下死亡，或者3人以上10人以下重伤者。

（2）公司应急领导小组视人身伤害事件严重程度、应急处置能力和社会影响等综合因素，研究确定为一般人身事故者。

5. 五级人身事件

发生下列情况之一，为公司五级人身事件：

（1）无人员死亡和重伤，但造成10人以上轻伤者。

（2）公司应急领导小组视人身伤害事件严重程度、应急处置能力和社会影响等综合因素，研究确定为五级人身事件者。

注意：本分级定义中的“以上”包括本数，所称的“以下”不包括本数。

（四）响应分级

根据《中华人民共和国民法通则》《中华人民共和国电力法》和其他有关法律的规定，按照事故的性质、严重程度、事态发展趋势实行分级响应机制，依据公司应急分级原则，对公司的触电事故应急响应分为Ⅰ、Ⅱ级。

1. Ⅰ级响应

根据现场查勘结果，发生下列情况之一，为Ⅰ级响应：

（1）因自然灾害造成高、低压架空线断线，引起人身触电伤亡。

（2）因电力设施受外力破坏造成高、低压线路断落或电气设备故障（异常），引起人身触电伤亡。

（3）因违章建筑造成建筑物与高、低压架空线间的垂直距离不符要求，引起人身触电伤亡。

（4）因高、低压线路被私拉乱接，引起人身触电伤亡。

（5）因外部人为因素造成高、低压线路或电气设备绝缘破坏而漏电，引起人身触电伤亡。

2. Ⅱ级响应

根据现场查勘结果，发生下列情况之一，为Ⅱ级响应：

（1）受害人以触电方式自杀、自伤。

（2）受害人盗窃电能，盗窃、破坏电力设施或者因其他犯罪行为而引起触电事故。

（3）受害人在电力设施保护区从事法律、行政法规所禁止的行为。

（五）应急响应

1. 响应原则

突发事件发生后，触电事故的应急响应坚持分级负责、快速反应的原则。

2. 响应程序

（1）事故发生现场机构负责人立即上报，启动应急办公室。由一名应急领导小组负责人带队，赶赴事故发生现场指导、协调应急处理。及时了解和掌握事故发展情况、现场应急情况、政府、上级和社会公众、新闻媒体动态等情况。

（2）公司应急办公室、应急领导小组与事故发生现场负责人应保持联系，及时了解事故处置进展情况，指导事故发生现场应急处理，做好记录，并随时调集相关应急力量增援。

（3）根据事故应急处置需要，由应急办公室负责人决定是否组织人员赴现场指导开展应急处置。

3. 应急处理

在接获触电伤亡情报信息后，应急办公室按照职责迅速组织人员到达现场，并报告应急指挥部。应急指挥部通知综合事务部、安全监察部等有关部门，应按照公司到位标准，迅速到达现场。应急办公室根据现场事态及时作出相应部署，属于重大或重大突发事件的，应立即如实向地方政府和相关部门报告，最迟不得超过1h，不得迟报、谎报、瞒报和漏报，在地方政府应急机构和相关部门指挥、协调下处理。同时，报告上级电力公司应急机构。

特殊情况下，事发地有关部门值班人员可直接向当地政府和相关部门报告，报告内容主要包括时间、地点、信息来源、事件性质、影响范围、事件发展趋势和已经采取的措施等。应急处置过程中，要及时续报有关情况并保持与当地行政主管部门联系。

（1）事故现场处置：属地单位（工区、项目部）负责现场，到达现场后维护现场秩序，避免发生次生触电事故。如发现导线、电缆断落地面或悬挂空中，应设法做好安全防护措施，防止行人靠近断线地点8m以内，以免跨步电压伤人，并迅速报告相关部门。同最先到达现场的公司应急办公室、主管部门人员一同，保持事发现场稳定，立即对事发缘由进行调查，迅速了解事故情况，并实施现场拍照，固定有关证据，为后期进入相关司法程序做好第一现场相关取证工作。

（2）应急办公室随时掌握触电伤亡家属动态信息，及时向应急处理指挥部反馈信息。各部门按职能归口负责保持与当地有关部门的沟通联系，负责妥善处理好善后工作。

（3）事故处置应维护公司形象，符合国家法律法规以及国家电网有限公司、省电力公司的相关规定，维护供电人、用电人双方权益。

（4）围堵生产办公场所的处置。

1）信息采集及预判：触电事故发生后，综合事务部负责人根据掌握的动态信息，通知安全监察部做好生产办公场所的应急预警。

2）特殊方式下的处置措施：

a. 安全监察部根据动态信息应及时通知后勤服务处调整大门区域内所有视频监控装置，确保处于有效监控及录像状态，做好摄、录像人员记录现场影像资料的准备工作。

b. 安全监察部负责人应到传达室现场指挥防控，适时增加保安力量，及时通知综合事务部门负责人接访，并上报公司领导。

c. 发现群访人员可能围堵冲击公司大门时，安全监察部负责人应首先请求属地派出所出警，同时请警务室民警上报公安局经济文化保卫处，要求公安机关派出警力保障公司正常生产秩序。

d. 群访人员围堵冲击公司大门时，安全监察部负责人要组织保安坚决将其堵在公司大门以外，以保证公司抢修抢险车辆正常进出。如引发道路堵塞，应及时报告交巡警部门处置。

e. 综合事务部与群访人员代表协商沟通时，安监治安专职应安排保安人员负责协商沟通现场的执勤工作。

f. 群访人员冲进公司大门，保卫人员应立即采取强制措施，坚决保证公司安全生产等要害部门、部位正常生产、办公秩序不受干扰。

3）触电伤亡闹事事件整体处置：根据现场人员掌握信息，配合综合事务部按照职责分工参与现场处置。

4. 应急结束

触电事故应急处理完成后，没有产生重大影响或严重威胁社会公共安全事件的条件下，在公司应急处理指挥部宣布解除应急响应后，转入正常状态。

（六）信息报告与发布

公司24h应急电话：××××××。

（1）报告：事故发生现场机构负责人负责第一时间报告。

（2）接报：公司应急办公室负责接报，通过综合分析判断事故等级，并立即向应急领导小组报告；同时按照应急领导小组的指示，向上级公司有关部门或地方政府有关部门报告。

（3）发布：触电事故造成一定社会影响的，应急办公室负责及时向公司应急领导小组汇报事故情况、应急措施开展情况和事故控制情况等信息，由公司应急领导小组统一负责事故信息对社会的发布，使公众对事件情况有客观的认识和了解。应急办公室无对外发布事件相关信息的权利。

（七）后期处置

1. 事故调查

触电事故应急处置结束后，上级公司根据需要成立善后处置小组，负责协助地方政府相关部门开展事故调查、肇事责任追究工作。

触电事故发生单位和部门应当保护现场，接受事故调查，如实提供事故的情况，未经同意不得擅自清理现场。

2. 保险理赔

善后处置小组应及时统计生产经营区域设备设施损失情况，会同财务部门核实、汇总受损情况，向保险公司理赔。

综合事务部应掌握人员伤亡情况，联系实施有关人身意外伤害的保险理赔工作。财务资产部收集财产损失情况，联系实施有关财产损失的索赔工作，按保险合同落实财产保险理赔。

3. 恢复生产

应急响应行动结束后，善后处置小组应对恢复重建工作进行计划和部署，制订详细可行的工作计划，快速、有效地消除事故造成的不利影响，尽快恢复正常生产秩序。

应急结束后，应将各类设施和力量恢复到应急前的状态。

4. 总结改进

事故应急结束后，事故单位应逐级填报触电事故报告和报表，并举一反三查找隐患，落实整改措施。

应急办公室应根据应急工作中的经验教训，不断修订、完善相关预案。

（八）应急保障

（1）定期组织相关专业人员，对公司触电事故应急预案的制订、完善和落实情况进行检查，对发现的问题及时进行改进。

（2）加强人员技能培训，通过各种手段提高各类人员的应急处理能力，普及现场取证知识，提高证据可用性。

（九）宣传与培训

（1）公司加强触电事故应急工作的宣传和教育，提高各级人员对应急预案重要性的认识，加强各部门之间的协调与配合，各负其责，落实责任，保证应急预案的有效实施。

（2）公司加强电力生产和安全知识的宣传、教育和预控，采取通俗易懂方式普及应对触电事故的正确处理方法和措施，提高社会公众应对触电事故的能力。

（3）公司向职工发布触电事故应急预案，促进职工积极参与应急预案的培训、应用，使职工了解、掌握应急预案执行流程。

（十）补充要求

（1）各单位要充分重视触电事故应急处置工作，各部门主要负责人为触电事故应急处置第一责任人，参与触电事故应急处置工作。

（2）触电事故应急预案和组织体系。各部门应参照本预案内容和要求，结合各自实际，分层制订相应的触电事故应急处置预案和组织体系，并报公司应急办公室备案。

（3）及时报告：

1）触电事故发生后，有关单位必须按照有关规定报告发生信息，即时续报相关信息。

2）有关单位向公司以及对外报送信息，必须做到数据源唯一、数据正确、报告时间符合要求。

3）收到触电事故报告后，公司应急办公室应立即核实，向公司应急领导小组汇报。

4）发生八级人身、电网、设备事件，应按资产关系或管理关系上报至上一级管理单位，每级上报的时间不得超过1小时。

5）自触电事故发生之日起30天内，事故造成的伤亡人数发生变化的，应于当日续报。

四、触电事故现场应急处置方案

（一）作业人员应对突发低压触电事故现场处置方案

1. 工作场所

××公司××作业现场。

2. 事件特征

作业人员在1000V及以下电压等级的设备上工作，发生触电，造成人身伤害。

3. 岗位应急职责

（1）事件最先发现者：

1）立即向他人求救。

2）立即采取措施使触电者脱离电源。

（2）工作负责人：

1）组织落实先期应急措施，消除或减轻事故风险。

2）组织救助触电人员。

3）隔离事故区域，防止次生、衍生事故。

4）逐级汇报。

（3）工作班成员：

1）保障自身安全。

2）服从指挥，协同应急处置。

4. 现场应急处置

（1）事故最先发现者应大声呼救，呼救内容要明确：某某人在某某地点发生触电。

（2）如触电人员悬挂高处，现场人员应尽快将其解救至地面。如暂时不能解救至地面，应考虑相关防坠落措施。必要时拨打“119”请求专业支援。

（3）现场人员采取拉开电源开关、断线或使用绝缘工器具移开带电体等措施使触电者脱离电源。

（4）根据触电人员受伤情况，采取人工呼吸、心肺复苏等相应急救措施。

（5）现场人员将触电人员送往医院救治或拨打“120”急救电话求救。

（6）必要时，隔离事发现场，在交通要道和主要路口设置警示标志，并设专人看守。禁止任何无关人员擅自进入隔离区域。

（7）逐级汇报事件发生、发展和应对、处置情况。

5. 注意事项

（1）信息报告内容应包括伤员的伤害类型、伤害程度、伤害人数、发生伤害的时间、地点及现场处置情况。拨打“120”后，应派人在指定路口接应。

（2）未脱离电源前，严禁直接用手、金属及潮湿的物体接触触电人员。

（3）在解救高处触电者时，应采取防止再次触电的措施。

（4）将伤者从电杆上解救到地面的过程中，应注意绑扎受伤人员方法，防止下吊伤者时造成直接落地，应缓慢下移防止对伤者造成二次伤害。

（5）在医务人员未接替救治前，不应放弃现场抢救。

（二）作业人员应对突发高压触电事故现场处置方案

1. 工作场所

××公司××作业现场。

2. 事件特征

作业人员在1000V以上电压等级的设备上工作，发生触电，造成人身伤害。

3. 岗位应急职责

（1）工作负责人：

1）组织落实先期应急措施，消除或减轻事故风险。

2）迅速救助伤员，撤离工作人员。

3）隔离事故区域，防止次生、衍生事故。

4）逐级汇报。

（2）工作班成员：

1）保障自身安全。

2）服从指挥，协同应急处置。

4. 现场应急处置

（1）现场人员立即高声呼救，并采取措施使触电人员脱离电源。如高压设备接地，应采取措施切断相关设备电源。

（2）如触电人员悬挂高处，现场人员应尽快将其解救至地面。如暂时不能解救至地面，应考虑相关防坠落措施。必要时拨打“119”请求专业支援。

（3）检查触电人员受伤程度，判断有无意识；根据受伤情况，采取止血、固定、心肺复苏等相应急救措施。

（4）如触电者衣服被电弧光引燃时，应利用衣服、湿毛巾等迅速扑灭其身上的火源。着火者切忌跑动，必要时可就地躺下翻滚，使火扑灭。

（5）拨打“120”急救电话或立即将触电人员送往医院。

（6）必要时，隔离事发现场，在交通要道和主要路口设置警示标志，并设专人看守。禁止任何无关人员擅自进入隔离区域。

（7）逐级汇报事故发生、发展和应对、处置情况。

5. 注意事项

（1）信息报告内容应包括伤员的伤害类型、伤害程度、伤害人数、发生伤害的时间、地点及现场处置情况。拨打“120”后，应派人在指定路口接应。

（2）解救伤者过程中，应使用有良好绝缘的工具（如绝缘杆等）将伤者脱离电源，严禁直接用手、金属及潮湿的物体接触触电人员。

（3）救护人在救护过程中要注意自身和被救者与附近带电体之间的安全距离（高压设备接地时，室内安全距离为 4m，室外安全距离为 8m），防止再次触及带电设备或跨步电压触电。

（4）若伤员悬挂于高空，解救过程中要询问伤员伤情，并对骨折部位采取固定措施，同时在地面设置防坠落相关措施。

（5）对于骨折伤员，应对其受伤部位进行止血，并对骨折部位进行充分包扎和固定。搬运骨折伤员的过程中应特别注意伤员的受伤部位及受伤程度，避免搬运过程中造成伤员二次伤害。

（6）在医务人员未接替救治前，不应放弃现场抢救。

（7）受到电击伤的人员，因电流对人体组织损伤程度不同，甚至可能造成心脏、肾脏或神经系统损害，受伤人员即使未发现表面伤口，也应到正规医院的烧伤科就诊，必要时应住院观察并积极配合治疗。

五、机械设备突发事件专项应急预案

（一）总则

1. 编制目的

为提高××公司（本预案中简称公司）防范和应对施工机械设备突发事件的能力，在发生施工机械引起的事故突发事件中，以危急事件的预测、预防为基础，以对危急事件过程处理的快捷、准确为重点，以全力保证人身、电网和设备安全为核心，以建立危急事件的长效管理和应急处理机制为根本，提高快速反应和应急处理能力，将危急事件造成的损失和影响降低到最低程度，现结合项目部实际情况，制订本应急预案。

2. 编制依据

本预案依据以下法律法规、标准制度及相关文件，结合公司实际制订：《中华人民共和国突发事件应对法》《中华人民共和国安全生产法》《中华人民共和国电力法》《国家突发公共事件总体应急预案》《生产安全事故报告和调查处理条例》《生产经营单位安全生产事故应急预案编制导则》《电力企业专项应急预案编制导则（试行）》《国家电网有限公司应急管理工作规定》《国家电网有限公司突发事件总体应急预案》《国家电网有限公司基建安全管理规定》《进一步规范公司生产安全事故和突发事件信息报告工作要求》《国家安全生产事故灾难应急预案》《国家电网有限公司安全生产工作规定》《国家电网有限公司应急预案管理办法》《电力生产事故调查规程》《工程建设重大事故和调查程序规定》《建筑工程安全操作规程》《建筑机械使用安全技术规程》及国家有关法律、法规和上级有关规定。

3. 适用范围

本预案适用于公司应对和处置安全生产过程中发生的施工机械设备事故。

4. 基本原则

预防为主，有效控制。以人为本，群防群治。统一指挥，快速反应。分级负责，属地管理。区分性质，妥善处置。

把保障人员生命安全和身体健康、最大限度地预防和减少安全生产事故造成的人员伤亡作为首要任务。其次应尽可能减少财产损失和环境污染，按有利于恢复生产的原则组织应急行动。

各施工项目部应按照合同约定的职责和权限，负责施工现场有关安全施工事故的应急管理和应急处置工作。各施工项目部应遵循以自救为主，坚持自救和社会救援相结合的原则，并接受上级单位应急组织的领导。

贯彻落实“安全第一，预防为主，综合治理”的方针，坚持事故应急与预防工作相结合。做好预防、预测、预警和预报工作，做好常态下的风险评估、物资储备、队伍建设、完善装备、预案演练等工作。

正确分析现场情况，及时划定危险范围，阻断危险点，防止二次事故发生及事态蔓延。调集救助力量，迅速控制事态发展，果断决定采取应急行动。同时保持通信畅通，随时掌握险情动态。

（二）组织机构及职责

1. 应急指挥机构的组成

公司成立机械设备突发事件应急领导小组（指挥部）。

组长：公司党政负责人；

副组长：安全总监、分管副总；

成员：公司各部门主要负责人。

在公司启动机械设备突发事件应急响应的情况下，由公司应急领导小组组织开展应急处置。应急领导小组下设应急办公室（设在安全监察部），负责具体牵头组织协调应急处置工作。

2. 应急指挥机构的职责

负责机械设备突发事件应急工作的日常管理。组织制订专项应急预案，并定期组织评估和修改。在公司应急领导小组的指挥下，会同应急办公室组织协调公司应急处置工作。负责组织或参与实施事故调查。负责与上级单位及政府有关部门的联系。协助新闻发布。

（1）应急指挥部职责：

1）发生突发事件时，由应急指挥部发出救援命令和信号。

2）指挥救援队伍实施救援行动，保证事件发生后，当班人员可以自我保护，迅速准确到位，熟练操作，及时制止事件的蔓延扩大。

3）根据事件等级向上级主管部门汇报事故情况，必要时向有关部门发出救援请求。

4）组织事件调查，总结应急救援工作经验教训，组织并迅速恢复工作。

（2）应急办公室职责：

1）根据应急工作需要，按照“谁管理、谁负责”原则，负责建立和完善本单位机械设备突发事件应急机制，指挥现场机械设备突发事件应急处置工作。

2）监督、检查现场机械设备突发事件应急管理工作情况、各类应急预案的准备和执行情况等。组织制订、修订现场机械设备突发事件应急预案及相关规章制度。督促开展应急培训工作。负责贯彻应急领导小组下达的应急指令。负责指挥现场应急处置工作。负责其他应急处置协调工作。

3）及时了解和掌握相关情况，研究提出应急处置建议。及时协调解决应急过程中出现的问题。组织参加事故调查、配合搜集证据等后期处置工作，协助新闻发布。

（三）事件分级

按照事件性质、严重程度、可控性和影响范围等因素，机械设备事故一般分为Ⅰ级（特别重大）、Ⅱ级（重大）、Ⅲ级（较大）和Ⅳ级（一般）四级：

（1）Ⅰ级：造成或可能造成30人以上死亡，或者100人以上重伤，特大设备事故或对公司产生严重负面影响的突发事件。

（2）Ⅱ级：造成或可能造成10人以上30人以下死亡，或者50人以上100人以下重伤人身事故，未构成特大人身事故的，重大设备事故或对公司产生重大负面影响的突发事件。

（3）Ⅲ级：造成或可能造成3人以上10人以下死亡，或者10人以上50人以下重伤人身事故，未构成重大人身事故的，较大设备事故或对公司产生较重负面影响的突发事件。

（4）Ⅳ级：造成或可能造成3人以下死亡，或者10人以下重伤人身事故，一般设备事故。

注：本分级定义中所称的“以上”包括本数，所称的“以下”不包括本数。

（四）事件类型和危害程度

1. 机械设备突发事件类型

（1）起重机械发生起吊物品坠落或严重溜钩（溜车）故障。

（2）起重机械发生电器控制系统失灵或保护拒动故障。

（3）起重机械大车（小车）车轮脱轨故障。

（4）机械作业过程中，严重过载，主要结构件荷载和应力突然增加，造成主要结构严重变形或断裂，严重时出现倒塌的恶性事故。

（5）机械设备的液压系统管路、油缸爆裂，主要结构变形或断裂，严重时出现倒塌的恶性事故。

（6）机械设备的门柱、悬臂架、平衡梁等主要金属结构疲劳、腐蚀，焊口缺陷，高强度螺栓松动、蠕变，主要结构变形或断裂，严重时出现倒塌的恶性事故。

（7）机械设备的大车行走装置、回转装置、上部金属结构顶起作业时，检修工艺不当，支承工装的强度和刚度不够，工装失稳或破断，支点不正确，导致机械构件损坏，严重时造成设备倾覆。

（8）机械设备经过暴风、地震、事故后，强度、刚度、稳定等性能下降，未经过检验、修复继续投入使用，造成结构损坏或整机失衡坍塌。

（9）机械设备在外力或重力作用下，超过自身的强度极限或因结构稳定性破坏而造成坍塌事故。

2. 危害程度

（1）人员轻伤、机械设备轻微损坏或轻微财产损失。

（2）人员重伤、机械设备严重损坏或一般财产损失。

（3）人员死亡、机械设备重大损坏或重大财产损失。

（五）应急响应

1. 响应原则

突发事件发生后，机械设备突发事件的应急响应坚持分级负责、快速反应的原则。

2. 响应程序

（1）响应启动条件：

1）发生Ⅰ级机械设备事故，启动Ⅰ级应急响应。

2）发生Ⅱ级机械设备事故，启动Ⅱ级应急响应。

3）发生Ⅲ级机械设备事故，启动Ⅲ级应急响应。

4）发生Ⅳ级机械设备事故，启动Ⅳ级应急响应。

（2）响应启动的责任者为应急办公室主任。

（3）响应行动：

1）应急中心启用应急办公室，发布应急响应信息。

2）应急中心对突发事件的处置作出指示，责成有关部门立即采取相应的应急措施，按照处置原则和部门职责开展应急处置工作。同时，向事发现场派出应急工作组，协助开展现场处置工作。

3）应急中心开展应急值班，组织协调相关工作，开展信息汇总和报送，及时向应急中心汇报。

4）应急中心或委托应急中心，向上级主管部门、地方政府等相关部门汇报突发事件信息。必要时，请求上级电力公司、政府的支援。

5）应急中心组织开展信息披露的相关工作。

6）当事故有可能出现扩大、恶化苗头，应及时向上级电力公司、地方政府汇报，请求支援。

3. 应急处置

（1）先期处置：发生机械设备突发事件时，现场的领导、管理人员、技术人员和施工作业人员是先期处置队伍，现场的任何人员均有责任按照应急联络指南立即向各相关部室应急领导小组（办公室）报告；事故现场的应急领导根据事故的性质，立即召集、组织人员，就地按照应急预案，采取正确有效的措施，利用现场的一切资源抢救伤员、抢救财产，避免事故的扩大；必要时请求建设单位、当地政府有关部门和机构等外部力量给予支持。

（2）应急处置：公司应急领导小组视现场抢救情况，调集公司及其他现场的交通运输工具、起重机械、专用工具、防护用具、医疗、物资、人员等方面资源给予支持和保障。

4. 响应调整

应急中心根据事件严重程度、人员救治能力和社会影响等综合因素，按照事件分级标准，决定是否调整事件响应级别。

5. 应急结束

（1）结束条件：

1）上级主管部门、应急领导小组、政府部门宣布机械设备突发事件应急响应结束。

2）事故现场及人员伤亡情况得到控制与救护，事故隐患得到消除，防范措施得到落实。

3）由机械设备引发的其他突发事件的直接影响已经结束，其次生和衍生事故发生的可能性已得到有效控制。

（2）结束程序：当同时满足以上条件时，应急结束建议由应急中心提出，经公司应急领导小组批准，并发布终止命令。

（六）信息报告与发布

公司24h应急电话：××××××。

（1）报告：事故发生现场机构负责人负责第一时间报告。

（2）接报：公司应急办公室负责接报，通过综合分析判断事故等级，并立即向应急领导小组报告；同时按照应急领导小组的指示，向上级公司有关部门或地方政府有关部门报告。

（3）发布：应急事件造成一定社会影响的，应急办公室负责及时向公司应急领导小组汇报事件情况、应急措施开展情况和事件控制情况等信息，由公司应急领导小组统一负责事件信息对社会的发布，使公众对事件情况有客观的认识和了解。应急办公室无对外发布事件相关信息的权利。

（七）后期处置

1. 善后处置

进一步安抚伤亡人员家属的情绪，并做好善后的各项事宜。各有关部门尽快统计人员伤亡情况，经相关部门核实后，由财务部牵头按保险公司相关保险条款索赔。

2. 事件调查

（1）发生机械设备突发事件后，公司组成调查组进行事件调查，客观、公正、准确、及时地查明事件发生的原因、性质和责任，人员伤亡及财产损失情况，提出防止类似事件再次发生所应采取的措施和对事故责任人的处理建议，检查控制事件的应急措施是否得当和落实。

（2）按照国家有关法律法规的要求，积极协助公司应急领导小组和当地政府有关部门进行事件调查。根据事件处理的要求，由相关部门整理并建立必要文件和资料移交相关部门。

3. 改进措施

发生机械设备事故后，及时组织各项目部深入研究事故发生的机理、发展过程，吸取事故教训，制订具体措施，进一步完善防止机械设备事故的预控措施与应急处置预案。

（八）应急保障

1. 应急队伍

现场运行人员、施工和管理人员为应急救援人员。全体员工应定期参加急救培训。

2. 应急物资与装备

公司各部门应投入必要的资金，在工程项目施工、工作的场所及施工车辆上配备急救箱，存放急救用品，并应指定专人经常检查、补充或更换。

3. 通信与信息

各固定生产、工作场所应安装固定电话，非固定生产、工作场所应配置适当数量的对讲机。生产场所工作人员基本配备移动电话。

4. 经费

本预案所需应急专项经费的来源为工程经费支出。

（九）培训和演练

1. 培训

（1）公司应认真组织员工对机械设备突发事件应急预案的学习和培训，加强对相关人员的技术培训和演练，并通过技术交流和研讨等多种方式，提高应急救援能力和水平。

（2）各部门要将本单位预案和现场处置方案纳入班组日常安全学习教育内容，并对相关人员组织开展必要的培训，增强应急处置能力。

2. 演练

生产经营场所应当每年组织一次机械设备突发事件应急演练，演练结束后应及时修订、完善方案。

六、作业人员应对机械伤害事故现场处置方案

1. 工作场所

××公司××生产作业现场

2. 事件特征

作业人员在工作现场发生挤压、碰撞、切割、刺扎、绞绕、物体打击等机械伤害，造成人身伤害。

3. 岗位应急职责

（1）工作负责人：

1）组织落实先期应急措施，消除或减轻事故风险。

2）迅速救助伤员，撤离工作人员。

3）隔离事故区域，防止次生、衍生事故。

4）逐级汇报。

（2）工作班成员：

1）服从指挥，协同应急处置。

2）保护现场。

4. 现场应急处置

（1）紧急停止伤人机械运转。

（2）事故最先发现者或伤者本人应大声呼救，呼救内容要明确：某某人在某某地点发生何种受伤。

（3）现场救护。

1）发生外伤出血情况时，对伤者进行现场包扎、止血等措施，防止受伤人员流血过多造成死亡事故发生。创伤出血者迅速包扎止血，送往医院救治。

2）发生断手、断指等严重情况时，对伤者伤口要进行包扎止血、止痛，进行半握拳状的功能固定；对断手、断指应用消毒或清洁敷料包好，将包好的断手、断指放在无泄漏的塑料袋内，扎紧好袋口，在袋周围放置冰块，或用冰棍代替，速随伤者送医院抢救。

3）肢体卷入设备内，必须立即切断电源。如果肢体仍被卡在设备内，禁止用倒转设备的方法取出肢体，妥善的方法是拆除设备部件，无法拆除时拨打当地“119”请求专业救援。

4）发生头皮撕裂伤可采取以下急救措施：及时对伤者进行抢救，采取止痛及其他对症措施；用生理盐水冲洗有伤部位，涂红汞后用消毒大纱布块、消毒棉花紧紧包扎，压迫止血；使用抗菌素，注射抗破伤风血清，预防伤口感染；送医院进一步治疗。

5）受伤人员出现肢体骨折时，应尽量保持受伤的体位，由现场医务人员对伤肢进行固定，并在其指导下采用正确的方式进行抬运，防止因救助方法不当导致伤情进一步加重。

（4）转运伤员或拨打“120”求救。如果出事地点离医院较近，受伤人员情况允许，应立即送往医院，在之前必须做好伤员的保护措施。

（5）隔离事发现场，在交通要道和主要路口设置警示标志，并设专人看守。禁止任何无关人员擅自进入隔离区域。

（6）逐级汇报事故发生、发展和应对、处置情况。

5. 注意事项

（1）信息报告内容应包括伤员的伤害类型、伤害程度、伤害人数、发生伤害的时间、地点及现场处置情况。拨打“119”“120”等求救电话后，应派人在指定路口接应。

（2）发生断手、断指情况时，忌将断指浸入酒精等消毒液中，以防细胞变质。

（3）发生骨折情况时，注意搬运时的保护；对昏迷、可能伤及脊椎、内脏或伤情不详者一律用担架或平板，禁止用搂、抱、背等方式运输伤员。

（4）对重伤者不明伤害部位和伤害程度的，不要盲目进行抢救，以免引起更严重的伤害。

（5）在事发现场内应设置警戒区域，禁止无关人员进入，保护好现场，配合安监部门调查。

（6）一般性伤情也应送往医院检查，防止破伤风。

模块小结

通过本模块学习，应深刻理解配电网施工企业在专项应急预案及现场应急处置方案编写中的具体要求，具备编写其他相关的专项应急预案及现场应急处置方案的能力。

思考与练习

扫码看答案

1. 火灾、爆炸事故应急响应分几级？具体内容是哪些？
2. 人身伤亡事故分级分几级？具体内容是哪些？
3. 机械设备突发事件现场应急处置中，作业人员现场救护的具体工作包括哪些？

模块4　触　电　急　救

模块说明

本模块包含脱离电源、伤员脱离电源后处理、作业流程及内容和项目工作要点等内容。通过学习，熟练掌握人身触电的急救方法及注意事项，要求学会紧急救护法，会正确脱离电源，会心肺复苏法。

紧急救护的基本原则是在现场采取积极措施，保护伤员的生命，减轻伤情，减少痛苦，并根据伤情需要，迅速与医疗急救中心（医疗部门）联系救治。急救成功的关键是动作快、操作正确，任何拖延和操作错误都会导致伤员伤情加重或死亡。

要认真观察伤员全身情况，防止伤情恶化。发现伤员意识不清、瞳孔扩大无反应、呼吸、心跳停止时，应立即在现场就地抢救，用心肺复苏法支持呼吸和循环，对脑、心重要脏器供氧。心脏停止跳动后，只有分秒必争地迅速抢救，救活的可能才较大。

现场工作人员都应定期接受培训，学会紧急救护法，会正确脱离电源，会心肺复苏法等。

生产现场和经常有人工作的场所应配备急救箱，存放急救用品，并应指定专人经常检查、补充或更换。

一、项目概述

触电急救应分秒必争，一经明确心跳、呼吸停止的，立即就地迅速用心肺复苏法进行抢救，并坚持不断地进行，同时及早与医疗急救中心（医疗部门）联系，争取医务人员接替救治。在医务人员未接替救治前，不得放弃现场抢救，更不能只根据没有呼吸或脉搏的表现，擅自判定伤员死亡，放弃抢救；只有医生有权作出伤员死亡的诊断。与医务人员接替时，应提醒医务人员在触电者转移到医院的过程中不得间断抢救。

触电急救中，按照2015年版《国际急救与复苏指南》以及2016年版国际联合会、中国红十字会《国际急救与复苏指南》要求，对触电者进行紧急救护。单一施救者应先开始胸外按压，再进行人工呼吸，是C－A－B（C—人工循环、胸外按压，A—开放气道，B—人工呼吸），而非A－B－C，以减少首次按压的时间延迟。

二、脱离电源

（1）触电急救，首先要使触电者迅速脱离电源，越快越好。因为电流作用的时间越长，伤害越重。

（2）脱离电源，就是要把触电者接触的那一部分带电设备的所有断路器、隔离开关或其他开关设备断开，或设法将触电者与带电设备脱离开。在脱离电源过程中，救护人员也要注意保护自身的安全。如触电者处于高处，应采取相应措施，防止该伤员脱离电源后自高处坠落形成复合伤。

（3）低压触电可采用下列方法使触电者脱离电源：

1）如果触电地点附近有电源开关或电源插座，可立即拉开开关或拔出插头，断开电源；但应注意拉线开关或墙壁开关等只控制一根线的开关，有可能因安装问题只能切断中性线而没有断开电源的相线。

2）如果触电地点附近没有电源开关或电源插座（头），可用有绝缘柄的电工钳或有干燥木柄的斧头切断电线，断开电源。

3）当电线搭落在触电者身上或压在身下时，可用干燥的衣服、手套、绳索、皮带、木板、木棒等绝缘物作为工具，拉开触电者或挑开电线，使触电者脱离电源。

4）如果触电者的衣服是干燥的，又没有紧缠在身上，可以用一只手抓住触电者的衣服，拉离电源；但因触电者的身体是带电的，其鞋的绝缘也可能遭到破坏，救护人不得接触触电者的皮肤，也不能抓触电者的鞋。

5）若触电发生在低压带电的架空线路上或配电台架、进户线上，对可立即切断电源的，则应迅速断开电源，救护者迅速登杆或登至可靠地方，并做好自身防触电、防坠落安全措施，用带有绝缘胶柄的钢丝钳、绝缘物体或干燥不导电物体等工具将触电者脱离电源。

（4）高压触电可采用下列方法之一使触电者脱离电源：

1）立即通知有关供电单位或用户停电。

2）戴上绝缘手套，穿上绝缘靴，用相应电压等级的绝缘工具按顺序拉开电源开关或熔断器。

3）抛掷裸金属线（短路线）使线路短路接地，迫使保护装置动作，断开电源。注意抛掷金属线之前，应先将金属线的一端固定可靠接地，然后另一端系上重物抛掷，注意抛掷的一端不可触及触电者和其他人。另外，抛掷者抛出线后，要迅速离开接地的金属线 8m 以外或双腿并拢站立，防止跨步电压伤人。在抛掷金属线时，应注意防止电弧伤人或断线危及人员安全。

三、伤员脱离电源后处理

（一）判断意识、呼救和体位放置

1. 判断伤员有无意识的方法

（1）轻拍伤者双肩部，面向伤员一侧耳部呼唤“喂！您怎么了？”再次向另一侧呼唤“喂！您醒醒！”如认识，可直接呼喊其姓名。判断伤员有无意识如图 7－1 所示。

（2）触摸同侧颈动脉搏动是否消失，时间不超过 10s。

（3）听呼吸音，用颊部感觉气流，看胸部是否有呼吸动作，识别呼吸是否停止（没有呼吸或仅是喘息），判断高度不大于 10cm。

2. 呼救

（1）看伤员有无反应，判断意识是否丧失。同时大声呼救“来人帮忙，拨打‘120’！”呼救如图 7－2 所示。

图 7－1 判断伤员有无意识示意图

图 7－2 呼救示意图

（2）指定专人拨打“120”。

（3）若附近有 AED（自动体外除颤器，又称电击器），根据情况进行使用。

注意：一定要呼叫其他人来帮忙，因为一个人做心肺复苏术不可能坚持较长时间，而且劳累后动作易走样。叫来的人除协助做心肺复苏外，还应立即拨打“120”。

3. 体位放置

正确的抢救体位是仰卧位，伤者头、颈、躯干平卧、无扭曲，双手放于两侧躯干旁。

如伤员摔倒时面部向下，应在呼救同时小心地将其转动，使伤员全身各部成一个整体。尤其要注意保护颈部，可以一手托住颈部，另一手扶着肩部，以脊柱为轴心，使伤员头、颈、躯干平稳地直线转至仰卧，在坚实的平面上，四肢平放。放置伤员如图 7－3 所示。

注意：抢救者跪于伤者右肩侧旁，拉直伤者双腿，注意保护颈部；解开伤者衣领及裤带，暴露胸腹部，冷天要注意使其保暖。

（二）判断伤员有无脉搏与胸外心脏按压

1. 脉搏判断

在检查伤员的意识、呼吸、气道之后，应对伤员的脉搏进行检查，以判断伤员的心脏跳动情况（非专业救护人员可不进行脉搏检查，对无呼吸、无反应、无意识的伤员立即实施心肺复苏）。脉搏判断具体方法如下：

（1）在开放气道的位置下进行。

（2）一只手置于伤员前额，使头部保持后仰，另一只手在靠近抢救者一侧触摸颈动脉。

可用食指及中指指尖先触及气管正中部位，男性可先触及喉结，然后向两侧滑移 2～3cm，在气管旁软组织处轻轻触摸颈动脉搏动，如图 7－4 所示。

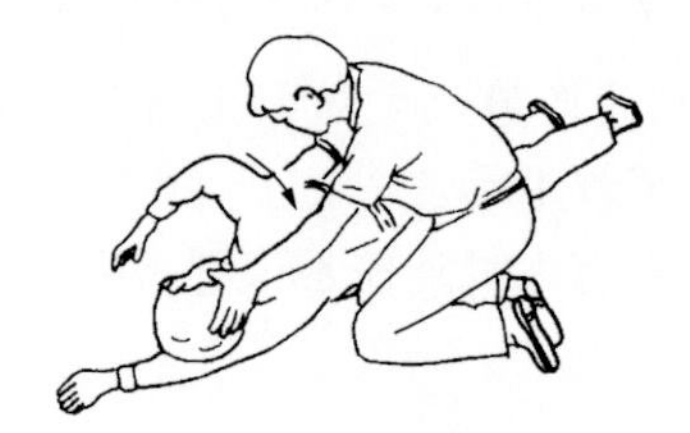

图 7－3　放置伤员示意图

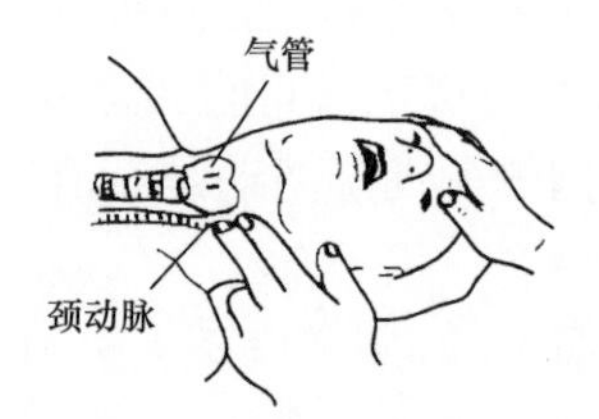

图 7－4　触摸颈动脉搏动示意图

注意：① 触摸颈动脉不能用力过大，以免推移颈动脉，妨碍触及。② 不要同时触摸两侧颈动脉，造成头部供血中断。③ 不要压迫气管，造成呼吸道阻塞。④ 检查时间不要超过 10s。⑤ 未触及搏动，心跳已停止，或触摸位置有错误；触及搏动，有脉搏、心跳，或触摸感觉错误（可能将自己手指的搏动感觉为伤员脉搏）。⑥ 判断应综合审定，如无意识，无呼吸，瞳孔散大，面色紫绀或苍白，再加上触不到脉搏，可以判定心跳已经停止。

2. 胸外心脏按压

在对心跳停止者立即胸外心脏按压，不能耽误时间。

（1）按压部位。胸骨中下 1/3 交界处（胸骨中心），双乳连线中点，如图 7－5 所示。

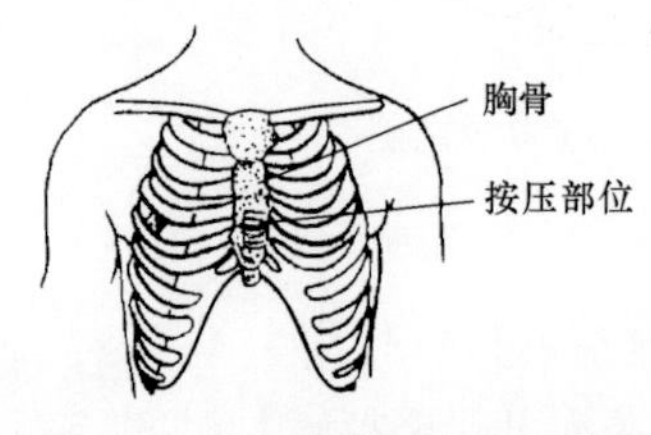

图 7－5　胸外按压位置示意图

（2）伤员体位。伤员应仰卧于硬板床或地上；如为弹簧床，则应在伤员背部垫一硬板。硬板长度及宽度应足够大，以保证按压胸骨时，伤员身体不会移动，但不可因找寻垫板而延误开始按压的时间。

（3）快速测定按压部位的方法。快速测定按压部位可分为 5 个步骤，如图 7－6 所示。

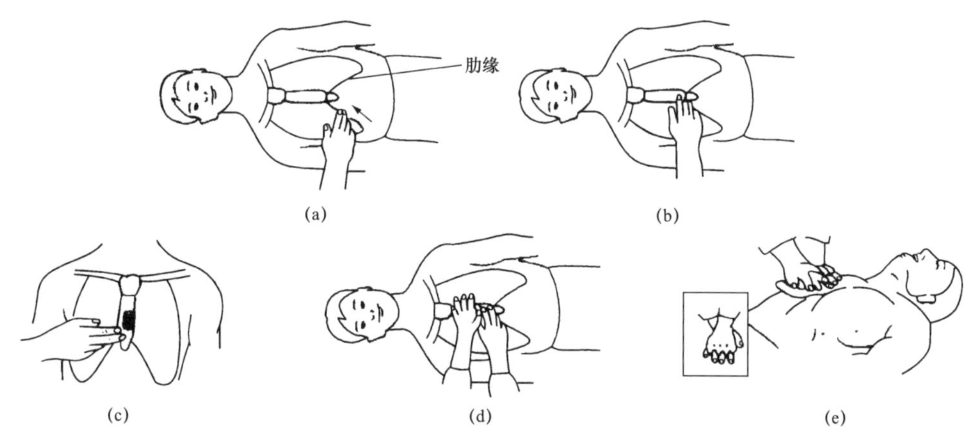

图 7-6　快速测定按压部位示意图

(a) 二指沿肋弓向中间移滑；(b) 切迹定位标志；(c) 按压区；
(d) 掌根部放在按压区；(e) 重叠掌根

1) 首先触及伤员上腹部，以食指及中指沿伤员肋弓处向中间移滑，如图 7-6 (a) 所示。

2) 在两侧肋弓交点处寻找胸骨下切迹，以切迹作为定位标志，不要以剑突下定位，如图 7-6 (b) 所示。

3)然后将食指及中指两横指放在胸骨下切迹上方,食指上方的胸骨正中部即为按压区，如图 7-6 (c) 所示。

4) 以另一只手的掌根部紧贴食指上方，放在按压区，如图 7-6 (d) 所示。

5) 再将定位之手取下，重叠将掌根放于另一手背上，两手手指交叉抬起，使手指脱离胸壁，如图 7-6 (e) 所示。

(4) 按压姿势。正确的按压姿势如图 7-7 所示，抢救者双臂绷直，双肩在伤员胸骨上方正中，靠自身重力垂直向下按压。

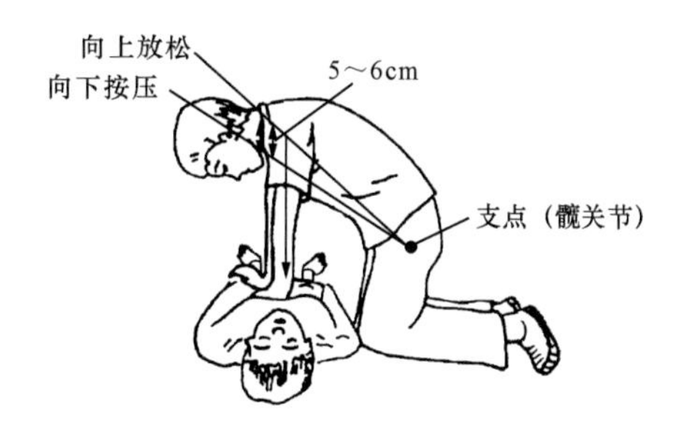

图 7-7　正确按压姿势示意图

(5) 按压用力方式如图 7-8 所示。

1) 按压应平稳，有节律地进行，中断时间限制在 10s 以内。

2) 不能冲击式地猛压。

3) 下压及向上放松的时间应相等。压按至最低点处，应有一明显的停顿。

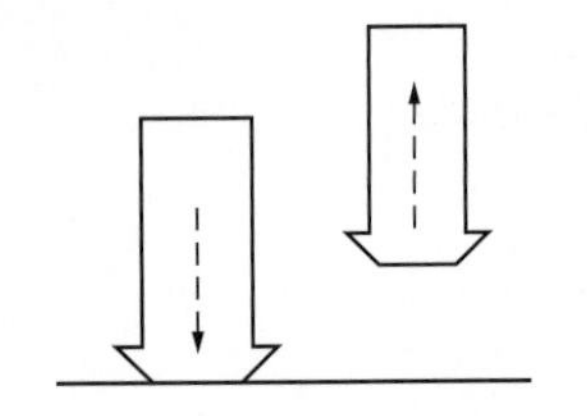

图 7-8　按压用力方式示意图

4）垂直用力向下，不要左右摆动。

5）放松时，定位的手掌根部不要离开胸骨定位点，但应尽量放松，务使胸骨不受任何压力。

(6) 按压频率：按压频率应保持在 100～120 次/min。

(7) 按压与人工呼吸比例：按压与人工呼吸的比例关系通常是 30∶2（成人）。

(8) 按压深度：按压时胸骨下陷 5～6cm（成人）。

(9) 胸外心脏按压常见的错误：

1）按压除掌根部贴在胸骨外，手指也压在胸壁上，这容易引起骨折（肋骨或肋软骨）。

2）按压定位不正确，向下易使剑突受压折断而致肝破裂；向两侧易致肋骨或肋软骨骨折，导致气胸、血胸。

3）按压用力不垂直，导致按压无效或肋软骨骨折，特别是摇摆式按压更易出现严重并发症，如图 7-9（a）所示。

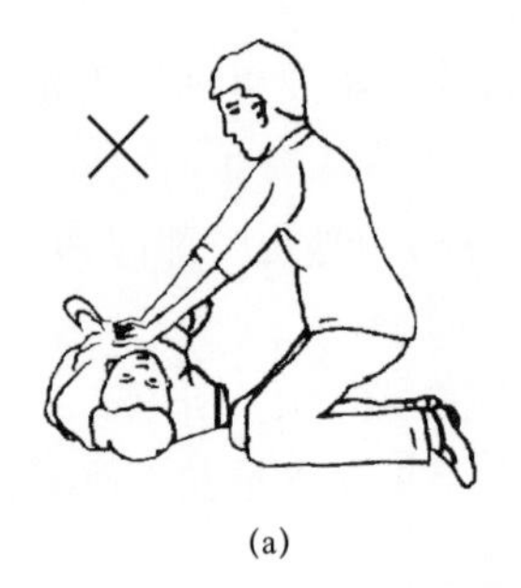

(a)

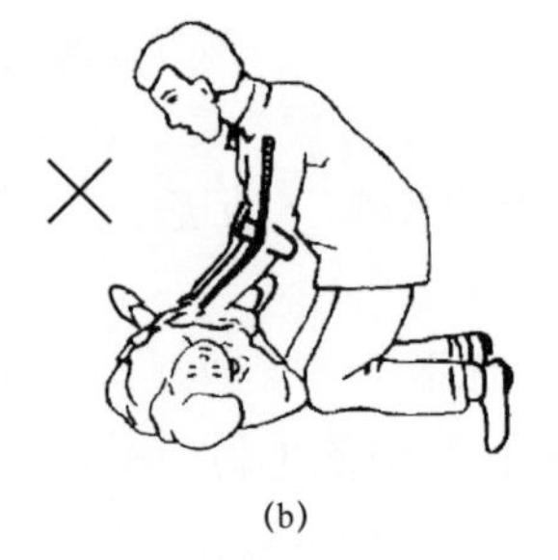

(b)

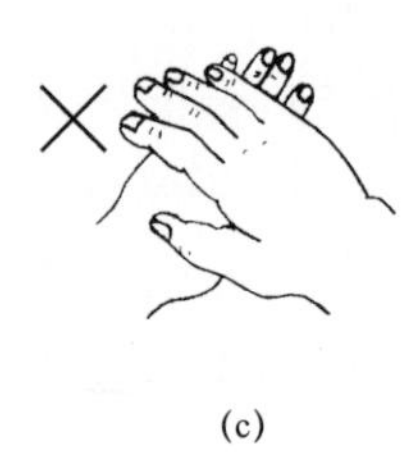

(c)

图 7-9　胸外心脏按压常见错误示意图

（a）按压用力不垂直；（b）按压深度不够；（c）双手掌交叉放置

4）抢救者按压时肘部弯曲，因而用力不够，按压深度达不到 5～6cm，如图 7-9（b）所示。

5）冲击式按压、猛压效果差，且易导致骨折。

6）放松时抬手离开胸骨定位点，造成下次按压部位错误，引起骨折。

7）放松时未能使胸部充分松弛，胸部仍承受压力，使血液难以回到心脏。

8）按压速度不自主的加快或减慢，影响按压效果。

9）双手掌不是重叠放置，而是交叉放置，如图 7-9（c）所示。

（三）畅通气道、判断呼吸与人工呼吸

1. 畅通气道

当发现触电者呼吸微弱或停止时，应立即畅通触电者的气道以促进触电者呼吸或便于抢救。畅通气道主要采用仰头举颌法，即一只手置于前额使头部后仰，另一只手的食指与中指置于下颌骨近下颌角处，抬起下颌，如图 7-10 和图 7-11 所示。

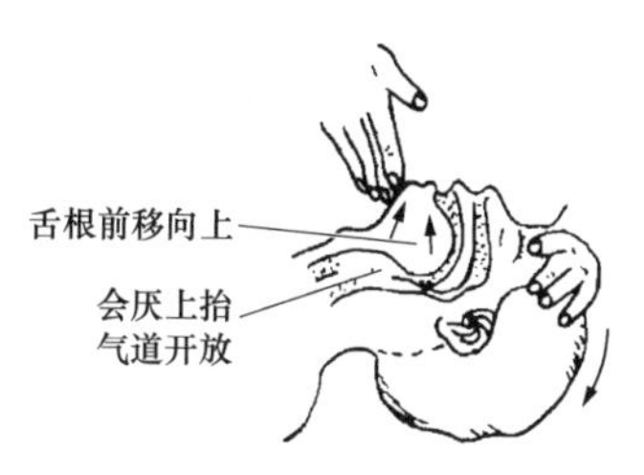

图 7–10 仰头举颌法示意图

图 7–11 抬起下颌示意图

注意：严禁用枕头等物垫在伤员头下；手指不要压迫伤员颈前部、颌下软组织，以防压迫气道；颈部上抬时不要过度伸展；有假牙托者应取出；颈椎有损伤的伤员应采用双下颌上提法；检查伤员口、鼻腔，如有异物立即用手指清除。

2. 判断呼吸

触电伤员如意识丧失，应在开放气道后 10s 内用看、听、试的方法判定伤员有无呼吸，如图 7–12 所示。

（1）看：看伤员的胸、腹部有无呼吸起伏动作。

（2）听：用耳贴近伤员的口、鼻处，听有无呼气声音。

（3）试：用颜面部的感觉测试口鼻部有无呼气气流。

若无上述体征，可确定无呼吸；一旦确定无呼吸后，立即进行两次人工呼吸。

3. 人工呼吸

当判断伤员确实不存在呼吸时，应即进行口对口（鼻）的人工呼吸，其具体方法如下。

（1）在保持呼吸通畅的位置下进行。用按于前额一手的拇指与食指，捏住伤员鼻孔（或鼻翼）下端，以防气体从口腔内经鼻孔逸出，施救者深吸一口气屏住并用自己的嘴唇包住（套住）伤员微张的嘴。

（2）每次向伤员口中吹入空气 500～600mL。同时观察患者胸部，吹气完毕后，可见胸廓有起伏（吹气时间不小于 1s，无漏气）。口对口吹气如图 7–13 所示。

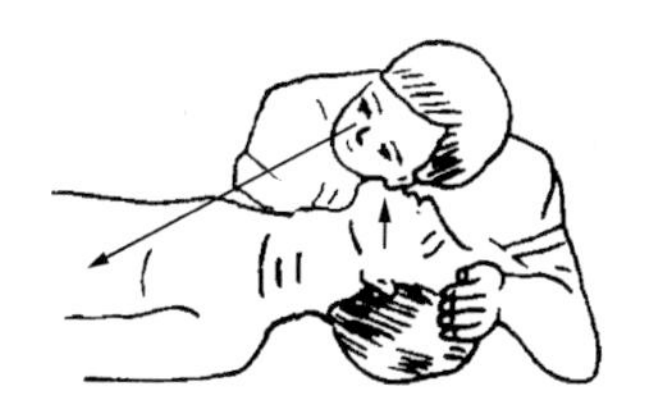
图 7–12 看、听、试伤员呼吸示意图

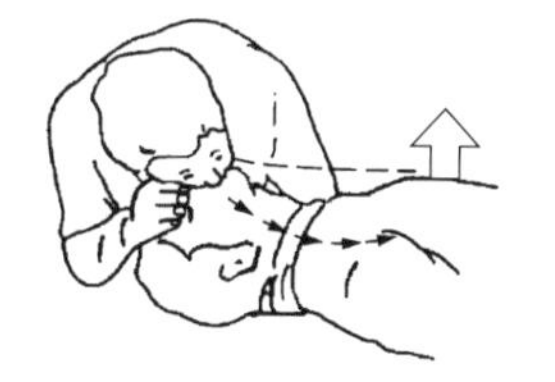
图 7–13 口对口吹气示意图

（3）一次吹气完毕后，应即与伤员口部脱离，轻轻抬起头部，面向伤员胸部，吸入新鲜空气，以便做下一次人工呼吸。同时使伤员的口张开，捏鼻的手也可放松，以便伤员从鼻孔通气，观察伤员胸部向下恢复时，有呼气气流从伤员口腔排出，如图 7–14 所示。

吹气时胸廓隆起者，人工呼吸有效；吹气无起伏者，则为气道通畅不够、鼻孔处漏气、吹气不足或气道有梗阻，应及时纠正。

注意：① 每次吹气量不要过大，吹入空气 500～600mL；② 吹气时不要按压胸部，如图 7–15 所示；③ 抢救一开始的首次吹气 2 次，每次时间 1～1.5s；④ 有脉搏、无呼吸的伤员，每 5～6s 一次呼吸或每分钟 10～12 次呼吸；⑤ 口对鼻的人工呼吸，适用于伤员有严重的下颌及嘴唇外伤，牙关紧闭，下颌骨骨折等情况，难以采用口对口吹气法时。

图 7－14　伤员呼气气流排出示意图

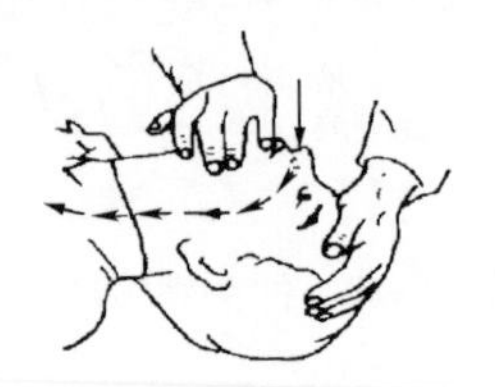

图 7－15　吹时不压胸部示意图

四、作业流程及内容

（一）心肺复苏法流程

1. 准备工作

（1）仪表端庄，穿工作服，戴安全帽。

（2）判断评估现场环境安全。

（3）确认伤员确已脱离电源，上下左右观察，并同时口头叙述现场情况。

（4）确定上方无物体坠落风险，周边无交通事故风险，地面平硬、坚实。

（5）开始紧急救护后脱安全帽。

2. 识别意识

（1）轻拍伤员双肩部，面向伤员一侧耳部呼唤“喂！您怎么了？”再次向另一侧呼唤“喂！您醒醒！”看伤员有无反应，判断意识是否丧失。同时大声呼救“来人帮忙，拨打 120！”

（2）触摸同侧颈动脉搏动是否消失，时间不超过 10s。

（3）听呼吸音，用颊部感觉呼气气流，看胸部是否有呼吸动作，识别呼吸是否停止（没有呼吸或仅是喘息）。

3. 胸外心脏按压

（1）站于伤员右肩侧，解开伤员衣领及裤带，暴露胸腹部。

（2）部位：胸骨中下 1/3 交界处（胸骨中心），双乳连线中点。

（3）方法：一只手掌根部紧贴按压部位，另一只手重叠其上，手指交叉重叠，双臂伸直与伤员胸部呈垂直方向，用上半身重力及肩臂肌力量向下用力按压；力量均匀、有节律，频率为 100～120 次/min；按压时胸骨下陷，成人为 5～6cm；为保证每次按压后使胸廓充分回弹，施救者在按压间隙，双手应离开伤员胸壁；按压与放松时间比例 1∶1。现场心肺复苏的抢救程序如图 7－16 所示。

4. 建立人工呼吸（口对口吹气）

（1）第一次吹气前检查、清理口腔异物，并口述“清理口腔异物”。

（2）畅通气道（仰头举颌法）：一只手掌根置于伤员的前额，向后方施加压力，另一只手中指、食指向上向前托起下颌，两手同时用力，使伤员头后仰、口张开，畅通气道。

（3）连续吹气 2 次，将伤员的口完全包住，捏住伤员鼻子，吹入空气 500～600mL。同时观察伤员胸部，吹气完毕后，可见胸廓有起伏（吹气时间不小于 1s，无漏气）。

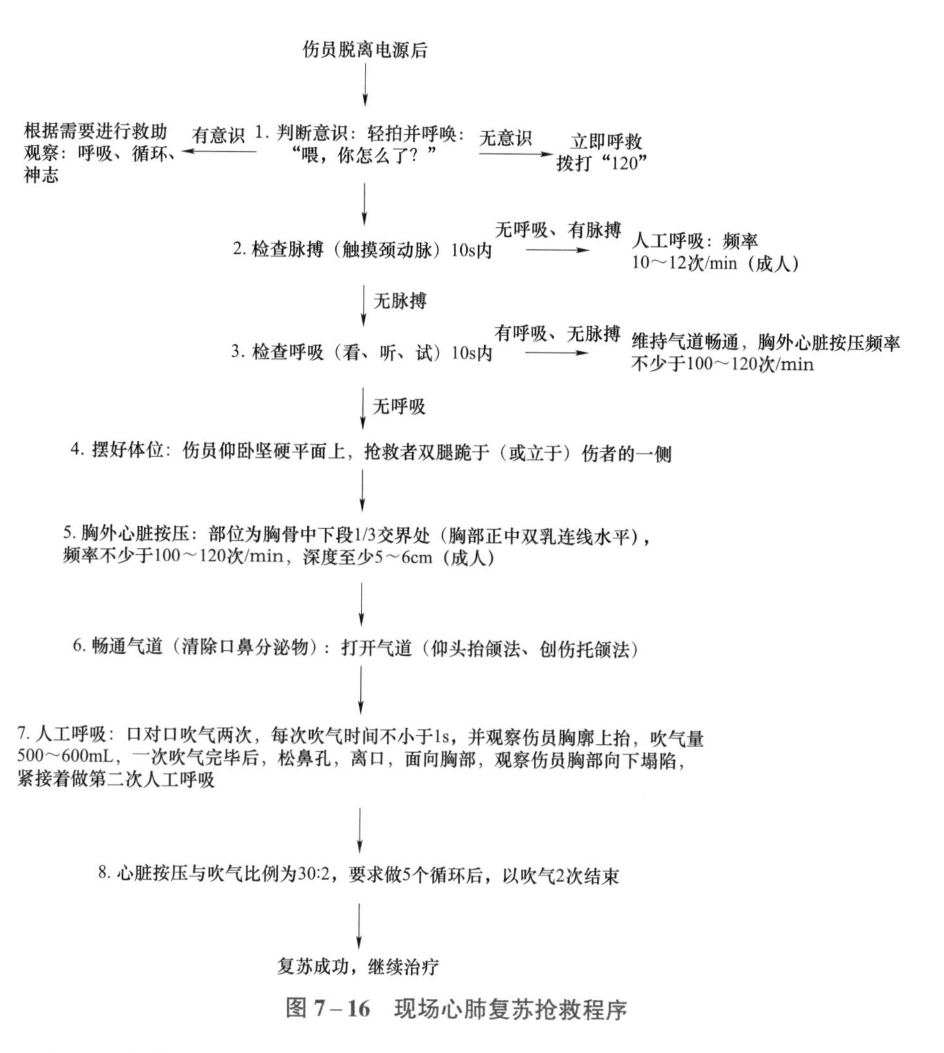

图 7－16　现场心肺复苏抢救程序

5. 心脏按压与吹气的配合

心脏按压与吹气比例为 30∶2（按压 30 次、连续吹 2 口气），要求做 5 个循环后，以吹气 2 次结束。判断自主呼吸是否恢复，触摸颈动脉搏动是否恢复，判断时间不超过 10s，判断完毕，口述"伤员颈动脉搏动，意识、呼吸恢复，面色转为红润，抢救结束"。可根据需要确定循环数量，每一次大循环（五组 30∶2）后，均应判断伤员意识、呼吸、心跳是否恢复，如未恢复则继续循环，直至做到指定的循环次数为止。

（二）心肺复苏有效指标

（1）急救意识强、沉着冷静、手法正确。

（2）心肺复苏有效指征：

1）颈动脉搏动。

2）意识恢复。

3）呼吸恢复。

4）面色转为红润。

五、项目工作要点（抢救过程注意事项）

（一）脱离电源后救护者应注意的事项

（1）救护者不可直接用手、其他金属及潮湿的物体作为救护工具，而应使用适当的绝缘工具。救护者最好用一只手操作，以防自己触电。

（2）防止触电者脱离电源后可能的摔伤，特别是当触电者在高处的情况下，应考虑防止坠落的措施。即使触电者在平地，也要注意触电者倒下的方向，注意防摔。救护者也应注意救护中自身的防坠落、摔伤措施。

（3）救护者在救护过程中特别是在杆上或高处抢救伤者时，要注意自身和被救者与附近带电体之间的安全距离，防止再次触及带电设备。电气设备、线路即使电源已断开，对未做安全措施、挂上接地线的设备，也应视作有电设备。救护人员登高时，应随身携带必要的绝缘工具和牢固的绳索等。

（4）如事故发生在夜间，应设置临时照明灯，以便于抢救，避免意外事故，但不能因此延误切除电源和进行急救的时间。

（二）心肺复苏法注意事项

（1）吹气不能在向下按压心脏的同时进行。数口诀的速度应均衡，避免快慢不一。

（2）操作者应站在触电者侧面便于操作的位置，单人急救时应站立在触电者的肩部位置。双人急救时，吹气人应站在触电者的头部一侧，按压心脏者应站在触电者胸部、与吹气者相对的一侧。

（3）人工呼吸者与心脏按压者可以互换操作，但中断时间不得超过 5s。

（4）第二抢救者到现场后，应首先检查颈动脉搏动，然后再开始做人工呼吸。如心脏按压有效，则应触及到搏动；如不能触及，应观察心脏按压者的技术操作是否正确，必要时应增加按压深度及重新定位。

（5）可以由第三抢救者及更多的抢救人员轮换操作，以保持精力充沛、姿势正确。

模块小结

通过本模块学习，应熟练掌握使触电者脱离电源的方法及安全注意事项，掌握触电者脱离电源后的抢救方法，熟练掌握利用模拟人进行心肺复苏法触电急救操作技能。

思考与练习

1. 高压触电可采用哪些方法使触电者脱离电源？
2. 触电者脱离电源后，救护者应注意的事项有哪些？
3. 心肺复苏法的操作过程是什么？

扫码看答案

省管产业施工能力标准化建设

模块1 省管产业施工能力标准化建设方案

模块说明

本模块包含省管产业单位施工企业能力标准化建设概述、评价体系及实施方法三个部分。通过学习，了解施工企业能力标准化建设所提出的背景和目的，熟悉施工企业能力建设评价指标，能准确把握施工企业能力建设标准，优化作业流程，不断提高安全管控水平和业务承载力，了解施工企业能力标准化建设实施方法，提升本单位标准化建设水平。

一、施工企业能力标准化建设概述

2019 年，为贯彻落实国家电网有限公司 2019 年“两会”精神，进一步提升施工类集体企业自身发展能力和安全管理水平，提升专业发展能力，结合集体企业工作实际，国家电网有限公司首次提出了“施工类集体企业示范建设”，即为“省管产业施工能力标准化建设”的雏形；同年 2 月颁发了《国家电网有限公司关于开展施工类集体企业示范建设工作的通知》（国家电网产业〔2019〕234 号）文件，围绕高标准建设、高质量发展要求，制定施工企业示范建设标准体系，积极推动标准体系执行导入，整合优势资源，通过选树建设 16 家示范施工企业，总结经验并全面推广，促进施工企业安全生产管理水平和业务承载力显著提升。

2020 年，为加快推进省管产业单位施工企业能力建设，不断提升施工企业安全生产管理水平和业务承载力，推动省管产业单位独立自主和持续健康发展，国家电网有限公司组织修订了省管产业单位施工企业能力建设评价体系，制订了建设实施计划，分别于 1、2 月印发了《关于印发省管产业单位施工企业能力建设评价体系的通知》（国家电网产业〔2020〕18 号）和《关于开展省管产业单位施工企业能力标准化建设工作的通知》（国家电网产业〔2020〕73 号）两个文件，全面启动省管产业单位施工企业能力标准化建设工作。全面开展能力标准化工作是确保省管产业单位深化改革、创新发展的重要保障，是支撑国家电网有限公司“建设具有中特色国际领先的能源互联网企业”的客观要求，是满足社会监督要求、实现自身可持续发展的内在需要。通过标准先行、持续改进等措施，施工企业能力标准化建设取得实质进展。国家电网有限公司党组高度重视能力标准化建设工作，产业部会同专业部门加强工作协同，省、地市公司、省管产业压紧压实责任，全员全方位开展能力标准化建设工作，组织各省公司及支撑机构，优化评价指标，形成 4 个维度、18 个子维度、55 项综合性指标与 6 项“红线”指标的评价体系。各级单位创新培训模式，丰富培训内容，逐级深入开展能力标准化建设体系宣贯培训，全面覆盖工作文件精神和核心内容。产业部深入了解各单位创建工作开展情况，及时解决问题，组建能力标准化示范建设专家库，随机遴选评审专家，分模块开展集中评审，2020 年评选出 40 家标准化施工企业，标准化建设取得实质性进展。

为落实省管产业能力建设三年工作计划，持续提升业务承载力和安全生产管理水平，强化指标导向和引领作用，国家电网有限公司组织修订了《省管产业单位施工企业能力建设评价体系（2021 版）》。2021 年，将深入推进能力标准化建设工作，不断优化标准化评价体系，围绕支撑保障、合规管理、机制创新、安全管控、市场开拓五个方面优化指标体系，提高评价指标全面性、科学性和可操作性。对照评价指标，找差距、补短板、提能力。通过开展覆盖全部施工企业的预评价，督促得分较低的企业整改提升。组织能力标准化单位评审，进一步优化评审模式，累计选树百家能力标准化建设示范企业，进一步提升业务承载力和安全管控力。探索开展“东西帮扶”，围绕能力标准化建设开展学习交流和现场帮扶，协同促进施工能力提升，及时总结帮扶经验成效，构建“东西帮扶”“南北交流”常态机制。

二、施工企业能力标准化建设评价体系

施工企业能力标准化建设评价坚持“安全是基础、业务承载是关键、运营效率是核心”的导向，评价体系包括 55 项综合性评价指标与 6 项“红线”指标。

1. 综合性评价指标

综合性评价指标包括组织管理、安全生产、业务承载和管理创新 4 个维度，每个评价维度分为子维度、评价指标两个层级。综合性评价指标分解如图 8－1 所示。

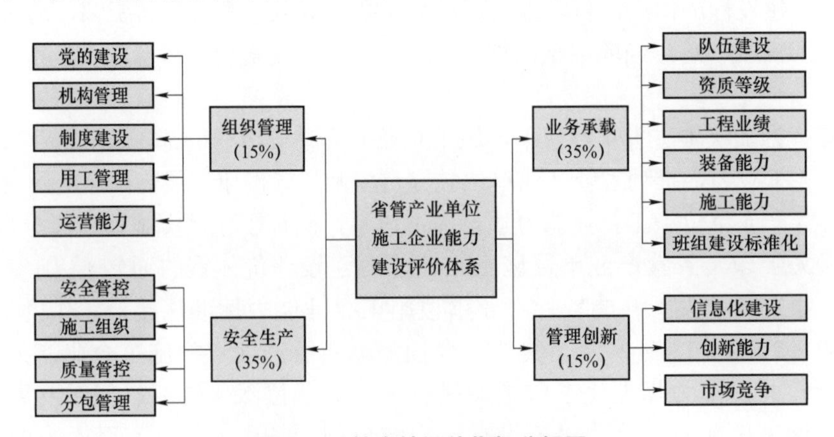

图 8－1　综合性评价指标分解图

（1）组织管理维度。主要评价施工企业党的建设、机构管理、制度建设、用工管理和运营能力，包括5个子维度、14项评价指标，组织管理维度能力标准见表8-1。

表8-1　　　　组织管理维度能力标准

子维度	评价指标	评价内容	评分标准	查评方法	基准分
1.1 党的建设	“三重一大”决策程序	重大事项决策、重要干部任免、重要项目安排、大额资金的使用执行“三重一大”决策程序	每发现1项未执行“三重一大”决策程序扣1分，扣完为止	查阅“三重一大”会议记录	10
1.2 机构管理	法人治理完成情况	（1）平台企业章程中明确股东大会、董事会、监事会和高级管理层（“三会一层”）职权，明确平台企业党组织的地位和作用	平台企业章程中对相关内容的表述满足要求的，得3分。如参评企业非平台企业，则检查其对应的平台企业该项工作落实情况	查阅平台企业章程	3
		（2）“三会一层”按照公司章程明确的职责规范运行	满足要求的，得3分。如参评企业非平台企业，则检查其对应的平台企业该项工作落实情况	查阅国家企业信用信息公示系统和任免文件等相关资料	3
		（3）决策程序符合公司相关规定，执行“三会一层”议事规则和决策程序；明确需平台企业党组织决定或研究讨论的事项，需先经平台企业党组织研究讨论	满足要求的，得4分。如参评企业非平台企业，则检查其对应的平台企业该项工作落实情况	查阅平台企业党组织权责清单和相关会议纪要	4
1.3 制度建设	1.3.1 制度体系完整率	人力资源（组织机构、劳动关系、绩效管理、薪酬激励、保险福利）、财务资产（预算、决算、资金、投资、融资、固定资产、成本费用等）、物资管理（招标采购、废旧物资处理、仓储、运输等）、安全生产（安全生产规章制度、安全操作规程）、行政办公、法律事务、内控等专业制度体系健全	满足要求的，得10分。重要或基本制度缺乏，发现一处扣1分	查阅企业制度汇编材料	10
	1.3.2 制度建设执行情况	（1）制度内容符合国家政策法律法规、公司相关管理要求	每发现一项制度不符合相关管理要求扣1分	随机抽取制订发布的基本制度6项，检查制度内容是否合规、是否明确归口管理部门	5
		（2）制度的编制、修订、废止和合规性审查等程序健全	每发现一项制度程序不健全扣1分		
		（3）每项制度应明确归口管理部门	制度未明确归口管理部门，扣1分/项		
		（4）各项规章制度应及时印发至相关部门、工作岗位，执行情况良好	每发现一项制度不符合相关管理要求扣1分	查阅相关资料、记录	
		（5）评价各单位在制度建设或管理规定具有创新或标杆效应，能够或已经在公司范围内进行推广应用，对公司作出贡献	公司根据各单位上报的相关证明材料和制度建设实际贡献，按贡献度进行评价，具有创新或标杆效应的作为加分项，无创新或标杆效应的不扣分		
1.4 用工管理	1.4.1 劳动合同管理规范度	（1）各类用工劳动合同（含借工协议、劳务派遣协议等）签订率达到100%	满足要求的，得5分。每发现一项制度不符合相关管理要求扣1分，满足要求的不扣分	根据企业提供的花名册，随机抽取10%～30%的各类劳动合同	5
		（2）严格执行劳动用工管理相关规定，人岗匹配中所签劳动合同、劳务派遣协议、借工协议、岗位聘用协议与所在单位应一致		根据企业提供的花名册，随机抽取10%～30%的各类劳动合同	

续表

子维度	评价指标	评价内容	评分标准	查评方法	基准分
1.4 用工管理	1.4.1 劳动合同管理规范度	（3）开展社会招聘时，必须满足公司系统内难以调剂、急需紧缺的专业技术人才等有关要求	满足要求的，得5分。每发现一项制度不符合相关管理要求扣1分，满足要求的不扣分	根据企业提供的花名册，随机抽取10%~30%的新员工聘用合同	5
	1.4.2 社会保险覆盖率	本单位职工社会保险关系应与其劳动合同关系保持一致，按时足额缴纳社会保险费，覆盖率为100%	满足要求的，得5分。每发现1人未按时缴纳社会保险，扣1分；为未签订劳动合同人员缴纳社会保险的，每发现1人·次扣2分；扣完为止	随机抽取10%~30%的人员名册，查看社会保险关系与其劳动合同关系	5
	1.4.3 培训工作完成率	（1）企业定期组织业务培训，制订年度教育培训计划的	最高得7分。每发现一项不符合相关管理要求扣1分	查阅培训计划	5
		（2）按计划实施教育培训活动，培训计划完成率100%		查看培训实施情况	
		（3）严格培训费用的使用和结算管理（内部培训无需提供费用凭证）		随机抽取10%~30%培训费用列支凭证	
	1.4.4 人均营业收入	上年度营业收入与平均员工人数的比例，衡量人均产出水平。 平均员工人数=（期初员工人数+期末员工人数）/2	最高得12分。评价得分=基准分×（实际值÷公司施工企业平均值）	查阅相关资料并计算	10
	1.4.5 人事费用率	上年度企业人工成本支出占营业收入的比重，衡量企业人工成本控制水平。 企业人工成本总额反映企业在生产、经营和提供劳务活动中实际承担的各项直接和间接人工费用的总和，包括在职期间和离职后提供的全部货币性薪酬、非货币性福利及向职工配偶、子女或其他被赡养人提供的福利，为应付职工薪酬的总发生数据	最高得12分。评价得分=基准分×（实际值÷公司施工企业平均值）。 计算公式：人事费用率=人工成本总额/营业总收入×100%	查阅相关资料并计算	10
1.5 运营能力	1.5.1 净资产收益率	指净利润与平均股东权益的百分比，衡量企业运用自有资金的效率。从企业上年度净资产收益率角度，评价企业盈利水平	最高得12分。评价得分=基准分×（实际值÷公司施工企业平均值）。 计算公式：净资产收益率=净利润/平均所有者权益×100%	查阅产业管控系统上年度财务年报表	10
	1.5.2 成本费用利润率	从企业上年度成本费用利润率角度，衡量企业经营耗费所带来的经营成果，评价企业盈利水平	最高得8分。评价得分=基准分×（实际值÷公司施工企业平均值）。 计算公式：成本费用利润率=利润总额/成本费用总额×100%	查阅产业管控系统上年度财务年报表	5
	1.5.3 总资产周转率	从企业上年度总资产周转率角度，评价企业运营能力	最高得8分。评价得分=基准分×（实际值÷公司施工企业平均值）。 计算公式：总资产周转率=营业收入/平均资产总额	查阅产业管控系统上年度财务年报表	5
	1.5.4 应收账款周转率	从企业上年度总应收账款周转率角度，评价企业运营能力	最高得8分。评价得分=基准分×（实际值÷公司施工企业平均值）。 计算公式：应收账款周转率=销售净收入/[（期初应收账款余额+期末应收账款余额）/2]	查阅产业管控系统上年度财务年报表	5

续表

子维度	评价指标	评价内容	评分标准	查评方法	基准分
1.5 运营能力	1.5.5 资产负债率	评价上年度企业负债总额占企业资产总额的百分比，该指标是衡量企业负债水平及风险程度的重要标志	最高得 8 分。评价标准：60%以下得 8 分；60%（含）～65%得 7 分；65%（含）～70%得 6 分；70%（含）～75%得 5 分；75%（含）～80%得 4 分；80%及以上得 3 分	查阅产业管控系统上年度财务年报表	5

注　表内“公司”指国家电网有限公司。

（2）安全生产维度。主要评价施工企业安全管控、施工组织、质量管控和分包管理情况，包括 4 个子维度、18 项评价指标，安全生产维度能力标准见表 8－2。

表 8－2　　安全生产维度能力标准

子维度	评价指标	评价内容	评分标准	查评方法	基准分
2.1 安全管控	2.1.1 安全体系建设	（1）企业应建立健全安全生产保证体系和安全监督体系，应与主业实行“同质化”管理，按相关法律法规制度设置安全生产管理机构或配置专职安全生产管理人员，明确各层级安全职责，企业主要负责人、项目经理和专职安全生产管理人员持证上岗	最高得 3 分。发现一处不符合要求扣 1 分，相关人员未持证上岗扣 1 分/人	查阅组织机构设立和人员任命文件，查阅发文版的安全责任清单，查阅安全管理人员持证情况	2
		（2）企业应建立健全由企业安全监督人员、部门（车间）安全员、班组安全员组成的三级安全监督网络	最高得 3 分。发现一处不符合要求扣 1 分	查阅三级安全监督网络图及三级安全监督网设立文件	2
		（3）项目部应建立健全由项目主要负责人、各项目部负责人、班组长组成的安全生产保证体系，明确安全职责，各级人员应具备相应的任职资格和能力	最高得 3 分。发现一处不符合要求扣 1 分	查阅项目部成立和人员任命文件	2
		（4）企业应定期召开各类安全会议，并按要求及时发布安委会、年度安全工作会、月度安全生产例会等会议纪要	最高得 3 分。未及时召开安全会议扣 0.5 分/项，会议纪要不规范、不齐全扣 0.2 分/项	查阅会议纪要等相关材料	2
		（5）企业应建立常态化安全监督检查工作机制，明确责任部门，定期或不定期开展各类安全检查	最高得 2 分。检查组织不规范扣 0.5 分，未形成有效的检查记录扣 0.5 分，未形成闭环管理扣 0.5 分	按照“方案制订、检查实施、评估分析、问题整改、监督考核”流程，检查企业各类检查记录和台账等相关资料	1
	2.1.2 安全风险管理	（1）企业应建立健全施工安全风险识别、评估及控制体系，组织员工开展风险管理技能培训，监督、指导项目部做好风险识别、评估和控制工作	最高得 3 分。未建立安全风险控制体系扣 2 分；未培训扣 0.6 分；未监督、指导扣 0.4 分	查阅风险辨识库文件、培训记录等相关资料	2

续表

子维度	评价指标	评价内容	评分标准	查评方法	基准分
2.1 安全管控	2.1.2 安全风险管理	（2）企业应建立三级及以上施工安全固有风险总台账，制订检查计划，开展风险动态评估和现场检查；制订风险管控措施，实施作业安全风险预警，落实到岗到位要求	最高得 3 分。未建立总台账扣 2 分；未按要求开展风险动态评估和检查扣 0.5 分；未制订风险管控措施扣 0.5 分/条；未执行到岗到位制度扣 0.5 分/次	查阅风险台账、现场检查记录等相关资料	2
		（3）企业和项目部（班组）定期组织排查安全隐患，制订并实施防范措施，保证隐患治理责任、措施、资金、期限、预案“五落实”；建立隐患信息库，实施隐患闭环管理，实现“一患一档”管理	最高得 3 分。未定期排查扣 2 分；发现隐患未制订防范措施扣 1 分/条，未实施闭环管理扣 1 分/条，未实现“一患一档”管理扣 1 分/处	查阅相关资料	1
	2.1.3 职业健康管理	（1）企业应结合本企业实际制订职业健康管理制度，明确职责分工；应按照规定对工作场所进行职业病危害因素评价，评价结果分类存入职业卫生档案	满足条件得 3 分。未制订职业健康管理制度扣 1 分；制度制订不规范扣 0.5 分；未开展职业病危害因素评价扣 1 分；未建立评价结果档案扣 0.5 分	查阅职业健康管理制度、职业病危害因素评价结果档案等相关资料	3
		（2）企业应根据职业危害场所类别制订分类管控措施；应配置或设置防护设备、报警装置、应急撤离通道、警示标志和中文警示说明等，进行经常性的维护、检修，定期检测其性能和效果	满足条件得 3 分。未制订分类管控措施扣 1 分；未配置或设置防护设备、报警装置、应急撤离通道、警示标志和中文警示说明等扣 1 分；未填写规范的维护、检修，定期检测记录扣 1 分；不符合要求扣 0.5 分/项	查阅分类管控措施、维护、检修、定期检测记录等相关资料，现场检查防护设备、报警装置、应急撤离通道、警示标志和中文警示说明等	3
		（3）企业应提供符合要求的职业病防护用品，配置现场急救用品，并建立相应的领用记录台账；应按照规定组织职业健康检查，并建立员工体检记录台账	满足条件得 3 分。未提供职业病防护用品、现场急救用品扣 1 分；未组织员工体检扣 1 分；未建立相应的领用记录台账或员工体检记录台账扣 1 分	查阅职业病防护用品、现场急救用品领用记录台账及员工体检记录台账等相关资料，现场检查职业病防护用品、现场急救用品	3
	2.1.4 安全费用投入	（1）企业应建立健全安全生产费用管理制度，严格安全费用管理；明确安全费用提取范围和使用程序、管理职责、计划编制要求	最高得 3 分。无制度扣 1 分，制度内容不完善扣 0.5 分	查阅安全生产费用管理制度	2
		（2）企业应按照《企业安全生产费用提取和使用管理办法》《国家电网公司进一步规范电力建设工程安全生产费用提取与使用管理工作的通知》等相关要求编制安全生产费用计划，经审核批准后执行	最高得 3 分。无费用计划扣 2 分；费用计划未经过审批扣 1 分，安全生产费用投入不满足要求扣 1 分	查阅企业年度费用计划台账及审批过程文件	2
		（3）企业应按照规定提取和使用安全生产费用，建立安全费用使用台账，对安全费用使用进行全过程管控	最高得 3 分。安全生产费用未按要求进行提取和使用，扣 0.5 分/项；无安全费用使用的有效凭证扣 0.5 分/项	查阅安全生产费用使用台账、有效凭证等相关材料	2
	2.1.5 安全教育培训	（1）企业应建立安全教育培训管理制度，明确安全教育培训主管部门及责任人；定期识别安全教育培训需求，制订、发布、实施安全教育培训计划，有相应的培训师资、场所、经费保证	最高得 3 分。未建立制度、未明确主管部门或责任人扣 0.5 分；未制订、发布、实施计划扣 0.5 分；培训师资、场所、经费未落实扣 0.5 分	查阅安全教育培训管理制度、计划、资金投入等相关资料	2

续表

子维度	评价指标	评价内容	评分标准	查评方法	基准分
2.1 安全管控	2.1.5 安全教育培训	（2）企业应建立安全生产教育培训台账和档案，及时如实记录安全生产教育和培训等情况，实施分级管理，并对培训效果进行验证、评估和改进	最高得 3 分。未建立记录、台账和档案扣 2 分；未对培训效果进行验证、评估扣 0.3 分/次	查阅培训资料台账、档案、评估记录等相关资料	2
		（3）企业应每年至少组织一次各类管理人员、班组长、新入厂人员、新上岗或转岗人员及参与所承担电气专业工作的外单位或外来人员的安全教育、培训和考试	最高得 3 分。相关人员应取得未取得或未及时再培训、复审扣 1.5 分/人；安全教育培训未做到全覆盖扣 1 分。未进行安全法规、规章制度的教育和安全规程、生产技能、应急处置知识等培训扣 0.5 分/项	查阅培训方案、培训记录、考试试卷等相关材料	2
	2.1.6 作业行为及现场防护	（1）企业应建立健全反违章及安全奖惩管理机制，定期开展反违章管理工作，曝光违章行为，对违章单位及人员实施相应的违章处罚，对发现及制止违章的单位及人员实施奖励	满足条件得 2 分。不符合要求扣 2 分	查阅反违章记录、奖励及处罚单等	2
		（2）进入施工现场的人员应正确使用个人防护用品，正确使用合格的施工机械机具和安全工器具	满足条件得 2 分。个人防护用品、施工机械机具、安全工器具使用不规范扣 0.5 分/人。现场使用的施工机械机具和安全工器具不合格扣 0.5 分/项	现场检查	2
		（3）施工现场配置的安全设施、安全标识应符合施工标准化的相关要求，现场配备应急医用用品及器材，并做好日常检查、保养等管理工作	满足条件得 2 分。不符合标准化要求扣 0.5 分/项	现场检查	2
	2.1.7 应急管理	（1）施工企业应建立健全应急管理制度，成立应急组织体系和应急队伍，明确各方职责。结合本企业实际编制总体应急预案、专项应急预案和现场处置方案	满足条件得 2 分。未建立应急管理制度扣 1 分；未建立应急组织体系和应急队伍扣 1 分；未编制总体应急预案、专项应急预案和现场处置方案扣 1 分；应急预案未全覆盖本企业实际扣 0.5 分	查阅应急管理制度、应急组织体系和应急队伍成立文件、总体应急预案、专项应急预案和现场处置方案等相关材料	2
		（2）企业应按照所需和要求配齐应急物资、装备和工器具，建立清单；定期维护、保养和检测应急物资、装备和工器具，并做好记录	满足条件得 2 分。未配齐应急物资储备扣 1 分；未建立清单扣 0.5 分；未定期维护、保养和检测扣 1 分；未建立记录扣 0.5 分/项	查阅应急物资、装备和工器具清单和定期维护、保养和检测记录等相关资料，现场检查物资库	2
		（3）企业应制订年度演练计划，制订分工明确、内容详实、措施具体的演练实施方案，定期开展应急演练及评估，做好记录	满足条件得 2 分。未开展应急演练扣 2 分；未制订应急演练方案扣 0.5 分；未规范填写应急演练记录扣 0.5 分；未开展应急演练评估扣 0.5 分	查阅演练计划、演练方案、演练记录、演练评估记录等相关资料	2
2.2 施工组织	2.2.1 开工管理	（1）企业应按规定要求配置现场施工负责人、技术员、安全员等现场关键岗位人员，特种作业、特种设备作业、特殊工种等人员应持证上岗	满足条件得 2 分。未按要求配置合格的关键岗位人员扣 0.5 分/人；应持证上岗人员未持证扣 0.5 分/人	查阅作业人员资质、人员配置文件等相关资料，现场检查	2

续表

子维度	评价指标	评价内容	评分标准	查评方法	基准分
2.2 施工组织	2.2.1 开工管理	（2）企业应依据工程项目编制项目管理实施方案（施工组织设计），明确安全目标、管理制度、施工安全管理及风险控制方案、应急救援预案、现场处置方案等内容，并按相关程序进行审查后组织实施	满足条件得 2 分。未编制项目管理实施方案扣 2 分，项目管理实施规划方案内容不全、不规范扣 0.5 分/项	查阅项目管理实施规划、三级审批流程记录等相关资料，针对配电网农村电网等其他项目，查施工方案、“三措”等	2
		（3）企业应配置合格的施工机械、机具、工器具，配置齐全、有效的安全防护设施及防护用品，并建立相应的准入台账	满足条件得 2 分。未建立施工机械、机具、工器具台账扣 2 分；不合格扣 0.5 分/项	查阅施工机械、机具、工器具准入台账，检查施工机械、机具、工器具	2
		（4）企业应与施工分包单位签订合同和安全协议，且劳务分包单位应与其劳务人员签订劳动合同，并为其购买人身意外伤害保险	满足条件得 2 分。无分包合同或安全协议扣 2 分；劳务人员与分包单位未签合同扣 0.5 分/人	查阅分包合同、安全协议、人员合同等相关资料	2
	2.2.2 安全组织措施	（1）企业应按规定组织现场勘察，根据施工内容、作业环境，确定危险因素、安全注意事项，完整填写勘察记录	满足条件得 2 分。未组织现场勘察扣 2 分；现场勘察不规范、不齐全扣 0.5 分/项	查阅现场勘察记录	2
		（2）企业应根据现场勘察记录编制施工方案（含安全技术措施），施工方案审批及变更手续应规范，具体内容符合现场工作实际情况和相关规程要求。重要临时设施、重要施工工序、特殊作业、危险作业应编制安全专项施工方案或安全技术措施。施工方案应执行规范的审批流程	满足条件得 2 分。未制订施工方案（含安全技术措施）扣 2 分；施工方案（含安全技术措施）不规范扣 1 分；未执行审批流程扣 1 分	查阅施工方案（含安全技术措施）	2
		（3）企业应按专业要求规范执行工作票、施工作业票规定，工作票、施工作业票填写内容及安全措施应正确完善	满足条件得 2 分。未执行工作票、施工作业票扣 2 分；填写不符合要求扣 0.5 分/处	查阅个别项目的工作票、施工作业票等相关资料	2
	2.2.3 现场安全交底	建设项目及其分项工程施工前应对相关人员进行一次安全技术交底。施工组织措施制订符合工程实际，符合“一措施一方案”要求，并按要求进行技术交底，全体作业人员应签字确认	满足条件得 3 分。未开展安全交底的扣 1 分/项	现场检查、查阅相关资料	3
2.3 质量管控	2.3.1 质量体系运转	（1）企业应建立健全施工质量管理体系，质量保证体系和质量监督体系人员配置齐全，资格满足要求，且需要 2 人及以上持质检员证（线路、变电均可）并保持体系的有效运行	最高得 3 分。未建立施工质量管理体系扣 2 分；人员资格不满足要求扣 0.5 分/人	查阅组织机构设立和人员任命文件，查阅质量体系的相关资料	2
		（2）企业应开展质量管理重点活动，制订具体质量活动的措施和实施计划，组织各项目部现场执行落实，并规范填写活动记录	最高得 3 分。未开展质量重点活动扣 2 分；活动记录不全扣 1 分/次；现场执行不到位扣 1 分/次	查阅活动方案资料	2

续表

子维度	评价指标	评价内容	评分标准	查评方法	基准分
2.3 质量管控	2.3.2 工程质量策划	（1）工程合同中明确工程达标投产要求	合同中未明确达标投产要求扣1分/份	抽查3份工程合同	2
		（2）施工项目工程质量策划文件中设立标准工艺应用专篇，包含强制性条文、质量通病防治等内容	策划文件中无标准工艺应用专篇扣1分/份；策划针对性差扣0.5分/份	抽查3份工程质量策划文件	2
	2.3.3 工艺标准执行	（1）按《国家电网公司输变电工程工艺标准库》要求开展标准工艺宣贯、培训	最高得3分。未开展标准工艺宣贯、培训扣1分/次；培训针对性差扣0.5分/次	抽查2份培训记录	2
		（2）严格执行《国家电网公司输变电工程工艺标准库》中工程建设标准强制性条文，各专业质量验收中核查强制性条文的执行情况。落实质量通病防治措施，通过数码照片等管理手段严格控制施工全过程的质量和工艺	最高得3分。未将强制性条文执行计划纳入施工方案编制扣1分；未在质量验收中核查强制性条文执行情况扣1分	抽查3份施工方案和质量验收报告	2
	2.3.4 验收管理	（1）隐蔽工程（地基验槽、接地、钢筋、防水、压接）记录数量齐全，与数码照片、图纸相符	最高得3分。隐蔽记录数量不全，或检查记录与相关数码照片、图纸不相符扣1分/项	抽查3份隐蔽验收记录及照片（地基验槽、接地、钢筋、压接）	2
		（2）规范开展施工质量班组级、项目部级、公司级自检复检工作，过程及转序验收、三级自检、竣工验收记录齐全、完整	满足条件得2分。缺少三级自检记录，每个分部工程扣1分；三级自检记录填写存在明显错误扣0.5分/处；验收发现问题整改闭环不到位、不及时扣0.5分/处。签字不规范（漏签、代签、错签等）扣0.5分/处	抽取2个分部工程的验收记录、验收报告（检查相应涉及的中间验收阶段）	2
	2.3.5 主要原材料质量控制	（1）工程试验检测计划齐全，所列试验项目齐全	满足条件得2分。缺工程检测试验计划，扣2分；所列试验项目不全扣0.5分/项；计划已列试验项目实际未做扣1分/项；检测试验报告造假、数量缺失、数据不满足相关规范要求扣0.2分/处	检查工程检测试验计划并抽查3个试验项目；抽查钢筋等2种主要原材料跟踪管理记录、复检报告2份	2
		（2）原材料（钢筋、水泥、混凝土、防水材料等）跟踪管理记录、质量证明文件齐全，可追溯性强	满足条件得2分。未见原材料（钢筋、水泥、混凝土、防水材料等）跟踪管理记录、质量证明文件扣2分；记录不规范扣0.5分/项；质量证明文件不齐全扣0.5分/项；记录可追溯性不强（日期、领用数量、累计库存错误）扣0.5分/项	抽查原材料（钢筋、水泥、混凝土、防水材料等）跟踪管理记录、质量证明文件或检测试验报告各2份	2
	2.3.6 环境保护管理	（1）企业施工方案健全，完善环境保护管控措施，落实项目环保设计要求，执行环保设施“三同时”（环保设施与主体工程同时设计、同时施工、同时投产使用）规定	满足条件得3分。未建立管控措施扣3分；管控措施不完善扣0.5分/项	查阅施工方案	3
		（2）施工过程中“三废”（废气、废水、废渣）处置、噪声控制、生态保护、水土保持等环境保护措施应符合国家标准	现场不符合要求扣0.5分/项	检查施工现场环保设施、危害控制及“三废”处置情况	3

续表

子维度	评价指标	评价内容	评分标准	查评方法	基准分
2.4 分包管理	2.4.1 分包商管理	检查施工企业对分包商资质审查、现场准入、教育培训、过程检查、动态考核等过程管理资料	满足条件得3分。输变电分包单位未实行承包单位安全资信报备，安全资信管理信息系统中无信息扣3分；分包商相关资质和基本条件不符合扣3分；申报材料不符合要求扣1分/份；未建立分包商管理台账扣1分	随机抽查5项工程分包相关资料	3
	2.4.2 分包队伍管理	（1）企业应将专业分包商纳入到本企业和现场施工项目部的安全管理体系，专业分包商人员资质、施工机械机具、工器具及安全防护用品应满足工程需求，专业分包商所编制的施工作业指导书（施工方案）、专项施工方案（或者专项安全技术措施）等施工安全方案及项目风险识别、评估和控制工作方案应满足工程要求	满足条件得3分。未纳入本企业安全管理体系扣3分；人员资质、施工机械机具、工器具及安全防护用品不符合要求扣0.5分/项；专项施工方案（或者专项安全技术措施）等施工安全方案及项目风险识别、评估和控制工作方案不符合要求扣0.5分/项	查阅人员资质、施工机械机具、工器具及安全防护用品台账，抽查3份施工作业指导书（施工方案）、专项施工方案（或者专项安全技术措施）、项目风险识别、评估和控制工作方案等相关资料	3
		（2）企业应落实劳务分包人员纳入施工班组、实行与本单位员工“无差别”的安全管理要求，建立劳务作业人员名册，为劳务分包人员配备合格、齐备的施工机械机具、工器具和个人防护用品。施工项目部应编制合格完善的施工方案、作业指导书（含安全技术措施）等施工安全方案和安全施工作业票	满足条件得2分。未将核心劳务分包人员纳入“无差别”管理扣2分；无劳务作业人员名册扣2分；劳务作业人员名册每缺一项信息扣0.5分，每少一人扣0.5分；培训记录不全扣0.5分/人；施工机械机具、工器具和个人防护用品不符合要求扣0.5分/项；施工安全方案和安全施工作业票不合格扣0.5分/项	查阅劳务作业人员名册，查机械机具、工器具和个人防护用品台账，抽查3份施工安全方案和安全施工作业票	2
		（3）实行实名制管理，分包人员建立“一人一卡”身份识别机制，对其相关信息进行综合管理。分包人身份识别卡应包含分包人员基本信息、从业记录、培训情况、持证情况、职业技能、履职评价和违章记录等相关信息	满足条件得2分。未实行实名制管理扣2分；未实行“一人一卡”身份识别扣1分；分包人员信息不全扣0.2分/项	查阅分包人员胸卡或工作证，查验施工作业票签名记录	2

（3）业务承载维度。主要评价施工企业队伍建设、资质等级、工程业绩、装备能力、施工能力和班组建设标准化情况，包括6个子维度、16项评价指标，业务承载维度能力标准见表8－3。

表8－3　业务承载维度能力标准

子维度	评价指标	评价内容	评分标准	查评方法	基准分
3.1 队伍建设	3.1.1 本科及以上学历人员占比	本科及以上学历人员占比是企业中已取得本科、硕士或博士毕业证书的人员占纳入统计口径的所有员工的比例	最高得3分。评价得分＝基准分×（实际值÷公司施工企业平均值）	查阅相关资料并计算	2

续表

子维度	评价指标	评价内容	评分标准	查评方法	基准分
3.1 队伍建设	3.1.2 中级及以上专业技术人员占比	中级及以上专业技术人员是企业中已取得工程师、经济师、会计师、统计师、审计师、政工师等中级及以上职称人员，以及一级注册消防工程师、注册会计师、注册建筑师、监理工程师、造价工程师、一级（二级）建造师、一级注册结构工程师、注册土木工程师、注册电气工程师、注册环保工程师、注册设备监理师、一级注册计量师、注册安全工程师、注册测绘师等注册类资格证书	最高得 3 分。评价得分 = 基准分 ×（实际值 ÷ 公司施工企业平均值）	查阅相关资料并计算	2
	3.1.3 高技能人员占比	高技能人员占所有员工的比例。高技能人才是在生产和服务等领域岗位一线的从业者中，具备精湛专业技能，关键环节发挥作用，能够解决生产操作难题的人员。主要包括技能劳动者中取得高级工、技师和高级技师职业资格及相应职级的人员	最高得 3 分。评价得分 = 基准分 ×（实际值 ÷ 公司施工企业平均值）	查阅相关资料并计算	2
	3.1.4 专业人员资质	（1）企业工程技术人员中，具有工程类相关专业中级（含）以上职称的不少于 30 人	最高得 1.5 分。满足基本要求，得 1 分；中级（含）以上职称人员每增加 3 人加 1 分	查阅相关证书及人员情况	7
		（2）注册建造师不少于 10 人	最高得 1.5 分。满足基本要求，得 1 分；注册建造师每增加 1 人加 0.1 分		
		（3）持有岗位证书的施工现场管理人员不少于 30 人，且施工员、质量员、安全员、资料员等人员齐全	最高得 1.5 分。持有住房城乡建设主管部门颁发的相关岗位培训合格证书，满足要求得 1 分，每增加 1 人加 0.1 分		
		（4）经考核或培训合格的中级工以上技术工人不少于 75 人	最高得 1.5 分。经人力资源保障管理部门、电力职业技能鉴定中心考核合格颁发的相关证书，数量满足要求得 1 分，每增加 1 人加 0.1 分		
		（5）技术负责人具有 8 年以上从事电力施工技术管理工作经历，且具有电力工程相关专业高级职称或机电工程专业一级注册建造师执业资格	满足要求得 1 分		
		（6）财务负责人具有中级以上会计职称	满足要求得 1 分	查阅相关证书及人员情况	7
		（7）建筑施工企业安全生产许可证 A 证不少于 2 个（其中主要负责人须持 A 证），B 证不少于 10 个（其中项目负责人须持 B 证），C 证不少于 10 个（其中安全生产管理人员须持 C 证）	满足要求得 1 分		
3.2 资质等级	施工资质	（1）取得电力工程施工总承包一级（或甲级）资质得 20 分，输变电工程专业承包电力一级（或甲级）资质得 18 分，电力工程施工总承包二、三级（或乙级）得 16 分，输变电工程专业承包二、三级（或乙级）得 14 分	最高得 20 分。电力工程施工总承包资质和输变电工程专业承包资质得分按得分最高者计算	以全国建筑市场监管公共服务平台查询结果为准	20

续表

<table>
<tr><th>子维度</th><th>评价指标</th><th>评价内容</th><th>评分标准</th><th>查评方法</th><th>基准分</th></tr>
<tr><td rowspan="2">3.2 资质等级</td><td rowspan="2">施工资质</td><td>（2）取得一级承装（修、试）类电力设施许可证得 3 分，取得二级承装（修、试）类电力设施许可证得 2.5 分，取得三级承装（修、试）类电力设施许可证得 2 分，取得四级承装（修、试）类电力设施许可证得 1.5 分，取得五级承装（修、试）类电力设施许可证得 1 分</td><td>最高得 3 分。满足（或高于）对应承装类承装（修、试）电力设施许可证的，得相应分数；获得不同等级许可证的，按最高级计算得分</td><td>查阅企业承装修试许可证书</td><td>3</td></tr>
<tr><td>（3）通过职业健康安全管理体系认证、质量管理体系认和环境管理体系认证</td><td>满足条件得 2 分。缺少一项扣 1 分，扣完为止</td><td>查阅职业健康安全管理体系、质量管理体系和环境管理体系认证文件</td><td>2</td></tr>
<tr><td>3.3 工程业绩</td><td>施工业绩</td><td>企业在对应资质条件下，近 3 年内应承担过相关规定工程的施工，且工程质量合格</td><td>（1）220kV 及以上送电线路每 10km 得 0.1 分；
（2）220kV 及以上电压等级变电站新建工程每项得 2 分，扩建工程每项得 1 分；
（3）110kV 送电线路每 15km 得 0.1 分；
（4）110kV 变电站新建工程每项得 1.5 分，扩建工程每项得 0.8 分；
（5）35kV 及以下送电线路每 30km 得 0.1 分；
（6）35kV 变电站新建工程每项得 1 分，扩建工程每项得 0.5 分；
（7）10kV 配电工程每变电容量 10 000kVA 得 1 分；
（8）合计最高得 20 分</td><td>查阅台账记录、竣工报告、竣工资料</td><td>15</td></tr>
<tr><td rowspan="4">3.4 装备能力</td><td rowspan="3">3.4.1 施工机具配置</td><td>取得一、二、三、四、五级承装类电力设施许可证的，需满足国家能源局印发的《承装（修、试）电力设备许可证所需施工机具设备条件》（2017 年版）中的承装类对应级别所需施工机具设备条件</td><td>满足要求得 3 分。严格对照国家能源局施工机具设备条件（2017 年版）标准，查验自有机具设备，每缺一台（个或套或辆或把）扣 0.2 分，扣完为止</td><td>抽查方式为查验机械机具配置的台账资料和对应实物</td><td>3</td></tr>
<tr><td>取得一、二、三、四、五级承修类电力设施许可证的，需满足国家能源局印发的《承装（修、试）电力设备许可证所需施工机具设备条件》（2017 年版）中的承修类对应级别所需施工机具设备条件</td><td>满足要求得 3 分。严格对照国家能源局施工机具设备条件（2017 年版）标准，查验自有机具设备，每缺一台（个或套或辆或把）扣 0.2 分，扣完为止</td><td>抽查方式为查验机械机具配置的台账资料和对应实物</td><td>3</td></tr>
<tr><td>取得一、二、三、四、五级承试类电力设施许可证的，需满足国家能源局印发的《承装（修、试）电力设备许可证所需施工机具设备条件》（2017 年版）中的承试类对应级别所需施工机具设备条件</td><td>满足要求得 3 分。严格对照国家能源局施工机具设备条件（2017 年版）标准，查验自有机具设备，每缺一台（个或套或辆或把）扣 0.2 分，扣完为止</td><td>抽查方式为查验机械机具配置的台账资料和对应实物</td><td>3</td></tr>
<tr><td>3.4.2 配电网工程工厂化预制车间建设及预制化应用率</td><td>按照公司要求建设工厂化预制车间，能够开展高低压引接线、接地引上线扁钢、拉线、低压出线、标准化基础等模块预制；并在工程中有预制化应用</td><td>最高得 5 分。有工厂化预制车间的，得 3 分；有应用的，预制化应用率每增加 10 个百分点，增加 0.2 分。
预制化应用率：工程中使用预制化产品的工程占所有工程的数量占比</td><td>查阅相关资料、抽查实物</td><td>3</td></tr>
</table>

续表

子维度	评价指标	评价内容	评分标准	查评方法	基准分
3.4 装备能力	3.4.3 机械机具管理	（1）落实施工机械管理部门、管理岗位责任制，明确施工机械机具购置、租赁、维护、检验、使用、报废全过程的安全管理工作职责。施工机械及机具应送至具有国家计量检测认证证书（CMA）的机构进行检测	满足要求得 0.5 分	查阅本企业制度发文、检测费发票、检测记录、检测合格标签	4
		（2）施工机械及机具管理制度应根据上级、相关法规、标准、规定进行编制，符合企业实际情况，经企业负责人批准后发布执行	满足要求得 0.5 分	查阅施工机械及机具管理办法是否正式发布	
		（3）施工机械及机具管理制度齐全（列入本单位每年公布的现行有效规程制度清单），制度应包括下列管理要求：① 机械及机具使用、保管、租赁、登记、编号、检测、试验、报废、封存和标识管理；② 施工机械及机具档案和技术资料管理；③ 施工机械及机具检查管理，明确定期检查内容、检查周期及工作要求；④ 施工机械及机具维护和保养管理，明确定期维护和保养的设备名称、维保的内容和工作要求	满足要求的，最高得 1 分。缺一项扣 0.5 分，扣完为止	查阅发布的施工机械及机具管理办法完整性	
			满足要求的，最高得 1 分。缺一项扣 0.5 分，扣完为止	查阅发布的施工机械及机具管理办法完整性	4
		（4）施工机械及机具、起重设备安全操作规程应正确、完备，符合产品使用说明书、相关安全技术标准及现场实际使用条件的要求	满足要求的，最高得 0.5 分。缺一台（种）扣 0.1 分，依次累加，扣完为止	抽查机械及机具、起重设备的安全操作规程	
		（5）安全操作规程的内容至少应包括允许使用范围、正确使用方法和操作程序、使用前应着重检查的项目和部位、异常处理、安全注意事项等	满足要求的，最高得 0.5 分。缺一项扣 0.1 分，依次累加，扣完为止	抽查机械及机具、起重设备安全操作规程内容的完整性	
		（6）企业与出租方签订机械、机具、特种设备租赁合同时，应明确机械、机具、特种设备有关安全技术状况要求及安装、拆除、使用维护等安全职责。向外单位承租或分包单位自带的机械、机具，必须由机械管理部门严格审查安全技术条件及应具备的相关资质材料，未经审查或审查不合格的机械、机具，严禁租用或进场使用	满足要求的，最高得 1 分；审查记录不全，扣 0.5 分	抽查租赁合同是否明确双方的职责权利、抽查租赁的机械、机具在使用前的检查记录	
	3.4.4 机械化施工应用率	将国内外成熟的机械化施工技术应用至电力施工现场，如无人机或动力伞引线穿越复杂地形或隧道、旋挖钻机基础施工、GIS 气垫运输、GIS 无尘化安装、电动力矩扳手应用、电缆自动展放、主变压器局部放电试验、变频谐振集装系统等	最高得 5 分。开展机械化施工技术应用得 3 分；有应用的，机械化施工应用率每增加 10 个百分点，增加 0.2 分。 机械化施工应用率：工程中使用机械化施工应用的工程占所有工程的数量占比	查阅相关资料、抽查实物	3

续表

<table>
<tr><th>子维度</th><th>评价指标</th><th>评价内容</th><th>评分标准</th><th>查评方法</th><th>基准分</th></tr>
<tr><td rowspan="4">3.5 施工能力</td><td>3.5.1 一季度工程承载饱和度</td><td>一季度工程数量与实际承载力比值。
（1）实际承载力：根据企业人力资源状况、所承接的工程类型，从职业资格、从业年限和专业工作业绩三个维度加权计算每一个专业人员承担标准工程的实际能力，然后分专业岗位进行累加统计。
（2）一季度工程数量：一季度施工周期完成的工程数量。
工程数量：该季度工程量对应的项目额合计与标准工程项目额的比值</td><td rowspan="4">评价标准为：该季度超过100%算超载施工，每超10%，评价子要素评分扣减2分，扣减至0分为止。介于60%～100%之间属于合理范围，不扣分；低于60%属于轻载施工，不扣分。
（1）本企业施工企业建造师（一、二级）人数、项目专业技术人数、经营管理人员人数。
（2）评价周期内各季度均在合理范围（60%～100%之间），得基准分的120%，最高得分24分。
计算公式如下。
1）实际承载力：
$=\min\left\{\begin{array}{c}\text{项目经理指示值}\\ \text{项目总工指标值}\\ \text{项目安全员指标值}\\ \text{项目质检员指标值}\\ \text{安全员指标值}\times\alpha\\ \text{技术兼质检员指标值}\times\beta\\ \text{班长兼指挥指标值}\times\delta\\ \text{作业副班长指标值}\times\varphi\end{array}\right.$
注：① 项目经理人数、项目总工程师人数、项目安全员人数、项目质检员人数应综合考虑专业人员的从业年限、年龄、从业资格、证书是否为挂靠等因素进行人员数量折算；② α、β、δ、φ 为调整系数，根据工程类型和施工环境的恶劣程度（高原、低温）需调整，取值区间0.25～1。
2）季度工程数量：该季度（一季度、二季度、三季度或四季度）施工周期完成的标准工程数量。
季度工程数量 $=\sum_{i=n}\left(\frac{A_i}{B_i}\times\frac{C_i\phi}{D}\right)$
式中：A_i 为某工程发生在该季度的施工时间；B_i 为某工程施工周期；C_i 为某工程施工合同额；D 为标准工程施工产值，以10kV及以下3000万、35kV及以上5000万为标准；ϕ 为工程电压等级折算系数，10kV为0.6、35kV为0.7、110kV为0.8、220kV为0.9、500kV为1</td><td rowspan="4">查阅相关证书及人员情况、查阅相关线上管理系统、台账记录</td><td>5</td></tr>
<tr><td>3.5.2 二季度工程承载饱和度</td><td>二季度工程数量与实际承载力比值。
（1）实际承载力：根据企业人力资源状况、所承接的工程类型，从职业资格、从业年限和专业工作业绩三个维度加权计算每一个专业人员承担标准工程的实际能力，然后分专业岗位进行累加统计。
（2）二季度工程数量：二季度施工周期完成的工程数量</td><td>5</td></tr>
<tr><td>3.5.3 三季度工程承载饱和度</td><td>三季度工程数量与实际承载力比值。
（1）实际承载力：根据企业人力资源状况、所承接的工程类型，从职业资格、从业年限和专业工作业绩三个维度加权计算每一个专业人员承担标准工程的实际能力，然后分专业岗位进行累加统计。
（2）三季度工程数量：三季度施工周期完成的工程数量</td><td>5</td></tr>
<tr><td>3.5.4 四季度工程承载饱和度</td><td>四季度工程数量与实际承载力比值。
（1）实际承载力：根据企业人力资源状况、所承接的工程类型，从职业资格、从业年限和专业工作业绩三个维度加权计算每一个专业人员承担标准工程的实际能力，然后分专业岗位进行累加统计。
（2）四季度工程数量：四季度施工周期完成的工程数量</td><td>5</td></tr>
<tr><td rowspan="2">3.6 班组建设标准化</td><td>3.6.1 一线作业人员占比</td><td>衡量一线作业人员占总用工人数的比值</td><td>最高得5分。评价得分＝基准分×（实际值÷公司施工企业平均值）</td><td>查阅资料</td><td>4</td></tr>
<tr><td>3.6.2 标准化作业层班组数量占比</td><td>衡量企业的最大项目承载力。满足12项配套措施关于作业层班组最低人员配置的班组人员数量除以一线人员数量</td><td>最高得5分。评价得分＝基准分×（实际值÷公司施工企业平均值）</td><td>查阅资料</td><td>4</td></tr>
</table>

注 表内“公司”指国家电网有限公司。

（4）管理创新维度。主要评价施工企业信息化建设、创新能力和市场竞争情况，包括 3 个子维度、10 项评价指标，管理创新维度能力标准见表 8－4。

表 8－4　　　　管理创新维度能力标准

子维度	评价指标	评价内容	评分标准	查评方法	基准分
4.1 信息化建设	4.1.1 NC 系统覆盖业务率	企业关键工作信息化应用率，包含人力资源管理、财务管理和物资管理等	信息化应用率为100%得 10 分；达到 80%及以上得 8 分；80%以下得 6 分	查验信息化应用系统	10
	4.1.2 分包管理系统应用	（1）企业建立针对分包商选择与管理的系统，能够实现分包商申请、企业入围审批、分包作业人员的特种作业持证有效期管理、安全培训记录、违章记录等功能	建立分包商信息化管理系统，得 5 分	查验分包商信息化管理系统	5
		（2）企业建立信息化的分包作业人员施工证制度，有效进行分包作业人员管理。例如，施工证上印刷二维码，现场管理人员通过扫描二维码可以快速查到该员工的相关信息，有效防止分包作业人员无序流动	建立分包人员信息化管理系统得 5 分	查验分包人员信息化管理系统	5
	4.1.3 现场安全管控系统	在作业现场应用视频监控系统，视频能通过手机应用软件进行实时查看或回放	建立视频监控系统得 10 分	随机抽取一个施工作业现场和已经完工的作业，用手机应用软件分别进行实时播放和回放	10
	4.1.4 工程档案信息化管理应用	建立覆盖工程建设全过程电子化档案，具备文件登记、自动组卷、自动编目、检索功能。归档电子文件的同时应存在相应的纸质文件，在内容、相关说明和描述上应与电子档案一致	建立工程档案信息化管理系统得 10 分	查验工程档案信息化管理系统	10
	4.1.5 工程设备机具管理应用	实现施工机具及重要工器具的电子化管理，建立主要设备机具的二维码	建立施工设备及重要工器具管理系统得 10 分	查验施工设备及重要工器具管理系统	10
4.2 创新能力	4.2.1 创新贡献度	评价各单位在管理创新、技术创新、标准制定或对主业突出贡献，对公司具有创新或有标杆效应	最高得分 15 分，得分可累计。查看近三年：① 创新工作室，国家级得 5 分/个、省级或公司级得 4 分/个、地市级得 3 分/个，可累计，最高得 5 分；② QC（质量控制）成果，获得国家级得 5 分/项、省级或公司级得 4 分/项、其他得 3 分/项，可累计，最高得 5 分；③ 获得专利，发明专利得 5 分/项、实用新型专利得 2 分/项，可累计，最高得 5 分；④ 主持或者参与国家级、行业级、公司级或省电力公司级标准制定得 5 分；⑤ 在核心期刊（含北大核心和科技核心）发表论文得 5 分；⑥ 对主业有突出贡献（如参与国家级工程项目建设或重大保电）得 5 分	相关证书、证明材料	10
				相关证书、证明材料	10

续表

子维度	评价指标	评价内容	评分标准	查评方法	基准分
4.2 创新能力	4.2.2 “五小”活动开展情况	开展“五小”（小发明、小创造、小革新、小设计、小建议）活动，拥有固定的研发场所和设备、机械，自主研发、开发的成果能够解决施工中的关键工序，如变电 GIS 设备无尘化安装、铁塔上下及移位保护、导线飞车等	最高得 12 分。拥有固定的研发场所得 4 分；拥有相关研发设备并提供相应证明材料得 4 分；自主研发的关键成果得 4 分/项	查阅近三年内成果汇总表及相关证明	10
	4.2.3 优质工程获奖数量	企业近三年获得的国家优质工程奖和电力行业优质工程奖	最高得 15 分，得分可累计。获得鲁班奖、国家优质工程奖、中国电力优质工程奖，得 15 分；获得省级或公司优质工程奖得 12 分；满足省电力公司层面达标投产考核要求得 10 分	查阅奖杯、文件	10
4.3 市场竞争	4.3.1 公司系统外市场贡献率	指公司系统外部业务带来的营业收入占营业总收入的比例，衡量企业公司系统外市场拓展情况	最高得 16 分。公司系统外市场贡献率 80%（含）～100%得 16 分；60%（含）～80%得 14 分；40%（含）～60%得 12 分；20%（含）～40%得 10 分；0～20%得 8 分	查阅相关财务资料	10
	4.3.2 工程满意度	衡量业主对建设工程的满意度，采用零投诉作为评价标准	最高得 12 分。业主近三年工程零投诉，得 12 分；列为有效投诉的，扣 5 分/次	查找投诉书面记录	10

注 表内“公司”指国家电网有限公司。

2.“红线”指标

“红线”指标主要包括：发生六级及以上安全事件；出现转包、违法分包行为；发生影响营商环境事件；资质证书“挂靠”；列入企业失信黑名单或重点关注名单；拖欠民营企业账款和农民工工资。“红线”指标不设权重，实行“一票否决”。

三、施工企业能力标准化建设实施方法

1. 对照标准，提升能力

对照能力标准化建设评价体系，以国家电网有限公司统一部署的系统工具为抓手，通过示范引领、信息月报、现场督导、集中提升等多种方式，督导各省管产业单位学习先进，深入开展自评估，全面摸清企业实际情况，针对性制订“一企一策”能力标准化专项提升方案，确保能力标准化建设落到实处。

2. 开展比武，全面提升

积极参加国家电网有限公司专业技能竞赛，组织开展省管产业单位施工项目部技能比武，通过实地交叉检查、集中理论考试和现场情况考核等多种方式，全方位检验施工项目部标准化建设水平，以赛促练、以赛促学、以赛促用，全面提升省管产业单位项目管理能力。

3. 加强培训，建设队伍

常态化滚动开展省管产业单位施工人员及分包管理人员安全技能培训，重点开展省管产业单位作业人员安全准入考试和技能提升，将理论宣贯、案例学习、实际操作有机结合，切实提升一线施工人员的技能水平和技术能力，完善省管产业单位施工人员库，保障工程安全和工程质量。

4. 拓展业务，谋求发展

在充分调研及风险可控的前提下，督导省管产业单位积极拓展建安、运维等业务，逐步新增合同签约份额，主动走访潜在客户，提升产业单位与用电客户之间的黏性，指引省管产业单位寻求新的利润增长点，谋求施工企业发展新方向。

5. 依法合规，规范分包

健全工程分包管理制度和决策程序，明确各级管理职责，依法合规强化分包全过程管理，完善分包商准入和退出机制，更新完善核心及备选分包商库，引导分包商自愿送培人员，全面评价考核、动态管控分包商，严禁转包、违法分包。

模块小结

通过本模块学习，重点要掌握省管产业单位施工企业能力建设的“红线”指标、评价内容、评分标准、查评方法。难点是省管产业单位施工企业能力标准化建设实施方法，以能力标准化建设为主线，以施工项目部能力培养为重点，提升施工企业安全管理水平和业务承载力，提升施工企业综合能力水平。

思考与练习

扫码看答案

1. 试述省管产业单位施工企业能力建设评价体系包括哪些维度的综合性评价指标。

2. 施工企业能力标准化建设具体实施方法有哪些？

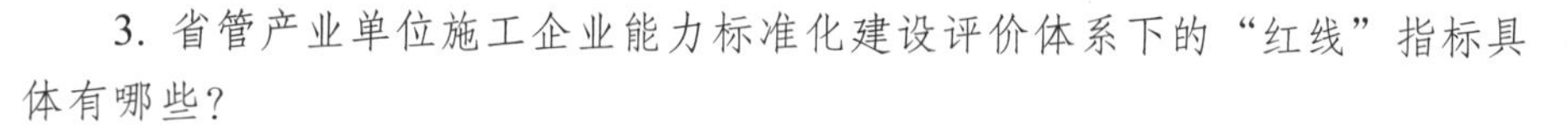
3. 省管产业单位施工企业能力标准化建设评价体系下的“红线”指标具体有哪些？

模块 2　省管产业施工能力标准化建设典型经验

模块说明

本模块详细讲述了两个典型经验，分别为某公司产业数字化转型和某地市供电公司产业单位施工能力标准化建设。通过学习，了解省管产业施工能力标准化建设工作的具体实施方案，推动产业关键工作数字化转型的创新。

一、某公司产业数字化转型典型经验

某公司响应“数字新基建”号召，契合省管产业数字化转型，从最初设计的“省管产业单位互联网统一运营平台”，到目前应用区块链技术打造“互联网+能源+金融”生态圈，参建并成为“产金链”“某信链”核心节点，与区块链联盟数据贯通。构建私有化的区块链基础设施平台，致力于解决农民工工资发放缺乏监管、企业应收账款确权难、产业链上的资金清算问题以及中小微企业融资难、融资贵的问题。产融结合的先进理念与互联网思维在产业单位生根发芽，目前该平台已通过了权威第三方金融认证机构的专业认证，通过了系统安全认证，取得了备案许可。

1.“互联网+能源+金融”产业生态圈

该公司战略性引进产业区块链、资产数字化等前瞻性解决方案，整合自身资源推出在线供应链金融科技综合服务云平台，致力于对接体系内 ERP（企业资源计划）、NC（全面预算管理）、电商等信息平台以及金融机构的信息系统。在企业与金融机构之间建立起互联互通的信息通道。同时，在基于企业经营信息流的基础上，引入工商、税务、反洗钱、反欺诈、社会舆情等信息，帮助金融机构把分散在不同体系的支付结算、现金管理、贸易融资、商业承兑汇票等金融产品根据企业实时需要植入其应用场景，从而打造基于互联网、大数据、区块链的产业链数据处理中心，力邀国内有合作意愿的金融机构共同打造产业生态联盟圈。运用区块链技术构建的“互联网+能源+金融”产业生态联盟圈如图 8-2 所示。

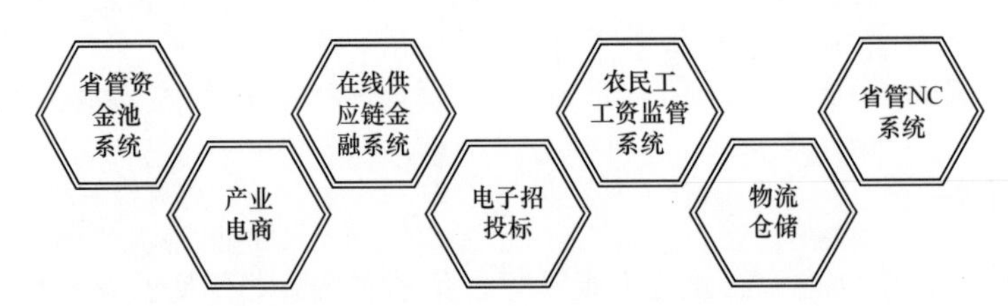

图 8-2 “互联网+能源+金融”产业生态联盟圈示意图

构建私有化的区块链基础设施平台，具备承揽区块链加密存证的能力，为该公司内部及与上下游企业之间、电网系统外部机构特别是金融机构的业务协同提供了基础信任支撑。平台全面支持国家标准密码算法，提供国际领先的可监管匿名隐私保护功能，具有自适应共识、毫秒级出块、万级 TPS（事务处理系统）等性能特性，以及智能合约模板化快速开发、安全性分析及一键式部署、算法灵活配置等优秀的应用特性，能够支撑各种应用快速“上链”。区块链技术板块与各应用板块关联关系如图 8-3 所示。

2. 区块链+资金监管平台

在全国首创“区块链+资金监管平台”方式，从技术、合规、管理、制度等方面，建立了农民工工资按项目、日结算的常态机制，对分包商资金实时动态管控，优先自动发放农民工工资，从根本上解决农民工工资发放难题。某电云薪农民工工资长效监管平台系统功能架构如图 8-4 所示。

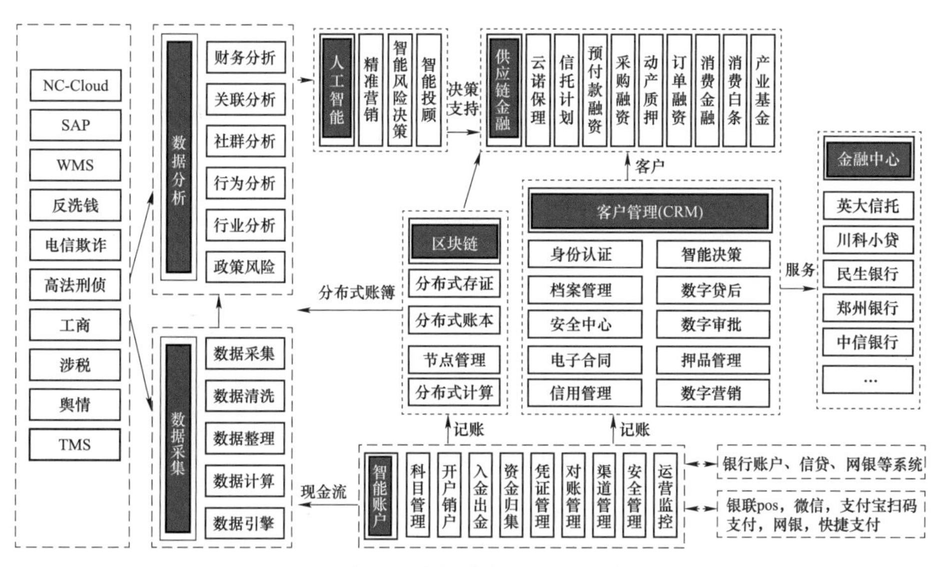

图 8-3　区块链技术板块与各应用板块关联关系

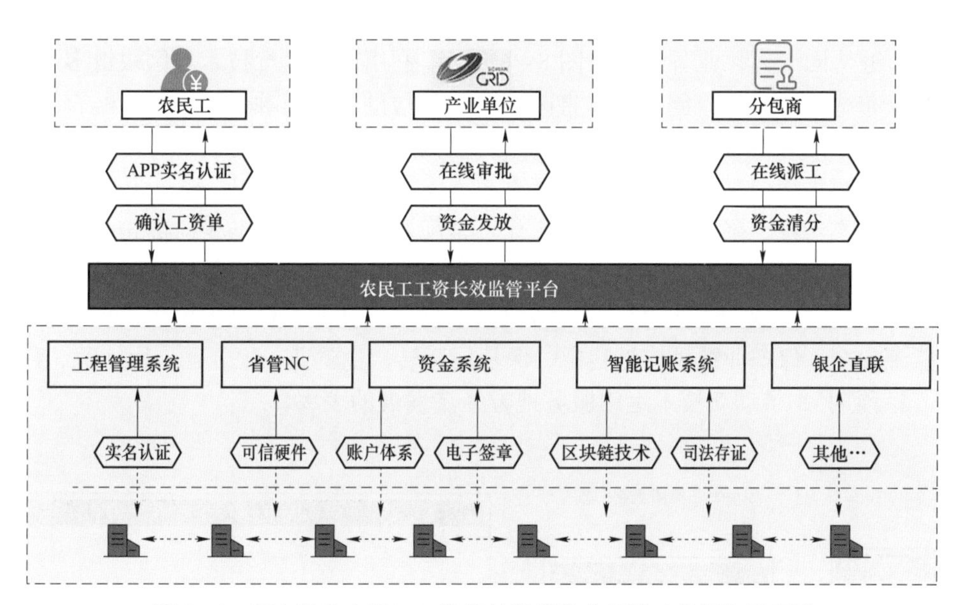

图 8-4　某电云薪农民工工资长效监管平台系统功能架构示意图

3. 区块链+供应链金融科技平台

区块链技术作为某电云链金融科技平台的核心基础设施，大力支撑在线供应链融资、区块链-信用支付、大数据+AI（人工智能）服务，集区块链技术与供应链金融科技于一体。某电云链供应链金融平台系统功能架构如图 8-5 所示。通过某认证中心的专业论证，用数字证书基于账款签发“区块链债权电子凭证”，该凭证可持有、可拆分、可转让、可融资，有效化解产业链上的资金清算问题，解决中小企业应收账款确权难，融资难、融资贵的问题。

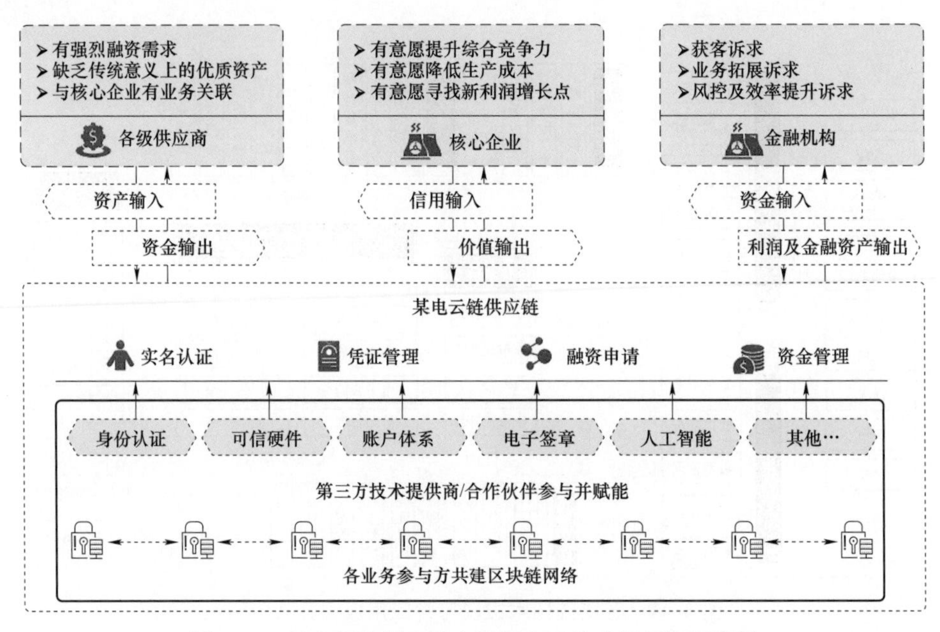

图 8-5 某电云链供应链金融平台系统功能架构示意图

某电云链协同一体化业务流程如图 8-6 所示，利用电子签章技术与区块链多方共享不可篡改的分布式账本特性，创新性的将区块链技术与供应链金融、智能账户结合，把传统企业贸易过程中的赊销行为，用区块链技术转换为一种可拆分、可流转、可持有到期、可融资的区块链记账凭证。依托产业链条中的上游核心企业付款信用，释放/传递核心企业信用，打破信息不对称、降低信任成本、优化资金配置；为其他环节供应商带来融资的可行性、便利性；为金融机构提供更多投资场景，提高碎片化经济下资金流转效益；打造“产业链”的生态网络，成为落实“六保”“六稳”（保居民就业、保基本民生、保市场主体、保粮食能源安全、保产业链供应链稳定、保基层运转，稳就业、稳金融、稳外贸、稳外资、稳投资、稳预期）、带动新技术运用服务地方经济发展的表率。

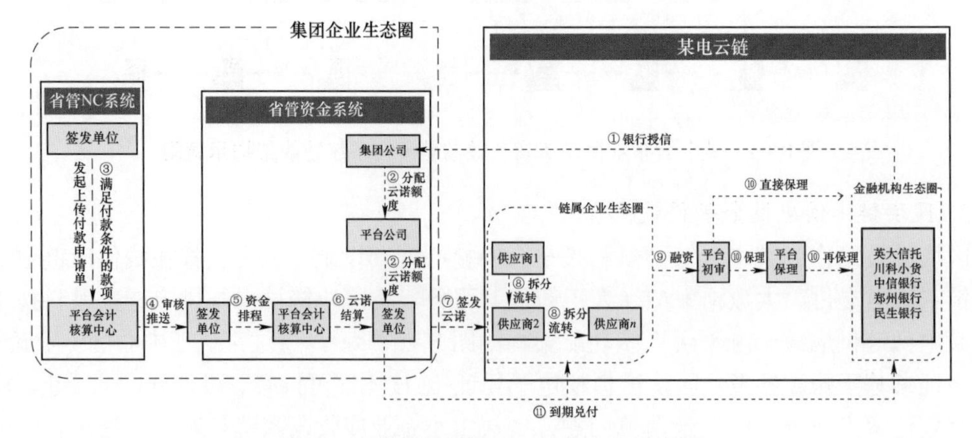

图 8-6 某电云链协同一体化业务流程图

二、某地市供电公司产业单位施工能力标准化建设典型经验

按照国家电网有限公司统一部署，根据省电力公司有关工作安排，某地市供电公司产业单位（以下简称该公司）对照评价标准体系，深入分析了企业现状，查漏补缺，并围绕高标准建设、高质量发展目标，全面推进能力标准化建设，实现了品牌价值，提升了市场竞争力。

（一）能力标准化建设总体情况

该公司认真贯彻落实《国家电网有限公司关于印发省管产业单位施工企业能力建设评价体系的通知》（国家电网产业〔2020〕18 号），印发了《公司“一企一策”能力标准化专项提升方案》，围绕高标准建设、高质量发展要求，结合作业现场安全专项治理、建设施工安全大检查等专项活动的开展，大力推进能力标准化建设工作，聚力组织管理、安全生产、业务承载和管理创新等关键业务提升，强化标准体系执行导入，企业综合能力明显增强。

1. 组织规范情况

（1）该公司不断完善组织管理体系，强化规范意识，落实管控要求。重大决策事项、重要人事任免、重大项目安排、大额资金运作等均严格执行“三重一大”决策程序，集体决策。法人治理按企业章程明确的职责规范执行。

（2）各项管理制度齐备完善，人力资源、财务资产、物资管理、安全生产、行政办公、法律事务、内控合规等专业制度体系健全。

（3）用工管理方面，严格执行劳动用工管理相关规定，按人岗匹配原则与所在单位签订劳动合同、劳务派遣协议、借工协议、岗位聘用协议，各类用工劳动合同（含借工协议、劳务派遣协议等）签订率达到 100%。

2. 安全生产情况

该公司严格落实安全管理各项要求，持续深化安全管控。

（1）2020 年，修订完善安委会工作规则、工程分包安全管理办法、安全隐患排查治理管理办法、总体应急预案和 18 个专项应急预案、年度主要安全管理规章制度清单、安全生产内控机制等 23 项安全制度文件，细化完善 176 个岗位的安全职责，进一步压紧全员安全责任、健全安全体系。常态开展安全培训 152 场 • 次，3729 人 • 次参培，有效提升全员安全素质。

（2）以防控人身风险为重点，加强风险与隐患双控体系建设，治理隐患缺陷 36 项，发布针对性管控措施和预警 42 条。完善总公司和分公司两级督查机制，各级共计发现并整改闭环违章 190 项，处罚金额 13.2 万元。

（3）科学有序施工组织。严格落实“月计划、周安排、日管控”工作要求，深化安全生产内控机制执行，精准“日管控”，现场安全组织措施、关键环节安全管控措施落实到位。

（4）扎实推进质量管控。全面做好前期策划，以标准工艺全面应用为抓手，精细管理流程，充实质量监督人才库，开展全面质量监督管理。落实质量通病防治措施，通过数码照片等管理手段严格控制施工全过程质量与工艺，工程项目建设质量优良。

（5）不断加强分包管理。宣贯《省电力公司关于印发〈省管产业单位工程分包评价管理细则（试行）〉的通知》，完善工程分包安全管理办法，编制《分包安全管理口袋书》805

本并发放32家分包单位，强化分包安全管理要求宣贯执行。加大核心分包商培育，严格分包商评价机制有效落地，完成分包商月度评价和季度履约评价。

3. 业务承载情况

（1）巩固传统建安业务。2020年，该公司共新签建安类合同642项，平均市场占有率为45%。

（2）加速发展新兴业务。积极开展充电站建设前期工作，主动拓展路灯绿色照明、楼宇节能改造等综合能源项目投资建设。大力推广无人机技术，成功实施220kV山区输电线路无人机精细化巡检业务。

（3）聚力盘活闲置房产、土地、大型设备、废旧物资等资源。目前，该公司已开展闲置房屋、闲置设备租赁业务。经测算，该公司2019年四季度施工企业承载力为93%，2020年一季度为68.6%、二季度为46.7%、三季度为57.5%。

4. 管理创新情况

（1）深入开展信息化建设。该公司充分应用省管产业单位业财一体化系统、分包管理系统、现场安全管控系统，实现对人资、工程、物资、财务、采购、安全等方面信息化管控。

（2）大力提升创新能力。积极开展“五小”活动，每年选派基层班组职工参加省质量管理小组活动骨干培训，同时整合企业技术人才资源，形成技术攻坚团队。2017至2020年，该公司参与申请实用新型专利共7项，自主研发关键成果共16项，线路工程无人机引线、配电网工程预制化车间应用率达100%。

（3）积极应对市场竞争。坚持市场化方向，坚持以客户为中心，强化企业经营定位，还原企业市场属性。2017至2020年承接的项目保持客户“零投诉”。

（二）能力标准化建设成效亮点

1. 实施安全工艺创新，提升安全风险防控能力

该公司深研细究，多次改进，在现场采用具有易装易拆、搬运方便、成本低廉等特点的“钢管硬质围栏+提土装置”一体化提土装置，有效杜绝深基坑作业高处坠落、物体打击、中毒窒息等不安全事件的发生。同时，细化制订《有限空间作业有害气体检测实施细则》《有限空间作业应急救援条例》《有限空间作业人员中毒窒息现场处置方案》，为保障一体化提土装置的安全高效使用提供了安全管理支撑。深基坑作业防护管控工艺入选省电力公司20个典型经验，并在2020年国家电网有限公司省管产业单位安全生产及改革发展电视电话会上受到通报表扬。

2. 适应深化改革工作要求，升级产业战略发展定位

重建省管产业单位决策程序，理顺管理流程，在省管产业重大经营决策事项上实现与主业“有效分离”。印发《省管产业单位指导委员会分会议事规则》《供电公司省管产业单位指导组议事规则》《供电公司省管产业单位重大经营决策管理实施细则（试行）》等系列文件，健全供电公司省管产业单位监督指导机构，明确需纳入主办单位“三重一大”决策范围的省管产业单位重大监管事项，突出党建引领，各单位党委会研究讨论作为决策前置程序。

升级产业战略发展定位，推动企业转型升级提速。深入贯彻落实国家电网有限公司、

省电力公司省管产业单位发展战略部署，出台《供电公司省管产业单位战略发展实施意见》，围绕“做强做优传统建安业务”“精准发展新兴业务和优势产业”“加快适应市场、改革及发展需要的机制建设”三个方面，大力实施“转型升级”工程，力争到 2025 年将该公司建设成为“具备市场核心竞争力的电力能源优质服务商”。

3. 深化关键环节安全管控，提升企业主动安全能力

深化安全“顽疾”治理，严格落实《省电力公司安全生产专项整治三年行动计划》工作要求，结合实际，制订第一阶段排查标准，深化安委会、专业部门“双审核”工作机制，高质量推动第一阶段排查整治工作。紧扣建设施工安全大检查“查风险、治违章、抓落实”主题，开展班前会专项督查，狠抓班前会质效和“四清楚”任务布置，培养“会干、会管”的明白人。平台企业领导带队参加基层单位班组安全日活动，积极解决一线安全管理难题，深化安全工作基层、基础建设。制订班前会红线禁令排查清单，强化人身安全事故隐患整治，有效提升现场各级人员安全履责能力。强化班组自主安全管理提升，全面开展新形式班前会、班组安全日活动，由“被动接受”“单向输出”的安全管理模式向“主动思考”“集体输入”转变。

夯实分包安全管理，制订分包安全管理办法，深化分包月度评价、季度履约评价结果应用，按月开展分包商承载力专项督查，积极引导分包商同向提升。坚持分包授标量与分包商施工承载力相匹配，重点管控分包商施工关键人员现场到岗率，成建制施工班组人员固化使用率，保障分包工程安全、质量水平。有效保障农民工队伍稳定，建立农民工工资支付管控长效机制，设立农民工工资支付专用账户，确保“专款专用”，有效杜绝工程经营管理法律风险及施工队伍员工稳定风险。

4. 加大外部市场业务拓展，持续培育企业品牌效能

完善市场开拓激励机制，出台《公司新增市场签约专项绩效考核管理办法》，加强对用户项目以及异地项目的市场开拓激励。发挥专业优势和品牌价值，积极参与市场竞争，深挖市场潜力。积极参与市场竞争，与区域内 500 余户大中客户建立了友好关系，在开展传统建安业务的同时，深度开发用户设备运维、预防性试验、节能改造等综合用能服务。发挥专业优势，主动服务地方政府电力设施投资项目的可行性分析、方案优化等前期工作，全力承接政府新建和迁改类电力工程项目。用好用活企业资质，成立工器具检测中心，积极开发检验检测业务。承接 500kV 输电线路迁改工程项目，进一步提升业务拓展能力。

5. 持续深化“三项制度”（劳动、人事、分配制度）改革，全面激发人才队伍活力

重构绩效评价体系，出台《公司绩效管理及结果应用办法》，推广运用关键业绩、工效积分、目标任务等多种考核方式，在同一体系下开展全员绩效评价，促使绩效管理体系更加科学合理。

创新人才激励机制，结合企业人才管理需要，打造产业专属领军人才和优秀人才，在分公司设立业务总监选聘制，拓展了直签员工成才渠道。

搭建新兴业务实施平台，成立综合能源服务中心，并试点实施“基本工资 + 固定绩效 + 业绩浮动绩效”的薪酬机制，实现收入与业绩的强挂钩关系，极大提升了员工工作积极性。

大力实施“人才强企”战略，积极备战省管产业单位配电技能竞赛、施工项目部技能比武，以赛促训，切实提升一线施工人员技能水平和技术能力。

6. 优化重点领域机制建设，赋能企业高质量发展

调整经营指标下达机制，以近三年财务数据为支撑，结合盈亏平衡点及人事费用率，综合分解下达各分公司经营指标。

加强工程项目成本管控，印发《公司工程成本预算管理办法》，试点应用业财一体化预算管控模块，强化工程成本预算刚性执行，提升项目盈利水平。

健全应收账款回收机制，修订印发《公司应收账款回收管理办法》，出台《三年以上其他应收款清收工作奖励方案》，历史遗留问题账款压降成效显著。

（三）能力标准化建设工作展望

该公司以问题、目标为导向，紧扣“规范、发展”两条主线，以“完善机制建设、提升能力建设、优化资源整合配置、提高服务质量”为路径，强化发展战略落地实施，助推企业成功转型升级为“具备市场核心竞争力的电力能源优质服务商”。

1. 深化安全管控能力建设

以《全国安全生产专项整治三年行动计划》为契机，牢固确立“四个最”意识（最根本的是紧盯安全目标、牢牢守住“生命线”，最重要的是落实安全生产责任制，最关键的是及时解决各类风险隐患，最要紧的是加强应急体系建设），牢牢把握人身事故防范核心，有效推进安全生产专项治理。健全安全制度体系，狠抓全员安全责任清单落地，把安全责任清单执行纳入安全监督检查、事故调查处理和安全奖惩范畴，进一步压紧压实各层各级安全责任。坚持“现场为王”，建立标准工法库，深化应用安全风险管控平台，强化施工全过程安全工艺控制。保持反违章高压态势，持续开展无管控作业普查、八小时外专项督查，刚性执行作业现场“十不干”等要求，切实防范各类安全事故。全面推进班组自主安全管理提升活动，进一步做实施工项目部和作业层班组，固化锁死分包商核心骨干，狠抓班前会质效，锤炼施工现场“会干、会管”的明白人，促进安全风险管控措施落实到作业现场、落实到作业过程。

2. 做强做优传统建安业务

深化服务内涵，紧紧围绕“安全生产、电网建设、优质服务、稳定大局”四个服务，有序发展电网支撑业务。健全大客户经理服务体系，建立考核机制，全面提升服务质效。持续完善管理体系，建立业务全过程管控机制，合规签订、履约合同，进一步规范市场行为。大力提升建安业务市场份额，推进与政府完成新一轮战略合作，全力争取政府涉电项目。探索开展EPC（工程总承包）、BOT（建设–经营–转让）等项目投资建设合作模式，拓展客户资源和业务渠道。持续塑造建安品牌影响力，全力获取区域内重点客户投资项目及建设项目，积极参与500kV及以上工程建设。深化基建项目“走出去”战略，积极向区域外拓展业务。以同城化为契机，整合房产、土地资源，打造省管产业平台企业基地，提升企业整体品牌形象。

3. 精准发展新兴业务和优势产业

全力打造区域“综合用能服务”第一品牌，深挖用电客户需求，针对性拓展预防性试验、巡检、设备代维、能效诊断等用能服务套餐，积极开展电能替代、节能改造等业务，

优化服务策略，扩大综合用能服务圈。与各区县政府园区建立用能服务合作机制，开展园区用户用电设备及变电站建设等投资及租赁业务。大力推进充电站、充电桩建设投资，力争充电设施服务业务成为企业利润重要来源。稳步发展新兴及优势产业，全面推广智能运维业务，开展科技发明、QC 成果等项目落地转化。积极争取新兴业务，加速提升业务总量。

4. 加快适应市场、改革及发展需要的机制建设

健全适应业务发展需要的组织机构，调整完善省管产业平台企业营销机构，扩大其投资经营职能及业务范围。各分公司结合新兴业务发展实际，增设综合能源分支机构或岗位，明确省管产业平台企业及其分公司开展新兴业务的职责界面，共同推进新兴业务拓展。继续完善分公司经营考核机制，增大工资总额及经营管理负责人年薪中效益挂钩比例，加大奖惩力度。加强与属地省管产业单位指导组联动，形成合力推进产业高质量发展。盘活产业人力资源，实现收入与业绩贡献强挂钩，深化应用协议制、计件制、业务提成制、项目包干制等多种工资制度。出台相关制度，对关键岗位人员实施“目标聘任制”管理，实现干部员工“能上能下”，深入开展岗位履职能力培训和转岗培训，全面扭转“被动干事”的不良现象。完善项目实施内控机制，结合业财一体化预算管控模块运用，全面实施成本预算管理。将分包商综合业绩评价应用到授标量控制过程中，发挥物资采购集约化优势，降低项目分包及物资采购成本。强化对新增、逾期、账外账款的分类管控，严格控制新欠，努力回收旧欠。

5. 持续强化党建引领作用

走深走实“不忘初心、牢记使命”主题教育活动，引导广大干部员工把思想和行动统一起来，将精力聚焦到抓发展上，把重点放到抓落实上。紧密围绕企业中心工作、重点工作，大力实施“党建+重点项目”工程。深化重点工作督导机制，整治“庸懒散”不良现象，加强形势任务教育，发扬干事创业的优良作风，实现各级干部员工思想行动与企业发展同频共振。培养一支骨干通讯员队伍，围绕重点工程、贴近生产一线抓好宣传工作，引领员工乐于奉献，大力营造创先争优、永争一流的浓厚氛围。

模块小结

通过本模块学习，应深刻理解省管产业施工能力标准化建设工作的内涵，掌握能力标准化建设工作具体方法，结合实际主动思考能力标准化建设的实施方案，推动关键工作的创新实践。

思考与练习

1. 你所在单位关键工作信息化应用率如何？
2. 请结合你的工作，思考还有哪些举措可以提升企业能力标准化？
3. 试思考并编写本单位施工能力标准化建设的策划方案。

参 考 文 献

[1] 郑州市电业局. 供电企业项目作业指导书 配电线路运行及检修. 北京：中国电力出版社，2005.

[2] 国家电网公司人力资源部. 国家电网公司生产技能人员职业能力培训专用教材 配电线路运行. 北京：中国电力出版社，2010.

[3] 国家电网公司人力资源部. 国家电网公司生产技能人员职业能力培训专用教材 配电电缆. 北京：中国电力出版社，2010.

[4] 马振良. 配电线路. 北京：中国电力出版社，2007.

[5] 徐丙垠，李胜祥，陈宗军. 电力电缆故障探测技术. 北京：机械工业出版社，1999.

[6] 马志广. 实用电工技术. 北京：中国电力出版社，2008.

[7] 国网浙江省电力公司培训中心. 配电网技术丛书 配电网标准化抢修. 北京：中国电力出版社，2016.

[8] 陈德俊，孟昊. 10kV 配电网不停电作业专项技能提升培训教材. 北京：中国电力出版社，2018.

[9] 河南电力技师学院. 电力行业高技能人才培训系列教材 配电线路工. 北京：中国电力出版社，2014.

[10] 张淑琴. 110kV 及以下电力电缆常用附件安装实用手册. 北京：中国水利水电出版社，2014.

[11] 曹欣春. 电力线路工程技术标准规程应用手册. 北京：光明日报出版社，2003.

[12] 史传卿. 供用电工人职业技能培训教材 电力电缆. 北京：中国电力出版社，2006.

[13] 胡培生，丁荣. 配电技术与工艺培训教材 配电线路. 北京：中国电力出版社，2006.

[14] 国家电网有限公司运维检修部. 配电自动化运维技术. 北京：中国电力出版社，2018.